中国互联网发展报告 2023

中国互联网协会　编

电子工业出版社

Publishing House of Electronics Industry

北京·BEIJING

内 容 简 介

《中国互联网发展报告》是由中国互联网协会组织编撰的大型编年体综合性研究报告,自 2003 年以来,每年出版一卷。

《中国互联网发展报告 2023》客观地记录了 2022 年中国互联网行业的发展轨迹,总结归纳了中国互联网在基础资源与技术、领域应用与服务、治理与发展环境等方面的发展现状、前沿技术及创新成果。本书内容丰富,数据翔实,图文并茂,重点突出,旨在为互联网从业者提供参考和借鉴,为相关部门的决策和相关产业协同发展提供有效支撑。

图书在版编目(CIP)数据

中国互联网发展报告. 2023 / 中国互联网协会编. —北京:电子工业出版社,2023.12

ISBN 978-7-121-46682-3

Ⅰ. ①中⋯ Ⅱ. ①中⋯ Ⅲ. ①互联网络—研究报告—中国—2023 Ⅳ. ①TP393.4

中国国家版本馆 CIP 数据核字(2023)第 225514 号

责任编辑:徐蔷薇　　文字编辑:赵　娜
印　　刷:天津画中画印刷有限公司
装　　订:天津画中画印刷有限公司
出版发行:电子工业出版社
　　　　　北京市海淀区万寿路 173 信箱　邮编:100036
开　　本:787×1092　1/16　印张:26.5　字数:679 千字
版　　次:2023 年 12 月第 1 版
印　　次:2023 年 12 月第 1 次印刷
定　　价:1280.00 元

凡所购买电子工业出版社图书有缺损问题,请向购买书店调换。若书店售缺,请与本社发行部联系,联系及邮购电话:(010)88254888,88258888。

质量投诉请发邮件至 zlts@phei.com.cn,盗版侵权举报请发邮件至 dbqq@phei.com.cn。

本书咨询联系方式:xuqw@phei.com.cn。

总 编 辑

余晓晖

副总编辑

陈家春

主 编

裴 玮

编 辑

白 茹

撰稿人（按章节排序）

张姗姗	白 茹	嵇叶楠	龚达宁	李侠宇	董 昊	詹远志	孙 鑫
左铠瑞	李 侃	邱晨曦	秦 越	张雅琪	尹昊智	汪明珠	姜 颖
冯泽鲲	李 原	杨 波	王 珂	李向群	王智峰	王一雯	余文艳
郭 亮	王少鹏	马 飞	苏 越	李 昂	王蕴婷	王 青	王泽宇
秦思思	丁欣卉	李 苏	丁怡心	曹 峰	朱孟广	刘宇杰	邵小景
李 凤	毛祺琦	房 骥	丛瑛瑛	陈 曦	池 程	郭 靖	张奕卉
刘 宾	陈文曲	刘雨琨	郭 涛	郝 冉	姜昊宇	葛涵涛	陆烨晔
杨玲玲	牛晓玲	尚梦宸	李思明	谢 近	王文帅	张琳婧	任少峰
付 彪	李 玥	王欣怡	张恒升	毕丹阳	王亦澎	李笑然	侯羽菲
刘晓曼	王润鹏	陈 影	于 莹	彭 澎	刘 梦	罗光容	王浩男
张佳宁	闫嘉豪	闫钰丹	杜国臣	李 凯	王 荣	王 林	伍 谷
孙立鑫	王馥芸	陈 浩	武 昱	谷梦林	史孝东	廖旭华	叶国营
刘 洋	黄嘉强	唐 亮	高保琴	李艳霞	徐贵宝	李丰硕	魏佳园
刘胡骐	程超功	许小乐	王 珺	桑云飞	郑 丹	林欣扬	骆龙泉
安 静	张 永	曾心怡	董宏伟	周韫哲	李 梅	李文宇	毕春丽
焦贝贝	黄媛媛	戴方芳	葛悦涛	崔枭飞	朱 帅	王中一	

前　　言

　　《中国互联网发展报告 2023》（以下简称《报告》）是一部客观记录中国互联网行业发展进程，系统总结和分析互联网细分行业和重点领域的大型编年体综合性研究报告。《报告》由中国互联网协会理事长尚冰担任编委会主任，中国工程院院士胡启恒、中国工程院院士邬贺铨担任编委会顾问。

　　《报告》分为综述、基础资源与技术、领域应用与服务、治理与发展环境和附录 5 篇，共 34 章，力求保持整体结构的延续性。

　　《报告》以习近平新时代中国特色社会主义思想，特别是习近平总书记关于网络强国的重要思想为指导，聚焦 2022 年中国互联网发展实践，全面反映了 2022 年我国互联网行业的发展情况，展现了基础资源、基础设施、数据要素、人工智能等基础资源与技术的发展成就；展示了工业互联网、数字政府、电子商务、网络金融等领域应用的发展成果；分析了互联网治理、互联网政策法规、网络安全等方面的发展成效。

　　《报告》的编撰工作得到了相关政府部门、科研机构、互联网企业等社会各界的大力支持，来自中国信息通信研究院等诸多单位的专家和研究人员共 127 人参与了编撰工作。编委会委员对《报告》内容进行了认真严格的审核，保障了《报告》的质量和水平。

　　《中国互联网发展报告》自 2003 年以来，每年出版一卷，已经持续 20 年，对我国互联网管理部门、行业机构及专家学者等互联网领域从业人员全面了解和掌握中国互联网发展情况具有重要参考价值。

　　《中国互联网发展报告》积极促进了行业研究与咨询服务。中国互联网协会在研究领域不断开拓创新，聚焦互联网前沿技术，融合应用及创新成果，为政府的决策服务，为行业的发展服务，为产业的繁荣服务。

　　《中国互联网发展报告》以其权威性和全面性得到政府、业界的持续关注及高度评价，已成为互联网行业研究、产业发展和政府决策的重要支撑。

目　　录

第一篇　综述

第二篇　基础资源与技术

第三篇 领域应用与服务

第四篇 治理与发展环境

第五篇　附　录

总　　论

　　2022 年是党的二十大召开之年，是实施"十四五"规划、开启全面建设社会主义现代化国家新征程的重要一年。党的二十大擘画了以中国式现代化全面推进中华民族伟大复兴的宏伟蓝图，作出了"加快建设网络强国、数字中国""加快发展数字经济"的战略部署，为我国互联网高质量发展提供了根本遵循。一年来，5G、云计算、大数据、AI 等新技术融入千行百业，芯片、模组、终端等产业逐步壮大，计算能力不断提升，为我国数字经济发展打下坚实基础；一年来，我国网络基础设施建设全球领先，数字技术创新能力持续提升，数据要素价值备受重视；一年来，我国网络法治建设逐步完善，网络文明建设稳步推进，网络综合治理体系更加健全；一年来，我国数据安全保护体系更趋完备，网络空间国际合作有所进展。总体来看，2022 年数字中国建设成效显著，数字基础设施规模能级大幅提升[1]。

　　数字基础设施建设持续夯实。一是我国 5G、千兆光纤网络等新型信息基础设施建设取得新进展，建成全球最大的移动和光纤宽带网络。截至 2022 年年底，累计建成开通 5G 基站231.2 万个，5G 用户数达 5.61 亿户，全球占比均超过 60%。全国 110 个城市达到千兆城市建设标准，千兆光网具备覆盖超过 5 亿户家庭能力。二是 IPv6 规模部署成效显著。IPv6 活跃用户数超过 7 亿，IPv6 流量持续快速增长，移动网络 IPv6 流量占比接近 50%。三是移动物联网用户数实现"物超人"。截至 2022 年年底，我国蜂窝物联网用户 18.45 亿户，全年净增4.47 亿户，较移动电话用户数高 1.61 亿户，成为全球首个实现"物超人"的国家。四是我国算力产业规模快速增长。截至 2022 年年底，我国在用数据中心机架总规模超过 650 万标准机架，近 5 年年均增速超过 30%，在用数据中心算力总规模超过 180EFLOPS，算力规模位居世界第二[2]。五是工业互联网发展态势良好。以国家顶级节点"5+2"架构为核心的工业互联网标识解析体系全面建成，标识覆盖 29 个省（自治区、直辖市）和 38 个重点行业[3]，形成了全方位、立体化的产业生态。

　　互联网关键核心技术创新及生态构建加速突破。一是 2022 年我国信息领域相关 PCT 国际专利申请近 3.2 万件，全球占比达 37%，数字经济核心产业发明专利授权量达 33.5 万件，同比增长 17.5%。二是我国在集成电路、人工智能、高性能计算、电子设计自动化（EDA）、数据库、操作系统等方面取得重要进展。人工智能大模型、芯片和开发框架加速发展，基本形成 AI 基础软硬件支撑能力，图像识别、语音识别等应用技术进入国际先进行列，智能传感器、智能网联汽车等标志性产品有效落地应用。三是数字开源社区协同开放创新生态日益完善，操作系统、云计算、软件开发等各类开源社区已超过 500 个，涌现出大批具有核心技术的开源平台与项目。

---

1 资料来源：《数字中国发展报告（2022 年）》，国家互联网信息办公室。

2 资料来源：《数字中国发展报告（2022 年）》，国家互联网信息办公室。

3 资料来源：工业和信息化部。

互联网融合赋能效应进一步凸显。一是 2022 年我国数字经济规模达 50.2 万亿元，总量稳居世界第二，同比名义增长 10.3%，占国内生产总值的比重提升至 41.5%[1]。二是我国数字政府服务能力水平进一步提升。我国电子政务水平在 193 个联合国会员国中排名第 43 位。全国一体化政务服务平台使用量再创新高。截至 2022 年年底，全国一体化政务服务平台实名用户超过 10 亿人，其中国家政务服务平台注册用户 8.08 亿人，总使用量超过 850 亿人次[2]。三是工业互联网已经全面融入 45 个国民经济大类[3]，我国"5G+工业互联网"512 工程任务高质量完成[4]。全国 4000 余个"5G+工业互联网"项目已覆盖 41 个国民经济大类。"5G 全连接工厂"种子项目中，工业设备 5G 连接率超过 60% 的项目占比超过一半[5]。四是国家教育数字化战略行动取得显著成效，我国已基本建成世界第一大教育教学资源库，形成了"三平台、一大厅、一专题、一专区"的平台架构，截至 2022 年年底，访问用户覆盖 200 多个国家和地区[6]。

网络综合治理体系不断完善。一是我国网络立法体系纵深发展。《数据二十条》《全国一体化政务大数据体系建设指南》《中共中央国务院关于加快建设全国统一大市场的意见》等顶层设计密集出炉，《中华人民共和国反电信诈骗法》及修改后的《中华人民共和国反垄断法》等基础性法律规范出台，《互联网用户账号信息管理规定》《互联网信息服务深度合成管理规定》等制定实施，网络安全、数据安全、个人信息保护等方面的立法监管日益清晰，互联网建设迈入更加繁荣的新阶段。二是网络综合治理日趋完善。2022 年，我国全方位构建网络综合治理体系，推动网络治理由事后管理向过程治理转变、多头管理向协同治理转变，努力营造风清气正、健康向上的网络空间。三是数字领域标准建设稳步推进，我国在自动驾驶、大数据、工业互联网、智慧城市等方面，牵头推动一批数字领域国际标准的立项发布。

网络安全产业发展全面提速。一是我国网络安全产业处于快速成长期，2022 年我国网络安全产业规模接近 2200 亿元，从长期发展趋势来看，近五年我国网络安全产业规模平均增速高出全球 4~5 个百分点，发展活力显著增强。二是网络安全企业综合实力有所增强，细分赛道优秀中小企业加速崛起。目前，我国网络安全相关企业数量约为 3000 家[7]，服务领域基本覆盖网络安全软硬件、安全服务、安全集成等全业务链条。工业互联网安全、车联网安全、数据安全、5G 安全、云安全等正逐渐成为最有潜力的网络安全产业细分赛道。三是网络安全保障赋能作用凸显。2022 年，网络安全企业的用户分布于政府、金融、电信、能源、军工、医疗、教育、交通等行业。其中，政府、金融和电信行业在数字化转型过程中，更为重视安全保障，相关的安全建设投资始终位居前列。

---

1 资料来源：《数字中国发展报告（2022 年）》，国家互联网信息办公室。

2 资料来源：《第 51 次中国互联网络发展状况统计报告》，中国互联网络信息中心。

3 资料来源：工业和信息化部。

4 资料来源：《2022 中国"5G+工业互联网"发展成效评估报告》，中国信息通信研究院。

5 资料来源：中国信息通信研究院。

6 资料来源：中华人民共和国中央人民政府。

7 资料来源：中国信息通信研究院。

网络空间国际合作稳中有进。一是国际影响力和参与国际规则制定的能力显著提升。2022 年，我国积极推动二十国集团（G20）、亚太经合组织（APEC）在经贸领域达成积极成果，积极参与联合国、世界贸易组织（WTO）、金砖国家（BRICS）、上海合作组织（SCO）等机制下数字议题磋商研讨，推动达成《金砖国家数字经济伙伴关系框架》《"中国+中亚五国"数据安全合作倡议》。二是我国数字领域国际合作稳步拓展。我国积极推动"丝路电商"合作，已与 28 个国家建立了电子商务双边合作机制，中国—中东欧、中国—中亚五国、上合组织等多边及区域电子商务合作机制建设取得积极成效。截至 2022 年年底，我国已与 17 个国家签署"数字丝绸之路"合作谅解备忘录，与 23 个国家建立"丝路电商"双边合作机制。

习近平总书记深刻指出，"加快数字中国建设，就是要适应我国发展新的历史方位，全面贯彻新发展理念，以信息化培育新动能，用新动能推动新发展，以新发展创造新辉煌"。我国互联网行业应深入贯彻数字中国建设部署要求，把握数字化、网络化、智能化融合发展契机，以信息化、智能化为杠杆培育新动能，努力在危机中育新机，在变局中开新局。要坚定不移实施创新驱动发展战略，共迎挑战、共促合作、共创未来，建设具有全球影响力的科技和产业创新高地，做全球治理变革进程的参与者、推动者、引领者，携手构建网络空间命运共同体，不断致力于将互联网打造成为人类共同的和平、开放、合作、有序的美好家园。

当今世界已全面进入数字时代，大国博弈加剧，互联网领域科技竞争愈演愈烈，解决数字空间安全治理的问题与挑战，成为当务之急。同时，我国新一代信息技术融合发展面临诸如关键性核心技术掌控力不足、自主创新能力薄弱等诸多挑战。此外，我国亟须关注底层核心技术与先进国家有较大差距、"万物互联时代"信息安全隐患、互联网技术发展所带来的伦理道德问题、数字社会环境有待优化、公众数字素养与技能水平有待提高、数字鸿沟亟须弥合等问题。面对重重挑战，互联网行业要知重负重、迎难而上，踔厉奋发、勇毅前行，坚持协同创新、开放合作，坚持普惠发展、安全发展，不断推动行业可持续发展，打造国际竞争新优势。面向未来，面向世界，面向现代化，让我们勇立数字时代潮头，共同拥抱数字文明。

尚冰

2023 年 7 月 18 日

第一篇

综述

 2022 年中国互联网发展综述

 2022 年国际互联网发展综述

第1章　2022年中国互联网发展综述

1.1　中国互联网总体发展概况

2022 年，在网络强国和数字中国的战略思想指引下，历经十年的不懈奋斗，我国信息化、数字化发展加快推进，数字基础设施建设水平全球领先，数字经济发展势头强劲，数字领域关键核心技术取得重要突破，网络安全保障体系和能力建设全面加强，网络综合治理体系日益完善，数字中国建设取得重要进展，成效显著。

以数字化、网络化、智能化为特征的信息化浪潮蓬勃兴起，数字孪生、元宇宙等新概念层出不穷，数字技术正以前所未有的速度、广度和深度改变着人类的生产生活方式，对各国经济社会发展、全球治理体系、人类文明进程影响深远。2022 年，我国加快推进网络强国建设，网民规模、国家顶级域名注册量均为全球第一，互联网发展水平居全球第二[1]。我国算力规模已达 180EFLOPS，排名全球第二[2]。我国人工智能专利申请量居世界首位，期刊论文发表数量和被引用频次均位列全球第一，计算机视觉自然语言处理和语音识别等领域具有领先优势，核心产业规模超过 5000 亿元[3]。数字经济成为稳增长促转型的重要引擎，2022 年，我国数字经济规模达 50.2 万亿元，总量稳居世界第二，占 GDP 比重提升至 41.5%。从 2012 年到 2022 年，我国电子政务发展指数国际排名从第 78 位上升到第 43 位，是上升最快的国家之一。数字政府、数字乡村建设加快推进，全国一体化政务服务平台实名用户超过 10 亿人，"一网通办""跨省通办"加快推进、日益深化[4]。此外，我国建成了全球规模最大的线上教育平台和全国统一的医保信息平台[5]，国家医保服务平台实名用户达 2.8 亿人，涵盖 100 余项服务功能[6]。党的二十大作出"加快建设网络强国、数字中国"的战略部署，面向新时代、新征程，我们要深刻把握中国式现代化的科学内涵，大力推进数字经济与实体经济深度融合，加

1　资料来源：新华网。

2　资料来源：工业和信息化部。

3　资料来源：科学技术部。

4　资料来源：《数字中国发展报告（2022 年）》，国家互联网信息办公室。

5　资料来源：国家互联网信息办公室。

6　资料来源：《数字中国发展报告（2022 年）》，国家互联网信息办公室。

快建设数字政府、数字社会，不断夯实数字中国建设基础，强化数字中国关键能力，优化数字化发展环境，努力打造高质量发展新引擎，真正实现以数字中国建设推进中国式现代化的同时，也能够以中国式现代化开创数字中国建设的新局面。

1.2 中国互联网发展能力建设概况

1.2.1 算力网络

《中华人民共和国国民经济和社会发展第十四个五年规划和 2035 年远景目标纲要》（以下简称《"十四五"规划》）明确指出，加快构建全国一体化大数据中心体系，强化算力智能调度，建设若干国家枢纽节点和大数据中心集群，建设 E 级和 10E 级超级计算中心，为今后五年我国算力产业发展指明了方向。2022 年，我国云计算市场规模总量稳定增长，延续向好趋势。云计算市场规模达到 4550 亿元，同比增长 40.9%。其中，公有云市场规模达到 3256 亿元，增速为 49.3%；私有云市场规模达到 1294 亿元，增速为 25.3%。我国数据中心机架规模稳步增长，截至 2022 年年底，全国在用数据中心机架总规模超过 650 万标准机架，近五年 IDC 机架规模年均增速超过 25%。随着我国各地区、各行业数字化转型的深入推进，数据中心算力需求将进一步提升。同时，"东数西算"对数据中心布局正在不断优化，需求引领叠加政策驱动，我国数据中心总体市场规模仍将保持持续增长态势。在需求与政策的双重驱动下，全国各地大力推进算力技术产业、基础设施建设及算力应用的发展[1]。目前，我国头部数据中心厂商包括中国电信、中国联通、中国移动、万国数据、世纪互联、鹏博士、光环新网等，数据中心市场呈多元化发展。

算力网络作为承载信息数据的重要基础设施，已成为全社会数字化转型的重要基石。数据中心是风、火、水电基础设施与 IT 软硬件共同发展、创新融合而形成的一类新型算力基础设施，可对外提供算、存、运综合性的算力服务，是技术创新的高地。数据中心关键技术主要由风、火、水电基建技术和 IT 技术共同构成，数据中心风、火、水电关键技术涵盖土建、供配电、制冷、安防、消防等领域。云原生技术生态日趋完善，为企业 IT 现代化变革提供技术保障。云原生技术已经从容器、微服务、DevOps 等领域的早期形态扩展至底层技术（如服务器无感知技术，Serverless）、编排及管理技术（基础设施即代码，IaC）、安全技术、监测分析技术（如扩展包过滤器，eBPF）及场景化应用等众多方面，形成了完整支撑应用云原生构建的全生命周期技术链。云边协同全局管理能力逐步完善，人工智能与边缘计算逐步融合，边缘智能成为核心应用。目前，边缘智能主要技术涉及协同推理、增量学习、联邦学习、模型分割与剪裁、安全隐私保护等。我国数字化转型逐步加快，各类算力应用场景不断涌现，已经形成了通用数据中心、智算中心、超算中心、边缘数据中心协同发展的算力产业格局。近年来，算力服务厂商不断涌现，算力资源日益高涨的需求使得算力逐步成为可交易商品，算力交易平台等相关系统平台纷纷涌现，算力交易的蓬勃发展促使跨区域的算力资源与需求形成流动、共享、按需分配的市场模式。经过一年的快速发展，"以网强算，以算促网"的

---

1 资料来源：《中国算力发展指数白皮书》，中国信息通信研究院。

产业共识深入人心，"算力网络"不再是狭义上的计算能力，而是集算力、存力、运力于一体的新型生产力。未来，算力网络将成为数字经济时代的重要"引擎"。中央网络安全和信息化委员会印发的《"十四五"国家信息化规划》指出，"推进云网一体化建设发展，实现云计算资源和网络设施有机融合。统筹建设面向区块链和人工智能等的算力和算法中心，构建具备周边环境感应能力和反馈回应能力的边缘计算节点，提供低时延、高可靠、强安全边缘计算服务"。

1.2.2　数据要素

《"十四五"规划》提出，要"统筹数据开发利用、隐私保护和公共安全，加快建立数据资源产权、交易流通、跨境传输和安全保护等基础制度和标准规范。建立健全数据产权交易和行业自律机制，培育规范的数据交易平台和市场主体，发展数据资产评估、登记结算、交易撮合、争议仲裁等市场运营体系"。2022 年，我国数据要素基础能力趋于完善，一是数据存储计算等基础设施领域发展基本成熟；二是保持数据全生命周期安全能力的数据安全领域快速发展。同时，我国数据要素供给能力不断提升。一是我国数据要素供给数量持续增长；二是我国数据要素供给质量有效提升。2022 年，完成数据管理能力成熟度评估模型（DCMM）贯标评估的企业达到 1040 家，企业贯标积极性明显增强，通过"以评促建"提升数据要素质量。此外，我国数据要素价值潜能持续释放。一是公共数据授权运营探索不断深入；二是企业数据开发利用加速向全行业、全流程拓展；三是数据交易创新探索持续深化。截至2022 年年底，各地已成立 48 家数据交易机构。各交易机构持续推进差异化探索，上海数据交易所首发数商体系，培育多元化数据交易生态，重点打造 10 类数商，已对接数商超过800 家；深圳数据交易所以深港数据交易合作机制为抓手，积极推动数据跨境交易，已完成跨境交易 14 笔[1]。

当前，数据已经成为数字经济时代的基础性资源、重要生产力和关键生产要素。习近平总书记指出，"发挥数据的基础资源作用和创新引擎作用，加快形成以创新为主要引领和支撑的数字经济"。数据要素产业链条长、涵盖面广，就核心技术体系而言，可划分为数据存储与计算、数据管理、数据流通、数据安全四大核心领域。随着数据本身形态、数据处理技术、产业发展环境、数据应用需求等的不断演化升级，数据应用内涵和模式不断丰富，数据应用的第三阶段开始进入萌芽期，以区块链、隐私计算为代表的数据要素流通关键技术发展如火如荼，产品数量迅速增长，应用规模稳步扩张，业务范围不断拓展。"十四五"时期，我国数据要素市场体系将初步建立，数据作为生产要素的价值将全面发挥，推动研发、生产、流通、服务、消费全价值链协同，市场主体创新创造活力将进一步释放，最终形成全民共享"数据红利"的新格局。中共中央、国务院印发的《关于构建数据基础制度更好发挥数据要素作用的意见》指出，"数据基础制度建设事关国家发展和安全大局"，同时指出要"充分认识和把握数据产权、流通、交易、使用、分配、治理、安全等基本规律，探索有利于数据安全保护、有效利用、合规流通的产权制度和市场体系，完善数据要素市场体制机制，在实践中完善，在探索中发展，促进形成与数字生产力相适应的新型生产关系"。

1　资料来源：《数据要素白皮书》，中国信息通信研究院。

1.2.3 人工智能

党的二十大报告提出，要"推动战略性新兴产业融合集群发展，构建新一代信息技术、人工智能、生物技术、新能源、新材料、高端装备、绿色环保等一批新的增长引擎"。2022年，我国人工智能产业规模保持较快增长，据测算核心产业规模达到5080亿元，同比增长18%[1]。我国人工智能企业数量不断增长，产业竞争力持续增强，科研创新能力不断提升，人工智能科研论文产出增速可观。从论文产出数量来看，2022年中国论文产出数量位列全球第二，增速达到24%，居全球第一，高于美国的增速11%[2]。人工智能投融资集中度提高，中美融资占比保持领先；从投融资细分领域来看，智能机器人、计算机视觉、自然语言处理领域仍是投融资关注的重点，AI+医疗、AI+交通、AI+金融、AI+零售、AI+制造仍是投融资集中的关键领域。人工智能顶尖学者主要集中在美国及中国，清华大学AMiner团队发布的《2022年全球最具影响力人工智能学者（AI 2000）分析报告》指出，从数量来看，美国入选的顶尖学者数量最多，为1146人次，占全球总数的57.3%；中国入选的顶尖学者数量位列第二，共计232人次，占全球总数的11.6%。

当前，人工智能发展迎来新一轮热潮。人工智能作为新一轮科技革命和产业变革的重要驱动，已经成为推动产业数字化、智能化的关键力量。在数据、算力、算法等要素的发展驱动下，大模型继续成为人工智能技术创新的焦点。同时，大模型的发展也推动了生成式人工智能技术的快速成熟。2022年，文本生成、图像生成技术领域均取得重大突破。在文本生成领域，OpenAI推出的ChatGPT成为第一个消费级AI爆款应用，可实现接近人类水平的回答能力，同时实现代码编写等高级任务的处理，既带来了人机交互的体验革新，也带动了语言大模型的快速发展。在图像生成领域，Stability AI推出的Stable Diffusion大模型支持输入文本描述生成对应图像，生成图片的效率大幅提高。随着人工智能在企业的大规模应用，人工智能平台正在重塑企业智能化转型的能力底座。人工智能应用的广度和深度不断提升，与实体经济的融合进一步深化，在众多行业陆续形成从技术服务、产品平台到解决方案的完整产业应用，推动传统行业数字化转型和场景智能化升级。预训练大模型迎来发展新阶段，生成式人工智能火爆出圈，人工智能在前沿科学领域已经取得了一系列颠覆性成果，科学智能（AI for Science）将成为人工智能应用的新蓝海。2022年12月，中共中央、国务院印发的《扩大内需战略规划纲要（2022—2035年）》指出，"深入推进国家战略性新兴产业集群发展，建设国家级战略性新兴产业基地。全面提升信息技术产业核心竞争力，推动人工智能、先进通信、集成电路、新型显示、先进计算等技术创新和应用"。

1.2.4 物联网

党的二十大报告明确提出，"加快发展物联网，建设高效顺畅的流通体系，降低物流成本"。2022年，我国物联网产业规模持续增长，产业链持续完善。当前，我国已形成涵盖芯片、模组、终端、软件、平台和服务等环节的较为完整的移动物联网产业链。在2022年全

---

1 资料来源：中国信息通信研究院。

2 资料来源：《2022年AI全景报告》（*State of AI Report*）。

球移动物联网芯片出货量排行前八的厂商中，排名第二至第七的都是中国厂商；在全球移动物联网模组出货量排名前十的厂商中，排名前五的厂商均来自中国，其中移远通信以 38.9% 的份额排名第一，排名前三的中国公司占据了全球市场出货量的一半以上[1]。我国已形成高中低速多网协同发展的物联网覆盖格局，移动物联网终端连接数持续快速提升。截至 2022 年年底，我国 NB-IoT 基站数超过 75.5 万个，实现了全国主要城市乡镇以上区域连续覆盖，4G 基站总数达到 603 万个，实现了全国城乡普遍覆盖，5G 基站总数达到 231.2 万个，已覆盖全部的县城城区，面向不同速率场景需求的多网协同格局已经形成。在用户数量方面，我国移动物联网连接数快速增长。2022 年，在全球首先实现"物超人"，物联网连接数占全球总数的 70%。截至 2022 年年底，我国蜂窝物联网用户规模达 18.45 亿户，年均复合增长率达 28.7%[2]。

物联网既是"新基建"的核心要素，也是数字化转型的关键节点。在关键技术领域，近年来，我国物联网传感器市场规模持续增长，随着数字经济的兴起，物联网操作系统市场规模也大幅提升，2022 年，我国物联网操作系统规模达 7.66 亿美元，年均复合增长率达 13.2%。国内物联网平台将会向更加智能化、安全化、可靠化和高效化的方向发展，为物联网应用的发展提供更加全面、优质的支持。鉴于物联网在各行业领域的业务全流程渗透率不断提高，应用场景也在持续拓展，"无接触"经济形态逐渐构成，产业物联网的市场份额与发展潜力超过消费物联网。物联网正在积极塑造工业生产和消费世界，智能技术已遍及每个业务和消费者领域。随着国家支持力度的不断加码，物联网将得到前所未有的发展。《"十四五"规划》提出，"要推动物联网全面发展，打造支持固移融合、宽窄结合的物联接入能力"。

1.2.5　车联网

国务院印发的《"十四五"现代综合交通运输体系发展规划》明确提出，要"推动车联网部署和应用，支持构建'车—路—交通管理'一体化协作的智能管理系统"。2022 年，我国车联网产业标准体系已初步建立，技术创新能力大幅提升，基础设施建设提速，产业化进程全面加速。我国智能网联汽车在智能座舱、自动驾驶等关键技术领域实现创新突破，促进了我国整车品牌的升级迭代。L2 级别自动驾驶技术成熟应用并进入市场普及期；L4 级别自动驾驶技术不断突破并开展区域性示范；5G、C-V2X 直连通信等车辆联网渗透率和量产车型数量显著增长。车联网通信网络基础设施协同部署，呈现种类多、规模大的特点。车联网新型基础设施伴随应用场景需求变化和商用推广节奏不断演进。"条块结合"先导建设，以 C-V2X 为代表的车联网新型基础设施部署规模显著提升[3]。

车联网作为新一代网络通信技术与汽车、电子、道路交通运输等领域深度融合的新型产业形态，已成为推动汽车制造业高质量发展的重要引擎。路侧感知与计算系统是车联网"感知—计算—通信"能力体系的必要组成部分，正向高集成度、高性能方向发展。车联网平台的技术与产品成熟度持续提升，核心业务逐步明晰，"边缘—区域—中心"多级架构成为行业共识。LTE-V2X 技术标准和产业链基本完备，LTE-V2X 直连通信支持的应用场景达成业

1　资料来源：全球行业分析机构 Counterpoint。

2　资料来源：工业和信息化部。

3　资料来源：《车联网白皮书（2022 年）》，中国信息通信研究院。

界共识。5G 相关技术加速突破，积极探索可支持的车联网应用。车联网正由提供多元化信息服务及驾驶安全与效率提升等预警类应用，逐步向支持实现自动驾驶的协同控制类应用演进，并衍生出交通治理等基于车联网大数据的新型应用。当前，车联网产业已步入以汽车、交通运输行业实际应用需求和市场发展趋势为牵引的车联网小规模部署与先导性应用实践的新阶段，面临着跨行业深度融合、跨区域基础设施部署、规模化应用价值挖掘等方面的挑战。国务院安全生产委员会办公室印发的《"十四五"全国道路交通安全规划》提出，"深化道路交通联网联控技术应用，推进城市交通精细组织，加快部署蜂窝车联网（C-V2X），推动交通设施网联化改造，加强交通信号联网联控，强化交通出行诱导服务"，"推动可信数字身份在车联网、自动驾驶技术等方面的应用"。

1.2.6 区块链

《"十四五"规划》将区块链作为新兴数字产业之一，提出"推动智能合约、共识算法、加密算法、分布式系统等区块链技术创新，以联盟链为重点发展区块链服务平台和金融科技、供应链管理、政务服务等领域应用方案，完善监管机制"。2022 年，我国区块链产业已初步形成较完善的产业链条，供给主体从不同维度推动产业落地，与各行业融合发展。龙头企业是稳定我国区块链产业发展的压舱石。2022 年福布斯区块链榜单显示，中国企业在世界 50 强中的占比从 2019 年的 4% 增长至 2022 年的 14%，年均复合增长率达 52%，包括蚂蚁金服、百度、中国建设银行、中国工商银行、平安集团、腾讯和微众银行等 7 家互联网巨头及银行机构。中小企业已经成为激发我国区块链产业发展活力的重要力量。我国已经形成了一批技术能力强、获投金额较高的区块链中小企业。区块链技术日渐成熟的应用催生了新业态，给中小企业带来了新的发展机遇；中小企业也为我国区块链产业发展注入了源源不断的动能，促进我国区块链产业更加活跃和壮大[1]。

2022 年，区块链技术在经济社会数字化转型当中扮演了重要角色，国家、行业、企业各方高度重视区块链发展。我国对区块链基础设施的支持力度持续增加，29 个省（自治区、直辖市）基于《"十四五"规划》《"十四五"数字经济发展规划》等提出的数字经济发展和区块链技术创新的指导方向，在资金、政策、产业、应用层面推出了一系列的政策支持。在关键技术领域，一是区块链技术不断发展，技术门槛不断拉低，企业对特定区块链底层平台的依赖开始降低，自研底层联盟链不断增加；二是开放联盟链综合了联盟链与公有链的能力优势，推动联盟链走向开放共享新阶段；三是国内大中型企业在安全防护方面更加精细，制定了不同安全风险等级的应急预案，与专业安全公司进行合作，进一步完善安全防护能力。2022 年，我国基本形成完善的区块链产业链，各行业主体不断促进区块链技术与本行业深度融合，同时衍生出数字藏品、元宇宙等新业态、新模式，推动产业链不断延伸。当前，区块链产业已步入"信任链""协作链"的新发展阶段，为推动各行业供需有效对接、保障生产要素有序高效流动、探索数字经济模式创新构筑可信底座。国务院办公厅印发的《全国一体化政务大数据体系建设指南》提到，要"积极运用云计算、区块链、人工智能等技术提升数据治理和服务能力，加快政府数字化转型，提供更多数字化服务，推动实现决策科学化、管

---

1 资料来源：《区块链白皮书（2022 年）》，中国信息通信研究院。

理精准化、服务智能化"。同时还提出"建设全国标准统一的政务区块链服务体系，推动'区块链+政务服务''区块链+政务数据共享''区块链+社会治理'等场景应用创新"。

1.2.7　元宇宙

国务院印发的《"十四五"数字经济发展规划》明确将重点发展七大数字经济产业，同时也是元宇宙核心产业，包括云计算、大数据、物联网、工业互联网、区块链、人工智能、虚拟现实和增强现实；同时明确表示要"创新发展'云生活'服务，深化人工智能、虚拟现实、8K 高清视频等技术的融合，拓展社交、购物、娱乐、展览等领域的应用，促进生活消费品质升级"。2022 年，元宇宙的发展仍处于萌芽期。元宇宙发展愿景具备极大的想象空间，概念走在技术积累与产业实践前，技术创新、用户体验、经济活动等协同演进、动态发展。目前，不同行业在进行一些技术单点的线上化、数字化与虚拟化的尝试，但产业基础相对薄弱，场景落地仍有很多现实瓶颈需要突破。此外，元宇宙企业发展现状并不尽如人意。例如，被称为元宇宙第一股的 Roblox 最高市值达到 800 亿美元峰值，现已回落至 160 亿美元。工业元宇宙是元宇宙的重要应用领域，从整体上看，我国工业元宇宙仍处于发展初期。未来，随着应用探索和技术创新的不断展开，工业元宇宙将逐渐走向成熟。

元宇宙作为数字经济未来发展的重要载体，承载着数字经济的新场景、新应用和新生态，是推动数字经济高质量发展的关键力量。在关键技术领域，元宇宙是基于虚拟现实、人工智能、区块链、数字孪生等多种信息技术的有机结合，构建出沉浸式、虚实融合的数字网络空间。其中，VR/AR 终端、3D 沉浸影音、虚拟人、沉浸式计算平台是打造沉浸体验的关键支撑技术。当前，VR/AR 终端产业规模发展仍在初期，2022 年我国 VR/AR 设备出货量超过110 万台，其中 VR 设备作为主导部分，比重超过 95%，市场仍存在较大发展潜力，与此同时，元宇宙的兴起也为 VR/AR 终端市场带来新的机遇，微软、谷歌、高通、腾讯、华为、字节跳动等国内外 ICT 巨头均加大对 VR/AR 终端的投入。在数字内容与技术的双轴驱动下，元宇宙正面向多个行业加速渗透，展现巨大的应用价值前景。中共中央、国务院印发的《数字中国建设整体布局规划》提出，"普及数字生活智能化，打造智慧便民生活圈、新型数字消费业态、面向未来的智能化沉浸式服务体验"。

1.3　中国互联网细分领域发展概况

1.3.1　网络音视频

中共中央办公厅、国务院办公厅印发的《"十四五"文化发展规划》指出，"鼓励文化单位和广大网民依托网络平台依法进行文化创作表达，推出更多优秀的网络文学、综艺、影视、动漫、音乐、体育、游戏产品和数字出版产品、服务，推出更多高品质的短视频、网络剧、网络纪录片等网络视听节目，发展积极健康的网络文化。实施网络精品出版、网络音乐产业扶持计划。加强各类网络文化创作生产平台建设，鼓励对网络原创作品进行多层次开发，引导和规范网络直播等健康发展"。2022 年，全国网络视听行业收入达 4419.80 亿元，同比增长22.95%。其中，用户付费、节目版权等服务收入大幅增长，达 1209.38 亿元，同比增长24.16%；

短视频、电商直播等其他收入增长迅速，达3210.42亿元，同比增长22.51%。短视频平台已经成为用户获取新闻资讯的首要渠道。2022年，泛网络视听产业市场规模为7274.4亿元，同比增长4.4%[1]。短视频领域市场规模达到2928.3亿元，占比为40.3%，短视频用户规模持续增长，截至2022年年底，我国网络视频（含短视频）用户规模达10.31亿人，占网民整体的96.5%；其次是网络直播领域，市场规模为1249.6亿元，占比为17.2%，成为拉动网络视听行业市场规模的重要力量。

习近平总书记指出，"要顺应数字产业化和产业数字化发展趋势，加快发展新型文化业态，改造提升传统文化业态，提高质量效益和核心竞争力"。当前，文化产业与互联网融合发展方兴未艾，基于互联网的网络文化产业新业态、新模式应运而生，以网络视频、网络直播、网络音乐、网络文学等为代表的网络文化产品大量涌现。2022年，我国网络视听产业稳健发展。在综合视频领域，从商业模式看，以联合会员为典型的资源互换已成为存量竞争阶段的一种必然选择；从内容看，各大平台的知识区持续多年高速增长，涌现出一大批粉丝超千万、单条视频流量过亿的超头部视频创作者，不但进一步提升了我国的教育机会均等化水平，还将用户的内容价值取向从"好看""有趣"升华为"有用"新标准。在短视频领域，抖音系、快手系应用在流量和黏性方面均占据头部地位，行业竞争格局基本稳定。在网络直播领域，2022年网络直播用户达7.51亿人，成为仅次于短视频的网络视听第二大应用。网络直播已经深入娱乐、教育、商业等多个领域，未来发展前景广阔。在网络音频领域，网络音频用户达6.92亿人，市场规模突破310亿元，用户规模和用户价值都极具潜力；从收入结构看，音频平台的主要收入来源为广告投放、版权售卖、订阅、直播等；从内容偏好看，知识、职场类内容更能引起用户的消费兴趣，占比分别高达53.6%和48.9%[2]。当前，面对盈利压力，头部视频平台不断探索降本增效的新路径，转向平台独播与跨平台联播、拼播相结合的模式，进一步压缩成本、分担风险。音视频平台瞄准未来核心用户的需求，在XR、AI等技术应用的基础上不断深化内容创作和形式升级，向新用户迈进。国家广播电视总局印发的《全国广播电视和网络视听"十四五"人才发展规划》指出，"紧紧围绕构建大视听发展格局、全面推进未来电视发展，着力提高行业人才核心竞争力，发挥高层次人才的引领作用，打造支撑高质量发展的广播电视和网络视听人才梯队。大力培养引进一大批站在大数据、云计算、物联网、区块链、人工智能、元宇宙等科技发展最前沿，进行方向性、全局性、前瞻性思考，掌握未来电视技术走向的战略科学家"。

1.3.2 数字政府

2022年的《政府工作报告》提出，"加强数字政府建设，推动政务数据共享，进一步压减各类证明事项，扩大'跨省通办'范围，基本实现电子证照互通互认，便利企业跨区域经营，加快解决群众关切事项的异地办理问题"。2022年，我国数字政府服务能力水平进一步提升，数字政府建设现已进入全面改革、深化提升的关键阶段。《2022联合国电子政务调查报告》显示，我国电子政务发展指数从2020年的0.7948提高到2022年的0.8119，电子政务

---

1 资料来源：《2023中国网络视听发展研究报告》，第十届中国网络视听大会。
2 资料来源：赛立信融媒研究院。

水平在 193 个联合国会员国中排名第 43 位，是自该报告发布以来的最高水平，也是全球增幅最大的国家之一[1]。

数字政府建设是建设网络强国、数字中国的基础性和先导性工程，是数字时代推进中国式现代化的重要引擎。加强数字政府建设是党中央、国务院深刻把握数字时代发展趋势，从全局和战略高度作出的重大决策部署。具体来看，在一网协同建设方面，截至 2022 年年底，浙江、广东、江西、北京、重庆等省份已建成政府协同办公平台并上线运行。在政府网站建设方面，我国共有政府网站 13946 个[2]，主要包括政府门户网站和部门网站。相比于 2021 年同期，政府网站数量进一步缩减。在一网通办建设方面，数字服务渠道更加多样便捷。截至 2022 年年底，我国除台湾省外的 31 个省（自治区、直辖市）均已开通政务微博；全国政务小程序数量达到 9.5 万个，同比增长 20%，超过 85% 的用户在日常生活、出行办事中使用政务微信小程序办理政务服务[3]。在一网统管建设方面，国家及地方高度重视"雪亮工程""智慧公安"等社会管理项目规划及建设工作，截至 2022 年年底，全国共建成 25.6 万个智能安防社区，其中智慧安防小区 77.8 万个，有力提升了社会治安防控体系的立体化、信息化水平[4]。在一体化服务能力建设方面，全国一体化政务大数据体系加速构建。2022 年 9 月，国务院发布了《全国一体化政务大数据体系建设指南》，对《国务院关于加强数字政府建设的指导意见》中数据资源体系建设部分进行深化部署，绘制了我国政务大数据体系建设的"工程图样"和"任务清单"。与此同时，全国一体化政务服务平台政务服务总枢纽作用不断强化。截至 2022 年年底，全国一体化政务服务平台实名用户超过 10 亿人，其中国家政务服务平台注册用户 8.08 亿人，总使用量超过 850 亿人次[5]。2023 年的《政府工作报告》提出，"不断优化服务，推进政务服务集成办理，压减各类证明事项，加快数字政府建设，90% 以上的政务服务实现网上可办，户籍证明、社保转接等 200 多项群众经常办理事项实现跨省通办"。

1.3.3   电子商务

党的二十大报告提出，"推动货物贸易优化升级，创新服务贸易发展机制，发展数字贸易，加快建设贸易强国"。2022 年，我国电子商务市场规模继续保持增长态势，电子商务交易额达到 43.83 万亿元，同比增长 3.50%。随着 2022 年年底我国全面放开疫情管控，线下消费需求逐渐恢复，但线上消费仍保持较高的活跃度。受国内整体消费环境的影响，网络零售市场规模增长趋势放缓，网上零售额达 13.79 万亿元，同比增长 4%；全国农产品网络零售额达 5313.8 亿元，同比增长 9.2%。跨境电商进出口（含 B2B）额达 2.11 万亿元，同比增长 9.8%。其中，出口额达 1.55 万亿元，同比增长 11.7%；进口额 0.56 万亿元，同比增长 4.9%。跨境电商业务规模的增长，推动了海外直运和加工贸易电商的发展。移动互联网、大数据、云计算、物联网等新技术在物流领域广泛应用，网络货运、数字仓库、无接触配送等"互联网+"

1　资料来源：《2022 联合国电子政务调查报告》，中共中央党校。

2　资料来源：《第 51 次中国互联网络发展状况统计报告》，中国互联网络信息中心。

3　资料来源：《2023 行业突围与复苏潜力报告》。

4　资料来源：《公安部：推进智能化防控，全国已建成 25.6 万个智能安防社区》，法安网。

5　资料来源：《第 51 次中国互联网络发展状况统计报告》，中国互联网络信息中心。

高效物流新模式、新业态不断涌现。我国海外仓布局持续优化，2022年海外仓数量超过2000个，面积超过1600万平方米，充分发挥了跨境物流的保障作用。总体来看，电子商务总体发展势头依然强劲。

我国已连续10年保持全球规模最大的网络零售市场地位，立足实施扩大内需战略，电子商务创新发展将继续为我国消费市场成长壮大提供重要动力。2022年，新模式和新元素仍是电商市场的关键发展方向，内容电商和直播电商等新业态继续扩大市场份额，成为电商企业的重要增长点。同时，社区团购等本地化电商模式得到更广泛的应用和推广，为消费者提供更便捷的购物服务。新零售正成为电商、零售、物流、商业地产等众多行业发展的风向标。电商直播发展日趋成熟，直播电商向货架电商靠拢，内容和电商走向共生模式，不断拓展业务边界，驱动业务增长；短视频平台持续拓展电商业务，"内容+电商"的种草变现模式已深度影响用户消费习惯。短视频与电商的加速融合，逐步完善了电商产业生态，为电商产业多模式发展注入新活力；我国农村电商行业受到各级政府的高度重视和国家产业政策的重点支持。新冠疫情促使更多消费者线上消费，电商交易规模的不断增长及品牌方之间的竞争越发激烈，越能推动代运营服务需求增加。电商代运营行业经过多年的积累摸索，已经走向专业化、集中化。2023年的《政府工作报告》指出，"发展外贸新业态，新设152个跨境电商综合试验区，支持建设一批海外仓"，同时指出"全面深化服务贸易创新发展试点，推出跨境服务贸易负面清单"。

1.3.4　网络游戏

《"十四五"规划》提出，"实施文化产业数字化战略，加快发展新型文化企业、文化业态、文化消费模式，壮大数字创意、网络视听、数字出版、数字娱乐、线上演播等产业"，同时指出"积极发展对外文化贸易，开拓海外文化市场，鼓励优秀传统文化产品和影视剧、游戏等数字文化产品'走出去'，加强国家文化出口基地建设"。2022年，我国网络游戏市场规模达到3297.6亿元，同比下降9.6%；网络游戏用户规模达到7.08亿人，同比下降0.3%。从细分领域看，2022年我国移动游戏市场规模达到2539.5亿元，同比下降12.1%；在整体市场萎靡的情况下，客户端游戏市场实现了逆市上涨，达到715.3亿元，同比增长3.2%；网页游戏市场已连续五年萎缩，从2017年的167.1亿元降至2022年的42.9亿元；受游戏市场下降、线下赛事活动减少等因素影响，电子竞技市场规模达到1356.2亿元，同比下降15.1%。总体来看，2022年游戏产业发展虽然面临挑战，但整体舆情平稳正向、积极向好[1]。

近年来，游戏产业积极推进高质量发展，在经济、文化、科技、人文各领域持续产生影响、发挥作用，已经成为国家文化产业和文化事业的重要组成部分。中共中央办公厅、国务院办公厅印发的《"十四五"文化发展规划》指出，要"把先进科技作为文化产业发展的战略支撑，建立健全文化科技融合创新体系"。网络游戏产品作为一种文化软产品，其产品研发和运营过程就是人工智能、数字建模、计算机图形学、大数据、拟真仿生等高新技术与文化创意相结合的过程。2022年，游戏行业积极响应、贯彻落实主管部门的各项工作要求，进一步强化未成年人保护工作力度。目前，我国游戏行业正处于承压蓄力阶段。在全球宏观经济下行压力持续加大的背景下，国内外消费市场均呈现相对疲软的态势，间接导致国内及海

---

1 资料来源：《2022年游戏产业舆情生态报告》，中国音像与数字出版协会。

外主要游戏市场出现普遍下滑，从而加大了游戏企业的竞争压力，因此，游戏企业需要进一步进行精益化运营。近年来，在监管部门的积极引导和支持下，游戏企业开始回归技术本身，探索将游戏相关的技术与文旅文博、工业数字化、文化传播、医疗卫生等领域相结合的项目，以期通过技术赋能各行各业，实现游戏价值升级。从游戏产业发展的趋势看，人工智能生成内容（AIGC）技术将迎来爆发性发展。未来，业绩分化仍将是中国游戏产业的主要特征，且有愈加显著的趋势。IP 联动有望成为游戏 IP 发展的重要方向，游戏的跨界融合效应会进一步增强。《"十四五"数字经济发展规划》指出，"加强超高清电视普及应用，发展互动视频、沉浸式视频、云游戏等新业态"。

1.3.5　网络教育

党的二十大报告明确将"推进教育数字化，建设全民终身学习的学习型社会、学习型大国"作为加快建设教育强国的重要任务。2022 年，在线教育国家队主阵地作用日渐显著。国家智慧教育公共服务平台的上线运行是教育数字化战略行动取得的重大成果之一，当前基本建成世界第一大教育教学资源库。与此同时，高等教育、职业教育、教师素养等领域的在线教育发展成绩斐然。高等教育着力提升数字化应用能力，持续加大慕课建设力度，经过 10 年探索实践，慕课已成为我国高等教育新名片。2022 年，资本市场对于在线教育的信心有所恢复，在线教育企业继续转型发展，拓展素质教育、智慧教育、教育智能硬件、海外业务、直播带货等业务领域。

教育数字化转型既是数字中国、网络强国的重要组成部分，也是推动教育高质量发展和教育生态变革的重要抓手。2022 年，国家和地方教育数字化转型工作全面启动；同时，我国作为联合主办方举办和参与了多场与数字化相关的世界教育大会，网络教育的中国方案密集亮相于世界舞台，为推动全球智慧教育发展贡献了智慧和力量；此外，我国在线教育、网络安全、校外培训、未成年人保护等领域国家和地方政策陆续发布实施，网络教育治理实效逐步显现，治理范围不断扩大，治理层次不断深化。2022 年，我国数字教育融资总额达到13.4 亿元，同比下降 90.50%，不足 2021 年融资总额 141 亿元的一成。"双减"实施一年来，主要在线教育服务商纷纷挤入智能硬件赛道。2022 年，中国消费级教育智能硬件市场规模为431 亿元，同比增长 22.1%。职业教育行业红利持续释放。在政策方面，2022 年全年国家发布的所有政策中，职业及成人教育数量最多，占年度所有发文比例的 28.75%。行业头部企业实现扭亏为盈。在线教育初创企业不断涌现，素质教育市场细分程度进一步加深；"元宇宙+教育"成为在线教育领域产、学、研各方关注的新热点、新方向。2022 年 1 月，国务院发布的《"十四五"数字经济发展规划》明确提出，"深入推进智慧教育。推进教育新型基础设施建设，构建高质量教育支撑体系。深入推进智慧教育示范区建设，进一步完善国家数字教育资源公共服务体系，提升在线教育支撑服务能力，推动'互联网+教育'持续健康发展，充分依托互联网、广播电视网等渠道推进优质教育资源覆盖农村及偏远地区学校"。

1.3.6　网络金融

《"十四五"规划》提出，"稳妥发展金融科技，加快金融机构数字化转型。强化监管科技运用和金融创新风险评估，探索建立创新产品纠偏和暂停机制"。2022 年，我国互联网金融呈现快速发展趋势，随着我国互联网金融体系的健全，互联网金融整体处于良好发展态势。2022年，中国工商银行、中国建设银行、中国农业银行、中国银行、交通银行、中国邮政储蓄银行在金融科技领域投入总额超过千亿元，平均约占总营业收入的3.0%，增速显著。同时，机构网点场景化、数字化转型加快服务效能提升。金融机构将大数据、AI、人脸识别等新兴技术手段应用于网点运营的多个场景和流程中，包括平台建设、业务流程设计、自助设备智能化升级等，使网点资源利用效率显著提升。2022年，全球金融科技行业投融资事件总次数为3294次，总金额为1681亿美元。就国内而言，金融科技行业投融资集中在北京、上海、深圳、广州、香港、杭州等金融业相对发达的城市；受整体经济形势的影响，下一阶段金融科技领域的创新企业、创新项目、投融资机构会进一步聚焦于支持金融业服务实体经济的大局战略。

"十四五"时期，我国数字经济转向深化应用、规范发展、普惠共享的新阶段，金融科技作为数字经济在金融业的核心呈现形式，也迎来了新的发展机遇。在移动支付领域，2022年，跨境支付利好政策频出，跨境支付数字化探索持续推进。移动支付用户规模、支付规模均逐渐扩大，第三方支付成为重要组成部分。在消费金融与互联网贷款领域，数字科技在推动消费信贷线上标准化方面作用明显，使得消费金融业务开展的成本持续降低。目前，消费金融行业已实现了从银行为绝对主体转变为银行、消费金融公司与互金平台多元发展格局和从传统人力驱动到当下科技驱动的行业变革式发展。数字人民币各项研发试点工作扎实推进，中国人民银行先后选择15个省份的部分地区开展数字人民币试点，并综合评估确定了10家指定运营机构，其中开展试点最早的深圳、苏州、雄安、成都四地，将适时推动试点范围逐步扩大到全省。我国数字支付规模保持稳步增长，非银支付市场格局发生明显变化，支付反垄断取得一定成效，支付的连接作用持续发挥，便民、助企的场景更加丰富。2022年，我国供应链金融市场规模达到32.2万亿元，未来，我国供应链金融行业市场规模将进一步扩大。我国互联网理财行业持续快速发展，行业未来发展趋势日趋多元化和智能化。随着移动互联网和大数据技术的普及，互联网保险已经成为消费者购买保险的主要渠道之一，行业具有广阔的发展前景。近年来，我国征信业的对外开放步伐日益加快，党中央、国务院作出了一系列部署，完成了全国统一的征信系统建设。未来，随着网络安全和数据保护基础法律的"三驾马车"进一步实施，金融业进入了数据安全和网络安全快速并行发展的新周期。一方面，金融数据安全合规进入强监管阶段，保护数据安全成为金融机构数据治理的首要任务；另一方面，金融机构对数据安全治理和隐私保护的需求将更加广阔，数据安全保护的技术成为金融科技企业创新的热点方向。在新的发展形势下，金融科技对社会经济的发展作用更加凸显，助力高质量发展。中国人民银行印发的《金融科技发展规划（2022—2025年）》指出，"金融业要凝心聚力、砥砺奋进，不断破解发展瓶颈和难题，推动我国金融科技从'立柱架梁'全面迈入'积厚成势'新阶段。力争到2025年，整体水平与核心竞争力实现跨越式提升，数据要素价值充分释放、数字化转型高质量推进、金融科技治理体系日臻完善、关键核心技术应用更为深化、数字基础设施建设更加先进，以'数字、智慧、绿色、公平'为特征的金融服务能力全面加强，有力支撑创新驱动发展、数字经济、乡村振兴、碳达峰碳中和等战略实施，走出具有中国特色与国际接轨的金融数字化之路，助力经济社会全面奔向数字化、智能化发展新时代"。

1.3.7　工业互联网

党的二十大报告指出，"坚持把发展经济的着力点放在实体经济上，推进新型工业化，加快建设制造强国、质量强国、航天强国、交通强国、网络强国、数字中国"，这为工业互联网的发展指明了前进方向，提供了根本遵循。2022 年，我国工业互联网产业发展态势良好，产业规模进一步壮大，工业互联网产业规模达到 12261 亿元，同比增长 13.2%。时间敏感网络（TSN）、5G、边缘计算等新技术加快在企业内网改造中应用部署，全国各地在建 "5G+工业互联网" 项目超过 4000 个，已覆盖 41 个国民经济大类。全国 "5G+工业互联网" 发展已形成以长三角地区、粤港澳地区为引领，向京津冀地区、西部地区和东北老工业基地延伸的 "东中西" 梯次推进的全新发展格局。以国家顶级节点 "5+2" 架构为核心的工业互联网标识解析体系全面建成，标识覆盖汽车制造、电子信息制造、高端装备制造等 39 个重点行业，截至 2022 年年底，标识注册总量超过 2342 亿个，国家顶级节点日解析量达 1.4 亿次，灾备节点已为 22 个行业、52 家工业企业提供托管服务，工业互联网标识解析体系正在进入规模化发展新阶段。

工业互联网是第四次工业革命的重要基石，发展工业互联网是我国制造业数字化转型升级、实现高质量发展的基本路径，也是加快推进新型工业化历史进程的关键驱动力。2022 年，我国工业互联网网络、平台、安全三大体系建设成效显著。在网络方面，高质量外网覆盖范围持续扩大，在地级行政区覆盖率达 89.7%，时间敏感网络、5G、边缘计算等在企业内网改造中加快应用，"5G+工业互联网" 已从生产外围辅助环节向生产中心控制环节加速迈进，应用深度与广度持续提升。在平台方面，我国工业互联网平台正在从起步探索期向规模化推广期迈进，工业互联网平台规模与覆盖范围正在加速扩张，具有一定影响力的工业互联网平台数量超过 150 家，其中国家级 "双跨" 平台数量扩容至 28 家，服务企业数量突破 720 万家。在安全方面，我国工业互联网安全工作步入落地深耕新阶段，分类分级管理不断深入，政府、行业、产业协同推进格局进一步形成。面对日益严峻的工业领域网络安全形势，产业各方充分发挥各自优势，不断加大安全技术保障力度，产业支撑体系加速构建。工业互联网融合应用加速从 "点状探索阶段" 向 "规模普及阶段" 迈进，工业互联网在智能工厂建设、数字供应链建设、行业数字化转型及中小企业数字化转型等不同领域、不同层次的应用呈现出新的发展趋势。2023 年的《政府工作报告》提出，"支持工业互联网发展，有力促进了制造业数字化智能化"。

1.4　中国互联网安全与治理概况

1.4.1　互联网政策法规

《法治中国建设规划（2020—2025 年）》提出，要"加强信息技术领域立法，及时跟进研究数字经济、互联网金融、人工智能、大数据、云计算等相关法律制度，抓紧补齐短板"。习近平总书记强调，"要加强国家安全、科技创新、公共卫生、生物安全、生态文明、防范风险等重要领域立法，加强民生领域立法，努力健全国家治理急需、满足人民日益增长的美好生活需要必备的法律制度"。2022 年，我国互联网领域立法顶层设计不断完善，基础性法律规范顺利出台，数字经济、数字社会、数字政府协同推进，传统产业、新兴技术、新兴产业稳中向好。与此同时，网络安全、数据安全、个人信息保护等方面的立法监管日益清晰，反垄断、反不正当竞争、信息服务监管体系完善，互联网络立法基本框架体系已经初步形成[1]。

法律是治国重器，良法是善治前提。网络法治建设是全面依法治国的时代课题。2022 年，我国依法治网深入推进，中国特色网络法治体系不断完善。具体来看，我国数据治理体系纵深发展，配套措施加速出台，数字中国建设法治保障进一步夯实。在数字经济领域，国务院发布《关于印发〈"十四五"数字经济发展规划〉的通知》，旨在不断做强做优做大我国数字经济；中共中央、国务院正式发布《关于构建数据基础制度更好发挥数据要素作用的意见》，以二十条政策对构建我国数据基础制度进行了全面部署。在数字政府领域，国务院正式印发《关于加强数字政府建设的指导意见》，旨在构建数字化、智能化的政府运行新形态。在互联网平台责任监管方面，我国聚焦平台内容和用户监管、平台垄断与不正当竞争规制等内容，进一步完善了相关立法。中共中央、国务院发布的《关于加快建设全国统一大市场的意见》提出，建设高效规范、公平竞争、充分开放的全国统一大市场，要求加快推动反垄断法和反不正当竞争法修改，加强全链条竞争监管执法，以保障公平竞争。在网络安全制度建设方面，我国不断完善网络安全法律制度，持续加强关键信息基础设施安全保障，制定、修改网络安全与基础设施保护领域的法律、规章。国家互联网信息办公室等十三部门联合修订发布《网络安全审查办法》，旨在确保关键信息基础设施供应链安全，保障网络安全和数据安全，维护国家安全。与此同时，我国持续探索构建新技术、新业务的法律治理规则，重点行业的互联网立法不断创新，促进网络信息惠民、便民、利民。国务院新闻办公室发布的《新时代的中国网络法治建设》白皮书指出，"在全面建设社会主义现代化国家新征程上，中国将始终坚持全面依法治国、依法治网的理念，推动互联网依法有序健康运行，以法治力量护航数字中国高质量发展，为网络强国建设提供坚实的法治保障"。

1.4.2　互联网治理

党的二十大报告指出，要"健全网络综合治理体系，推动形成良好网络生态"，为新时代、新征程网络综合治理指出了明确方向。2022 年，我国网络治理体系日臻完善，网络综合治理已经成为中国式现代化国家治理的关键一环。我国网络治理坚持以政府为主导，以企业、技术平台、媒体、用户、行业组织等为网络安全治理的重要主体，借助开放、平等、交互等互联网特征，认知方式、创新体系等在一定程度上实现跨界融合。具体来看，政府部门继续深化各项监管举措，重点解决互联网发展过程中出现的安全隐患，落实以人民为中心的发展理念，主动回应民众的需求，追踪网络治理热点问题，进一步构建全方位的治理体系和治理格局；互联网行业协会进一步引导互联网企业依法合规经营，维护公平有序的市场环境，营造健康和谐的行业发展生态；与此同时，各互联网企业和平台加强自身建设，贡献平台治理力量；此外，违法和不良信息举报中心新增了涉网络暴力、网络文化产品有害信息、未成年人网上有害信息举报专区。在社会监督方面，2022 年，中国互联网联合辟谣平台全年共受理

---

1 资料来源：《网络立法白皮书（2022 年）》，中国信息通信研究院。

网络谣言举报信息 3 万余条，汇集谣言样本和辟谣数据 2.45 万条，共发布各类辟谣稿件 1.31 万篇，推出了 12 期"打击网络谣言，共建清朗家园"。在民众维权方面，全国公安机关积极回应社会关切，针对一系列网络侵权及损害网民权益的行为进行整治。

习近平总书记指出，"网信工作涉及众多领域，要加强统筹协调、实施综合治理，形成强大工作合力"。2022 年，我国在数字法治建设领域取得了一系列成就，在网络执法规范、信息跨境管理、规范网络经营等方面发布多项与网络治理相关的规范条例。与此同时，我国深入开展专项整治行动，2022 年"清朗"系列专项行动聚焦以下重点任务：打击网络谣言，整治多频道网络（MCN）机构信息内容乱象，整治网络直播、短视频领域乱象，整治应用程序信息服务乱象，规范传播秩序，算法综合治理，整治春节期间网络环境，整治暑期未成年人网络环境；中央网信办特别针对各类网络谣言进行溯源，对发布谣言的账号进行处置。此外，网络宣教是加强网络治理的重要举措，不同于专项整治行动等硬性执法行为，网络宣教通过举办特色鲜明的主题活动，吸引各治理主体加入其中，提升网络综合治理能力。网络宣教由多部门紧密配合、协同联动，组织开展了形式多样、内容丰富的宣传教育活动。2022 年，将党的领导充分贯彻到网信事业的各个方面，在顶层设计、战略规划、政策颁布等方面发挥核心引领作用。在治理体系上，注重完善涵盖正能量传播、内容管控、社会协同、网络法治、技术治网等方面的网络综合治理体系，推动网络治理由事后管理向过程治理转变、多头管理向协同治理转变，加强治网管网各部门信息通报、协同处置，不断优化互联网发展的政策、法律法规和市场环境。中央网络安全和信息化委员会印发的《"十四五"国家信息化规划》指出，"鼓励社会主体依法参与网络内容共治共管，畅通社会监督、受理、处罚、反馈、激励闭环流程，激活社会共治积极性。大力弘扬社会主义核心价值观，拓展多元化网络宣传平台和渠道，加强正能量信息宣传，营造风清气正的网络空间"。

1.4.3　网络安全

《"十四五"规划》指出，"加强网络安全基础设施建设，强化跨领域网络安全信息共享和工作协同，提升网络安全威胁发现、监测预警、应急指挥、攻击溯源能力。加强网络安全关键技术研发，加快人工智能安全技术创新，提升网络安全产业综合竞争力。加强网络安全宣传教育和人才培养"。2022 年，我国网络安全产业处于快速成长期，网络安全产业规模接近 2200 亿元[1]；从长期发展趋势来看，近五年我国产业规模平均增速高出全球 4～5 个百分点[2]，产业发展活力显著增强。各地区网络安全市场稳步发展，区域市场格局基本形成。重要行业的安全能力构建正在加速推进，拉动相关安全建设投资增长。我国网络安全企业紧跟安全技术发展浪潮，锻造自身技术产品优势，相关研发投入高速增长，头部企业 2020—2022 年研发费用平均增速超过 30%[3]。数据安全、工业互联网安全相关技术产品成为网络安全企业

---

1 产业规模数据以国家统计局、工业和信息化部等相关单位公布的网络安全收入或增加值相关数据为基础，通过中国信息通信研究院网络安全产业规模测算框架进行综合测算得出。若相关基础数据由于规模以上入统企业数量或企业年度审计数据变动等原因发生调整，则后续将对相关测算数据进行同步调整。

2 数据来源：根据中国信息通信研究院、Gartner 发布的数据综合计算得出。

3 数据来源：中国信息通信研究院根据公开资料计算得出。

2023—2025 年重点研发方向。

网络安全产业作为新兴数字产业，是维护国家网络空间安全和发展利益的网络安全技术、产品生产和服务活动，是建设制造强国和网络强国的基础保障。党的二十大报告提出"以新安全格局保障新发展格局"，强调在"加快建设数字中国、加快发展数字经济"的同时，要"推进国家安全体系和能力现代化，坚决维护国家安全和社会稳定"。当前，数字基础设施建设实现跨越式发展，云计算、大数据、人工智能等新技术快速普及应用，有组织的网络攻击越发频繁，勒索软件攻击持续活跃，对经济发展和社会稳定甚至国家安全的威胁影响逐渐扩大。筑牢网络安全防线是实现互联网健康发展的重要前提和基础。伴随数字化深入发展，数字时代安全的基础性、全局性地位持续凸显，数字安全逐渐成为战略趋势，是保障线上网络安全治理和线下经济社会稳定运行的核心动力源。2022 年，国务院印发《"十四五"数字经济发展规划》，提出着力强化数字经济安全体系，保障数字经济发展安全。与此同时，我国在构建多层次数据安全法律体系的基础上，大力推动《数据安全法》落地实施，在现有制度框架的基础上探索构建精细化的数据安全治理能力。2022 年 12 月，中共中央、国务院印发了《关于构建数据基础制度更好发挥数据要素作用的意见》，强调建立安全可控、弹性包容的数据要素治理制度。此外，制造业数字化转型加速工业互联网安全体系化布局，工业互联网融合应用向行业拓展，安全体系建设步伐加速。车联网安全管理加快落地推进，政策和标准体系逐步完善。2023 年的《政府工作报告》提出，"加强网络、数据安全和个人信息保护"。

1.4.4 网络投融资

2022 年的《政府工作报告》指出，要"加强和创新监管，反垄断和防止资本无序扩张，维护公平竞争"。2022 年，我国一级市场投资交易平均单笔金额为 1.43 亿元，但受世界经济形势不确定性加剧、国内新冠疫情反复等情况影响，2022 年投资机构的投资热情有较大幅度降温。2022 年，我国新经济一级市场投资交易事件数量共 5213 起，同比下降 31%，新经济投资总额为 7446.2 亿元，同比下降 48%。我国互联网领域共发生投融资案例 1949 笔，同比下降 16.1%；披露的总交易金额为 104.3 亿美元，同比下降幅度较大。我国上市互联网企业营收总计 4 万亿元。其中，2022 年第四季度上市互联网企业总营收达 10815 亿元，同比增长 6.3%。我国规模以上互联网和相关服务企业实现利润总额 1415 亿元，同比增长 3.3%。总体来看，在面临多重因素的冲击下，互联网企业承压而上、克难前行，在追寻长期竞争优势和长期发展中逐渐找到自身方向，呈现逆势增长的良好状态。

当前，互联网行业处于平台反垄断和反不正当竞争的监管合规转型过程中，互联网新增流量红利减弱，加之全球经济下行风险升高，以及复杂的国际环境及新冠疫情反复，我国互联网行业并购承压加剧。2022 年，我国互联网行业共发生 49 起并购事件，同比下降 42%；我国互联网并购金额达 104 亿元，同比减少 200 亿元以上，互联网行业并购活跃度相对较低。伴随国内形势日趋平稳、政策企稳及中国经济稳步复苏重振市场信心，企业业绩向好释放行业复苏信号，上市互联网企业市值稳步回升。截至 2022 年年底，我国 206 家上市互联网企业总市值为 10.3 万亿元，较上季度环比增长 17%，共 11 家企业跻身全球互联网企业市值前三十强。截至 2022 年年底，我国市值排名前 10 位的互联网企业市值合计为 8.1 万亿元，同比下降 14.7%。2022 年，我国互联网 IPO 活动同样放缓。伴随着美国经济衰退和美国的一些政策变动等影响因素，2022 年中国公司赴美上市数量减少，转身投向了欧洲。2023 年的《政府工作报告》提出，"加强反垄断和反不正当竞争，全面落实公平竞争审查制度，改革反垄断执法体制。依法规范和引导资本健康发展，依法坚决管控资本无序扩张"。

2023 年既是全面贯彻落实党的二十大精神的开局之年，也是实施《"十四五"规划》承上启下的关键一年，数字中国建设必须坚持以习近平新时代中国特色社会主义思想，特别是习近平总书记关于网络强国的重要思想为指导，坚持以数字中国建设作为国家数字化发展总体战略，进一步夯实数字中国建设基础，打通数字基础设施大动脉，畅通数据资源大循环，做强做优做大数字经济，构建普惠便捷的数字社会，构筑自立自强的数字技术创新体系，携手构建更加公平合理、开放包容、安全稳定、富有生机活力的网络空间，让互联网更好地造福全人类，将我们带入更加美好的"数字未来"。

撰稿：白茹
审校：张姗姗

第 2 章　2022 年国际互联网发展综述

2.1　国际互联网发展概况

随着新冠疫情常态化，全球域名注册市场规模小幅增长。威瑞信（VeriSign，Inc.）最新发布的《域名行业简报》显示，截至 2022 年年底，全球域名注册总量约为 3.53 亿个[1]，同比增长 1.6%。其中，国家和地区代码顶级域（ccTLD）域名注册量约为 1.35 亿个，同比增长 2%；通用顶级域（gTLD）域名注册量约为 2.17 亿个，同比增长 1.4%；全球新 gTLD[2]域名注册量约为 2470 万个，同比变化不大。全球排名前 10 位的顶级域依次是".COM"".CN（中国）"".DE（德国）"".NET"".UK（英国）"".ORG"".NL（荷兰）"".RU（俄罗斯）"".BR（巴西）"和".AU（澳大利亚）"，合计约占全球域名注册总量的 72.1%。其中排名首位的".COM"域名注册为 1.61 亿个，约占全球域名注册总量的 45.5%。

全球可供分配的 IPv4 地址已所剩无几，IPv6 部署推进较为缓慢。根据亚太互联网络信息中心（APNIC）截至 2022 年 12 月的全球 IP 地址发展数据，2022 年全球新分配的 IPv4 地址数约为 150 万个；剩余可供分配的 IPv4 地址数仅为 440 万个，主要集中在亚太地区（APNIC，250 万个）和非洲地区（AFriNIC，190 万个）；我国已持有的 IPv4 地址数为 3.43 亿个（排名第二），人均持有量为 0.24 个。2022 年全球新分配的 IPv6 地址数为 27497 个/32，主要分布在北美地区（ARIN，13695 个/32）、欧洲地区（RIPE NCC，7996 个/32）和亚太地区（APNIC，4856 个/32），其中我国为 4354 个/32；我国已分配 IPv6 地址数为 42.2 亿个/48（排名第二，占当前已分配 IPv6 地址总数的 17.3%），人均 IPv6 地址数为 3 个/48，其中已通告使用的 IPv6 地址数近 17 亿个/48（排名首位），如表 2.1 所示。全球 IPv6 地址数平均部署率约为 33%（同比增长 2.5 个百分点），非洲、南欧和东欧、中东及中亚地区的部署水平仍然较低。

---

1 为确保数据的准确性，报告剔除了".TK"".CF"".GA"".GQ"和".ML"相关域名注册数据。另外，".CN"数据按中国互联网络信息中心（CNNIC）发布的数据计算。

2 新 gTLD 为 2012 年互联网名称与数字地址分配机构（ICANN）启动新 gTLD 计划以后出现的 gTLD。

表 2.1　各国家/地区持有 IPv6 地址数 TOP10 排名

排名	国家/地区	已分配 IPv6 地址数（/48）	占全球已分配 IPv6 地址总数的比例	人均 IPv6 地址数（/48）	其中已通告使用的 IPv6 地址数（/48）	占全球已通告使用的 IPv6 地址总数的比例
1	美国	4711773641	19.3%	13.9	1360009679	13.2%
2	中国	4218814563	17.3%	3	1697013310	16.5%
3	德国	1535836883	6.3%	18.4	1053057966	1.2%
4	英国	1498022128	6.1%	22.1	472013191	4.6%
5	俄罗斯	1115226419	4.6%	7.7	223745017	2.2%
6	法国	971780506	4.0%	15	174722243	1.7%
7	荷兰	829817132	3.4%	47.2	359311107	3.5%
8	意大利	669650985	2.7%	11.4	418702711	4.1%
9	日本	664477902	2.7%	5.4	508779422	4.9%
10	澳大利亚	621544682	2.5%	23.6	311060736	3%

资料来源：APNIC。

　　全球 5G 网络从发达经济体国家向更多地区拓展，5G 用户突破 10 亿人，终端和应用不断丰富。5G 网络普及速度比历代移动网络都快，根据全球移动通信系统协会（Global System for Mobile communications Association，GSMA）统计，截至 2022 年年底，全球 223 家运营商已在 87 个国家/地区推出 5G 商用网络服务，东亚、北美、欧洲等地区的 5G 网络人口覆盖率超过 50%，南亚、非洲等地区启动 5G 网络部署，其中，35 家运营商已提供 5G 独立组网（SA）服务。5G 用户增长迅速，根据全球移动供应商协会（Global mobile Suppliers Association，GSA）统计，截至 2022 年年底，全球 5G 用户达到 11.5 亿人，同比增长 85.9%，占全球移动用户总数的 10.7%。5G 终端持续丰富，应用不断探索，据 GSA 统计，全球已有 224 家设备商推出 1798 款 5G 终端，其中手机、用户前置设备（Customer Premise Equipment，CPE）、工业模组占比分别为 50.5%、15.2%、12.1%，无人机、头戴显示器、机器人、车载设备等新型终端不断增加。欧美运营商重视固定无线接入（Fixed Wireless Access，FWA）和体育场馆等 5G 应用，日本、韩国加大 AR/VR、云游戏等 5G 应用和内容培育，多国发放 5G 专用频谱许可，进一步探索工业等行业领域的 5G 专网部署和应用。

　　星链网络是由美国太空探索技术公司（以下简称"SpaceX 公司"）于 2015 年年初提出的低轨宽带卫星系统。2023 年 2 月 27 日，SpaceX 公司发射了新二代星链小型版卫星（V2 mini），V2 mini 是全尺寸第二代卫星的缩小版本，可以使用猎鹰 9 号火箭发射。V2 mini 配备氩气工质霍尔电力推进系统，拥有一对单个 12.8 米长的太阳翼，用户链路配备改进型相控阵天线，工作于 E 波段，采用激光星间链路，单星发射质量约为 790 千克。相较于第一代星链卫星，V2 mini 数据传输速度是其 4 倍。截至 2023 年 3 月 31 日，SpaceX 公司累计发射超过 4200 颗星链卫星。SpaceX 公司已经向 46 个国家开通了星链服务，计划于 2023 年年底前在赞比亚、坦桑尼亚和摩洛哥等国家完成开通，于 2024 年在加纳和纳米比亚等国家完成开通。

　　ChatGPT 引爆大模型技术浪潮。2022 年 11 月，美国机构 OpenAI 推出人工智能对话产品 ChatGPT。该产品注册用户数量在 5 天内突破 100 万人，两个月内突破 1 亿人，成为史上第一个消费级人工智能爆款产品。ChatGPT 由大模型 GPT-3.5 提供技术支持，具备出色的自然语言学习能力和理解能力，能够实现接近人类水平的多轮对话，并且支持写作、写代码、信息检索等多种功能，刷新了大众对人工智能对话产品的认知。2023 年 3 月，OpenAI 推出大模型 GPT-4，相较于只支持文本数据的 ChatGPT，GPT-4 支持文本和图像数据，可以执行多模态任务，智能化水平进一步提高。国外科技巨头快速跟进，2023 年 3 月，谷歌大模型 PaLM 的服务接口正式开放，对标 ChatGPT 的对话产品 Bard 也正式启动测试。ChatGPT 等大模型的推出不仅是人工智能领域的里程碑事件，也是人机交互领域的重大突破，有望革新多个技术领域，并推动社会生产力的全面提升。

全球元宇宙产业处于早期探索阶段，各国政府在近期开始先导研究与机制布局，抢占未来产业发展新方向。美国国会研究局发布《元宇宙：概念及国会应考虑的问题》，确定元宇宙具有沉浸式用户体验、实时持久的网络访问、跨网络平台的互操作性等关键技术特征，需要美国国会重点考虑内容控制、数据隐私、数字鸿沟等治理问题。欧洲议会研究局发布《元宇宙的机遇、风险和政策影响》，指出要及时修改隐私和数据保护框架，以应对元宇宙带来的新挑战。日本经济产业省建立 Web 3.0 政策办公室，汇集相关政府机构，形成新的商业环境发展框架。韩国科学与信息通信技术部出资设立元宇宙发展基金，促进不同产业生态的企业融合发展。

2.2 全球数字治理概况

新一轮科技革命和产业变革深入发展，数字全球化在为全球经济发展提供新动能的同时，也引发了数据安全、数字鸿沟、道德伦理等一系列新挑战，全球数字治理的重要性进一步凸显。2022 年，主要经济体在数字治理领域持续开展行动，全球数字治理的议题规则、治理机制出现新的变化。

全球主要经济体在数字治理领域加快布局，不同模式间竞争性更加凸显。2022 年 10 月美国发布《国家安全战略》，明确了新兴技术发展与数字治理秩序契合美式价值观对维护美国国家利益的重要性。2022 年 4 月美国成立了隶属国务院的网络空间与数字政策局，专职负责推进相关事项。2022 年 7 月欧盟发布了第二个数字外交结论文件，强调在数字领域向全球推广欧盟价值观作为整体政策目标，并计划增加"全球门户"海外数字援建计划的投资。2022 年中国陆续发布《中方关于网络主权的立场》《携手构建网络空间命运共同体》等重要文件，以促进安全与发展、维护"网络主权"、共建网络空间人类命运共同体为核心的数字治理中国方案日益清晰。自 2022 年以来印度更加积极地参与国际多边治理机制的制定，逐步形成了以数字公共产品供给、供应链保障和反对数字恐怖主义为特色的基本主张。在未来一段时间内，不同数字大国治理模式间的竞争将更加激烈。

重点数字治理议题规则持续酝酿。一是跨境数据流动讨论务实推进。《数字经济伙伴关系协定》（DEPA）、《全面与进步跨太平洋伙伴关系协定》（CPTPP）、亚太经合组织隐私认证体系等各类机制寻求建立协调、可互操作的跨境数据流动框架。多国通过明确立法、隐私管理措施等方式加强数据本地化。二是人工智能治理探索持续深入。多边机制下人工智能治理共识持续推进，联合国将人工智能治理列为正在酝酿中的数字契约九大议题之一，试图通过广泛协调，为国际社会提供整体性、系统性指导原则。三是网络安全治理磋商艰难前行。2022 年第二届联合国信息安全开放式工作组（OEWG）召开实质性会议，各国在负责任国家行为规范发展、国际法适用等方面达成共识有限。四是信息内容治理开启有益探索。2022 年6 月，欧洲 34 个主要在线平台、研究机构及民间社会组织等共同签署了新版《反虚假信息行为守则》，要求平台提供工具来识别、理解和标记虚假信息。脸书通过提高广告透明度、收紧限制内容、确认广告主身份等方式遏制虚假信息产生。

全球数字治理机制复杂性不断上升。一是传统多边机构孕育数字治理新机遇。联合国提出制定全球数字契约，并拟于 2024 年联合国"未来峰会"上通过，首个全球性、综合性数字治理框架或将诞生。2022 年，G20 数字经济轨道以"实现有韧性的复苏：共同努力实现更具包容性、赋权性和可持续的数字转型"为主题，展开建设性对话，为数字发展南北合作奠定基础。二是美欧数字领域跨大西洋协调显著提升。美欧贸易和技术委员会第二次部长级会议决定全面加强美欧间数字合作，欧盟设立专门的对美联络办公室。三是亚太区域数字经济伙伴关系网络加速构建。2022 年 1 月，RCEP 正式生效，其电子商务专章包含无纸贸易、线上消费者保护、计算设施位置等条款。2022 年 5 月，美国与 14 个国家启动印太经济框架（IPEF），其中，贸易支柱包括高标准的数据跨境流动、促进中小企业数字市场获益、在线隐私保护、人工智能伦理等。

2.3　国际互联网资本市场概况

投融资规模明显扩张。2022 年，全球互联网投融资案例共 17430 笔，同比下降 9.4%；披露的总交易金额为 2199.8 亿美元，同比下降 42%（见图 2.1）。全球互联网投融资总体呈现高位回调的走势，主要受三个方面因素的影响：一是受欧美发达经济体收紧货币政策、俄乌冲突持续等因素影响，全球复苏基础并不牢固，投资意愿降低；二是新冠疫情的放开，使得线下经济活动逐渐恢复，线上服务的增长缺乏持续的驱动力；三是 2021 年投融资整体规模过高，年度出现回调是正常趋势，2022 年仍为历史第二高位。

图2.1　全球互联网投融资总体情况

从季度表现来看，2022 年全年呈现逐季度下降的走势，各季度融资案例数持续走低至

3600 笔以下，季度融资金额至第四季度已降至 300 亿美元以下（见图 2.2）。其中第一季度的融资案例数和金额均为各季度最高，分别为 5072 笔和 872.9 亿美元。在轮次方面，各季度早期融资（种子天使轮+A 轮）的占比维持在 80%以上，全年占比达 83.5%。

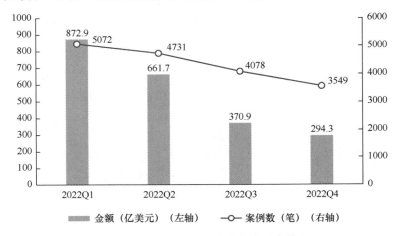

图2.2　2022年全球互联网投融资季度情况

从细分领域来看，**企业服务、互联网金融和电子商务**三个领域的融资活跃度最高，融资案例数分别为 3761 笔、3041 笔和 2408 笔，占比分别为 21.6%、17.4%和 13.8%。**互联网金融、企业服务和电子商务**三个领域的融资金额最大，融资金额分别为 524.76 亿美元、477.8 亿美元和 306.94 亿美元，占比分别为 23.9%、21.7%和 14%。此外，医疗健康领域的投融资案例数和总金额均位居第四，分别为 1671 笔和 161.1 亿美元（见图 2.3 和图 2.4）。

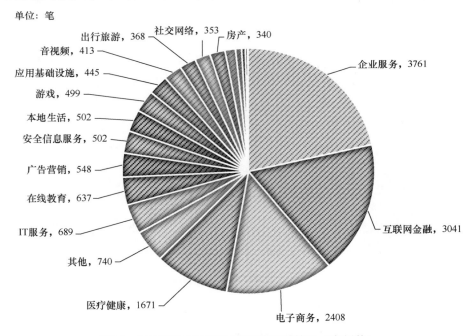

图2.3　2022年全球互联网投融资领域情况（案例数）

单位：亿美元

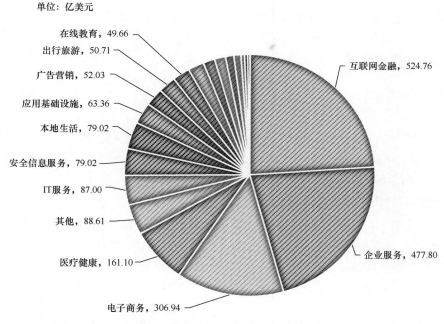

图2.4　2022年全球互联网投融资领域情况（金额）

从全球主要国家来看，美国为投融资最活跃的市场，总规模遥遥领先其他国家，融资案例数为 5397 笔，交易金额为 1021.8 亿美元；**英国、印度、中国**位于第二梯队，融资案例数分别为 1190 笔、1070 笔和 1949 笔，总交易金额分别为 160 亿美元、139.7 亿美元和 104.3 亿美元；**法国、德国、韩国、加拿大和以色列**的投融资金额均在 50 亿美元以上，分别为 73.5 亿美元、71.2 亿美元、59.2 亿美元、57.8 亿美元和 55 亿美元，其中，韩国的投融资案例数超过 800 笔，在这 5 个国家中最高（见图 2.5）。

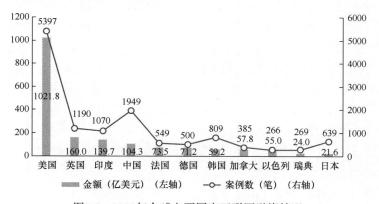

图2.5　2022年全球主要国家互联网融资情况

从重点案例来看，2022 年共有 5 家企业单轮融资额超过 10 亿美元，中国占一席，美国、英国各占据两席[1]。其中，中国跨境电商 SHEIN 完成 10 亿美元的成长股权融资，有外媒消息

---

1 跨境电商 SHEIN 2021 年上半年已变更为新加坡企业，本报告仍将其视为中国企业统计。

称其正筹备赴美上市；美国体育电商平台 Fanatics 和安全分析平台 Securonix 分别完成 15 亿美元的 H 轮融资和 10 亿美元的 D 轮融资；英国企业应用开发公司 Access Group 和支付平台 Checkout 分别完成 12.56 亿美元的私募股权融资和 10 亿美元的 D 轮融资。

2.4 全球数字经济发展概况

2021—2022 年，全球主要经济体先后进入复苏调整期，数字经济成为后疫情时代各国经济发展的主要引擎与重点战略布局之一。在世界范围内，发达国家数字经济领先依旧明显，各典型国家数字经济发展各具特色。

1. 全球数字经济整体发展状况

数字经济为全球经济复苏提供重要支撑。中国信息通信研究院测算，已统计的 47 个国家 2021 年数字经济增加值规模为 38.1 万亿美元，同比名义增长 15.6%，占 GDP 比重为 45.0%。产业数字化仍是数字经济发展的主要动能，占数字经济比重为 85%，其中，一、二、三产业数字经济占行业增加值比重分别为 8.6%、24.3%和 45.3%。

发达国家数字经济领先优势明显。2021 年，从规模看，发达国家数字经济规模达 27.6 万亿美元，占 47 个国家总量的 72.5%。从占比看，发达国家数字经济占 GDP 比重为 55.7%，远超发展中国家 29.8%的水平。从增速看，发展中国家数字经济同比名义增长 22.3%，高于同期发达国家数字经济增速 9.1 个百分点。

2. 典型国家数字经济发展状况

1）美国数字经济发展状况

2021 年，美国数字经济规模蝉联世界第一，达 15.3 万亿美元，占 GDP 比重超过 65%。与其他国家相比，美国在数字企业全球竞争力、数字技术研发投入方面遥遥领先。在顶层战略设计方面，美国更加聚焦制造业回流与数字经济安全，先后出台《2022 年美国创新与竞争法》《芯片与科学法案》等。在前沿技术开发方面，美国公司在人工智能领域取得突破性进展，如英伟达推出 GauGAN2 人工智能系统，可以根据文本合成不存在的逼真风景图像；Neuralink 开发"人工视觉脑"，旨在通过脑机接口帮助瘫痪患者恢复活动能力。在数字化投入方面，美国通过《2022 财年国防授权法案》，批准 147 亿美元的科技研发费用，重点投资微电子、高超声速、人工智能和 5G 等"先进能力赋能器"技术。

2）德国数字经济发展状况

2021 年，德国数字经济规模达 2.9 万亿美元，占 GDP 比重达 68.1%。与其他国家相比，德国在数字经济发展中更加重视制度与组织建设。在顶层战略方面，德国更新"数字战略（2025）"，涵盖数字技能、基础设施及设备、创新和数字化转型、人才培养等内容，进一步提升德国数字化发展能力。在数据要素基础设施及制度建设方面，德国推动数据空间架构（IDS）国际化，引导欧盟统一数据基础设施建设，同时发布《联邦政府数据战略》，强化公共数据收集和使用，增强数据能力，使德国成为欧洲数据共享和创新应用的领导者。在支持数字经济发展组织架构方面，德国建立数字事务委员会（Committee on Digital Affairs），致力于解决数字基础设施等相关问题，成员来自政府、产业、学术、科研机构等多个领域，旨在利用跨学科、跨领域的方法共同推动解决数字化、连通性、转型发展等方面的问题。

3）英国数字经济发展状况

2021 年，英国数字经济规模达 2.2 万亿美元，占 GDP 比重达 69.0%。与其他国家相比，英国在数字经济领域更加重视市场竞争性与包容性协同发展。在顶层战略方面，英国发布《英国数字战略》，聚焦于完善数字基础设施、发展创意和知识产权、提升数字技能与培养人才、畅通融资渠道、改善经济与社会服务能力、提升国际地位等六大领域。在数据要素价值释放方面，英国发布《数据拯救生命：用数据重塑健康和社会关怀》，强化数据在医疗领域的应用，助力发现新的治疗方法，同时从保护数据隐私和安全出发，帮助患者更安全地访问及掌握自身健康及护理数据。在数字经济市场竞争性方面，英国发布了鼓励数字市场竞争机制的新提案，覆盖数字市场范围、监管机构目标及权力、行为准则、财政资助和征税、监管协调和信息共享等方面。

撰稿：嵇叶楠、龚达宁、李侠宇、董昊、詹远志、孙鑫、左铠瑞、李侃、
　　　邱晨曦、秦越、张雅琪、尹昊智、汪明珠、姜颖、冯泽鲲
审校：高新民

第二篇

基础资源与技术

第3章　2022年中国互联网基础资源发展状况

3.1　网民

3.1.1　网民规模

1. 总体网民规模

截至 2022 年 12 月，我国网民规模为 106744 万人，同比新增网民 3549 万人，互联网普及率达 75.6%，同比提升 2.6 个百分点（见图 3.1）。

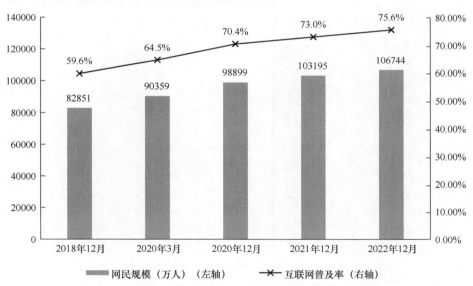

图3.1　2018—2022年中国网民规模和互联网普及率

资料来源：CNNIC。

2. 手机网民规模

截至 2022 年 12 月，我国手机网民规模为 106510 万人，同比新增手机网民 3636 万人，网民中使用手机上网的比例为 99.8%（见图 3.2）。

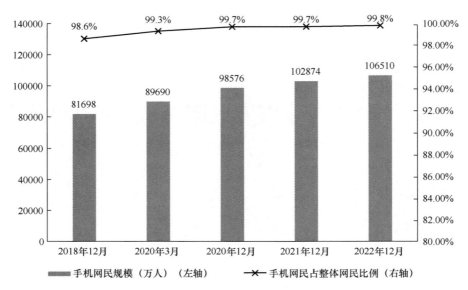

图3.2　2018—2022年中国手机网民规模及其占比

资料来源：CNNIC。

3. 城乡网民规模

截至 2022 年 12 月，我国城镇网民规模为 7.59 亿人，占网民整体规模的 71.1%；农村网民规模为 3.08 亿人，较 2021 年 12 月增长 2371 万人，占网民整体规模的 28.9%（见图 3.3）。

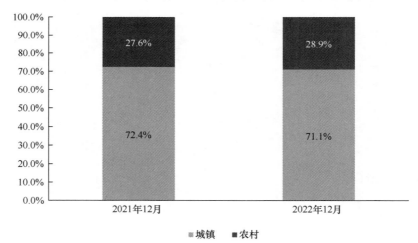

图3.3　2021—2022年中国城乡网民结构

资料来源：CNNIC。

截至 2022 年 12 月，我国城镇地区互联网普及率为 83.1%，同比提升 1.8 个百分点；农村地区互联网普及率为 61.9%，同比提升 4.3 个百分点。城乡地区互联网普及率差异同比缩小 2.5 个百分点（见图 3.4）。

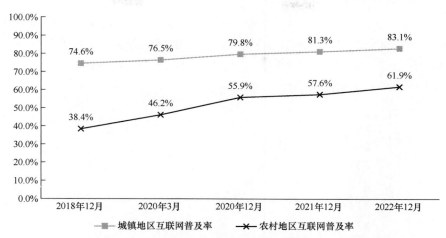

图3.4　2018—2022年中国城乡地区互联网普及率

资料来源：CNNIC。

4. 非网民规模

截至 2022 年 12 月，我国非网民规模为 3.44 亿人，同比减少 3722 万人。从地区来看，我国非网民仍以农村地区为主，农村地区非网民占比为 55.2%，高于全国农村人口比例 19.9 个百分点。

从年龄来看，60 岁及以上老年群体是非网民的主要群体。截至 2022 年 12 月，我国 60 岁及以上非网民群体占非网民总体的比例为 37.4%，较全国 60 岁及以上人口比例高出 17.6 个百分点。

非网民群体无法接入网络，在出行、消费、就医、办事等日常生活中遇到不便，无法充分享受智能化服务带来的便利。数据显示，非网民认为不上网带来的各类生活不便中，无法现金支付的比例为 19.0%；无法及时获取信息（如各类新闻资讯）的比例为 17.1%；买不到票、挂不上号的比例为 16.1%；线下服务网点减少导致办事难的比例为 15.6%（见图 3.5）。

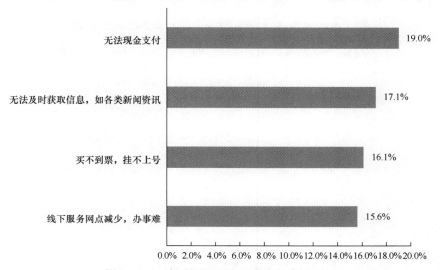

图3.5　2022年非网民不上网带来的生活不便

资料来源：CNNIC。

不懂计算机/网络、不懂拼音等文化程度限制、年龄太大/太小是非网民不上网的主要原因。因为不懂计算机/网络而不上网的非网民占比为58.2%；因为不懂拼音等文化程度限制而不上网的非网民占比为26.7%；因为年龄太大/太小而不上网的非网民占比为23.8%；因为没有计算机等上网设备而不上网的非网民占比为13.6%（见图3.6）。

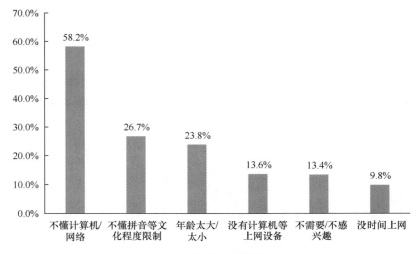

图3.6　非网民不上网原因分布

资料来源：CNNIC。

促进非网民上网的第一大因素是方便获取专业信息（如医疗健康信息）等，占比为25.7%；第二大因素是方便与家人或亲属的沟通联系，占比为25.2%；提供可以无障碍使用的上网设备是促进非网民上网的第三大因素，占比为23.5%（见图3.7）。

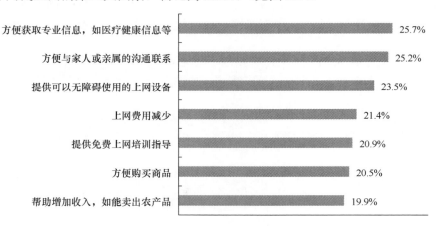

图3.7　非网民上网的促进因素占比情况

资料来源：CNNIC。

我国网民增长仍具有较大的空间，但也面临巨大的转化挑战。未来，要通过进一步提升互联网基础设施水平，提升非网民的文化教育水平和数字技术的使用技能，开发更多智能化、人性化的适老产品和服务，通过提升网络服务的便利化水平等多种方式，助力非网民群体共享数字时代的巨大红利。

3.1.2　网民结构

1.　性别结构

截至 2022 年 12 月，我国网民男女比例为 51.4∶48.6（见图 3.8），与整体人口的男女比例基本一致。

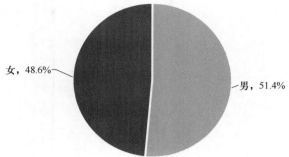

图3.8　2022年中国网民性别结构

资料来源：CNNIC。

2.　年龄结构

截至 2022 年 12 月，20～29 岁、30～39 岁、40～49 岁网民占比分别为 14.2%、19.6% 和 16.7%；50 岁及以上网民群体占比由 2021 年 12 月的 26.8% 提升至 30.8%（见图 3.9），互联网进一步向中老年群体渗透。

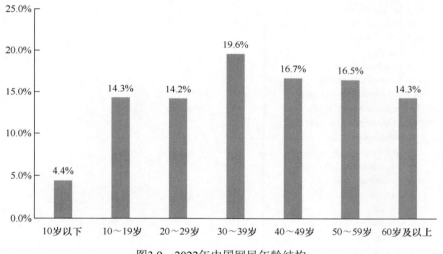

图3.9　2022年中国网民年龄结构

资料来源：CNNIC。

3.2　网站

截至 2022 年 12 月，我国网站（域名注册者在中国境内的网站）数量为 383 万个（见图 3.10）。

从各省份网站总量的分布情况来看，广东以 606837 个居首位，占全国网站总量的 15.84%；其次是北京和江苏，分别以 387026 个和 331017 个居第二、第三位，占全国网站总量的比例分别为 10.10% 和 8.64%（见图 3.11）。

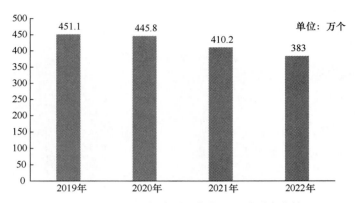

图3.10 2019—2022年中国已备案网站总量变化情况

资料来源：网站备案系统。

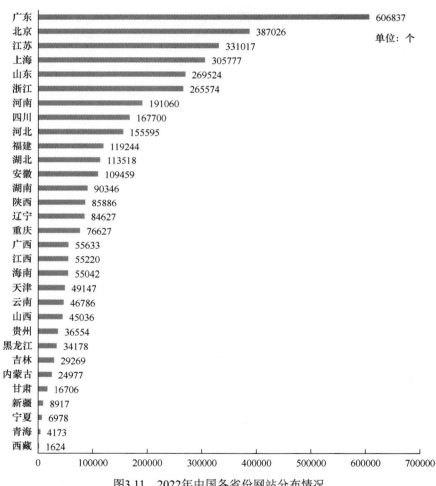

图3.11 2022年中国各省份网站分布情况

资料来源：网站备案系统。

注：图中未包括中国台湾省数据，下同。

3.3　IP 地址

截至 2022 年 12 月，我国 IPv4 地址数量为 39182 万个（见图 3.12）。

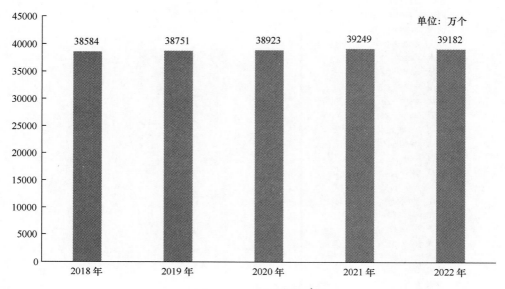

图3.12　IPv4地址数量[1]

资料来源：CNNIC。

从各省份 IPv4 地址数量分布情况来看，北京 IPv4 地址数量为 9987 万个，居全国首位，其次是广东和浙江，分别为 3738 万个和 2535 万个（见图 3.13）。

3.4　域名

截至 2022 年 12 月，我国域名总数量约为 385 万个，比 2021 年下降 8.33%（见图 3.14）。

从各省份域名数量的分布情况来看，广东以 601192 个域名数量居全国首位，其次是北京和江苏，分别是 390121 个和 331358 个（见图 3.15）。

---

1 数据均含港、澳、台地区。

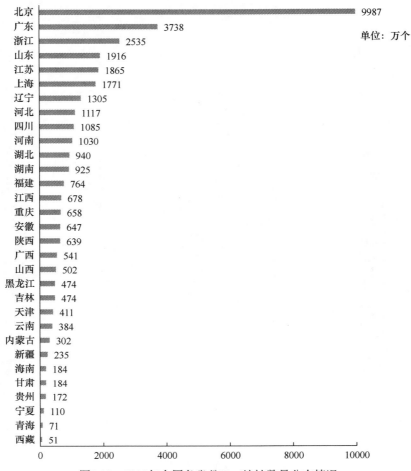

图3.13　2022年全国各省份IPv4地址数量分布情况

资料来源：CNNIC。

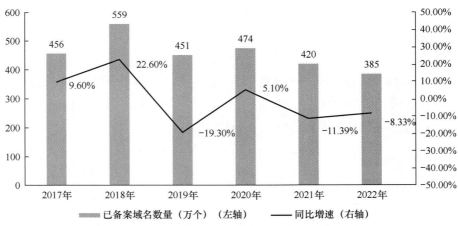

图3.14　2017—2022年中国已备案域名数量年度分布情况

资料来源：网站备案系统。

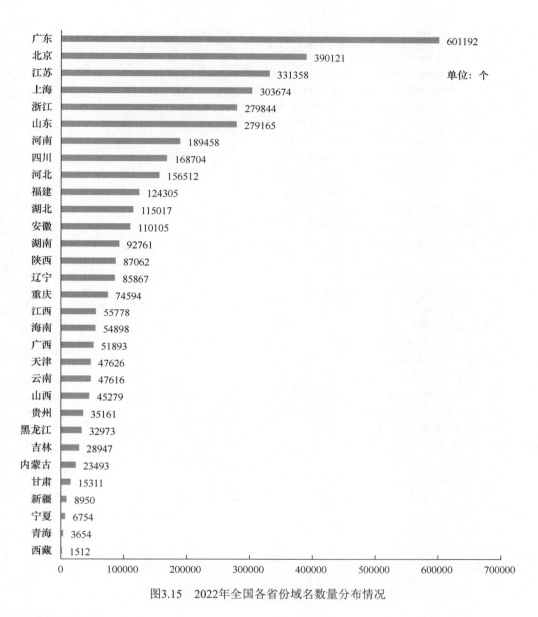

图3.15   2022年全国各省份域名数量分布情况

资料来源：网站备案系统。

3.5 用户

截至 2022 年年底，全国所有电话用户总数为 186285.9 万户，其在各省份的分布情况如图 3.16 所示。其中，广东以 18594.9 万户居首位，山东、江苏分别居第二、第三位。

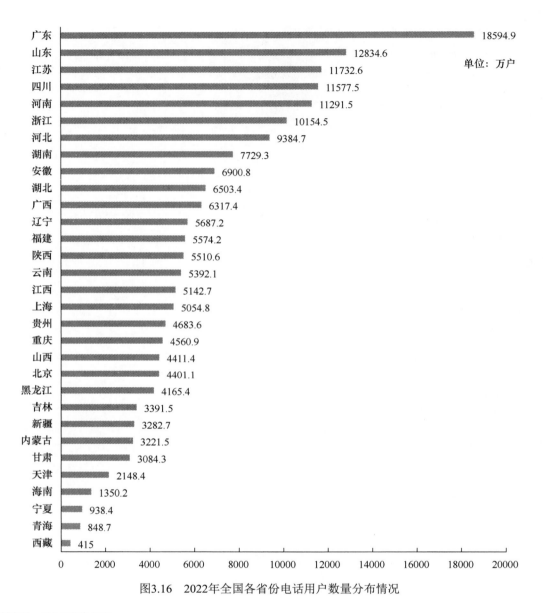

图3.16 2022年全国各省份电话用户数量分布情况

资料来源：工业和信息化部。

1. 固定电话用户

截至 2022 年年底，全国所有固定电话用户总数达 17941.3 万户，其在各省份的分布情况如图 3.17 所示。其中，四川以 1954.3 万户居全国首位，广东以 1944.1 万户居第二位。

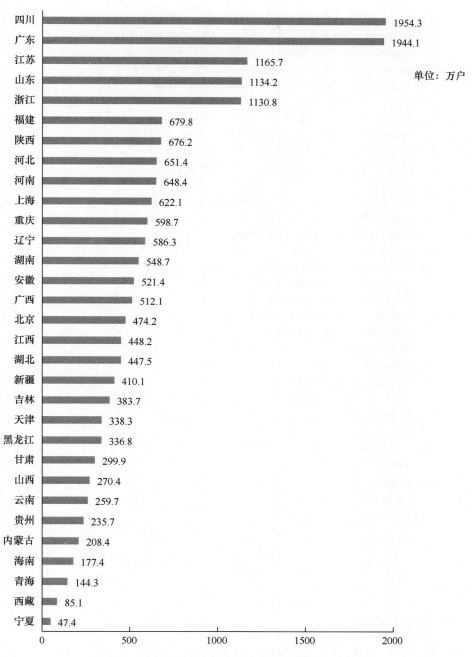

图3.17   2022年全国各省份固定电话用户数量分布情况

资料来源：工业和信息化部。

2022 年全国各省份固定电话普及率如图 3.18 所示。其中，上海以 25 部/百人居全国首位，天津、青海分别居第二、第三位。

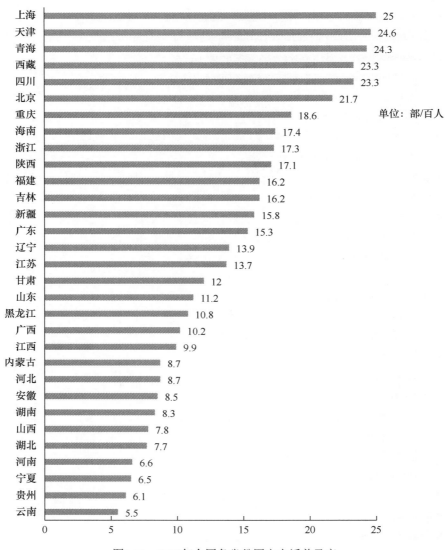

图3.18　2022年全国各省份固定电话普及率

资料来源：工业和信息化部。

2. 移动电话用户

截至 2022 年年底，中国移动电话用户总数为 168344.6 万户，其在各省份的分布情况如图 3.19 所示。其中，广东以 16650.8 万户居首位，山东、河南分别以 11700.4 万户和 10643.1 万户居第二、第三位。

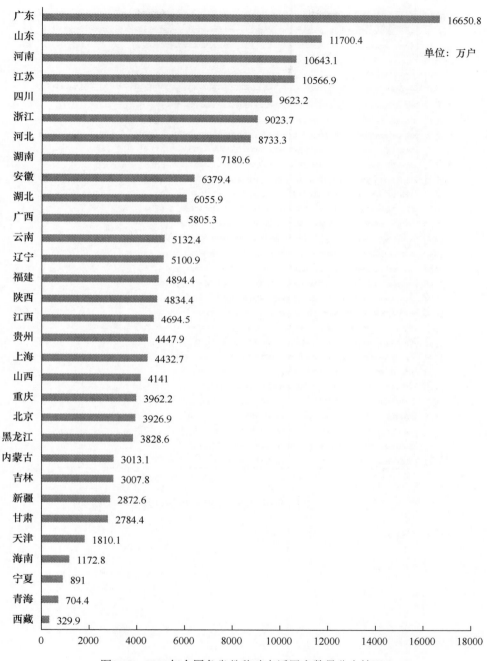

图3.19　2022年全国各省份移动电话用户数量分布情况

资料来源：工业和信息化部。

2022 年全国各省份移动电话普及率如图 3.20 所示。其中，北京以 179.4 部/百人居全国首位，上海、浙江分别居第二、第三位。

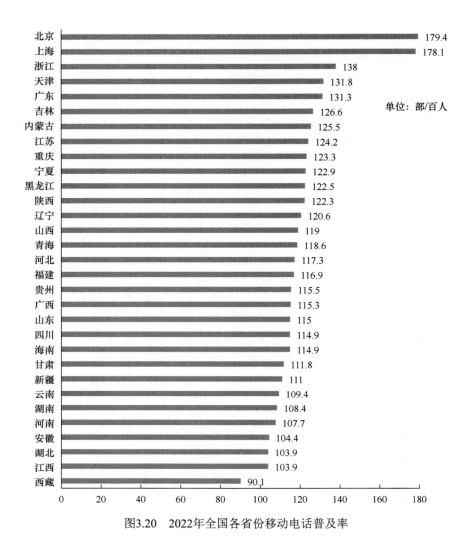

图3.20　2022年全国各省份移动电话普及率

资料来源：工业和信息化部。

第 4 章　2022 年中国互联网络基础设施建设状况

4.1　基础设施建设概况

2022 年，我国各级政府与行业多方深入贯彻党的二十大精神，坚决落实党中央、国务院重要决策部署，全力推进网络强国和数字中国建设，着力深化数字经济与实体经济融合，大力推进网络基础设施建设，高速泛在、天地一体、云网融合、智能敏捷、绿色低碳、安全可控的智能化综合性数字信息基础设施建设持续推进。我国 5G、千兆光纤网络等新型信息基础设施建设取得新进展，建成全球最大的光纤和移动宽带网络，骨干网与互联互通带宽扩容力度持续增强，国际传输网络全球布局稳步扩展，下一代互联网 IPv6 规模部署在用户和流量方面取得显著突破，应用基础设施布局和技术部署持续优化，卫星互联网加快建设，网络基础能力持续增强，网络综合服务水平不断提升，网络技术创新能力持续加强，国内网络与业务性能水平积极追赶发达国家。互联网网络基础设施的建设带动了我国信息通信业快速发展，为打造数字经济新优势、增强经济发展新动能提供了有力支撑。

2022 年，我国新增骨干直联点与新型互联网交换中心试点建设工作持续推进，"全方位、立体化"网间架构布局进一步完善。骨干直联点持续扩容，互联网带宽持续增长，新型互联网交换中心试点卓见成效，骨干网络架构在"东数西算"工程的带动下进一步优化，网络智能化水平进一步提升。基础电信企业骨干网带宽规模达到 1000Tbps 以上水平。骨干网 800G与 1.6T 平台设备规模化部署进一步扩大，流量处理能力持续增强。国际互联网出入口持续扩容，2022 年扩容 18.00Tbps（含香港），同比增长约 28.85%。"一带一路"方向海缆布局进一步强化，亚欧、亚非国际通信连通能力有效提升。沈阳、柳州等 4 地获批建设国际互联网数据专用通道，积极服务于企业国际化通信业务访问需求。

2022 年，基础电信运营企业加快推进"全光网"建设工作，全国新建光缆线路 477.2 万千米，总长度达 5958 万千米，总长度同比增长 8.71%。FTTH 网络覆盖进一步增长，截至 2022 年年底，互联网宽带接入端口数量达到 10.71 亿个，比 2021 年净增 5320 万个。光纤接入（FTTH/O）端口比 2021 年净增 6534 万个，达到 10.25 亿个，占比提升至 95.7%。在光网建设的持续推动下，我国宽带接入网络能力在 2022 年显著提升，3 家基础电信企业的固定宽带接入用户净增 5386 万户，总数达 5.9 亿户。其中，千兆及以上接入速率用户数净增 5716 万户，达 9175 万户，百兆及以上接入速率用户总数达 5.54 亿户，占比达 93.9%，占比较 2021 年提高 0.8 个百分点。

2022 年，我国移动 5G 网络建设稳步推进，网络覆盖能力持续增强，在深化地级市城区覆盖的同时，逐步按需向乡镇和农村地区延伸。2022 年，新增移动通信基站 87 万个，总数达 1083 万个，其中 5G 基站为 231.2 万个，全年新建 5G 基站 88.7 万个，占移动基站总数的 21.3%，占比较 2021 年提升 7 个百分点。受新冠疫情影响和大流量应用拉动，移动互联网流量持续快速增长。2022 年，4G 和 5G 移动宽带用户总数达 14.54 亿户，占移动电话用户的 86.36%。移动互联网接入流量消费达 2618 亿 GB，同比增长 18.1%。全年月户均移动互联网接入流量达到 15.2GB，同比增长 13.8%。

2022 年，我国 IPv6 网络规模部署行动持续深入推进，发展成效显著。我国 IPv6 活跃用户数超过 7 亿，提前完成 2023 年目标，IPv6 流量持续快速增长，移动网 IPv6 流量占比已接近 IPv4。网络基础设施已全部支持 IPv6，应用基础设施也基本支持 IPv6，IPv6 业务承载能力全面提升。骨干网 IPv6 网络性能持续优化，IPv6 时延已优于 IPv4，业务承载质量进一步提升。IPv6 终端支持能力实现突破，在重点网站 IPv6 支持度持续提升。

2022 年，我国应用基础设施建设布局持续优化。在国家政策的驱动下，内容分发网络（CDN）边缘节点向中小城市延伸加速，同时在视频、游戏、电商等行业对 CDN 服务需求增加的带动下，CDN 企业数量快速增长，获得 CDN 牌照的企业持续增多。随着云计算和边缘计算的快速发展，CDN 也加速与云服务整合，向可提供更多增值服务的综合性平台转型。我国持续与国际根服务器运行机构合作，有序引进并优化根镜像部署，积极推动.CN 域名系统和国内新通用顶级域的服务节点部署，解析性能整体较好。

在基础设施全面提升完善的同时，我国互联网网络性能持续提升。据中国信息通信研究院统计，我国互联网骨干网网内平均时延已优于国际主要运营商平均水平，网内丢包率达到 0.0125%，已趋近国际水平。我国骨干网网间性能持续优化，网间时延低于 34ms。国际互联网平均访问时延为 253ms，与发达国家相比仍有较大差距。我国固定宽带接入速率和全球排名大幅提升，据 Ookla 统计，2022 年 12 月，我国固定宽带接入速率超过 223Mbps，全球排名第 2 位。主流在线视频平台的平均卡顿率约为 0.01%，用户体验良好。

4.2 互联网骨干网络建设

1. 骨干网络架构适云化、智能化不断提升，推进国家"东数西算"工程发展

骨干网络架构持续演进，不断提升广互联、智能化服务能力，更好地支撑国家算力枢纽节点建设与 5G、人工智能等产业发展，满足用户"东数西算""东数西训"和上云用数赋智等各类场景需求。一是骨干网充分直连，打造低时延圈，提升"东数西算"服务能力。基础电信运营企业多措并举，通过格状组网、加密网格、优化路由等措施推动网络扁平化，在国家算力枢纽节点省市增设云专网骨干核心，增加直连链路，优化算力枢纽节点的网络连接。二是骨干网智能化升级加速。基础电信运营企业加快现网 SRv6 部署与软件定义网络（SDN）改造，逐步开展业务自动配置与流量智能调度，为用户提供定制化、差异化服务能力，其中，中国电信已实现 CN2 骨干网 SRv6 部署，中国移动实现云专网骨干网的 SDN 改造，中国联

通不断完善骨干网 SDN 化。三是网络由云网融合向算网融合演进。随着各行业算力需求日益迫切，基础电信运营企业在云网融合的基础上推进算网一体共生发展，在算力标识、算力路由、算力交易等方面积极探索，提升多要素融合的一体化智能编排和调度能力。四是网间互联架构进一步优化，"全方位、立体化"的网间架构更加完善。2022 年，批复增设兰州、合肥、长沙、昆明、长春 5 个骨干直联点，全国骨干直联点达到 25 个；哈尔滨、南昌、济南、青岛、长沙骨干直联点开通，全国已开通骨干直联点达到 21 个；截至 2022 年年底，全国骨干网网间带宽达到 39.12Tbps，与 2021 年相比扩容近 80%。新型互联网交换中心试点加快推进，不断探索创新多云互联等服务，积极融入算力网络建设发展，试点生态初具规模。

2. 我国国际通信网络布局建设持续推进，提升重点方向连通能力

2022 年，我国国际通信网络强化"一带一路"方向海缆布局，提升亚欧、亚非连通能力，SEA-H2X、ALC 海缆项目进入实施阶段，首条民企自建海缆 PEACE 实现巴基斯坦—马赛段全线投产，新加坡段已启动规划。工业和信息化部先后批复同意建设沈阳、柳州、厦门和雄安共 4 条国际互联网数据专用通道，进一步提升国际通信性能和服务质量。

4.3　IPv6 规模部署与应用

"十四五"期间是我国 IPv6 发展攻坚克难、跨越拐点的关键阶段，2022 年我国 IPv6 规模部署在用户、流量、网络基础设施、网络性能等方面都取得了显著成效。

1. IPv6 活跃用户数超过 7 亿人，提前完成 2023 年目标

我国 IPv6 活跃用户数逐年上升，截至 2022 年年底达 7.28 亿人，占比达 69.3%（见图 4.1），提前完成《关于加快推进互联网协议第六版（IPv6）规模部署和应用工作的通知》（中网办发文〔2021〕15 号）中 2023 年 IPv6 活跃用户数达到 7 亿人的目标。

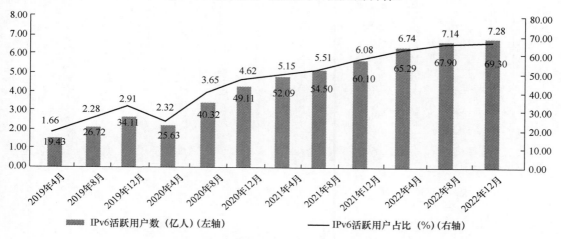

图4.1　2019—2022年我国IPv6活跃用户数和活跃用户占比

2. IPv6 流量占比大幅上升，移动网 IPv6 流量占比接近 IPv4

随着互联网应用端和用户端改造力度的加大，固定城域网流量、移动核心网 IPv6 流量大

幅提升。截至 2022 年年底，固定城域网 IPv6 流量占比达到 40.56%，是 2021 年年底的 3 倍；移动核心网 IPv6 流量占比达到 48.38%，接近 IPv4 流量占比，如图 4.2 所示。

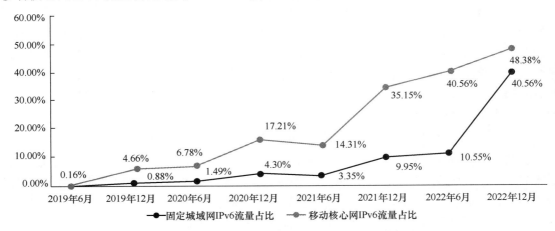

图4.2　2019—2022年我国固定城域网和移动核心网IPv6流量占比

3. 网络基础设施就绪度达到 100%，应用基础设施就绪度接近 100%

截至 2022 年年底，基础电信运营企业的 6 个骨干网、967 个城域网、999 个移动网、21 个骨干直联点全部支持 IPv6，国际出口开通 IPv6 带宽 1310G。纳入国家 IPv6 发展监测平台监测的 10 家企业的数据中心、TOP11 云服务平台、公共递归域名服务器全部支持 IPv6，纳入监测的 TOP13 内容分发网络运营企业边缘节点就绪度平均为 90.5%。2022 年纳入监测的内容分发网络运营企业边缘节点就绪度如图 4.3 所示。

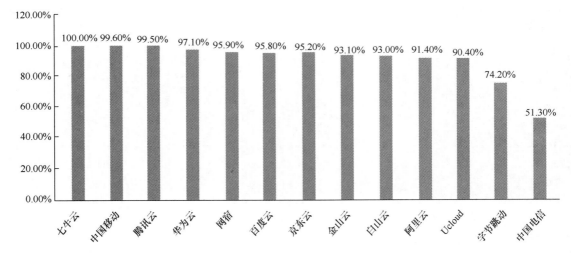

图4.3　2022年纳入监测的内容分发网络运营企业边缘节点就绪度

4. 骨干网 IPv6 网络性能持续优化，IPv6 时延已优于 IPv4

骨干网 IPv6 网内性能和网间性能持续优化，并优于或趋同于 IPv4。截至 2022 年年底，IPv6 网内平均时延为 31.6ms，IPv6 网内丢包率为 0.0065%，如图 4.4 所示。

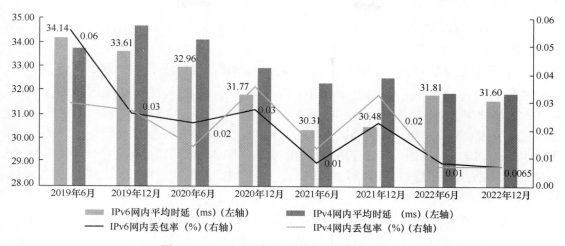

图4.4　2019—2022年骨干网网内性能变化情况

截至 2022 年年底，IPv6 网间平均时延为 33.55ms，优于 IPv4 网间平均时延（33.9ms），IPv6 网间丢包率为 0.04%，接近 IPv4 网间丢包率（0.03%），如图 4.5 所示。

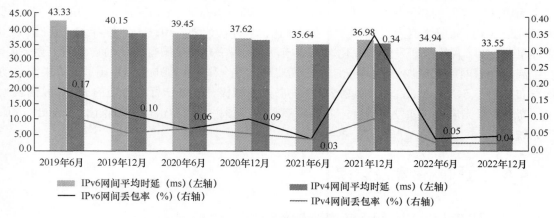

图4.5　2019—2022年骨干网网间性能变化情况

4.4　移动互联网建设

1. 我国 5G 网络建设和应用全球领先，多国开展 6G 研究和愿景布局

截至 2022 年年底，全国移动通信基站总数达 1083 万个，全年净增 87 万个。其中，5G 基站为 231.2 万个，全年新建 5G 基站 88.7 万个，占移动基站总数的 21.3%，占比较 2021 年提升 7 个百分点。根据《2022 年 5G 应用创新发展白皮书》统计，截至 2022 年 10 月底，全球已有 88 个国家/地区的 233 家电信运营商提供 5G 业务。我国 5G 连接数超过全球总量的 60%，5G 应用在技术、产业和网络应用等方面全球领先。随着全球 5G 商用驶入"快车道"，各国纷纷加入布局 6G 队列。《中华人民共和国国民经济和社会发展第十四个五年规划和 2035 年远景目标纲要》和《"十四五"数字经济发展规划》明确提出前瞻布局 6G 技术，2022 年年初美国发布《6G 路线图：构建北美 6G 领导力基础》，欧盟计划 2023 年投入 1.32 亿欧元聚焦 6G 研究。

2. 我国移动互联网用户规模全球领先，移动互联网流量保持两位数增长

截至 2022 年年底，我国移动互联网用户规模为 14.54 亿户，占移动电话用户数的比例为 86.36%，用户渗透率持续攀升，较 2021 年提高 0.16 个百分点。其中，5G 移动电话用户数达 5.61 亿户，占移动电话用户总数的比重为 33.3%，较 2021 年提高 11.7 个百分点，高于全球平均水平。2022 年，我国大流量应用普及全面加速，移动互联网流量快速增长。我国移动互联网累计流量达 2618 亿 GB，同比增长 18.1%，月户均接入流量（DOU）达到 15.2GB/户月，较 2021 年提高 1.84GB/户月。

3. 移动物联网用户数实现"物超人"，轻量化 5G RedCap 研究拉开序幕

截至 2022 年 8 月底，我国蜂窝物联网用户达 16.98 亿户，首次超过移动电话用户 16.78 亿户，成为全球首个实现"物超人"的国家。截至 2022 年年底，我国蜂窝物联网用户达 18.45 亿户，全年净增 4.47 亿户，较移动电话用户数高 1.61 亿户。移动物联网与行业应用加速创新融合，我国已形成车联网、公共服务、零售服务、智慧家居等 4 个亿级应用。物联网产业发展全面提速，蜂窝物联网技术演进备受全球关注。5G RedCap 作为轻量化 5G 技术代表，可加速促进 5G 行业应用能力提升。《5G 应用"扬帆"行动计划（2021—2023 年）》明确指出加快轻量化 5G 芯片模组研发及产业化。2022 年，在无锡举办的全国首届移动物联网大会强调，在中高速物联网领域需加强 5G RedCap 芯模端网多方合作；中国电信、中国联通、中国移动均发布了关于 5G RedCap 的技术或产业白皮书，并积极开展基于行业应用的 RedCap 创新验证，高通、紫光展锐、联发科等主流芯片厂商和全球领先无线模组供应商推出 5G RedCap 原型系统。

4.5 互联网带宽及速率

1. 我国基础电信企业骨干网带宽稳步增长

为适应互联网用户和业务快速发展，近年来，3 家基础电信企业骨干网络持续提升承载能力。中国电信、中国移动均已建设公众互联网骨干网双平面，并完成主要业务迁移，400G 平台逐步退出，800G、1.6T 平台成为主流。截至 2022 年年底，3 家基础电信企业骨干网络带宽规模总和突破 1000Tbps，并稳步增长。

2. 我国 3 家基础电信企业网间互联带宽保持快速增长态势

随着我国"双千兆"建设的加速和短视频、网络直播等互联网业务的飞速发展，以及网间结算政策调整，我国网间流量保持快速增长。2022 年，我国新增开通哈尔滨、南昌、长沙、济南和青岛等 5 个国家级骨干直联点，中国电信、中国移动和中国联通网间互联带宽大幅扩容，其中，中国移动与中国电信、中国联通网间互联带宽分别达到 13.9Tbps、10.1Tbps，平均增长率高达 115%，骨干直联点网间互联总带宽增长超过 17.8Tbps，增长幅度达 79.81%，骨干互联单位网间互联总带宽超过 40.0Tbps。2009—2022 年互联网网间带宽增长情况如图 4.6 所示。

图4.6　2009—2022年互联网网间带宽增长情况

3. 国际互联网出入口带宽持续高速增长

根据 TELEGEOGRAPHY 统计，截至 2022 年年底，我国国际互联网出入口带宽（含香港地区）达 80.39Tbps，同比增长 28.85%，扩容 18.00Tbps，创历史新高，如图 4.7 所示。

图4.7　2009—2022年我国国际出入口带宽（含香港地区）

4. 用户接入带宽持续向 "双千兆" 升级

"双千兆" 网络覆盖广度、深度持续扩展，千兆用户规模快速扩大，5G 用户发展领先全球。截至 2022 年年底，我国建成 1523 万个具备千兆服务能力的 10G PON 端口，较 2021 年接近翻一番，国内 110 个城市达到千兆城市建设标准。3 家基础电信企业的固定互联网宽带接入用户总数达 5.9 亿户（见图 4.8），全年净增 5386 万户。其中，固定宽带 1000Mbps 及以上接入速率的用户数达到 9175 万户，全年净增 5716 万户，占总用户数的 15.6%，占比较 2021 年提高 9.1 个百分点。我国已开通 5G 基站 231.2 万个，占全球的 60%以上；5G 用户数达 5.61 亿户，每万人拥有 5G 基站数达到 16.4 个，比 2021 年提高 6.3 个。

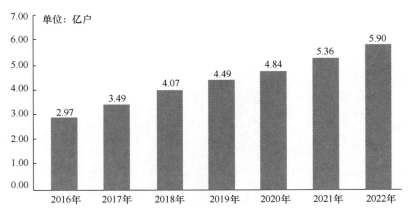

图4.8 2016—2022年固定互联网宽带接入用户数

4.6 互联网交换中心（IXP）

1. 国内新型互联网交换中心试点稳步推进，杭州互联网交换中心跻身国际百强行列

自 2019 年以来，我国先后批复了杭州、深圳前海、宁夏中卫、上海等新型互联网交换中心试点。从运行情况看，截至 2022 年年底，4 家试点已接入 258 家基础电信运营商、头部互联网企业、云服务商、IDC 企业、制造业企业等，接入总带宽超过 16Tbps，峰值流量超过 3Tbps，为提升企业通信效率、活跃市场起到了有效推动作用。其中，杭州互联网交换中心的业务规模已跻身国际百强行列。

2. 新型互联网交换中心加快业务创新，初步具备云、网、算一体化交换能力

新型互联网交换中心资源集中和地位中立的特征与云网融合、算网一体的发展趋势高度契合，有望打造成为云、网、算一体化交换枢纽。在网络交换方面，新型互联网交换中心已汇聚众多类型企业，提供"一点接入、多点连通"的网络连接服务，并推出工业互联网、智慧园区、教育、金融等行业应用，推动数实融合发展；在云交换方面，新型互联网交换中心已对接多家国内主流云服务商，搭建多云互联平台，支持企业客户"一跳入多云""云间互联"等云网场景；在算力交换方面，新型互联网交换中心正在对接各类算力主体，整合本地算力资源，探索推出算力调度、算力交易、算力路由等平台和产品，实现算力网络高效互通。

4.7 内容分发网络（CDN）

1. 政策和业务双轮驱动，CDN 产业保持高速发展

2022 年年初，工业和信息化部、国家发展和改革委员会联合印发《关于促进云网融合 加快中小城市信息基础设施建设的通知》，提出 CDN 作为应用基础设施向中小城市下沉部署，带动 CDN 边缘节点向中小城市加速延伸，也促进 CDN 企业加速融合，力求实现 CDN 节点全区域、全运营商覆盖。同时，互联网、视频、游戏、电商等行业快速发展，对 CDN 服务的需求不断增加，带动 CDN 企业数量快速增长。截至 2022 年年底，国内获得 CDN 经营许可的企业数量近 4200 家，同比增长超过 50%。

2. CDN 与云服务加速整合，向综合性服务平台转型

除了提供基础加速服务，为满足客户的多元化需求，CDN 企业正积极探索提供更多的增值服务，如安全防护、分布式云等，云服务商也结合自身优势积极提供融合 CDN 服务，并在市场占据主导地位。国内传统 CDN 头部企业网宿科技成立云管理部门，对标国际 CDN 巨头阿卡迈，与亚马逊云合作构建"全栈式云服务"，利用自身在网络加速、安全、边缘计算等方面的优势，提供融合解决方案。云 CDN 代表企业阿里云聚焦于边缘计算、边缘安全等领域，打造全球安全加速平台底座，与更多的云服务进行连接、整合，同时全面升级 CDN 边缘安防体系，将 CDN 加速、计算与云原生安全完全融合，实现分布式、近源式防御。此外，中国电信、中国移动和中国联通等基础电信运营企业也在不断加深 CDN 与云（特别是边缘云）的融合，加速 CDN 与云融合平台能力建设，推出更多创新业务产品。

4.8　卫星互联网

1. 加速布局卫星互联网产业链

我国多地积极布局，推进卫星互联网产业链发展。2022 年 7 月，海南商业航天发射场开工建设，有望于 2024 年实现常态化发射，以解决中国目前商业航天发射资源相对紧缺的局面，进一步提升我国民商运载火箭发射能力，推动行业高质量发展。2022 年 7 月，上海市人民政府办公厅发布《上海市数字经济发展"十四五"规划》，指出上海市将建设空天一体的卫星互联网，瞄准中低轨路线，完善卫星制造、卫星发射、卫星运营及服务产业链，探索天地一体化的商业运营新模式；启动多媒体低轨卫星系统初始组网；探索全球互联网无缝链接服务。2022 年 12 月，重庆卫星互联网产业园签约落户两江新区，将建设国家数字经济创新发展试验区核心承载体暨重庆卫星互联网产业园；同时，创立数字经济（卫星互联网）产业投资基金、成立重庆数字经济创新发展公司；未来，重庆市计划引进培育上百家"专精特新"企业，为整个产业链上下游提供支撑。

2. 加快建设以低轨卫星为主的卫星互联网

我国首家国资委下属企业中国卫星网络集团着力打造国家战略科技力量，已启动卫星通信地面网络建设，正筹备商业火箭发射基地。民营企业投入卫星互联网发展建设中，银河航天打造低轨宽带卫星星座"银河 Galaxy"，自 2020 年发射我国首颗通信能力超过 24Gbps 的低轨宽带通信卫星以来，已成功发射 6 颗宽带批产卫星，单星容量平均达 40Gbps。国电高科建设低轨卫星星座"天启星座"，共计 38 颗卫星，目前已完成一期 15 颗卫星的发射部署并提供数据服务。时空道宇建设"吉利星座"，2022 年 6 月在我国西昌卫星发射中心，通过长征二号丙运载火箭点火升空，以"一箭九星"的方式发射吉利星座 01 组卫星，卫星搭载多光谱遥感载荷，将通过在轨组网开展未来出行、车机/手机遥感交互和海洋环保等遥感应用验证。

3. 手机直连卫星通信开启卫星互联网新热点

非地面网络（Non-Terrestrial Network，NTN）是手机直连卫星的技术方向之一，其利用卫星通信网络与地面 5G 网络融合，可不受地形地貌限制提供无处不在的覆盖能力。5G NTN

技术可实现手机通过卫星直接连接到蜂窝宽带网络，实现双向通信与网络连通。华为、中兴通讯等移动通信公司均在积极开展手机与卫星直连通信的相关研究及产品研发。2022年，中兴通讯联合中国移动等运营商共同发布全球首个运营商 5G NTN 技术外场验证成果，为手机直连卫星跨出重要一步。2022年华为推出 Mate50 系手机，可支持短报文业务，即使在没有移动通信网络的情况下，华为 Mate50 也能通过卫星实现短信发送，用户可发送文字、位置等信息。

4.9　域名系统

1. 我国持续优化根镜像布局，根解析性能显著提升

为提升国内域名解析性能，我国持续优化根镜像布局。2022年，我国新增南宁 F 根、昆明 L 根、深圳 F 根，引入根镜像节点总数达 24 个，根解析性能进一步提升（见图4.9）。根据中国信息通信研究院全球互联网网络感知平台监测，截至 2022 年 12 月，我国访问全球 13 个根的 IPv4 和 IPv6 平均解析时延分别为 150.5ms 和 150ms，其中访问境内已部署镜像根的 IPv4 和 IPv6 平均解析时延[1]分别为 78.4ms 和 84.2ms，由此可见，引入根镜像对提升根解析整体性能的效果较为显著。同时，我国北京、上海、广州地区通过中国电信、中国移动、中国联通 3 家基础电信企业网络对境内根镜像的平均访问率分别是 61.8%、62.0% 和 64.6%。未来，我国将进一步加强境内机构与更多国际根服务器运行机构合作，有序引进并优化根镜像地域部署，推进网络互联互通，以及采用根解析本地化等其他技术方案，进一步提升我国的根解析性能。

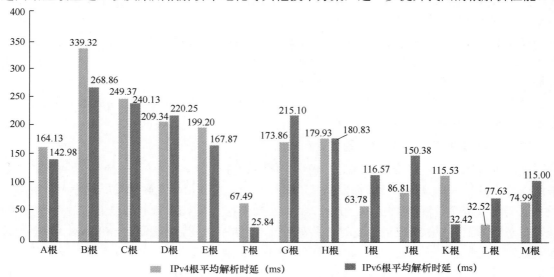

图4.9　我国访问根服务器（含镜像）的平均解析性能

资料来源：中国信息通信研究院全球互联网网络感知平台。

---

1 利用中国信息通信研究院全球互联网网络感知平台部署在全国电信、移动、联通网内的服务器，模拟用户向 13 个根分别进行 IPv4 和 IPv6 解析访问，获取解析时延，并进行相关统计。

2. 我国 ".CN" 和新 gTLD 解析性能较好,权威解析服务能力居全球前列

在顶级域解析方面,我国访问国家顶级域 ".CN" 和境内新 gTLD 性能普遍较好。其中,访问 ".CN" 境内服务器的平均解析时延为 27.3ms[1];选取访问 CNNIC(".公司/.网络")、CONAC(".政务/.公益")、北龙中网(".网址")、ZDNS(".REN"".FANS")和泰尔英福(".信息")自营的新 gTLD 境内服务器的平均解析时延为 45.9ms,访问境内新 gTLD 后台托管服务器的平均解析时延为 70.8ms,新 gTLD 整体解析性能较好。对比来看,我国访问全球五大传统 gTLD(包括 ".COM"".NET"".ORG"".INFO" 和 ".BIZ")的平均解析时延均超过 150ms,平均解析时延相对较高,这与相应顶级域解析设施在境内部署较少、路由绕转等因素有关,传统 gTLD 解析性能仍有较大的提升空间。我国访问主要顶级域名服务器的平均解析性能如图 4.10 所示。

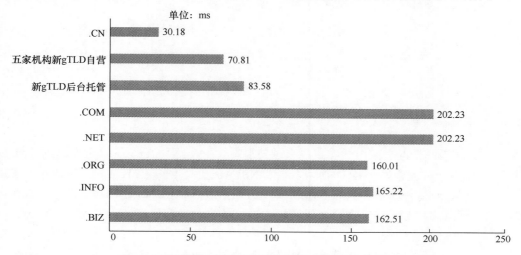

图4.10　我国访问主要顶级域名服务器的平均解析性能

资料来源:中国信息通信研究院全球互联网网络感知平台。

在网站权威解析方面,我国排名前 5 位的第三方权威解析服务机构其解析域名总量近 1700 万个,合计占全球排名前 50 位机构的 10%,同比略有下降。其中阿里云、帝恩思、帝思普分别排名全球第 3、第 4 和第 13 位。我国排名前 5 位的第三方权威解析服务机构服务的域名数量如图 4.11 所示。

3. HTTPDNS 广泛部署使用,DoT/DoH 国际标准实践愈加普遍

国内单位提出的域名解析加密技术 HTTPDNS,提供了基于 HTTP/HTTPS 协议获取 IP 地址的域名解析流量调度技术思路,便于各企业自定义接口,推动实现流量精准识别和调度,提升用户访问体验和安全性。HTTPDNS 已得到我国腾讯、百度、阿里巴巴、快网等互联网企业的持续应用推广,许多企业也在通过云服务企业获取此项服务,相关用户覆盖规模超过 1 亿户并持续增长。

---

1 利用中国信息通信研究院全球互联网网络感知平台部署在全国电信、联通、移动网内的服务器,模拟用户向全部 ".CN" 域名服务器进行访问,获取解析性能,并进行相关统计,下述其他顶级域监测方法相同。

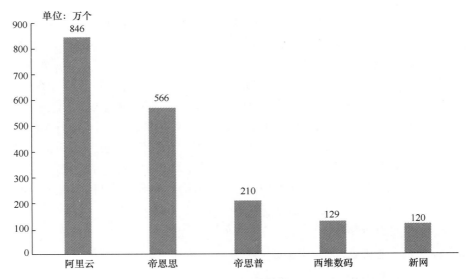

图4.11　我国排名前5位的第三方权威解析服务机构服务的域名数量

资料来源：DailyChanges。

　　DoT/DoH 国际标准在国内的实践越来越普遍，继 360、阿里云、腾讯对外提供 DoT/DoH 服务后，中国下一代互联网公共 DNS 和红鱼 DNS 也已支持 DoT/DoH。DoT（DNS over TLS）、DoH（DNS over HTTPS）分别通过 TLS 协议、HTTPS 协议对 DNS 查询和响应进行加密，二者均有助于保障用户数据传输安全，提高用户通信的安全性和隐私性。

　　　　　　　撰稿：李原、杨波、王珂、李向群、王智峰、王一雯、余文艳
　　　　　　　审校：周晓龙

第5章　2022年中国算力基础设施发展状况

5.1　发展环境

1. 数据中心产业发展环境

在政策环境方面，数据中心是承载数字技术服务的底座，其重要性不断凸显，我国政府出台多项政策推动数据中心产业高质量发展。2020年3月，中共中央政治局常务委员会召开会议把数据中心纳入新基建，确定了数据中心在推动数字经济发展中的重要作用。2021年7月，工业和信息化部发布《新型数据中心发展三年行动计划（2021—2023年）》，推动数据中心向高算力、高能效、高技术和高安全的方向发展。

在建设布局方面，"东数西算"工程进入全面建设期，推动各地区数据中心产业协同发展，我国数据中心布局得到进一步优化，并促进数据要素跨域流通。在绿色低碳方面，国家部委及多地政府颁布相关政策对数据中心电能利用效率（Power Usage Effectiveness，PUE）、绿色低碳等级进行规范和约束，推动数据中心绿色低碳发展。2021年12月，国家发展和改革委员会、工业和信息化部等四部委印发《贯彻落实碳达峰碳中和目标要求推动数据中心和5G等新型基础设施绿色高质量发展实施方案》，提出到2025年，全国新建大型、超大型数据中心平均电能利用效率降到1.3以下，国家枢纽节点进一步降到1.25以下，绿色低碳等级达到4A级以上。北京、上海、广州、深圳等一线城市及周边地区的土地、水电资源相对紧张，对数据中心能效及碳排放要求更为严格，如北京市在《北京市数据中心统筹发展实施方案（2021—2023年）》中提出，对未按规定完成改造的数据中心要逐步腾退，上海市在《上海市数据中心建设导则（2021版）》中要求新建数据中心综合PUE不高于1.3。

在产业环境方面，我国算力需求提升，产业投融资活跃，技术创新加快，全面助推产业发展。在产业投融资上，随着我国数字化转型加快，算力需求不断提升，为数据中心产业发展提供了广阔的市场空间。在技术创新上，数据中心融合IT技术及"风火水电"基础设施技术，随着数据中心运营服务能力要求的不断提升，数据中心液冷、蓄冷、绿电、储能等"风火水电"新技术，以及数据处理器（Data Processing Unit，DPU）芯片、定制化服务器、分布式存储、算网融合等IT新技术均在不断发展，有效提升了数据中心建设运营水平及对外服务水平。

在社会环境方面，数据中心可为各行业数字化转型提供广泛的算力支撑，推动数字产业化和产业数字化协同发展，社会价值突出。数据中心产业链长，涉及基建、供配电、制冷、服务器、存储、网络、软件、大数据分析等诸多领域，数据中心的发展有助于带动数字相关产业发展。同时，数据中心可为各行业提供基础性的算力服务，推动产业数字化转型，带动数字经济发展。

2. 云计算产业发展环境

在经济环境方面，**云计算等数字技术激发实体经济活力，助力数字经济蓬勃发展。**随着企业上云、用云的深入，以云计算为核心支撑平台的数字技术将全面赋能数字经济高质量发展，根据中国信息通信研究院的预测，预计到2025年，我国数字经济规模将突破60万亿元。

在政策环境方面，**数字基础设施战略布局不断推进。**近年来，党和国家围绕云计算等数字基础设施作出了一系列重大战略规划与决策部署，随着数字经济战略的不断升级，数字技术、数据要素、融合发展等成为战略重点，行业主管部门、地方政府的针对性指导文件与规划陆续出台。云计算作为数字经济的关键基础设施，有望进入发展的新周期。

在应用环境方面，**企业进入深度用云阶段。**当下，云计算的服务模式逐步向算力服务模式演进，带动传统行业进入深度用云阶段。数字时代，企业用户对于云上算力资源在使用效率、类别、度量等方面提出了更高要求。一是需要为用户带来普惠化的异构计算资源输出，满足不同业务场景下的算力需求；二是云计算的分布式、多层级架构需要将不同地域的算力资源统一调度，促进数据要素流通，提高数据利用效率。随着云服务模式的按需演进，传统行业用云路径更加适配，云计算应用范围不断扩大，用云程度不断加深。

3. 边缘计算与边云融合发展环境

在政策环境方面，**我国边缘计算相关政策陆续出台，环境不断完善，推动产业协同落地发展。**《"十四五"数字经济发展规划》中提出加强面向特定场景的边缘计算能力，并推进云网协同和算网融合发展。《"十四五"国家信息化规划》中提出构建具备周边环境感应能力和反馈回应能力的边缘计算节点，提供低时延、高可靠、强安全边缘计算服务。《工业互联网创新发展行动计划（2021—2023年）》中提出推动边缘计算与工业互联网的融合技术研究。《"十四五"信息通信行业发展规划》中提出建设面向特定场景的边缘计算设施，推进边缘计算与CDN融合下沉部署，加强边缘计算与云计算协同部署。

在产业环境方面，边缘计算相比于集中式云计算，更靠近用户业务数据源头的一侧，可以更好地满足用户在低时延、带宽成本降低、安全与隐私保护、弹性敏捷部署等方面的需求。伴随数字化转型浪潮的快速推进，边缘计算赋能千行百业的时代已经到来。

我国在边云融合方面的产业环境已经初具规模。目前有不少企业已经深度参与边云融合领域，如华为云、阿里云、腾讯云等大型云计算厂商，以及中兴通讯、京信通信、亚信科技等一批技术服务供应商均已深度参与边云融合领域。此外，国内一些新兴创业公司也加入这个领域，积极探索边缘计算和边云融合的商业应用场景。同时，相关技术和标准也逐渐得到完善，整个产业环境发展更加成熟。

在社会环境方面，随着各行各业数字化、智能化程度的提高，**越来越多的企业、机构和用户开始了解并重视边缘计算和边云融合技术的应用价值。**尤其在工业互联网、智慧城市、智能交通等领域，边缘计算和边云融合技术的广泛应用，优化了生产、管理和服务等各个环节，极大地促进了行业的数字化和智能化升级。

5.2　发展现状

1.　数据中心发展现状

我国数据中心机架规模持续稳步增长，算力总量已位居世界第二。近年来，我国数据中心机架规模稳步增长，根据工业和信息化部统计数据，截至 2022 年年底，全国在用数据中心机架总数量达到 650 万架（见图 5.1），算力总规模达到 180EFLOPS，位居世界第二，2018—2022 年算力总规模年均增速超过了 25%。

图5.1　我国数据中心机架规模

资料来源：工业和信息化部数据。

数据中心市场规模不断提升，数字化转型需求增长持续驱动数据中心市场规模增长。与数据中心机架规模增长相同步，我国数据中心市场规模也在不断提升，根据《中国数据中心白皮书（2022 年）》的数据，2021 年，我国数据中心行业市场收入达到 1500 亿元左右，2019—2021 年均复合增长率达到 30.69%。随着我国各地区、各行业数字化转型的深入推进，数据中心算力需求将得到进一步提升。同时，"东数西算"对数据中心的布局应用正在不断优化，需求引领叠加政策驱动，我国数据中心总体市场规模仍将保持持续增长态势。

我国数据中心市场多元化发展。我国电信运营商资金雄厚，同时掌握算网资源，具备运营数据中心的优势，其主要以提供资源租赁和集成服务为主。第三方数据中心运营商依托专业的数据中心运营能力，市场占比持续提升。头部云厂商依托强大的云计算能力逐步拓展数据中心市场。目前，我国头部数据中心厂商主要包括中国电信、中国联通、中国移动、万国数据、世纪互联、鹏博士、光环新网等。

2.　云计算发展现状

在市场规模方面，市场总量稳定增长，延续向好趋势。截至 2022 年年底，我国云计算市场规模达 4550 亿元，同比增长 40.9%。其中，公有云同比增长 49.3%，市场规模达到 3256 亿元，私有云同比增长 25.3%，市场规模达到 1294 亿元（见图 5.2）。

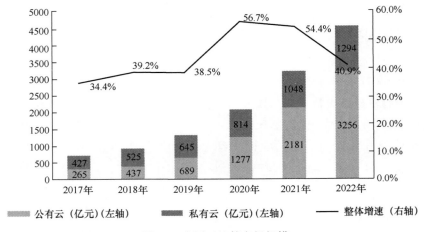

图5.2　中国云计算市场规模

资料来源：中国信息通信研究院。

在业务情况方面，电信运营商较互联网云服务商表现亮眼，互联网厂商同运营商间合作加强。2022 年上半年各企业财报数据显示，阿里云、腾讯云各季度市场营收同比连续下降，运营商则均实现超过 1%的增长，三大运营商发挥云网、算力领域先天优势在公有云市场强势发展。同时，为促进云计算业务和生态发展，运营商和头部云厂商加强云布局与生态合作，以腾讯、百度为首的互联网厂商针对运营商专门开设了运营商对接业务，厂商格局由竞争转向合作。

在竞争格局方面，云服务集中度下降，中小云服务商迎来发展机遇。IDC 数据显示，2022 年上半年云计算 IaaS+PaaS 市场份额排名前 5 位的云服务商为阿里云、华为云、腾讯云、天翼云和 AWS，主流云服务商占据我国云服务市场超过 80%的份额（见图 5.3），集中度与2021 年上半年相比略有下降，"一超多强"格局存在变数，中小云服务商有望寻找细分市场的发展机遇。

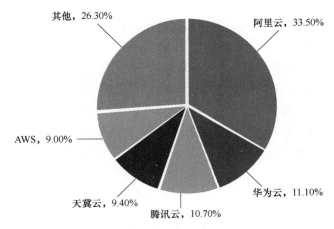

图5.3　2022年上半年中国前五大公有云IaaS+PaaS服务商市场份额占比

资料来源：IDC 中国。

在发展战略方面，云计算服务商调整"出海"战略，全球化布局趋势明显。2022 年，阿里云提出计划未来 3 年投入 70 亿元建设国际本地化生态，并在海外增设 6 个服务中心；华为云宣布将布局全球 29 个区域、75 个可用区；腾讯云高调成立出海生态联盟。截至 2022 年年底，阿里云在全球 42 个地理区域运营 86 个可用区和 25 个专属行业可用区；腾讯云在全球 27 个地理区域运营 57 个可用区；华为云在全球 16 个地区运营 42 个可用区。

3. 边缘计算与边云融合发展现状

Gartner 的数据显示，**75%的数据产自边缘侧。** 与此同时，IDC 发布的《中国半年度边缘计算服务器市场（2022 年上半年）跟踪报告》中给出了中国边缘计算服务器市场规模的预测。2022 年上半年，中国边缘计算服务器整体市场规模达到 16.8 亿美元，预计全年达到 42.7 亿美元，同比增长 25.6%。IDC 预计，2021—2026 年中国边缘计算服务器整体市场规模年复合增长率将达到 23.1%，高于全球的年复合增长率 22.2%。

与此同时，边缘云市场规模也在快速增长。 IDC 最新报告显示，2022 年上半年，中国边缘云市场规模总计 30.7 亿元，同比增长 50.8%。其中，边缘公有云服务、边缘专属云服务、边缘云解决方案市场规模分别达到 17.1 亿、4.4 亿元和 9.2 亿元。

5.3　关键技术

1. 数据中心

数据中心是"风火水电"基础设施与 IT 软硬件共同发展、创新融合形成的一类新型算力基础设施，可对外提供算、存、运综合性的算力能力，是技术创新的高地。数据中心关键技术主要由"风火水电"基建技术和 IT 技术共同构成，其中，"风火水电"基建技术涵盖土建、供配电、制冷、安防、消防等领域。在**土建方面**，早期数据中心建设以传统施工方式为主，工期长、成本高，随着信息技术的快速迭代，用户对数据中心交付工期的要求正在逐步缩短，预制模块化、微模块技术快速发展，有效提升了数据中心建设效率。在**供配电方面**，不间断电源（Uninterruptible Power Supply，UPS）智能休眠、高压直流供电、3N 架构、绝缘栅双极型晶体管（Insulated Gate Bipolar Transistor，IGBT）整流等技术创新发展，极大地降低了供配电系统能耗，提升了供配电效率。除此之外，为了满足数据中心绿色低碳发展要求，风能、光伏等新能源发电技术与储能技术融合加深，有效提升了新能源供电的稳定性，为数据中心提供了可靠的绿电供给。在**制冷方面**，风冷、液冷技术已经发展成熟。为了适应数据中心设备大规模部署形成的热量堆积，一些创新性的制冷方式不断涌现，如外供冷、蓄冷、液冷、冷热通道密封、盲板密封、余热利用、热泵技术、间接蒸发冷却等。在**安防和消防方面**，主要以智能化、自动化的监测装置应用为主导，逐步演进为智慧安防、智慧消防，物理安全防护能力显著提升。

数据中心 IT 技术涵盖了服务器、存储、网络和运维等领域。其中，在**服务器方面**，服务器底层芯片计算性能不断提升，中央处理器（Central Processing Unit，CPU）架构不断完善，图形处理器（Graphics Processing Unit，GPU）、现场可编程的门阵列（Field Programmable Gate Array，FPGA）等异构算力芯片逐步成熟，服务整机制造能力已经形成。为了适应大规模计算需求，高密服务器、液冷服务器等不同类型服务器也在不断涌现。在**存储方面**，机械硬盘（Hard Disk Drive，HDD）、固态硬盘（Solid State Drive，SSD）存储技术已经发展成熟，能够为各类存储方案提供底层支撑。集中式网络存储、分布式存储成为大规模数据存储的重要解决方案，在不同场景取得了广泛应用。在**网络方面**，为了适应大规模东西向流量的增长，数据中心网络逐渐向扁平化方向发展。同时，为了提高网络传输的带宽、可靠性，降低传输时延，全光网络、无损网络、确定性网络等新兴网络技术不断涌现。随着网络云化趋势的加强，软件定义网络（Software Defined Network，SDN）、软件定义广域网（Software-Defined Wide Area Network，SD-WAN）等技术也被广泛应用于数据中心网络。在**运维方面**，数据中心基础设施管理（Data Center Infrastructure Management，DCIM）、动力环境监控等监控管理系统已经成为数据中心运维管理的重要组成部分，近年来，智能化运维工具也被逐步应用于数据中心运维。

2. 云计算

云原生技术生态日趋完善，为企业 IT 现代化变革提供技术保障。云原生技术已经从容器、微服务、DevOps 等领域的早期形态扩展至底层技术［如服务器无感知技术（Serverless）］、编排及管理技术［基础设施即代码（IaC）］、安全技术、监测分析技术（如扩展包过滤器 eBPF）及场景化应用等方面，形成了完整支撑应用云原生构建的全生命周期技术链。

基础设施即代码（IaC）简化运维，显著提升部署的敏捷性。IaC 用于启动计算资源、自动配置、设置存储及跨服务应用标准网络功能，通过相关工具和功能来简化整个应用程序生命周期的操作，减少开发人员的工作量并消除物理硬件配置，降低了基础设施管理的成本。IaC 是云原生声明式操作思想的具体实践，提升了复杂资源、设施的管理水平和部署的敏捷性。

服务器无感知（Serverless）架构从技术上分离业务和基础设施，提升用户业务创新能力。Serverless 是一种架构理念，其核心思想是将提供服务资源的基础设施抽象成各种服务，以 API 即应用程序接口的方式提供给用户按需调用，真正做到按需伸缩、按使用收费。这种架构体系结构消除了对传统的海量持续在线服务器组件的需求，降低了开发和运维的复杂性，减少了运营成本并缩短了业务系统的交付周期，使得用户能够专注业务本身。在无服务器架构的理念和方法下，有很多种无服务器的技术形态，目前成熟落地的有 3 种形态，函数即服务（FaaS）、后端即服务（BaaS）和 Serverless 容器。

3. 边缘计算与边云融合

云边协同全局管理能力逐步完善，促进计算资源分布式发展。云边协同全局管理通过在云端搭建统一的全局管理平台（见图 5.4），对边缘计算节点进行统一纳管，联动云端与边缘计算节点间的数据，并通过云边协同将 AI、大数据等应用能力部署到边缘计算节点，对边缘计算资源进行远程管控、数据处理、分析决策、智能部署等操作。

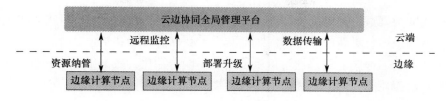

图5.4   云边协同全局管理平台

云原生技术向边缘下沉，边缘容器加速云边协同发展。各边缘容器服务商在重视对原生 Kubernetes 无侵入性的同时，各显神通叠加自己的能力，以尽量少地改动使原生 Kubernetes 支持边缘侧应用场景。

云边数据协同分析和处理，有效提升数据使用效率。面对各类不同应用场景对边缘数据分析处理提出的全新要求，时序数据库、边缘流数据分析、异构计算等技术可以从不同程度上予以回应解决，各类技术回应解决方式如下。

时序数据库：支持时序数据的快速写入和持久化，可以有效解决边缘计算场景下海量时序数据写入、读取和存储成本等问题和挑战。

流式数据处理：物联网场景下的边缘计算很大一部分是指在边缘侧进行流式数据的处理，流式数据在边缘侧的快速采集、清洗、加工、处理，可以快速响应物联网设备产生的事件和不断变化的边缘业务需求。

协议转换、数据预处理等技术：通过轻量级计算框架和相关算法，在边缘侧对数据进行清洗、格式转换等预处理操作，在边缘侧产生的海量数据中有效剔除冗余数据，减轻上传至云端的数据量级，降低云平台负载和传输带宽压力。

人工智能与边缘计算逐步融合，边缘智能成为核心应用。目前，边缘智能主要技术涉及协同推理、增量学习、联邦学习、模型分割与剪裁、安全隐私保护等。

在边侧资源受限条件下，中心云与边缘节点可以通过协同推理提升整体推理性能。协同推理能力支持在边缘节点部署浅层模型，在中心云部署深层模型，推理请求首先由边缘节点的浅层模型处理，如果处理置信度较高，则直接返回推理结果，否则发送到边缘节点管理平台由深层模型处理。

切割训练模型是一种典型的边缘服务器和终端设备协同训练的方法。这种终端设备与边缘服务器协同推断的方法能有效地降低深度学习模型的推断时延。然而，这种技术的挑战在于不同的模型切分点将导致不同的计算时间，需要选择最佳的模型切分点，以最大限度地发挥终端与边缘协同的优势。

AI 模型训练的样本主要来自边缘侧的数据采集，中心云与边缘节点相互配合，通过增量学习可以提高模型准确度。在边缘节点部署模型运行推理后，自动识别推理结果置信度低的样本，发送到中心云，由人工或其他系统辅助标注样本，再重新增量训练模型，经过增量训练的模型通常比原模型在准确度方面有显著提高。

通过联邦学习既可以利用这些数据进行模型训练，又可以保证原始数据不出边缘，实现数据安全的保护。联邦学习的核心概念是在保护用户数据隐私安全的前提下，利用多个边缘设备上分布式的数据进行模型训练。通过在本地设备进行一轮本地训练并上传参数到云端进行聚合，实现模型迭代更新的过程，同时也减少了数据的传输和集中处理，降低了总体的能耗和网络带宽需求。最终，联邦学习可用于训练高度个性化、数据更实时的机器学习模型，为数据隐私和模型效果之间的平衡提供了可能性。

5.4　行业应用与典型案例

我国数字化转型逐步加快，各类算力应用场景不断涌现，对数据中心算力服务能力提出了差异化需求，也推动了数据中心多样化发展。不同算力需求场景对算力需求有所差别，具体如图 5.5 所示，需要针对不同应用场景提供专业化算力服务，以此提高算力服务效率，更好地推动数字化转型发展。目前，我国已经形成了通用数据中心、智算中心、超算中心、边缘数据中心协同发展的算力产业格局，其中通用数据中心应用最为广泛，在互联网、通信、金融、工业、政府等领域均有应用，主要为通用互联网应用，如电子商务、ERP 管理系统等提供算力服务。智算中心占比逐步提升，主要为智能驾驶、人脸识别、工业仿真模拟、数字人等场景提供算力服务。超算中心主要用于航空航天、石油勘探等国家重点研发项目。边缘数据中心主要满足终端物联设备实时性算力需求。随着我国数字化、智能化转型加快，人工智能算力应用场景将进一步发展，智算中心规模及占比将进一步提高。

图5.5　不同算力需求场景的数据中心

资料来源：《数据中心白皮书（2022 年）》。

内容分发网络（Content Delivery Network，CDN）与边缘云结合向下一代内容分发平台升级。随着人工智能技术的不断发展，CDN 智能化程度也在不断提升，以边缘云+人工智能（Artificial Intelligence，AI）为主要驱动的智能 CDN 成为未来发展的重要趋势，智能 CDN 可快速响应需求并使服务能力、服务状态和服务质量更加透明。中国电信自主研发的内容边缘化分发缓存的虚拟网络（EECDN）相比传统 CDN，边缘节点更加下沉，将内容分发能力延伸至区县级，将源站内容分发至最接近用户的节点，使用户可就近获取所需内容，解决了带宽及性能带来的访问延迟问题，从而提高用户访问的响应速度和成功率，适用于站点下载加速、点播、直播等场景。

云边协同是工业互联网的重要支柱。在工业互联网场景中，边缘设备只能处理局部数据，无法形成全局认知，在实际应用中仍然需要借助云计算平台来实现信息的融合，因此，云边协同正逐渐成为支撑工业互联网发展的重要支柱。例如，部分公司通过在工厂的网络边缘层部署边缘计算设备及配套设备，其中边缘计算设备通过数据采集模块从所有可编程逻辑控制器（Programmable Logic Controller，PLC）设备采集实时数据，存储于实时数据库内，供制造执行系统（Manufacturing Execution System，MES）、企业资源计划（Enterprise Resource Planning，ERP）等其他功能模块、系统调用处理，建立起工单、物料、设备、人员、工具、质量、产品之间的关联关系，保证信息的继承性与可追溯性，并在边缘层快速建立一体化和实时化的信息体系，满足工业现场对实时性的要求。

云边协同助力传统能源产业向能源互联网升级。在传统能源产业向能源互联网升级的过程中，利用云计算和边缘计算两方面的优势，可以加速升级过程。浪潮云的智慧能源管理解决方案，通过智能物联网网关连接终端感知层的水表等设备，在边缘侧实时采集设备数据，并对数据进行处理，可以实现对终端设备的能耗管理、安全预警、无功补偿等操作，并可以进行断点续传；同时将分析后的数据上传到云端，云端对数据进行表码分析、用量分析、需量分析等大数据处理，同时存储大量数据，用户可以随时查询历史记录。

5.5　发展趋势和挑战

1. 发展趋势

云服务加速向算力服务演进，算力迎来高速发展期。算力服务之于异构计算，就如云服务之于通用计算。一是云计算能够屏蔽不同硬件架构（CPU、GPU、FPGA）的差异，输出不同类型的服务（常规计算、智能计算、边缘计算），进而实现大规模异构计算资源的统一输出，实现算力的**普惠化**。二是云计算正从单一集中式部署模式向分布式、多层级部署的新模式演进，全面提升算力服务的调度能力，实现算力服务的**泛在化**。三是云计算是算力时代各类软件应用的"插座"，可以实现算力资源的**标准化**。近年来，随着算力服务厂商的不断涌现、算力资源日益高涨的需求，使得算力逐步成为可交易商品，算力交易平台等相关系统平台纷纷涌现，算力交易的蓬勃发展促使跨区域的算力资源与需求形成流动、共享、按需分配的市场模式。

云原生技术和能力不断成熟，加速企业架构现代化变革。经过十多年的概念研究及实践应用，云原生价值被不断挖掘，过去几年，企业对云原生的应用多局限于技术和基础设施能力改进方面，而忽略了架构和设计、组织和流程的协同改良，随着云原生技术和能力的不断完善，企业组织和流程、架构和设计、技术和基础设施得以具备全面升级的基础保障。云原生促进组织和流程从集中式、冗余向团队自治、流程敏捷自动化发展，架构和设计从传统的、烟囱式的、有状态的粗粒度向分布式、微服务化发展，技术和基础设施向灵活弹性、自动化发展；企业 IT 架构、业务架构、管理结构协同演进、彼此适配，共同完成企业架构现代化变革。

云上系统面临多维度挑战，稳定性建设必要且紧急。一是云上系统复杂度提升。随着云上系统对微服务等技术架构的深度应用，各模块之间的依赖关系变得更加错综复杂，给服务性能瓶颈分析、快速定位影响评估范围和根因分析等带来了诸多困难。**二是新旧系统的共存和过渡。**从传统系统迁移至云不是一蹴而就的，相当长时间内会存在多种系统的共存，如何做好新旧系统共存下的稳定性保障是重要命题。**三是核心业务上云进程加速，故障影响范围更广、后果更严重。**核心业务往往具备业务连续性要求高、并发请求量高、业务激增随机性强等特点，为防止核心业务受影响，系统需要具备更强的容错性。

云计算应用程度加深，优化治理贯穿上云、用云全周期。企业深度用云极大地提升了生产经营效率，但随之而来的用云成本、云计算性能和稳定性等隐患也开始显现，加速了企业对云的优化和治理的需求。云计算开源产业联盟发布的《2021 年中国云使用优化调查报告》显示，75%的企业对当前云使用满意程度较低，其中有 47%的企业认为当前云使用效果一般，另有 28%的企业表示当前云使用体验较差。由于用云体验难以满足预期，不少企业对云优化的需求十分迫切，如图 5.6 所示，有 80%以上的受访企业对云优化有需求。**企业云优化治理的需求主要表现在以下三个方面：**一是用云成本如何管理，二是云上业务性能如何调优，三是上云后云平台业务发展可持续性较差。

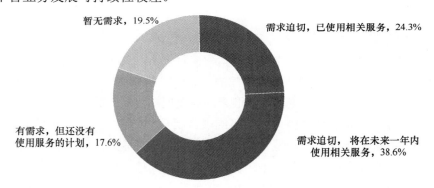

图5.6 企业用云成本优化需求情况

资料来源：云计算开源产业联盟 2021。

2. 发展挑战

1）数据中心发展挑战

我国数据中心发展挑战主要集中在软硬件设备自主创新、数据中心节能降碳、数据中心产业布局三个方面。

软硬件设备自主创新能力薄弱，关键核心设备制造能力不足。我国算力产业发展历史短，技术积累不足，国外厂商对我国进行技术封锁，限制高端设备出口，国内厂商底层芯片研发制造能力不足，操作系统软件生态难以构建，难以与国内外主流软件兼容。

节能降碳压力大，新能源在数据中心中的应用仍有待加强。我国数据中心规模仍在持续增长，数据中心耗电量不断提升，新能源发电仍面临发电量小、稳定性差、并网困难等问题，难以满足数据中心用电需求。除此之外，我国仍有不少老、旧、小数据中心尚未进行节能改造，能耗较高。

算力协同发展有待增强，"东数西算"产业布局调整任重道远。"东数西算"工程的实施进一步促进了我国数据中心产业向中西部迁移，推动了数据中心均衡布局，但是"东数西算"应用场景尚未形成。在上述情况下，大量数据中心迁移到中西部，可能会面临算力需求不足、上架率不高、算力资源闲置等问题。

2）云计算发展挑战

基础创新能力较弱，自主创新技术竞争力薄弱。《"十四五"数字经济发展规划》强调，"推进云网协同和算网融合发展。加快构建算力、算法、数据、应用资源协同的全国一体化大数据中心体系"。现阶段我国建设高质量算力网络，支撑企业数字化转型之路仍存在关键技术可控难点，一是竞争窗口期较短，自研技术体系亟须丰富拓展；二是算力服务等前沿技术布局及研究不足，对后续发展造成风险。

传统行业上云率较低，行业应用推广有待加深。自工业和信息化部发布《推动企业上云实施指南（2018—2020 年）》以来，各地企业上云工作取得明显成效，但上云程度不深、细分行业领域上云解决方案不丰富等问题依然存在。我国企业上云率仅为 30%，远低于美国企业的 85% 和欧盟企业的 70%，中小企业和工业、能源等重点行业的上云率低于全球平均水平。我国云计算行业的应用普及推广仍待加强。

产业链存在脱节，生态建设尚待完善。我国云计算产业生态建设存在协同不足的问题。面向云计算的算网云产业链尚未全部打通，缺少行业核心组织带动生态构建，共赢共生的协同发展态势尚未形成，行业重复建设问题凸显。

3）边缘计算与边云协同发展挑战

边云融合的大规模节点管理稳定性和性能仍存在不足。在稳定性方面，全局管理平台虽然通过容器等方式可实现对边缘节点、终端设备的统一管理，但由于云边端节点通常面临所处网络环境复杂、终端设备多样性等挑战，在跨网络环境、跨地理位置条件下进行大规模节点管理仍缺乏稳定性，在云边/边边通信、数据同步、边缘自治、物联网设备管理等方面技术能力仍需补强。在性能方面，存在大规模节点之间数据实时传输、控制指令实效下发、大规模应用快速分发部署等挑战，急需测试验证方法和工具。

边云融合的分布式算力调度复杂性仍较大。由于云、边、端三者资源规模不同、位置分散，业务应用对时延、性能、服务质量、成本等方面需求各异，服务提供者需要在保障用户体验的同时最大化提升资源利用率，因此如何实现统一云、边、端算力资源调度成为主要挑战。虽然目前业界从资源、流量、数据、应用、算法等不同维度探索云、边、端资源优化调度，但在实际业务场景下，由于业务存在多样性和复杂性等特点，因此接入延时、流量迁移、实时监控等方面仍具备优化提升空间。

边云融合的分布式数据管理能力有待提升。在数据接入方面，实际业务通常存在海量多源异构数据，在工业等细分领域现场存在大量异构设备和协议，数据管理平台在设备接入（边缘异构协议适配等）、数据处理（实时智能分析等）、数据传输（云边网络不稳定导致数据丢包等）、数据质量（完整性、分布式传输防篡改等）、云端数据管理（统一元数据管理、监控等）等方面仍需加强。在数据赋能方面，如何实现将生产／现场数据与企业经营管理、服务等数据深度融合，打破现有各个系统数据割裂状态，实现业务数据共享流通，仍面临挑战。

撰稿：郭亮、王少鹏、马飞、苏越、李昂、王蕴婷、王青
审校：田东

第6章 2022年中国数据要素发展状况

6.1 发展环境

自 2019 年党的十九届四中全会首次将数据增列为生产要素以来，中央发布多项政策文件，围绕数据要素发展进行谋篇布局。我国数据要素政策的布局历程如图 6.1 所示。2022 年 1 月，《要素市场化配置综合改革试点总体方案》《"十四五"数字经济发展规划》公开发布，分别设置专门章节布局数据要素发展。《要素市场化配置综合改革试点总体方案》以"探索建立数据要素流通规则"为主题进行数据要素市场化配置改革的布局，从完善公共数据开放共享机制、建立健全数据流通交易规则、拓展规范化数据开发利用场景和加强数据安全保护四个方面提出改革试点方向。《"十四五"数字经济发展规划》强调"充分发挥数据要素作用"，对数据要素的高质量供给、市场化流通、开发利用创新等方面进行了规划。由于数据具有规模

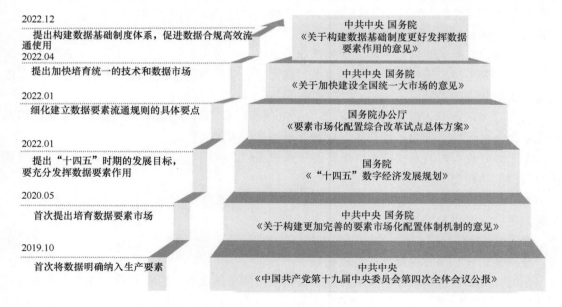

图6.1　我国数据要素政策的布局历程

资料来源：中国信息通信研究院，2022 年 12 月。

效应，容易出现垄断现象，政策布局既要反地方保护、反垄断，又要扶持具有产业链影响力的数据要素生态。为推动构建新发展格局，打破地方保护和市场分割，打通制约经济循环的关键堵点，促进商品要素资源在更大范围内畅通流动，2022 年 4 月，中共中央、国务院印发《关于加快建设全国统一大市场的意见》，针对数据要素市场的培育，提出建立健全数据安全、权利保护、跨境传输管理、交易流通、开放共享、安全认证等基础制度和标准规范，深入开展数据资源调查，推动数据资源开发利用。

2022 年 12 月，中共中央、国务院印发《关于构建数据基础制度更好发挥数据要素作用的意见》（以下简称《数据二十条》）。**《数据二十条》是我国第一份专项布局数据要素的政策文件，提出了构建数据要素发展的基本纲领和彰显创新引领的数据基础制度体系**，以基础制度破解数据要素发展过程中的基本难题，对下一步的政策制定和产业探索起到了"举旗定向"的作用。《数据二十条》强调了维护国家数据安全、保护个人信息和商业秘密的前提，明确了促进数据合规高效流通使用、赋能实体经济的主线，提出了充分实现数据要素价值、促进全体人民共享数字经济发展红利的目标。《数据二十条》提出建立保障权益、合规使用的数据产权制度，建立合规高效、场内外结合的数据要素流通和交易制度，建立体现效率、促进公平的数据要素收益分配制度，建立安全可控、弹性包容的数据要素治理制度，构建起数据基础制度体系的"四梁八柱"。可以看出，国家政策的顶层设计逐步对数据要素各环节提出更细致的目标和要求，为推动数据在更大范围内有序流动和合理集聚、进一步促进数据开发利用、实现数据要素价值指明了方向。

数据成为生产要素需以深厚的技术背景和产业环境作为依托。并非所有时代、所有形态的数据都能成为生产要素。在数据库诞生之前，程序员处理数据时需要直接面对操作系统的底层文件进行针对性开发，执行起来有较高的复杂度，对生产力的促进作用并不明显。随着互联网浪潮席卷全球，数据量迅速膨胀，利用数据进行信息分析和知识挖掘的需求不断增长，数据对生产的促进作用逐渐显现。

近年来，随着大数据技术和大数据产业的发展，大量企业对数据进行集中存储计算和高质量治理，为上层应用提供服务，对海量数据实时处理和智能分析的能力不断增强，极大地推动了生产效率的提升。

在此阶段，数据通过支撑业务运转、指导分析决策、对外流通赋能三条途径来激活和提高数字经济时代的生产力，因而逐渐成为促进生产的关键要素。

对于数字化程度较低的企业，维持业务系统运转、提高业务运行效率的数据是数据要素价值释放的基础资源。

数字化程度较高的企业追求利用数据获得更准确、更全面、更有预测力的分析决策结果，从而为企业创造更大的效益。

企业还可将自身持有的数据加工成多样的数据产品，在遵守法律制度的前提下流通出去，使其他企业利用数据蕴含的价值指导生产。

总之，数据技术和产业的发展伴随着数据应用需求的演变，影响着数据投入生产的方式和规模，推动着经济社会的整体进步。

推动数据要素发展，既是适应当前经济社会环境的创新性举措，也是将中国式现代化事业持续向纵深推进的标志性、全局性、战略性举措。数字经济是继农业经济、工业经济之后的主要经济形态，数据的存在形态和流转方式打破了人与人之间、企业与公共部门内外部之间生产关系的原有边界，催生了新的生产工具和生产活动类型，推动着生产关系的转型升级。

数据对生产的深刻影响彰显出数据作为新型生产要素的独特价值。数据要素是数字化、网络化、智能化的基础，已快速融入生产、分配、流通、消费和社会服务管理等各个环节，深刻改变着生产方式、生活方式和社会治理方式。

全球各大经济体纷纷制定和深化数据战略，向数字社会迈进。2022 年，美国发布《美国数据隐私和保护法案》，欧盟发布《数据法案》《数据治理法案》等，确保数据价值在隐私保护的前提下释放；韩国成立国家数据政策委员会，推进各行业数字化转型。在构建新发展格局、促进高质量发展，以及抢占全球竞争战略制高点的背景下，我国发布数据要素系列顶层设计文件，将数据要素作为深化发展数字经济的核心引擎，发挥海量数据规模和丰富应用场景优势，为经济社会数字化发展带来强劲动力。

6.2　发展现状

数据要素作为我国生产要素领域的重大理论创新，与之相对应的数据要素产业仍处于探索初期，产业构成、产业边界和产业规模尚不清晰，关于数据要素产业形态、业务模式、市场格局、管理方式、产业安全等方面的研究还需持续推进。但是，随着国家数据要素政策、地方数据条例措施的出台和业界实践探索的深入，我国数据要素发展呈现欣欣向荣的局面，基础能力完善、供给充裕规范、价值持续释放的数据要素产业体系逐步建立，跨业务、跨主体、跨领域的数据价值链逐步贯通。

我国数据要素基础能力趋于完善。一方面，数据存储计算等基础设施领域发展基本成熟。数据基础设施领域发展时间长，产业成熟度相对较高，在数据要素等新需求的牵引下，正呈现出稳中有进的发展态势。另一方面，保持数据全生命周期安全能力的数据安全领域快速发展。随着数据安全监管要求逐渐落地，数据安全产业生态体系基本建立，数据安全发展基础不断夯实，数据安全建设工作正逐步启动。

我国数据要素供给能力不断提升。一方面，我国数据要素供给数量持续增长。以公共数据开放为例，截至 2022 年 10 月，我国已有 208 个省级和城市的地方政府上线政府数据开放平台，与 2021 年下半年相比增长约 8%。其中，我国 74.07% 的省级（不含直辖市）政府上线了政府数据开放平台，数量达到 21 个[1]。另一方面，我国数据要素供给质量有效提升。2022 年，完成数据管理能力成熟度评估模型（DCMM）贯标评估的企业达到 1040 家，企业贯标积极性明显增强，通过"以评促建"提升数据要素质量。DCMM 评估结果在三级及以上的数据管理能力较强企业的占比为 20.6%，金融、电力、通信三大领域的数据管理能力领先其他行业。

我国数据要素价值潜能持续释放。一是公共数据授权运营探索不断深入。以北京为例，2022 年 11 月北京市第十五届人民代表大会常务委员会第四十五次会议通过的《北京市数字经济促进条例》明确提出设立金融、医疗、交通、空间等领域的公共数据专区，市人民政府可以开展公共数据专区授权运营，有效促进数据融合创新应用。二是企业数据开发利用加速

---

1 复旦大学、国家信息中心数字中国研究院，《中国地方政府数据开放报告（省域指数）》，2022.

向全行业全流程拓展。以金融业为例，国内 70%以上的金融机构已在风控、营销、反欺诈等核心业务中广泛应用数据资源及数字技术，国有大型商业银行均已完成风控响应从小时级到毫秒级的突破，具备以数据驱动为基础的快速智能风控能力。三是数据交易创新探索持续深化。截至 2022 年年底，各地已成立 48 家数据交易机构（见图 6.2）。各交易机构持续推进差异化探索，例如，上海数据交易中心首发数商体系，培育多元化数据交易生态，重点打造 10 类数商，已对接数商超过 800 家；深圳数据交易所以深港数据交易合作机制为抓手，积极推动数据跨境交易，已完成跨境交易 14 笔。

6.3 关键技术

历史经验表明，技术既是支撑产业发展的底座，又是突破产业发展瓶颈的重要手段。数据要素产业链长、涵盖面广，但就核心技术体系而言，可划分为数据存储与计算、数据管理、数据流通、数据安全四大核心领域。原始数据通过数据存储与计算实现压缩存储和初步加工，通过数据管理提升质量，通过数据流通配置给其他相关主体，并由数据安全技术进行全过程的安全保障。这四大领域共同构成了数据要素的核心技术体系。

1. 数据存储与计算：通过深度优化实现提质增效

自 1960 年信息时代开启后，经过 60 余年的发展，数据存储与计算领域总体技术框架趋于成熟，并进入深度优化阶段。数据存储与计算已经形成了以分布式数据库、数据仓库、批处理平台、实时处理平台为代表的总体技术框架，并被广泛应用，已能够支撑具有高并发、低延迟数据处理分析需求的极端场景。在技术能力已相对成熟的基础上，以云化、融合一体化为代表的深度优化理念不断涌现，并逐步应用，为数据存储与计算领域进一步降本、提质、增效提供了新范式。

一方面，数据存储与计算领域各技术持续与云融合，资源利用率进一步提升。伴随着云原生理念的兴起，数据存储与计算实现存储、计算、调度、安全、分析等模块的进一步解耦，并实现应用接口函数化，在提升资源利用率的同时有效降低了成本。近年来，华为云、腾讯云、阿里云等大数据企业均推出了云原生数据库产品。2022 年，阿里云首款 Serverless 数据库产品 RDS MySQL Serverless 正式商业化，PingCAP 在 HTAP Summit 上宣布 TiDB Cloud Serverless Tier BETA 版正式发布。

另一方面，数据存储与计算领域各技术产品转向融合架构成为趋势，融合一体化持续加深。将批处理技术与流计算技术融合的批流一体技术框架、打通数据仓库和数据湖技术的湖仓一体技术框架、同时具备在线事务处理及分析的混合事务分析处理（Hybrid Transaction Analytical Processing，HTAP）技术框架等不断融合创新，大幅降低了运维综合成本。2022 年，国内厂商巨杉数据库推出 SequoiaDB、星环科技推出星环湖仓一体 V2.0 等，均是涌现出的融合架构解决方案。

2. 数据管理：通过统一技术平台促进协同

数据管理是企业丰富数据应用、参与数据要素流通的前序和基础，是联动企业顶层设计与基层业务的系统性工程。部分企业数据管理需求强、资源足，已将数据管理技术率先落地，并通过统一技术平台消除数据管理协同难点。

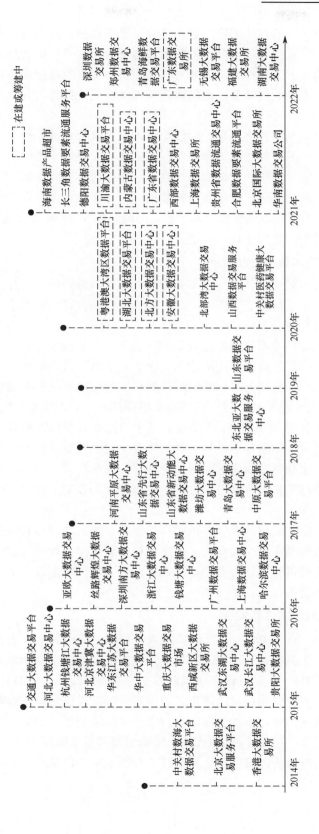

图6.2　国内数据交易机构建设历程

资料来源：中国信息通信研究院，2022 年 12 月。

早期，各企业针对数据管理中的各项工作，逐步建设了数据标准管理平台、数据质量管理平台、数据架构管理平台、元数据管理平台、主数据管理平台等单一功能型技术工具。这些技术工具有效提升了企业的数据管理能力，但通常独立存在，使得数据管理各项活动间衔接性较差，如数据标准难以应用于数据模型、数据质量难以从源头把控等，导致管理资源的冗余和浪费。

随着统一数据管理平台的成熟，其将各单一功能型技术工具进行集成，构建了数据管理工作的"一站式"技术平台，对于统筹数据管理工作、提高数据管理效率的作用日益突出。例如，中国移动构建了元数据驱动的统一数据治理平台，全面打通异构跨地域、跨平台的元数据，统一支撑数据管理、开发、运营、运维人员的数据管理工作，实现数据一点可看、可控、可管。国网大数据中心基于统一数据管理技术平台，实现总部及 27 家省公司 PB 级数据的统一管理，有效加快了电网整体数字化转型升级。

3. 数据流通：可信流通技术重要性凸显

数据流通过程涉及供给方、需求方、中间方等多方主体，保障原始数据可控、流通过程可信、数据价值可用的技术需求日益强烈。同时，在合规要求日趋收紧的背景下，促进数据可信流通的各类技术解决方案受到业界广泛关注。

隐私计算是指在保证数据提供方不泄露原始数据的前提下，对数据进行分析计算的一系列信息技术。将隐私计算技术应用在数据流通的输入、计算、输出阶段，实现了全流程的数据"可用不可见""可控可计量"，已成为最有希望解决数据安全流通问题的关键技术。全球知名咨询机构 Gartner 已连续两年将隐私计算（其称隐私增强计算）列为重要战略科技趋势。2022 年，隐私计算迎来了一系列创新与突破，一方面，各主流隐私计算技术路线持续迭代优化，在单点层面提升了能力上限，如联邦学习架构优化提升了更多节点间的通信效率；另一方面，为了适应现实场景，企业开始探索通过多方安全计算、联邦学习、可信执行环境等技术融合的方式来突破瓶颈，使得隐私计算的可用性进一步提升，为技术大规模落地应用提供了必要条件。

区块链为数据流通中的验证、追溯、审计提供了有效保障。将区块链与其他各类数据安全流通技术相结合，能够为数据溯源、交易存证、数据侵权举证数据市场化问题提供可行的解决方案，实现数据流通全流程可验证、可追溯、可审计，并为进一步建设高效、高安全和高流动性的数据要素市场打下基础。

4. 数据安全：强需求牵引技术体系发展

随着数字化转型的深入和 5G、物联网、云计算等数字技术的快速发展，数据形式更加灵活多样，传统数据安全防护边界被颠覆，在此背景下，数据安全的需求持续增强，新技术应运而生。根据 IDC 发布的《IDC TechScape：中国数据安全发展路线图，2022》，零信任之数据安全、人工智能赋能数据安全、数据风险管理、数据安全基础设施管理平台等 9 项变革性数据安全技术将重塑数据安全市场，推动数据安全技术产品持续变革。例如，智能化技术在数据安全领域得到广泛的融合应用，AI 对数据识别、风险识别等多项数据安全技术的赋能，全面提高了数据安全各环节监控分析的准确率，从而推动数据安全工作从运维环节向数据全生命周期扩展。

由于企业数据安全的管控范围不断扩大，管控深度逐步加深，传统的离散式、补丁式的数据安全策略已不能适应当前敏捷化、动态化的业务创新需求。企业数据安全能力建设重心开始从单点技术部署走向广范围、细粒度、一体化的全面布局，围绕数据全生命周期，在数据脱敏、监控预警、安全审计等方面构建覆盖事前预防、事中监控、事后审计的全流程技术能力底座，形成"闭环"数据安全技术体系。

6.4　行业应用及典型案例

1. 组织内数据应用开始探索第三阶段实践路径

数据应用是利用数据对各项事务进行探索、分析、洞察并最终推动决策的过程。经过存储、计算、管理甚至流通的数据，在应用中实现数据对业务的最终赋能，数据应用是数据要素价值释放的"最后一公里"。虽然数据应用早已存在于人类社会的各项活动中，但随着数据本身形态、数据处理技术、产业发展环境、数据应用需求等的不断演化升级，数据应用的内涵和模式不断丰富，总体可分为三个阶段，各阶段特征如表 6.1 所示。

表 6.1　数据应用三个阶段的特征

数据应用相关维度	第一阶段 （自 20 世纪 60 年代开始）	第二阶段 （自 20 世纪 90 年代开始）	第三阶段 （自 2015 年开始）
数据源	业务系统数据库	数据仓库	数据湖+外部数据
数据与业务关系	随机、离散	常态化、体系化、外挂式	全域、敏捷、嵌入式
分析方法	图表统计	BI 分析	BI+AI
对决策的影响	辅助决策	增强决策	自动决策

资料来源：中国信息通信研究院。

数据应用的第二阶段已基本发展成熟，形成财务、人力、业务增长等关键领域数据，以固定周期、通过商业智能（BI）图表可视化的方式，将其现状和趋势呈现给关键决策层，再通过人工完成决策的数据应用模式。例如，招商银行 BI 分析平台自 2020 年上线至 2022 年10 月，仪表盘数量超过 3 万个，覆盖零售、信贷、风控、运营等核心业务，月均活跃用户数已达到 4.2 万人，平台在分行的渗透率达到 80%，数据分析平均周期从 5 个工作日降至 1 个工作日。

数据应用的第三阶段开始进入萌芽期，实践经验正在快速沉淀。随着企业间竞争的加剧，以及数据量增长、数据技术逐渐升级等环境因素变化，部分企业开始率先探索第三阶段实践路径，开展从组织架构、数据存储、计算、管理到商业模式的全方位探索，在营销、风控、经营分析等核心业务中推动自动决策。例如，全球跨境电商企业希音通过将消费侧和生产侧进行业务数据实时互通，从而搭建敏捷供应链系统，从开发、生产、仓储、物流等各环节进行全链路的数据应用商业模式改造，快速响应消费市场需求。目前，希音从下单、生产到仓库验收最快可在 7 天内完成，库存率也远低于行业平均水平。

2. 组织间数据要素流通技术应用步入产业增长阶段

随着数据要素市场政策发布和产业发展，以区块链、隐私计算为代表的数据要素流通关键技术发展如火如荼，产品数量迅速增长，应用规模稳步扩张，业务范围不断拓展。

一方面，数据交易所及部分技术服务商探索数据产权登记新方式，建设以区块链为技术底座的数据登记平台，尝试构建契合数据要素登记核心业务流程需求的技术标准体系，从而筑牢数据要素流通的权利基石。2022年7月，北京国际大数据交易所数据资产登记中心揭牌，试图依托区块链等先进技术搭建数据资产登记平台，发布数据资产凭证和数字交易合约，实现数据资产唯一性确权，进而打通数据资产登记平台和数据资产交易平台，探索建设数据资产"登记—评估—交易—增值"的生态体系。2022年8月，人民数据和世纪互联集团打造的"人民数保"平台正式上线，其基于区块链、智能合约、数据上链等核心技术，在打通人民数保与各大互联网平台的基础上，通过个人用户二次数据上链，确保身份数据、内容数据、行为数据的安全可信，实现"我的数据我做主"的个人数据授权、存证、流转、开发全环节服务。

另一方面，以数据为主要驱动的行业，特别是金融和互联网行业的头部企业正在构建数据可信流通生态圈，通过建立和实施系统化制度、搭建数据流通技术基础设施等方式，全面统筹外部数据的需求和流通使用。例如，阿里云依托隐私计算搭建联合建模平台，能够安全接入各品牌的自有数据，使用多种隐私计算技术，在原始数据不流出本地的情况下进行联合训练，实现数据计算结果的共享流通，在满足了各参与企业对数据需求的同时，也解决了企业对数据隐私的担忧。华为参考国际数据空间参考架构开发标准化连接器，实现了点对点的数据共享交换，为参与方企业提供了一对一的数据共享流通平台，企业可以通过该平台进行依赖程序自实现的跨企业数据可信流通。

6.5 发展挑战

随着我国数字经济发展战略的深入实施，数据要素的价值获得各界的广泛认可。"十四五"时期，我国数据要素市场体系将初步建立，数据作为生产要素的价值将全面发挥，推动研发、生产、流通、服务、消费全价值链协同，市场主体创新创造活力将进一步释放，最终形成全体人民共享数据要素发展红利的新格局。在这一过程中，数据要素发展仍然面临重重障碍，需要政、产、学、研各界加快创新突破，因势利导促进数据要素全面健康发展。

一是数据要素基本问题仍然不清晰。当前仍有许多数据要素基本问题为数据要素相关理论和实践框架带来挑战。例如，数据要素的边界究竟如何划定，业界投入生产的数据有哪些具体形态；数据要素价值的产生机理究竟是怎样的，有哪些共性、规律和创新的方向；数据要素产权究竟如何界定，相关的责任和利益究竟如何划分；数据要素估值定价应如何进行，独特价值和潜在收益如何进行区分和衡量；培育安全、有序、高效的市场有何策略等。要鼓励各界的学术争鸣，尽快澄清相关概念与机理，为难以达成共识的问题提出解决方案。

二是数据要素的应用价值尚未充分激活。部分企业受限于资金、人才、技术水平的不足，对数据要素具体应用价值的感知仍然模糊，覆盖生产活动全流程、全产业链的数据链仍不完善，无法有效利用数据支持业务运转、支撑分析决策，导致无法深入挖掘企业自有数据的价值，更无法有效利用从数据要素市场中引入的外部数据。如果企业内部对于数据的业务应用、技术手段和管理方式还不完善，那么数据在发挥生产要素价值方面将既无需求，也无能力。

未来应牢牢抓住业务发展的核心问题，深入分析数据应用的具体路径，持续推动数据要素的价值释放。

三是数据要素流通规则体系仍未建立。现有法律法规无法消除市场主体的合规顾虑，数据要素流通缺乏有效的激励和权益保护机制。在《数据二十条》的指引下，还需进一步建立健全数据要素法律制度体系，建立容错免责机制，划定法律监管红线，鼓励大型央企、国企和互联网平台企业参与数据要素市场建设，明确数据要素市场准入、监督和权益保障规则，规范引导数据要素流通行为，营造审慎包容的探索氛围。

四是贯通数据要素价值释放的技术体系尚不完善。在当前数据要素关键技术发展的基础上，还需进一步着眼数据要素生产、采集、存储、加工、分析、安全保护各环节，持续推进自主可控技术工具研发，鼓励人工智能、区块链、隐私计算等前沿技术创新，尽快突破性能、安全、成本等瓶颈；提升各环节通用技术水平，鼓励技术开源，提高相关技术工具的自动化、智能化水平，降低技术使用门槛；制定技术应用合规指引，在实际业务中依法依规应用、迭代新兴技术，着重发挥技术在解决相关难题过程中的巨大作用。

撰稿：王泽宇
审校：姜昕蔚

第 7 章　2022 年中国人工智能发展状况

人工智能产业已进入快速发展阶段，基于算力、算法和数据三大要素，围绕技术创新、工程落地和可信治理三大维度持续深入发展。随着预训练大模型的快速发展，人工智能产业发展进一步加速，并涌现出诸多范式革新，为行业应用人工智能提出了更多更优的解决方案，为企业智能化转型提供了更加灵活的方式/方法，深化赋能实体经济高质量发展。

7.1　发展环境

1.　人工智能政策和产业环境持续优化

国家从总体层面出台相关政策，布局人工智能发展目标，促进人工智能赋能经济发展。2022 年 12 月，习近平总书记在中央经济工作会议上指出，"要加快新能源、人工智能、生物制造、绿色低碳、量子计算等前沿技术研发和应用推广，支持专精特新企业发展"。党的二十大报告提出，"推动战略性新兴产业融合集群发展，构建新一代信息技术、人工智能、生物技术、新能源、新材料、高端装备、绿色环保等一批新的增长引擎"。2022 年 7 月，科技部等六部门发布《关于加快场景创新以人工智能高水平应用促进经济高质量发展的指导意见》，强调人工智能在经济发展中的关键作用，系统指导各地方和各主体加快人工智能场景应用。2022 年 8 月，科技部发布《关于支持建设新一代人工智能示范应用场景的通知》，有力推动了各地方政府出台相关政策保障人工智能产业发展。

地方政府从落地层面出台相关政策，加强研发投入，培育和引进人才，激发人工智能产业活力。2022 年 9 月，国内首部人工智能产业专项立法《深圳经济特区人工智能产业促进条例》正式公布，旨在破解人工智能产品落地难的问题。同月，《上海市促进人工智能产业发展条例》正式颁布，注重创新性和引领性，充分发挥有效市场和有为政府的作用，推动各种激励措施落地，促进人工智能产业高质量发展。近几年，北京、浙江、广东、陕西、山东等省市都颁布了关于人工智能发展的规划、条例或法律法规，以支持和促进人工智能产业化发展。

2.　人工智能社会环境积极向好

政府、高校、企业联合实施人工智能人才培养和引进机制。政府从政策层面科学规划人工智能高端人才和复合型人才的引进培育机制，进一步促进高端人才的精准引进，并提供良好的创新创业环境，激活创新驱动"源头活水"。我国高校、企业人才梯队培养机制已经初见成效，已有超过 400 所高校开办人工智能相关专业，头部科技企业纷纷推出人工智能人才培养计划，百度、阿里巴巴、腾讯、字节跳动、华为、科大讯飞等科技企业纷纷加大对人工智能人才的培养力度和资源投入。

政府和企业双向奔赴，推动负责任人工智能的发展。国外时有出现大规模语言模型造成企业数据泄露等事件，相应政府部门对人工智能可信及伦理方面的监督和管理日趋严格，以减轻潜在的社会风险，保障人工智能技术健康有序发展。2023 年 4 月，国家互联网信息办公室发布《生成式人工智能服务管理办法（征求意见稿）》，在鼓励行业开展基础技术自主创新、国际合作的同时，推出相应管理手段和措施，增强生成式人工智能合法性、合规性和合理性。企业通过数据隐私保护、模型安全、模型可解释、云原生等技术的应用，向构建负责任的人工智能持续努力。2023 年 3 月，国家人工智能标准化总体组发布《人工智能伦理治理标准化指南》，对人工智能伦理风险评估、治理技术和工具、治理标准体系的建设等维度进行了概述。

公众对人工智能技术的认知和接受程度逐步提高。人工智能产品和服务日渐深入各个行业和领域，为企业和个人带来诸多便捷。公众对人工智能技术的接受度呈上升趋势，尤其是预训练大模型的出现和应用范围的扩大，进一步加深了人们对人工智能赋能的认知，并加速了传统行业向智能化转型的进程。

7.2　发展现状

1. 人工智能产业保持平稳

全球人工智能产业规模平稳增长，我国核心产业规模超过 5000 亿元。IDC 预计 2022 年全球人工智能产业收入将接近 4500 亿美元，继续保持高速增长趋势。细分领域中，人工智能应用程序及系统基础设施软件占据 70% 的市场份额，人工智能平台增速达到 35%。同时，中国信息通信研究院数研中心数据显示，我国人工智能产业规模保持较快增长，预计 2022 年核心产业规模达到 5080 亿元，同比增长 18%，具体情况如图 7.1～图 7.3 所示。

人工智能投融资集中度提高，中美融资占比保持领先。从投融资金额来看，受全球经济形势变化的影响，截至 2022 年 9 月底，全球人工智能领域投融资规模有所回落，但投融资总额已与 2020 年持平，中美占比约为 70%，持续保持活跃（见图 7.4）。从获投项目类型来看，成长期人工智能项目资金占比有所提升，2022 年前三季度 A 轮和 B 轮项目融资数量上升 4 个百分点，融资总额上升 10 个百分点，投资偏好走向成熟。从投融资细分领域来看，智能机器人、计算机视觉、自然语言处理领域仍是投融资关注的重点技术，AI+医疗、AI+交通、AI+金融、AI+零售、AI+制造仍是投融资集中的关键领域。2022 年 11 月，OpenAI 在推出人工智能聊天机器人 ChatGPT 仅两个月后，月活跃用户数量就突破了 1 亿，使其成为历史上增长最快的消费者应用程序，引发了新一轮企业对人工智能的投资热点。2023 年 1 月，微软宣布对 OpenAI 新增投资约 100 亿美元。2023 年 4 月，OpenAI 获得 3 亿美元的融资。截至 2023 年 4 月底，OpenAI 估值已提高 270 亿～290 亿美元。

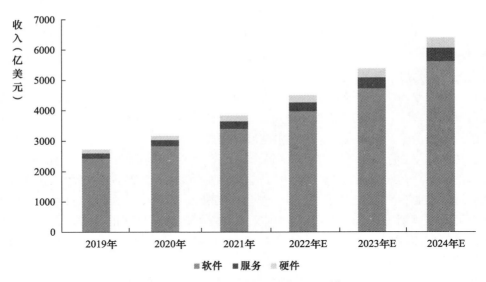

图7.1　2022年全球人工智能产业规模

资料来源：IDC。

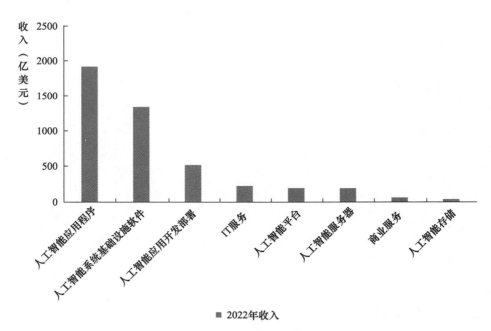

图7.2　2022年全球细分场景市场规模

资料来源：IDC。

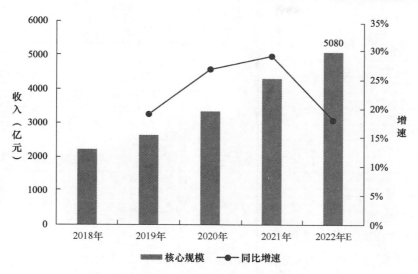

图7.3　中国人工智能产业规模（增加值口径）

资料来源：中国信息通信研究院数研中心。

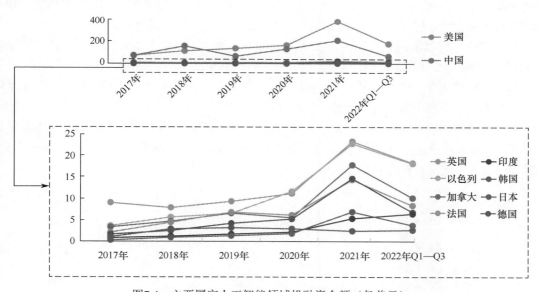

图7.4　主要国家人工智能领域投融资金额（亿美元）

资料来源：CB Insights、Crunchbase，中国信息通信研究院数研中心根据监测整理。

　　人工智能企业数量不断增长，产业竞争力持续增强。从企业数量来看，截至 2022 年 9 月底，全球人工智能企业超过 26423 家，我国企业数量达 3982 家，约占全球企业总数的 1/6。同时，截至 2022 年 11 月底，全球共有 168 家人工智能领域相关独角兽企业，估值前 3 名的企业分别为中国的字节跳动、美国的 Databricks 和 Grammarly（见表 7.1）。在 2022 年新增的 35 家人工智能独角兽企业中，软件服务中生成式人工智能企业 Stability AI 和 Jasper、对话式人工智能企业 Uniphore、开源平台 Hugging Face 成为市场关注的焦点。

表 7.1　全球人工智能独角兽 Top10 估值企业

企业	国家	领域	估值（亿美元）
字节跳动	中国	个性化推荐	1400
Databricks	美国	大数据	380
Grammarly	美国	语法纠正校对	130
Faire	美国	智慧零售	125.9
小马智行	中国	自动驾驶	85
Tempus	美国	AI 药物研发	81
Scale AI	美国	数据平台	73
Gong	美国	销售对话智能	72.5
Automation Anywhere	美国	RPA	68
DataRobot	美国	机器学习平台	63

2. 人工智能科研创新能力不断提升

人工智能科研论文产出增速可观。*State of AI Report 2022* 显示，从论文产出数量来看，2022 年中国论文产出数量位居全球第二，增速达到 24%，居全球第一位，高于美国的增速 11%；从论文产出机构来看，2022 年论文产出数量排名前 3 位的机构分别为清华大学、微软和谷歌，增速分别为 27%、13% 和 13%；从论文方向来看，中国科研论文更多聚焦图像、多模态和视频等领域及其相关的监控任务，如自主智能、目标检测、目标跟踪、场景理解、行为和话者识别。

人工智能专利数量高速增长。2012 年至 2022 年 9 月，全球人工智能专利累计申请量达 81 万件，中国占比 70%。同期，全球专利累计授权量达 25 万件，中国占比 60%。

人工智能顶尖学者主要集中在美国及中国。清华大学 AMiner 团队发布的《2022 年全球最具影响力人工智能学者（AI 2000）分析报告》指出，从数量来看，2022 年美国入选的顶尖学者数量最多，为 1146 人次，占全球总数的 57.3%，2022 年中国入选的顶尖学者数量位列第二，共计 232 人次，占全球总数的 11.6%；从增速来看，全球主要国家中英国增速最快，达到 36.9%，中国增速排名第二，为 4.5%（见图 7.5）。

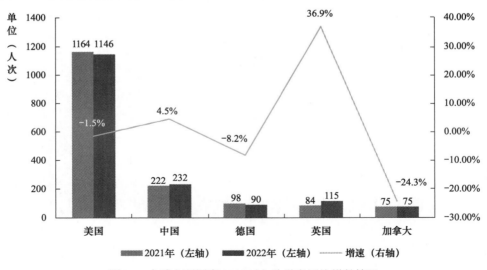

图7.5　全球主要国家AI 2000入选学者同比增长情况

资料来源：《2022 年全球最具影响力人工智能学者（AI 2000）分析报告》。

7.3　关键技术

1.　大模型和生成式人工智能成为技术创新的焦点

在数据、算力、算法等要素的发展驱动下，大模型继续成为人工智能技术创新的焦点。大模型不仅能够深度整合算力、算法、数据、知识等关键要素，持续释放深度学习技术红利，还是弱人工智能走向强人工智能的重要路径之一。经过近几年的发展，大模型呈现出如下发展趋势。一是家族化发展趋势。国内外大型科技企业纷纷推出系列大模型，打造大模型矩阵。例如，OpenAI 先后发布 GPT、GPT-2、GPT-3、GPT-3.5、GPT-4 等大模型，并不断在已有技术的基础上升级迭代。类似地，百度相继推出"文心一言"系列大模型，包括文心 1.0、文心 2.0、文心 3.0 等，华为也推出"盘古"系列大模型，如盘古 NLP、盘古视觉、盘古气象、盘古矿山等。二是多模态发展趋势。大模型逐步支持聚合多种模态数据信息，大模型表征空间的精确度持续提升，逐步胜任更多接近人类感知的任务。例如，谷歌的 ImageN 和 OpenAI 的 DALL-E 2 和 Midjourney 均实现了非常强大的以文生图能力，微软亚洲研究院提出 NUWA 可以同时支持语言、图像和视频，并刷新多项基准测试榜单。

大模型的发展推动了生成式人工智能技术的快速成熟。随着模型参数规模的增加，大模型的技术能力逐渐呈现从"单模"生成向"多模"融合、从"弱 AI"向"强 AI"发展的趋势。2022 年，文本生成、图像生成和视频生成技术领域均取得了重大突破。在文本生成领域，OpenAI 推出的 ChatGPT 成为第一个消费级 AI 爆款应用，可实现接近于人类水平的回答能力，在连续对话的基础上，回答准确性与全面性大幅提升，同时实现代码编写等高级任务的处理，带来的是人机交互的体验革新，也带动了语言大模型的快速发展。在图像生成领域，Stability AI 推出的 Stable Diffusion 大模型支持输入文本描述生成对应图像，生成图片可以媲美专业画师的作品，其效率也大幅提高，依托消费级显卡即可实现以文生图等应用。主流的通用语言人工智能大模型如表 7.2 所示。

表 7.2　主流的通用语言人工智能大模型

模型名称	发布时间	发布机构	参数规模	是否开源
ChatGPT	2022-11	OpenAI	1730 亿个	×
Alpaca	2023-03-14	StandFord	70 亿个	√
ChatGLM	2023-03-14	Tsinghua	60 亿个	√
GPT4	2023-03-14	OpenAI	未知	×
ERNIE Bot	2023-03-15	Baidu	2600 亿个	×
Bard	2023-03-21	Google	1370 亿个	×

2.　人工智能平台成为工程落地的能力底座

随着人工智能在企业的大规模应用，人工智能平台正在重塑企业智能化转型的能力底座，并呈现如下特点及趋势。

优质人工智能资产保证平台开放性，降低开发门槛仍是主要焦点。平台相较之前引入了更多人工智能资产，包括算法、模型和服务等，保证平台的灵活开放。同时，人工智能平台产品方积极探索低代码开发能力,除提供预训练模型外,AutoML 能力的可用性(包括精度、效率、计算资源利用率等维度的提升)仍是平台方的主要关注点,接下来将进一步拓展和打通低代码技术在高频业务场景的应用。

模型的快速落地受到关注,与应用场景的打通尚不理想。受大模型加速落地趋势的影响,平台侧对于模型轻量化的关注度有所增加,通过量化、蒸馏等技术实现更高性能、更低功耗的模型加载与推理。另外,平台提供多种部署策略,包括蓝绿部署、滚动升级、灰度发布等,但 A/B 测试支持情况较差,缺乏模型自身精度指标与应用场景业务指标的打通。

持续运营能力不断完善,自动模型迭代将成为重点。随着推荐、风控等应用场景的需求不断增加,相应对模型的快速迭代提出了挑战。当前针对监控迭代环节,平台对于数据漂移、概念漂移的监控能力有所提升,主要从数据分布维度、模型质量维度和计算资源维度进行监测,同时也在探索更快速、更精准的监测方法。另外,用户方也正在逐渐摒弃"交付即终止"的一次性使用观念,通过增量学习等技术保证生产环境下的模型质量和效果,实现模型的持续迭代和更新。

开发、部署和运维信息更加透明,用户对各环节的掌控感持续提升。平台以往仅聚焦模型结构本身的可视化,如今增加了更多环节、更多流程的可视化能力,如模型开发维度的可视化、模型评估维度的可视化、全流程的可视化等,方便用户更加清晰地了解和掌控每个环节的进度,以及用户不同操作带来的影响和效果。

3. 工具成为实践可信人工智能的重要抓手

可信人工智能实践的路径逐步清晰。经过近几年的发展,相比最初提出的概念不统一的状况,业界对可信人工智能已形成相对充分的认识与理解。在技术方面,可信人工智能技术在产业界与学术界蓬勃发展,对于部分技术内涵已达成初步共识,隐私性技术、鲁棒性技术、可解释性技术等在业界发展相对更为成熟。在实践方面,企业依托业务与平台构建可信技术体系,归纳可落地的经验方法,从多方探索向寻求共识演变。

可信人工智能工具成为产业关注焦点。近年来涌现出多款工具,如华为 MindArmour、百度可信分析增强工具 TrustAI、蚂蚁人工智能安全检测平台、九章云极因果推断工具 YLearn 等,均逐渐呈现出平台化的趋势。开源成为推动可信人工智能工具发展的重要手段,互联网企业根据业务需求研发了各类可信人工智能工具,通过开源获取业界反馈,推动可信人工智能技术及实践的发展,当前相关工具和产品已在金融行业得到广泛应用。

可信人工智能实践优先关注技术易实现的指标,如安全性、鲁棒性、隐私性、可审计性、可解释性等技术。透明性技术指标尚未形成统一概念,公平性技术指标概念与场景强相关,上述技术在短期内落地实践的难度较大。同时,可信人工智能的应用场景更加多样,如在智能风控、自然语言处理、反欺诈、安全等场景均有广泛应用。

7.4 行业应用及典型案例

1. 传统行业不断深化人工智能应用范畴

人工智能应用广度和深度不断提升,与实体经济的融合进一步深化,在众多行业陆续形成从技术服务、产品平台到解决方案的完整产业应用,推动传统行业数字化转型和场景智能化升级。

在金融行业，人工智能技术为金融产业的创新发展注入新动能。从技术价值来看，人工智能技术正通过深度融合业务场景，逐步解决行业痛点问题。在实现业务流程自动化、弥合信息差、助力普惠金融服务等方面发挥着关键作用，在获取增量业务、降低风险成本、降低运营成本、提高营运效率、提升客户满意度等方面进入了价值创造阶段。从应用范围来看，目前人工智能技术在金融产品设计、市场营销、风险控制、客户服务和其他支持性活动等金融行业五大业务链环节均有渗透，已经全面覆盖了主流业务场景。从场景落地来看，以生物特征识别、机器学习、计算机视觉、知识图谱等技术赋能下的金融行业，衍生出了智能营销、智能身份识别、智能客服等多个金融人工智能典型场景。

在医疗行业，人工智能技术围绕核心需求与痛点已经催生出包括医学影像图像识别与辅助诊断、医学研究、医疗风险分析、药物挖掘、虚拟护士助理、健康管理监控、精神健康及营养学等创新应用场景，提升医学装备供给能力、提高医疗质量、优化诊疗流程，带来多种创新医学手段，满足医疗健康服务需求的增长，缓解医疗资源分配不均、医护人员短缺、患者看病难看病贵等问题。AI+医疗将成为未来医疗服务的重要趋势和方向，其将推动医疗服务的智能化、个性化和高效化，提供更为优质和便捷的医疗服务。

在电信行业，人工智能技术的应用领域逐步泛化，从客户服务到网络性能优化，在扩大服务范围、提高客户服务质量方面发挥重要作用，从运营层面实现降本增效。一网通办融合语音、语义、图像等多项人工智能技术，实现传统的文字检索到全自动语音、图像、3D 影像、语义理解的多模交互，全面提升服务便捷程度。网络智能监控提高运维效率，包括智能配置、智能运维、智能管控、智能网络优化和网络节能等。此外，运营商依托电信基础设施，以智慧城市为主要渠道，推动打通多个应用场景间的数据和平台融合，融入多项人工智能技术为其他产业赋能。

可见，人工智能技术正在加速推动传统行业智能化变革，为千行百业提供新的生产力，实现大幅降本增效。

2. 新技术逐渐拓展人工智能应用场景

预训练大模型迎来发展新阶段，其通过与人工智能工程化相结合，推动人工智能应用实现更广泛、更优质的场景落地。在许多场景下，只要基于基础大模型进行一定周期的微调便可以逐步提高成熟度和针对性，逐步投入场景应用。在能源矿产领域，大模型已经在智能煤矿的采、掘、机、运、通等业务流程中的多个细分场景开始应用。在金融领域，大模型已经服务于智能投顾、投研、资产配置和资讯营销与智能推荐等场合，实现对文档目录、全文摘要、研报和速读的解析，合同文本高度自动化识别，以及图表搜索和热点趋势聚合等功能。在医疗领域，大模型可以在医疗信息化、互联网医疗、医疗卫生和医保信息化等场景，提供语音的医疗病历生成，为医生提供诊断决策备选，以及高效多模态获取患者信息并助力准确分诊等功能。

生成式人工智能火爆出圈，模拟人类创造出有创造性的内容，结合场景陆续催生出新的应用领域。在游戏开发领域，生成式人工智能用于自动生成游戏场景、道具和角色等元素，以及游戏中的动态物理模拟、非玩家角色（NPC）行为智能化、机器人行为学习等领域。在医学领域，生成式人工智能已经应用于病情预测、病历生成和药物研发等领域，还有医学图像分析、病理诊断和药物发现等领域。在广告推荐领域，生成式人工智能用于生成个性化的广告内容和推荐商品，以及广告创意生成、智能营销等领域。在金融领域，生成式人工智能用于智能投顾、智能风控、智能运营、智能营销、智能投研，可通过学习历史数据和市场趋势生成资产价格预测模型和风险评估模型，以及部分金融风险预测、信用评估和投资组合优化等领域。在设计领域，生成式人工智能用于生成创意和设计元素等，通过学习历史设计数据和趋势生成新颖的设计元素和创意，实现自动设计和智能排版。

3. 科学智能将成为人工智能应用新蓝海

人工智能在前沿科学领域已经取得了一系列颠覆性成果，科学智能（AI for Science）成为科研新范式，快速且深刻地影响着物理学、化学、材料学、生物学等科学领域。从成果价值上，人工智能加快发现科学新规律、拓宽研究新边界。人工智能可通过学习来自多种测量和仿真来源的数据，深层次挖掘科学数据的知识关联，实现推演和预测。比如，AlphaFold预测出超过100万个物种的2.14亿个蛋白质结构，涵盖了地球上多数已知蛋白质。此外，人工智能在材料筛选、化学分子合成预测和数学等式验证等方面也有突出的研究成果。从科研效率上，人工智能优化科学实验过程，提升分析速度。在研究过程中，人工智能可辅助研究人员进行数据特征分析、自动评估和状态预测，实现科研全流程自动控制。比如，在核能、化学实验中，机器学习模拟实验环境实现快速、有效地预测实验过程信息；在流体动力学的部分计算仿真中，利用深度学习可实现40～80倍的加速。

从应用场景来看，科学智能在多个行业领域加速落地，生物制药、材料研发、前沿物理、大气模拟、工业设计、航空航天、地球模拟和天文探索成为主要的方向，人工智能推动科学应用从实验室研发走向工程化应用落地，深度赋能传统科学领域。

7.5 发展挑战与建议

得益于产业智能化转型需求与政策鼓励支持，我国人工智能与实体经济融合已取得积极进展，在金融、医疗、工业制造等重点行业建成了一系列人工智能典型应用场景，形成了一批典型行业解决方案。但我国人工智能产业发展仍面临一些核心问题亟待攻坚突破。

一是需着重构建高质量数据集，保障我国人工智能高质量发展。人工智能产品及服务输出可靠、准确的决策结果依赖高质量的数据集，尤其是在训练如 ChatGPT 类的大模型过程中，数据质量更是起到了至关重要的作用。但目前我国中文数据源及质量较欧美国家有一定的差距。从数据来源看，训练数据集主要包括书籍、杂志、高质量网页数据（如百科、问答社区）、其他数据（如代码、字幕）等，上述数据来源中英文占比超过一半。从数据规模来看，根据W3Techs 网站最新统计，全球网站中约 56.6% 使用英文，约 1.5% 使用中文。从数据质量来看，中文百科、问答社区等内容的质量相较维基百科等有一定的差距。我国应重视构建高质量数据集，为提升我国大模型效果提供充足"养料"，紧跟全球"智能革命"的步伐。

二是需快速补齐智能算力短板，为我国人工智能发展夯实算力底座。随着 ChatGPT 的爆火，国内各大头部科技企业纷纷推出自己的大模型产品。据统计，类 ChatGPT 的生成式人工智能产品不仅拥有千亿级参数，同时还需要拥有庞大的算力支撑训练及推理。该类模型的训练主要依赖英伟达的计算加速卡，且至少需要 1 万张 A100 加速卡才能达到类 ChatGPT 的级别。高性能加速芯片在我国为稀缺资源，现阶段能达到算力要求的企业凤毛麟角。据 IDC 统计，2021 年我国加速卡数量出货超过 80 万片，其中英伟达占据超过 80% 的市场份额。2022 年美国先进计算及半导体制造出口管制新规的出台，对我国国内智能算力资源有一定的影响。我国需加快强化算力资源，把握住人工智能技术突破的重要窗口期。

三是需重视前沿理论和技术全面布局及产权保护。从基础技术理论研究布局来看，我国企业注重智能视觉、智能语音、自然语言处理等领域的技术研发和应用落地，但在机器学习、深度学习基础技术理论的突破性上与美国仍有一定差距。以大模型技术为例，国内企业在该领域布局相对较晚，虽然国内已涌现出一批可落地的大模型应用，但多是从谷歌提出的 Transformer 等基础模型衍生而来的。大模型的底层技术、基础架构均由国外头部企业掌握，且部分模型不开源，仅提供部分接口服务，存在相应的信息差和技术壁垒。从前沿技术引领性来看，卷积神经网络（CNN）、循环神经网络（RNN）、长短期记忆人工神经网络（LSTM）等人工智能核心算法都由谷歌提出，这些算法构成了人工智能深度学习时代的基础，现有的算法创新及应用多基于这些算法展开。生成对抗网络（GAN）、Transformer 等前沿热点技术也多由美国率先提出，我国技术研发路径目前多以跟随为主，在主导性、创新性上存在一定的差距。同时，国外企业也高度重视知识产权保护，以谷歌为代表的科技巨头已申请多种基础神经网络和模型训练优化算法专利。尽管目前暂未出现基础算法侵权、维权先例，未来一旦收紧，或将成为继芯片、框架后的又一"卡脖子"节点。我国应加速推进前沿理论突破及前沿技术全面布局，重视知识产权保护，提升我国在全球的布局优势和创新性。

四是需加快推动人工智能可持续发展，构建安全保障和可信治理体系。随着人工智能在产业中应用的深度与广度不断加深，其产生的安全风险逐渐暴露，人工智能产品及服务在设计、研发、部署及应用等部分环节存在安全管理需注意的风险事项。需要防范的人工智能风险主要包括两大类：一是涉及数据、模型、系统等的人工智能系统研发风险，如研发流程中的合规风险，研发框架、平台及工具的安全漏洞等问题；二是人工智能应用风险，如人工智能技术滥用、人工智能产品及服务稳定性、人工智能应用可靠性和可解释性、用户隐私等信息安全、人工智能的信息泄露等问题。各类层出不穷的风险问题加深了全球对人工智能安全可信的重视程度，各国开始逐步建立监管框架，完善安全保障和可信治理体系。相比人工智能领域应用时间最长的发达国家，我国监管框架及可信治理体系目前处于探索阶段，需要进一步凝聚行业共识，着力构建自主的可信生态体系，聚焦鲁棒性、可解释性、公平性、安全性等可信治理的核心重点，统筹利用法律、技术和监管等手段，推动可信人工智能体系化落地和持续发展。

撰稿：董昊、秦思思、丁欣卉、李荪、丁怡心、曹峰
审校：柳文龙

第8章 2022年中国物联网发展状况

8.1 发展环境

1. 政策助推城域物联网统筹集约发展

从国家层面看，国家持续加强物联网发展引导。2022年6月，国务院印发《关于加强数字政府建设的指导意见》，在智慧监管、生态环境保护、数字化治理等多个领域要求应用物联感知等手段构建感知体系。从地方层面看，多地针对碎片化的物联网基础设施、感知数据和物联网应用开启整合工作，积极推进城域物联网朝着统筹建设、集中管理、共享利用方向发展。2022年3月，深圳市印发了《深圳市推进新型信息基础设施建设行动计划（2022—2025年）》，要求加快构建物联感知体系，部署面向城市公共安全、城市公共建筑和设施、城市公共服务的感知终端，建立全市"统一感知标准、统一协议适配、统一设备接入、统一数据共享、统一应用支撑"的物联感知平台。2022年11月，上海市印发《新型城域物联感知基础设施建设导则（2022版）》，对各领域各类物联感知终端功能、性能、安装、联网方式等，以及数据存储、平台架构、安全保护提出明确要求，用以指导全市物联感知基础设施建设规范发展，助力构建完善的"城市神经元系统"。2022年6月，四川成都出台《成都市"十四五"新型智慧城市建设规划》，提出构建天空地一体化感知体系，以智慧多功能杆为载体打造城市公共设施综合物联网络，完善全市统一的视频融合服务平台。

2. 物联网产业生态发展持续向好

5G RedCap（功能精简版5G）走向成熟。5G RedCap是3GPP为了满足物联网应用对5G部署更低成本、更低功耗、更低复杂度要求，通过裁剪5G部分功能形成的精简版5G标准，5G RedCap填补了5G在小数据量、低时延物联应用场景方面的空白。当前，产业界正共同推进5G RedCap商用，中国联通已在广东完成大规模5G RedCap预商用，中国电信联合产业合作伙伴发布了《中国电信5G RedCap产业白皮书》。未来，5G RedCap或将成为推动物联网业务增长的重要引擎之一。

物联网操作系统助力自主化产业生态构建。我国物联网操作系统技术产业快速发展，基于自主可控操作系统的物联网产业生态正逐步建立并加快走向繁荣，中国移动物联网操作系统迭代到了OneOS 3.0，并实现了对ARM、RISC-V、MIPS、LoongArch、C-SKY、Xtensa

等主流芯片架构的支持，华为基于物联网操作系统 HUAWEI LiteOS 构建了物联网端侧整体解决方案，开源打造物联网技术底座，聚合了包括单片机厂家、芯片商、模组商、行业终端厂家、运营商及行业运营服务提供商等众多产业链合作伙伴。

物联网安全产业发展迎来机遇。 伴随物联网技术的广泛应用和物联感知终端的大规模部署，物联网安全问题日益突出，政府、企业、个人对物联网应用安全性的重视程度和要求越来越高。2021 年 9 月，工业和信息化部办公厅印发了《物联网基础安全标准体系建设指南（2021 版）》，提出到 2025 年，推动形成较为完善的物联网基础安全标准体系，研制行业标准 30 项以上，提升标准在细分行业及领域的覆盖程度，提高跨行业物联网应用安全水平，保障消费者安全使用。物联网基础安全标准体系的建设，正形成对物联网安全产业的倒逼之势。

3. 物联网的基础设施地位日益稳固

数字化已成为不可逆转的发展主流，数字化贯穿经济社会发展的方方面面，物联网作为实现万物智联的基础技术，是实现数字化不可或缺的一环，其应用需求几乎覆盖各个领域。近年来，随着数字化理念的不断扩展，更广领域、更深的物联网应用需求大门正逐步打开。从政府侧来看，社会治理持续向全域化、精细化、智能化深入，城市管理、综治、公安、交通、水利、生态、气象、市场监管等领域均在积极谋划或持续推进物联网项目，以构建更为完善的物联感知体系，地方政府每年投资大量资金用于部署物联感知终端，如成都"智慧蓉城市域物联感知中心"计划到 2023 年年底，完成 300 万个感知终端建设，到 2025 年年底，通过自建、带动社会资本共建，共计接入 5000 万个感知数据。从产业侧来看，5G 技术驱动智慧化应用场景正从生产的主要环节向全环节覆盖，人工智能技术与物联网技术的结合极大地丰富了智能质检等实用化应用场景，未来随着产业智能化从多场景向全场景、孪生化演进，对物联网项目建设的需求将更加旺盛。从消费侧来看，"懒人经济"下，消费者更加追求生活环境的舒适性、便捷性，这为全屋智能等消费物联网提供了发展的沃土。

8.2　发展现状

1. 物联网产业发展健康平稳，产业竞争优势显著扩大

我国物联网产业规模持续增长，产业链持续完善，已取得国际领先优势。根据前瞻产业研究院及中国经济信息社相关研究，我国 2022 年物联网市场规模约有 3 万亿元，并连续多年保持 20% 以上的增长速度。根据工信数通相关报告，2021 年我国物联网产业相关企业注册量超过 30 万家，2017—2021 年年均复合增长率为 63.7%，据估算，2022 年年底企业注册量已超过 50 万家。IDC 预测，中国企业级物联网市场规模将在 2026 年达到 2940 亿美元，年均复合增长率为 13.2%，全球占比约为 25.7%，继续保持全球最大物联网市场体量。当前，我国已形成涵盖芯片、模组、终端、软件、平台和服务等环节的较为完整的移动物联网产业链。具体来看，卫星定位、RFID 等环节产业链也已成熟，国内市场份额不断扩大，并已具备一定的领先优势；基础芯片设计、高端传感器制造、智能信息处理等相对薄弱环节与国外差距不断缩小；各类物联网运营平台不断整合相关要素形成有序发展的局面，平台化、服务化的发展模式逐渐明朗，成为我国物联网产业发展的一大亮点。特别是在芯片、模组等领域，

我国企业在全球的市场份额继续保持领先水平。根据行业分析机构 Counterpoint 的数据，2022 年全球移动物联网芯片出货量排行前八的厂商中，排名第二至第七的都是中国厂商；在全球移动物联网模组出货量排名前十的厂商中，排名前五的厂商均来自中国，其中移远通信以 38.9% 的市场份额排名第一，排名前三位的中国公司占据了全球市场出货量的一半以上。随着市场的不断扩大，我国移动物联网模组价格持续下探，将进一步提高我国相关设备在全球市场的竞争力，并推动行业应用的蓬勃发展。

2. 多网协同格局初步建立，移动物联网实现"物超人"

我国已形成高中低速多网协同发展的物联网覆盖格局，移动物联网终端连接数持续快速提升。截至 2022 年年底，我国 NB-IoT 基站数超过 75.5 万个，实现了全国主要城市乡镇以上区域连续覆盖，4G 基站总数达到 603 万个，实现了全国城乡普遍覆盖，5G 基站总数达到 231.2 万个，已覆盖全部的县城城区，面向不同速率场景需求的多网协同格局已经形成。在网络协议方面，我国物联网 IPv6 升级改造持续推进，中央网信办等三部门作出了相关工作安排，计划到 2023 年年底，IPv6 活跃用户数达到 7.5 亿人，物联网 IPv6 连接数达到 3 亿个。在用户数量方面，我国移动物联网连接数快速增长，2022 年在全球首先实现"物超人"，物联网连接数占全球总数的 70%。根据工业和信息化部的数据，我国蜂窝物联网用户规模已从 2018 年的 6.71 亿户，增长到 2022 年年底的 18.45 亿户，年均复合增长率达到 28.7%（见图 8.1）。从行业应用来看，截至 2022 年年底，我国移动物联网终端应用于公共服务、车联网、智慧零售、智慧家居等领域的规模分别达到 4.96 亿户、3.75 亿户、2.5 亿户和 1.92 亿户。

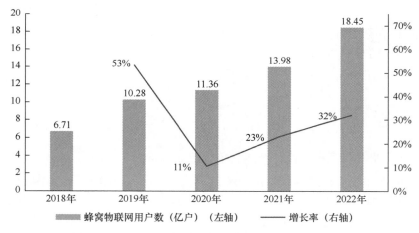

图8.1　2018—2022年我国蜂窝物联网用户数及增长率

3. 行业巨头升级物联网平台，产业融合程度不断加深

国内三大电信运营商持续推进物联网平台建设，朝着云边融合、自主可控的方向持续演进。中国移动 OneNET 平台定位于城市物联网新型基础设施，具备自主可控、云网融合、云边协同等优势，重点聚焦政府、教育、水务、金融等重点行业客户，截至 2022 年年底，已实现 26 个省、105 个城市项目落地，接入终端设备超过 1 亿个。2022 年，中国联通继续落实"物联网平台+"生态战略，推出具备物网数据融合、云边协同、安全可信优势的"格物"设备管理平台。近年来，中国电信天翼物联大力践行"云改数转"战略，持续完善智能物联网开放平台 CTWing，不断加强云边端协同、端到端安全可信等核心能力。

物联网技术正在与千行百业加速创新融合，赋能经济社会各个领域，促进产业数字化转型。截至 2022 年年底，我国窄带物联网已形成水表类、气表类、烟感类、追踪类 4 个千万级应用，白电、路灯、停车、农业等 7 个百万级应用，并不断向智能制造、智慧农业、智能交通、智能物流及消费者物联网等领域拓展。云服务、设备厂商、消费数码等行业厂商基于自身优势在 AIoT 领域积极布局，赋能产业数字化转型。2022 年 11 月 5 日，阿里云发布了 IoT数智底座 3.0，针对工业、农业、城市、消费发布全新的行业应用引擎和解决方案，助力政企商业客户向数字化发展。2022 年，浪潮发布企业级 PaaS 平台 iGIX5.0，基于其中的 inIoT 智能物联网平台，浪潮联合众多生态伙伴发布了智能制造、智慧粮食、智慧矿山、智慧水务等行业数字化解决方案。在智能家电、智能家居、可穿戴设备等个人消费领域，小米建成全球最大的消费级智能物联网（AIoT）平台，截至 2022 年年底，连接设备数达到 5.89 亿台。

8.3　关键技术

1. 传感器技术

传感器作为物联网终端的关键要素，通过从物理世界收集数据并将其转换为数字信号，从而实现互联互通。近年来，我国物联网传感器市场规模持续增长，预计到 2023 年年底我国物联网传感器市场规模将达到 3800 亿美元。随着物联网、移动互联网等新兴产业的快速发展，以及在工业互联网领域的应用推广，智能传感器需求越来越大。智能传感器通过将传统传感单元整合计算单元和 AI 算法，使得传感器具备除测量外的信息处理能力，通过将算力算法下沉到边缘侧和端侧，使得智能传感器能够自主完成对实时元数据的检查、诊断和校准，优化数据质量，自主完成数据分析，执行决策反馈。在细分领域，韦尔股份在 CIS 图像传感器领域、歌尔微在声学传感器领域、敏芯股份在压力传感器领域均取得了一定程度的突破，在国外市场上抢占了部分份额。2022 年 2 月，国产 CMOS 厂商豪威科技宣布实现了世界最小 0.56μm 像素技术，并于第二季度发布采用 0.56μm 像素的 200MP 图像传感器。在基础研究领域，中国科学院研发基于乙酰胆碱酯酶抑制原理的电化学生物传感器，利用负载铜量子点的超薄石墨炔（Cu@GDY），实现有机磷农药的抗干扰高灵敏监测。总体看来，智能传感器在工业控制、车联网、智慧医疗等新兴应用场景下，存在实时响应、极小误差、公民隐私保护等极致需求，能够有效弥补现阶段传感技术的局限，满足大量实时数据高效、安全处理的需要，将成为传感器发展的重点方向。

2. 通信技术

物联网终端设备感知的数据通过网络传递，承载物联网设备的传输网络主要为有线传输和无线传输两大类，其中，无线传输已成为物联网的主要应用。按照传输距离的不同，可将无线传输技术分为以 ZigBee、Wi-Fi、蓝牙为代表的无线局域网技术和以移动通信及卫星通信为代表的广域通信技术。由于无线局域网单一通信等技术上的局限性，多应用在智能家居、智能建筑等室内场景中。而以 NB-IoT、LTE Cat.1、5G 为代表的移动物联网能够全面满足各类物联网应用场景的低、中、高速率要求。NB-IoT 是一种低功耗宽带无线通信技术，能够满足大部分低速率场景需求。LTE Cat.1 是一种支持低功耗广域物联网（LPWA）的 4G 通信技术，能够有效满足中等速率物联需求和语音需求，尤其在视频监控、移动支付、位置服务、共享电单车、可穿戴设备、碳中和等领域迸发强劲活力，目前国内市场的 Cat.1 芯片主要厂商包括展锐、翱捷科技、移芯通信、芯翼、智联安等；LTE Cat.1 模组厂商分别是移远通信、广和通、日海等企业。5G 能够有效满足物联网大连接、实时性、稳定可靠、广覆盖的通信需求，应用场景非常广泛，不仅包括移动通信和物联网领域，还包括工业自动化、智能交通、智能医疗等多个领域，随着数字经济的快速发展，截至 2022 年年底，我国 5G 基站数达到了 231.2 万个，占全球 5G 基站总数的 60%以上。

3. 物联网操作系统技术

物联网操作系统是一种面向物联网设备和应用的软件系统。按照发展路径可以分为四大类：一是由传统的嵌入式 RTOS 发展而来，更偏向硬件层，软件开发难度大；二是基于 Linux、iOS、Windows 等成熟操作系统进行"裁剪"和定制，软件开发工具相对完善，但是不适应低功耗场景，可扩展性低；三是专门面向物联网研发的轻量级操作系统，联网协议完善，但无法有效解决物联网终端碎片化问题；四是新一代统一型操作系统，扩展性及移植性好，但由于存在不确定性，缺乏开发者的生态支持。随着数字经济的兴起，物联网操作系统市场规模大幅提升，2022 年我国物联网操作系统规模达 7.66 亿美元，年均复合增长率达 13.2%。"十四五"时期，加快物联网操作系统技术水平的需求日益强烈，2021 年工业和信息化部等八部门印发《物联网新型基础设施建设三年新行动计划（2021—2023 年）》，明确提出"研发轻量级/分布式物联网操作系统"。从发展趋势来看，未来物联网操作系统将重点在商业模式和新技术融合方面发生变革。一是商业模式更加注重生态闭环，平台方整合供应链、渠道、技术等资源，根据面向客户的不同，制定不同的解决方案，实现 B-C-B 可持续发展商业模式；二是"5G+AIoT"与物联网加速融合，加快物联网操作系统国产化进程。操作系统与人工智能快速融合，算力和算法将成为重要挑战，5G 带来的高吞吐和低延时对操作系统提出新的要求，将建立新的生态和技术演化；三是物联网操作系统更加注重安全。

4. 物联网平台技术

物联网平台作为产业链中的核心枢纽，联动感知层及应用层之间的所有交互，通过对平台采集到的数据进行处理、分析和可视化，实现数据生产即处理，推进各层在应用场景的落地速度与进程。目前，国内物联网平台将会向着更加智能化、安全化、可靠化和高效化发展，为物联网应用的发展提供更加全面、优质的支持。一是利用机器学习、深度学习等技术，让物联网平台具有更加智能、自主的决策能力，可以帮助企业更好地管理和监控其设备、产品和供应链。二是区块链技术可以为物联网平台提供更安全、可信和高效的数据管理方式。利用区块链的去中心化、不可篡改等特点，确保数据经过加密和验证，增加物联网平台数据的可信度，保障物联网平台数据的安全性和隐私性，同时区块链技术可以保障物联网设备和传感器可以安全地共享数据和资源，从而提高整个系统的效率。三是利用边缘节点的计算、存储、通信等能力，实现对物联网设备的快速响应和处理，大大提高物联网平台的性能、安全性和可靠性，降低物联网应用的时延和带宽消耗。阿里巴巴、腾讯、华为、中国移动、中国联通等都推出边缘计算物联网云平台，满足设备接入、数据管理、安全认证等需求；四是混合云架构是指将应用程序和服务部署在公有云、私有云和本地数据中心等不同的环境中，以满足不同的业务需求和安全要求。未来，物联网平台技术将会更多地采用多云、混合云架构，充分利用不同云服务商的优势和资源，提供更加灵活、高效的物联网平台服务。

8.4　行业应用及典型案例

1. 物联网促进消费升级，开启智能化生活体验

随着个人用户对于高质量生活方式的需求日益增多，消费级电子产品将更多地集成智能控制和无线传输模块，以增强科技附加值，功能更丰富、产品更下沉、营销更科学的消费级物联设备将进入每家每户，进而有效激发市场潜能，提振消费升级。智能家居终端从"单点"智能迈向"全屋"智能，以简约操控、主动感知、安全可靠及多设备联动、个性化匹配等为新型交互模式，覆盖家电控制、环境监测、影音娱乐、安全防护等居家生活全场景。华为构建鸿蒙智联开放平台，基于不同品牌强项单品间的交互，打造全屋智能 3.0 解决方案；Aqara 绿米支持传感器、智能控制器等产品与其他生态终端间的互联互通。智能穿戴设备涉及运动监测、健康管理、影音娱乐、移动支付等多个领域，逐渐从听觉发展到视觉、触觉、体感等统合感知功能，主要有智能耳机、智能眼镜、智能手环/表、虚拟现实装备等。个人护理健康领域是可穿戴设备厂商的核心发力点之一，以老年人适用的智能手环/表为例，不仅支持高精度户外追踪和长续航电池寿命，还能够便捷精准地测量与记录人体心率、血氧、血压等生命特征信号，有效防范老年人丢失和健康风险。智能车载硬件具备电子导航、语音提醒、身份识别、数字支付等多种功能，能够在实时收集汽车相关数据的同时，为消费者带来驾驶体验的改善和驾驶安全的保障，也将推动自动驾驶 ToC 应用的落地。中信科智联 C-V2X 车规级定位模组拥有双模通信能力，能够无间断地支持全国范围内厘米级的精确服务，可满足乘用车、商用车的 L2/L2+、L4 等各驾驶自动化等级要求。

2. 物联网驱动产业变革，数字化成效日益凸显

鉴于物联网在各行业领域的业务全流程渗透率的不断提高，应用场景也在持续拓展，"无接触"经济形态逐渐构成，产业物联网的市场份额与发展潜力超过消费物联网。在工业方面，物联网应用不但能够为能源、制造等的工业 4.0 升级改造提供在线、远程、准确的数据监测方式，而且更加注重互操作性、可扩展性、可编程性、低延迟性，能够实现工厂的日常运营和生产效率的提升并保证安全作业。例如，郯城化工产业园区在生产管理、环境管理、能源管理等重点环节应用多种感知终端及统一感知平台，实现风险管控能力提升 50%、人工成本投入降低 45%、应急指挥效率提高 50%。在农业方面，物联网终端主要安装在农田里和农机上，能够收集墒情、温度、水分、营养及病虫害监测等作物和畜禽水产的生长环境信息，以及机械的操控定位信息，并实时、动态地传回生产指挥调度云平台，为农户精准作业、田间管理、质量追踪、无人播种等提供数据支撑。例如，无锡太湖水稻示范园建设新型大田环境感知系统、远程物联网灌溉控制系统，实施农田"宜机化"改造，加强机艺融合发展，打造"物联网+特色农业"新场景。在服务业方面，智慧零售致力于为消费者提供定制化产品或个性化服务，从设备记录购买信息、确定游览轨迹出发，到后台分析消费者对商品的喜好程度，

进而针对性地发布营销推广信息。智慧物流利用物联网技术，通过实时采集人员、车辆、货物、机器人等搬运、挑拣、码垛等各环节数据，实现多仓协同和统筹调度，并在中途运输和"最后一公里"阶段，采用无人驾驶技术，建设规范、高效的物流仓储和配送体系，形成业务效率提升、服务质量满意的闭环管理模式。

3. 物联网赋能城市治理，精细化体系初步构建

随着城市规模的扩大和人口的增加，智慧安防、智慧交通、智慧政务、智能水务、智能电网、智能生态等现代化城市"智"理的发展离不开物联网技术的支撑与应用，各垂直领域对应物联网终端采用特定传感器和多种通信方法采集和上传城市运营数据，进而通过物联网平台为市民提供更加精准的服务，为管理者提供科学决策依据。电力物联网从弱电、用电逐渐拓展到强电、供电领域，包括对变电站、电表的智能化改造和泛在电力云平台的建设，如智能电表具备电量计量、信息通信、人机交互等多功能模组，支持实时数据采集、处理、上传及智能开合闸等功能；江苏电网物联管理平台结合边缘计算技术，可对 30 余种不同类型的边设备、端设备进行管理，实现非电量数据采集、终端运维成本降低、业务管控能力提升。水务感知网能够动态监测不同涉水对象的相关特征事件，包括雨污水管网信息、水旱灾害信息、水闸泵站信息、井水自来水信息，以及重点水域水质、污水处理情况等，能够有效增强应急抢险、水资源调控、水行政执法等方面的监管支撑和预警分析能力。气象观测网主要采用高密度的六要素自动气象站及视频监控设备来观测大气压力、风向风速、细颗粒物、空气温湿度等指标，感知城市天气的细微变化，实现对积雨、积雪、能见度、冰雹等对城市运行影响较大的灾害性现象的自动化监测。在智慧城市的蓬勃发展中，数字孪生技术可赋予物联感知数据全新的维度，成为推动物联网应用规模增长和使用体验提升的关键，有效助力城市治理实现最优规划。

8.5　发展挑战

1. 物联网应用碎片化问题严重

目前，我国已经进入物联网产业高速发展期，但物联网整体仍呈现"碎片化"特征。主要表现在几个方面：一是随着物联网设备持续增加，设备类型多样性导致设备传输协议、功能和操作多样，设备标准化程度低，设备难以全面互联。二是不同行业间由于生产场景、流程、原理不同，场景实现路径差异较大，功能需求重叠率较低，模式互不借鉴，难以树立行业标杆案例，多场景覆盖难度较大。三是物联网涉及的技术、产品和应用众多，行业跨度较大，技术标准和应用需求各不相同，行业标准不统一，大规模应用和执行比较困难。因此，要更多垂直行业实现规模化落地应用，应加快构建更加便捷、低成本的物联网应用生态。一是制定统一的标准和规范，统一物联网设备的接口、数据格式、通信协议等，以实现不同设备、不同厂商之间的互操作性，减少碎片化问题。国际标准化组织、IEEE、ETSI 等组织正在推进物联网标准的制定和推广，我国应积极参与物联网相关国际标准制定，提升国际话语权。二是建立开放的平台，集成不同厂商和设备的数据，提供标准化的应用程序编程接口和数据交换协议，使不同设备之间可以相互协作和数据共享，减少碎片化问题。例如，阿里云、

华为云、百度智能云等企业已经提供了物联网开放平台服务。三是通过软件定义的方式实现物联网设备的兼容性,将物理设备的功能转换为虚拟的软件功能,从而可以屏蔽物理设备之间的差异性,提高设备的互操作性。例如,腾讯云物联网虚拟化平台就是一个软件定义的解决方案。四是制定统一的安全标准和规范,保障物联网设备的安全性和可靠性,防止设备被攻击或被黑客入侵,导致数据泄露或其他安全问题。例如,IoT 安全联盟和 IoT 安全基金会等组织正在推进物联网安全标准的制定和推广。五是建立统一的数据管理平台,集中管理和存储不同设备和厂商的数据,实现数据的集成和分析,提高数据的可靠性和利用率。

2. 物联网核心技术亟待突破

我国物联网产业大规模发展,以芯片、传感器、操作系统等为核心的物联网基础能力依然薄弱,高端产品创新水平与发达国家差距较大。蜂窝移动物联网芯片国内企业异军突起,占据全球出货量 50%以上的份额,但产品单一、毛利低、推广难;传感器技术主要还是集中在低端领域,高端领域的产品仍需进口;尽管中国在物联网操作系统领域已经取得了一些进展,如开发出了 AliOS Things 等操作系统,但是对于一些高端应用来说,仍需要进口一些核心技术。因此,加快推动核心技术的自主可控,亟须打好关键核心技术攻坚战。一是要研究制定符合国情、有针对性的物联网产业发展规划,引导产业发展方向,着力构建政策激励机制,提高全产业链自主创新的积极性,引导更多企业开展高端芯片、智能传感器、国产操作系统等核心技术的研发,突破"卡脖子"技术瓶颈,掌握创新制高点,推动物联网高质量发展。二是培育和吸引高水平的科研人才,建设一批高水平的物联网技术研究中心,鼓励企业与高校、科研院所、行业协会等开展产学研合作,共同攻克物联网核心技术难关,推动科技成果转化。三是加强与国际标准组织的沟通协调,积极参与制定物联网领域的国际标准,推动国际标准化进程,提高中国在国际物联网产业中的话语权和地位。

3. 物联网安全问题依旧凸显

随着物联网产业规模不断增加,物联网安全风险也大幅提升。SAM Seamless Network 发布的《2021 物联网安全形势报告》指出,2021 年有十亿级 IoT 设备遭到了攻击,终端设备成为网络攻击首选。人工智能降低了攻击的门槛,导致攻击数量激增,5G 时代数据流通速度更快、信息传输接口多,势必增加更多风险点,"打补丁"式的安全策略难以应对复杂的物联网安全问题。为应对以上挑战,亟须建立完善的内生安全体系,将安全能力嵌入终端设备、融入业务场景,从源头上做好安全建设、安全监控,最大限度地降低安全风险;加大网安企业创新投入,从价格战向服务战转变,用技术创新引领市场需求扩大;强化政府监管能力,加快关键政策举措出台,推动物联网安全治理模式升级。基于工业互联网对工业设备的安全认证需求提出的主动标识载体技术,已在热力仪表、网联汽车、智能终端、工业传感器等行业完成 2000 余万个规模化部署,对保障设备安全生产和全生命周期追踪与管理发挥了重要作用,或能成为解决物联网设备安全问题的重要技术手段。

撰稿:朱孟广、刘宇杰、邵小景
审校:吴双力

第9章 2022年中国车联网发展状况

9.1 发展环境

车联网产业是与汽车、电子、信息通信、道路交通运输等行业深度融合的新型产业形态。2022年，政府和产业持续为车联网产业融合创新营造良好的发展环境。

进一步落实《中华人民共和国国民经济和社会发展第十四个五年规划和2035年远景目标纲要》要求，促进车联网与汽车、交通、城市等深度融合应用。2022年1月，国务院印发《"十四五"现代综合交通运输体系发展规划》，明确要推动车联网部署和应用，支持构建"车—路—交通管理"一体化协作的智能管理系统。2022年7月，国务院印发《"十四五"全国道路交通安全规划》，提出要深化道路交通联网联控技术应用，推进城市交通精细组织，加快部署蜂窝车联网（C-V2X），推动交通设施网联化改造，加强交通信号联网联控，强化交通出行诱导服务。推动可信数字身份在车联网、自动驾驶技术等方面的应用。2022年7月，住房和城乡建设部、国家发展和改革委员会联合印发《"十四五"全国城市基础设施建设规划的通知》，提出要推进城市通信网、车联网、位置网、能源网等新型网络设施建设。支持国家级车联网先导区建设，逐步扩大示范区域，形成可复制、可推广的模式。

进一步完善车联网安全保障体系，为车联网产业安全健康发展提供支撑。2022年1月，工业和信息化部、中央网信办等十二部门联合印发《关于开展网络安全技术应用试点示范工作的通知》，将"车联网安全"列为网络安全技术应用试点示范重点方向，包含在线升级（OTA）安全、车辆远程诊断监控安全、C-V2X通信安全等。2022年3月，工业和信息化部印发《车联网网络安全和数据安全标准体系建设指南的通知》，指导车联网安全相关标准研制。

汽车、通信、交通等行业组织开展跨行业合作，联合推动车联网产业发展。2022年9月，中国汽车工程学会、中国公路学会和中国通信学会联合发布《车路协同自动驾驶一致行动宣言》，强调在资源、技术、政策等众多领域进行全方位、多层次、跨区域的合作对接，共同推动中国车路协同自动驾驶体系建设和发展。全国汽车标准化技术委员会、中国通信标准化协会等标准化组织和IMT-2020（5G）推进组、C-V2X工作组、中国智能网联汽车产业联盟等产业组织不断加强协同，完善产业需求收集、标准规范编制和参考指南制定等多个环节工作，为产业发展提供指引，并共同举办"新四跨"等C-V2X车联网互联互通应用实践活动，进行跨芯片模组、终端设备、整车厂商、平台、安全、高精度地图及定位融合测试，已服务产业链上下游 300 余家企业，极大地推动了车联网产业的研发验证进程。

9.2 发展现状

目前，车联网产业在 5G、C-V2X 直连通信、人工智能等新技术的创新推动下，车联网产业标准体系已初步建立，技术创新能力大幅提升，基础设施建设提速，产业化进程全面加速。

标准体系初步建立，有效支撑车联网产业化。 自 2017 年以来，工业和信息化部、交通运输部、公安部、国家标准化管理委员会等联合出台了《国家车联网产业标准体系建设指南》系列文件，涵盖总体要求与智能网联汽车、信息通信、电子产品和服务、车辆智能管理、智能交通相关部分。截至 2022 年 6 月，在《国家车联网产业标准体系建设指南》的总体框架下，共计推进标准制定近 300 项[1]，有效支撑了跨行业、跨领域、跨企业的协同研发与产业化。2022 年 9 月，中国信息通信研究院联合 30 余家集成商、供应商、服务商及运营主体共同编制了《车联网基础设施参考技术指南 1.0》，对车联网基础设施建设中所需的信息通信、交通、汽车、交通管理等跨行业核心标准进行了综合索引，并从功能、性能、接口、安全等多方面补充了参考指标以兼顾新需求演进，支撑车联网基础设施建设，保障设备互联互通和服务能力等。

技术创新能力大幅提升，智能网联汽车智能化与网联化水平大幅提升。 我国智能网联汽车在智能座舱、自动驾驶等关键技术领域实现了创新突破，促进了我国整车品牌的升级迭代。**L2 级别自动驾驶技术成熟应用并进入市场普及期。** 2022 年 1—11 月，我国具备 L2 级智能驾驶辅助功能的乘用车销量超过 800 万辆，渗透率提升至 33.6%[2]。**L4 级别自动驾驶技术不断突破并开展区域性示范。** 全国开放各级测试公路超过 7000 千米，实际道路测试里程超过 4000 万千米。**5G、C-V2X 直连通信等车辆联网渗透率和量产车型数量显著增长。** 2022 年 1—11 月，我国乘用车前装标配车联网功能交付上险量为 1164.33 万辆，前装搭载率为 66.69%，其中前装标配 5G 车联网交付上险量为 32.75 万辆[3]。此外，C-V2X 直连通信功能前装量产也实现新突破，已有 20 余款量产车型搭载了 C-V2X 直连通信功能，其中还有部分车型实现全系标配，如红旗 E-HS9、高合 HiPhi X、蔚来 ET7 等。

基础设施建设提速，典型区域规模部署。 车联网通信网络基础设施协同部署，呈现种类多、规模大的特点。依托现有 4G/5G、光纤固网等公众电信网络，形成了全程全网、公专互补、固移结合的通信网络基础设施，支持部分信息娱乐、数字连接等车联网服务规模化落地。**车联网新型基础设施伴随应用场景需求变化和商用推广节奏不断演进。** 围绕演进的车路协同、网联自动驾驶等车联网新服务，C-V2X 直连通信网络及路侧感知、边缘计算等智能化新型基础设施建设规模不断扩大。多元化基础设施部署促进"要素全面连接、信息高效处理、状态全面感知"，形成车联网产业发展的基础底座。**"条块结合"先导建设，以 C-V2X 为代**

---

1 资料来源：中国信息通信研究院统计。
2 资料来源：中国智能网联汽车产业创新联盟统计。
3 资料来源：高工智能汽车统计。

表的车联网新型基础设施部署规模显著提升。截至 2022 年 6 月，我国已部署路侧通信基础设施超过 6200 台[1]。

9.3　关键技术

路侧感知与计算系统向高集成度、高性能方向发展。路侧感知与计算系统是车联网感知—计算—通信能力体系的必要组成部分，其作为感知数据入口及初次处理载体，不仅可以支持典型车路协同应用场景，还可以服务于城市交通监测、交通管理等应用，并积极推进系统间数据交互与融合。在市场需求驱动下，一方面，针对路侧感知与计算系统的大规模部署所产生的施工与运维成本，路侧感知与计算系统在单点位上由独立部署逐步呈现感知—计算一体化的发展趋势，通过将部分计算能力前移至传感器端，降低系统的部署成本并提升易用性。另一方面，针对更加复杂且定制化的应用场景，路侧感知与计算系统不断追求更高的数据融合和全息感知能力，提高对复杂世界中长尾场景的应对能力。

"边缘—区域—中心"多级车联网平台架构成为行业共识。车联网平台的技术与产品成熟度持续提升，核心业务逐步明晰，"边缘—区域—中心"多级架构成为行业共识。其中，边缘 MEC 平台构筑在边缘机房，通过蜂窝通信模式提供微观路口级实时服务；区域 MEC 平台部署在边缘 MEC 平台之上，提供用户管理、数据汇聚和业务调度等大区级宏观交通服务；中心 MEC 平台构筑于区域 MEC 平台之上，作为业务应用顶层，提供广域级宏观交通服务。平台基础功能要求清晰，多源数据融合与智能计算、基础数据共享、静态与动态事件信息提取分析等能力已成为各地车联网平台落地的先验条件。

LTE-V2X 与 5G 协同部署支撑差异化车联网应用。LTE-V2X 技术标准和产业链基本完备，其直连通信支持的应用场景已达成业界共识。LTE-V2X 已形成覆盖芯片模组、终端、整车、安全、测试验证、高精度定位及地图服务等环节的完整链条。前向碰撞预警、红绿灯信息提示等第一阶段应用场景已在车端商业化搭载，并与自适应巡航（ACC）等辅助驾驶应用实现融合，路侧感知数据共享等第二阶段应用加速研发。中国新车评价规程（C-NCAP）将 LTE-V2X 直连通信支持的相应功能纳入五星碰撞路线图，且正在开展测试验证。**5G 相关技术加速突破，积极探索可支持的车联网应用。**电信运营商和设备商积极推动行业虚拟专网、网络切片、服务质量（QoS）监测等 5G 关键技术与解决方案研究。针对有低时延、连续性等需求的安全驾驶类业务，探索网络侧和应用侧之间的协同机制来加快和优化应用跨域切换处理。针对有低时延、大带宽和高可靠性等需求的远程遥控驾驶业务，探索虚拟专网或者基于 5G 公网的专有网络切片来提升业务安全性，结合 QoS 监测等技术判断驾驶模式的切换。

9.4　行业应用及典型案例

当前车联网由支持多元化信息服务及驾驶安全与效率提升等预警类应用，逐步向支持实现自动驾驶的协同控制类应用演进，并衍生出交通治理等基于车联网大数据的新型应用。

---

1 资料来源：中国信息通信研究院统计。

信息服务和效率类应用快速推广。车联网信息娱乐类业务更加丰富，车载高清影音娱乐、车载高清视频实时监控、增强现实（AR）技术导航、车载虚拟现实（VR）视频通话等业务正在逐渐实现商用。安全信息服务和效率类应用在长沙、无锡、襄阳、广州等地部署，提供面向城市道路的红绿灯状态提醒、绿波通行等应用规模化服务。福特（中国）、奥迪（中国）等发布支持红绿灯信息推送、绿灯起步提醒等应用的量产车型。

辅助驾驶类应用不断渗透。广汽 AION V 将蜂窝车联网（C-V2X）直连通信数据与车载摄像头、雷达进行了感知融合，打造交叉路口碰撞预警、逆向超车预警、异常车辆提醒等依托单车智能无法支持的应用功能。上汽通用别克 GL8 具备基于车—车间（V2V）的紧急制动预警、异常车辆提醒、车辆失控预警、交叉路口碰撞预警等功能服务。奥迪（中国）在无锡先导区推动协作型自适应巡航控制、基于信号灯信息的车速控制等融合应用的验证与推广。

自动驾驶类应用加速前沿试验。北京、上海、重庆、武汉等地开展无人出租车常态化试运营；苏州 Q1 路无人公交线路已与苏州北站高铁新城智能网联路侧设施常态化协同运营，并推出了"轻车熟路"解决方案，通过 5G 专网支持将高级别全息智能道路信息传输至车端，支持 L4 级别自动驾驶；美团、阿里巴巴、京东、新石器在北京、苏州、柳州等地打造基于网联技术的无人物流、无人配送应用，车队规模、配送单数不断增长；慧拓科技、主线科技等企业在矿山、港口等特定区域推广高等级自动驾驶应用。

交通治理类应用不断衍生。各地面向城市道路打造交通大数据宏观分析的交通治理、交通运行优化类服务，长沙、厦门、杭州等地实现特殊车辆优先通行、精准公交和数字孪生管理等应用。高速公路公司构建面向运营的动态联动调控类应用，如重庆石渝高速、粤港澳大湾区建设动态感知环境，实现车道级精准管控、区域级网联云控等，提升整体交通流量效率。

9.5　发展挑战

当前车联网产业已步入以汽车、交通运输行业实际应用需求和市场发展趋势为牵引的车联网小规模部署与先导性应用实践的新阶段，面临着跨行业深度融合、跨区域基础设施部署、规模化应用价值挖掘等方面的挑战。

1. 跨行业深度融合创新

在国家制造强国建设领导小组车联网产业发展专委会的统筹协调下，我国车联网产业跨行业融合不断推进，但仍存在汽车、信息通信、交通运输等行业在技术路线选择、基础设施部署、应用服务推广等方面协调难度大的问题。**在技术路线选择方面，**由于无线通信技术演进的节奏明显快于垂直行业的部署周期，汽车、交通运输行业纷纷表达各自行业产品或系统跟不上信息通信行业技术演进迭代周期的担忧。**在基础设施部署方面，**汽车、交通运输、通信行业推进力度不一，出现"车等路，路等车"的困局。**在应用服务推广方面，**汽车行业重点关注安全、效率类应用和车路协同高等级自动驾驶应用，而交通行业重点关注城市或高速公路下的交通数字化治理，导致各地现有的基础设施建设方案难以形成向外复制输出的模板。

2. 跨区域基础设施协同建设

车联网新型基础设施建设已具备一定基础，但仍面临**跨区域业务的连续性难以保障，不**

同系统业务数据互通难度高等挑战。车联网规模应用推广需要构建"车—路—云"协同的车联网基础设施体系架构及全要素互联的网络连接，以便为用户提供连续稳定的车联网服务，保证用户体验的一致性。但当前离散化的建设运营模式，不同区域的业务类型、业务流程、服务质量等不同，导致跨区域业务的连续性难以保障。同时，由于缺乏统一的语义体系，难以面向多源数据提供完备、统一的数据对象表达、描述和操作模型，导致不同系统间数据互相"理解"的难度较高。

3. 深度挖掘应用场景的多维度价值空间

车联网仍处于新应用、新服务培育期，仍面临**应用场景规模效应不强、场景价值尚未形成闭环、数据价值有待进一步挖掘**等挑战。当前车联网终端渗透率低，同时各地车联网基础设施建设和应用场景部署多以项目制推动，难以形成规模化应用效应。再者，当前车联网重点发展的安全与效率类应用场景，由于尚未形成"杀手级"的应用效果，个人用户付费意愿不强，场景价值尚难以形成闭环。此外，当前场景推动以信息通信技术赋能的外在驱动为主，对汽车、交通等垂直行业数字化、智能化转型升级需求的内生动力和核心痛点挖掘不够充分，车联网数据的价值仍需进一步挖掘。

在车联网产业进入发展快车道的关键时期，我国将坚持以智能化与网联化协同发展为主线，推动跨行业深度融合创新，推进跨区域基础设施协同建设，以多维度、高价值应用的规模化部署为牵引，积极构筑车联网产业高质量发展下半程新优势。

撰稿：李凤、毛祺琦、房骥
审校：李先懿

第10章 2022年中国元宇宙发展状况

10.1 发展环境

自 2021 年起，元宇宙概念快速引爆资本和社会舆论场，展示了未来数字世界的重要发展趋势。伴随新一轮科技产业革命纵深发展、虚拟和现实世界日渐交融，元宇宙将构建以人为中心的、沉浸性的、开放式的互联网新业态，深刻影响人类技术创新、经济发展、社会生活，创造新型社会景观。

1. 政策环境

韩国、美国加快元宇宙相关政策布局。韩国从技术创新、经济发展、社会民生全局开展元宇宙顶层设计，明确提出"元宇宙"发展的规划举措。2020 年年底，韩国发布《沉浸式经济发展战略》，牵头组建由超过 200 家企业参与的元宇宙联盟。2022 年 1 月，韩国公布《元宇宙新产业领先战略》，以"数字新大陆，迈向元宇宙的韩国"为愿景口号，提出截至 2026 年，元宇宙产业规模居全球前 5 位，专业人才规模不少于 4 万人，50 亿韩元以上元宇宙企业数量不低于 220 家，并围绕生产生活诸多领域挖掘落地 50 个"元宇宙+"创新应用场景。美国政府布局元宇宙沉浸业态。在信息技术方面，2021 年 6 月，《美国创新和竞争法案》提出将"先进的通信和沉浸式技术"作为十大关键技术领域之一，用于增强美国在全球经济的竞争优势和领导地位。

中国推进元宇宙及沉浸业态发展。2022 年 7 月，工业和信息化部等五部门联合发布《虚拟现实与行业应用融合发展行动计划（2022—2026 年）》，提出"加快虚拟现实与行业应用融合发展，构建完善虚拟现实产业创新发展生态"。2023 年 2 月，中共中央、国务院印发的《数字中国建设整体布局规划》提出"构建普惠便捷的数字社会，打造新型数字消费业态、面向未来的智能化沉浸式服务体验"。各地政府开始布局元宇宙赛道。2021 年 8 月，北京市启动元宇宙总体布局，考虑以互联网 3.0 指代元宇宙，并将其视为继互联网、移动互联网后下一代互联网的新业态，并提出推进元宇宙底层技术攻关；探索治理规则及设立互联网 3.0 示范区；开展元宇宙创新应用实践，如依托通州区环球影城资源优势，打造文旅元宇宙虚拟空间，依托石景山首钢园区，构建"科幻产业集聚区+元宇宙中心联合体"等试点示范。2022 年 7 月，上海市政府印发《培育"元宇宙"新赛道行动方案》，成为我国首个较为系统、具体的元宇宙专项政策，该行动方案提出到 2025 年上海元宇宙产业规模达 3500 亿元。此外，2021 年至今，合肥、武汉、杭州、成都、青岛、广州等地政府相继布局元宇宙，各地主要从新一代互联网、数字经济、未来产业等视角编制元宇宙发展政策。

2. 产业环境

元宇宙成为全球科技产业新风口。微软、谷歌、脸书、英伟达、腾讯等全球巨头纷纷发声布局元宇宙产业。全球最大的社交网络平台 Facebook 宣布更名为 Meta，提出未来 5 年力争由传统社交平台转变为元宇宙公司。微软整合虚拟现实终端 Hololens、Dynamics365、Teams 等软硬件工具，以构建企业协作办公的超级入口进军元宇宙。谷歌在研 AR 终端 Iris 计划于 2024 年上市。英伟达发布工业元宇宙平台 Omniverse，旨在为影视、工业等行业应用提供模拟仿真与协同开发环境，现已被近千家公司和 7 万多名创作者采用。字节跳动斥资近百亿元收购国内最大 VR 终端企业 Pico，并基于抖音短视频等既有优势研发元宇宙沉浸式社交平台。

3. 社会环境

社会对元宇宙概念的认知仍存较多争议。一是业界缺少元宇宙内涵要素的体系化表述，有关概念过于泛化，炒作、蹭热点等现象层出不穷。例如，元宇宙类商标抢注现象频现，"白酒元宇宙""火腿肠元宇宙"等弱关联的传统领域炒作趋向严重，虚假捏造元宇宙项目进行非法集资更是成为部分人"圈钱"的新手段，给元宇宙产业健康发展造成恶劣影响。二是元宇宙的发展意义被质疑，部分人文社科学者认为其可能引发人们沉迷于数字身份和数字生活，导致线上线下身份认同混淆，进而可能导致个人放弃现实关系所承载的责任和义务，影响现实社会安全稳定。

10.2　发展现状

元宇宙发展仍处于萌芽初期。元宇宙发展愿景具备极大的想象空间，概念走在技术积累与产业实践前，技术创新、用户体验、经济活动等协同演进、动态发展。目前，不同行业在进行一些技术单点的线上化、数字化与虚拟化的尝试，但产业基础相对薄弱，场景落地仍有很多现实瓶颈需要突破。此外，元宇宙企业发展现状并不尽如人意。例如，被称为元宇宙第一股的 Roblox 最高市值达到 800 亿美元峰值，现已回落至 160 亿美元水平。受限于沉浸式体验不佳、新型终端普及不足、缺少令人耳目一新的特色应用等因素，2022 年标杆企业 Meta 元宇宙用户数不足预期一半，亏损超过百亿美元，元宇宙业务中近期营收成长性有限，发展起飞尚须时日。

工业元宇宙是元宇宙的重要应用领域（见图 10.1），是以扩展现实、数字孪生、内容生成等为代表的新一代信息通信技术与实体工业经济深度融合的新型工业生态。工业元宇宙是元宇宙在工业领域的落地与拓展，是新型工业数字空间、新型工业智慧互联系统、数字经济与实体经济融合发展的新型载体。工业元宇宙为制造业数字化转型、实体经济高质量发展、企业智慧化管理等提供了更大的创新空间，并引发了更为广泛的工业变革。与消费场景下超现实的内容创造和用户体验感相比，工业元宇宙构建的场景和对象是一个确切的物理系统，所要解决的问题、组织关系和任务都是明确的。得益于工业领域的坚实技术基础和明确的工业场景，未来工业元宇宙将可能成为元宇宙优先落地应用的方向。

工业元宇宙总体架构如图 10.2 所示。工业元宇宙在工业现实世界的基础上，通过搭建体验、身份、资产、平台等基础设施，形成了工业领域的社会、时空、经济和治理体系，完成

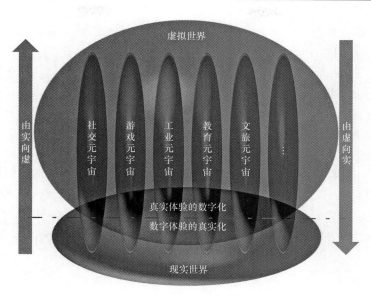

图10.1　元宇宙与工业元宇宙

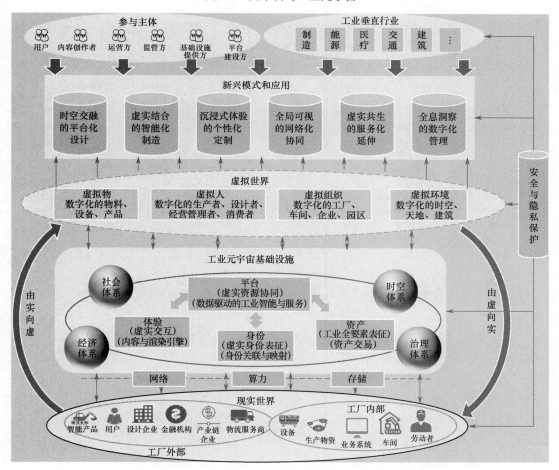

图10.2　工业元宇宙总体架构

了现实世界与虚拟世界的"由实向虚、由虚向实"的联系，实现了物、人、组织和环境的数字化，组成了"现实世界—基础设施—虚拟世界"的核心架构。在核心架构之外，工业元宇宙形成了时空交融的平台化设计、虚实结合的智能化制造、沉浸式体验的个性化定制、全局可视的网络化协同、虚实共生的服务化延伸和全息洞察的数字化管理六大工业新兴模式和应用，在用户、内容创作者、运营方、监管方、基础设施提供方和平台建设方的参与下，支撑工业垂直行业的持续发展。

从整体上看，我国工业元宇宙仍处于发展初期，在网络传输能力、内容引擎开发、应用场景创新、虚实映射与交互等方面还面临很多限制，工业元宇宙应用的实时性、交互感、沉浸感和真实感仍有待提高，特别是面向制造过程孪生化的核心业务和应用系统相对较少，工业元宇宙离落地应用仍有较大差距，但工厂数字孪生、产品沉浸式体验、VR/AR 培训等应用已经展示出了成效。未来，随着应用探索和技术创新不断展开，工业元宇宙将逐渐走向成熟。

10.3　关键技术

元宇宙是基于虚拟现实、人工智能、区块链、数字孪生等多种信息技术的有机结合，构建出沉浸式、虚实融合的数字网络空间。其中，VR/AR 终端、3D 沉浸影音、虚拟人、沉浸式计算平台是打造沉浸式体验的关键支撑技术。

VR/AR 终端。 VR/AR 终端契合元宇宙沉浸式体验、虚实融合的发展特性，产品正在向适人化方向发展，向更轻、更小、更智能、更沉浸演进，以实现深度沉浸的用户体验。当前，VR/AR 终端产业规模发展仍处在初期，根据 Counterpoint Research 的数据，2022 年我国 VR/AR 设备出货量超过 110 万台，其中 VR 设备作为主导部分，比重超过 95%，市场仍存在较大发展潜力。与此同时，元宇宙的兴起也为 VR/AR 终端市场带来新的发展机遇，微软、谷歌、高通、腾讯、华为、字节跳动等国内外 ICT 巨头均加大了对 VR/AR 终端的投入。

3D 沉浸影音。 元宇宙沉浸式体验的构建有赖于 3D 沉浸影音技术和产业生态的发展，呈现出有形体的、看得见的数字世界。元宇宙对三维数字化内容的需求，进一步带动了包括 3D 模型数据格式、3D 音视频采集、3D 建模等 3D 沉浸影音全链整体发展。其中，3D 模型数据格式作为场景渲染的基础，标准化组织及 Autodesk、苹果、微软、英伟达、Meta、亚马逊等海外企业纷纷对其进行布局。

虚拟人。 元宇宙中的虚拟人由原生虚拟人与虚拟化身两类组成，前者以智能助手与动画人物为代表，后者则为真实人物在虚拟世界的投影。虚拟人涉及动作捕捉终端、计算机绘图底层工具、基模数据库、虚拟人算法等细分领域，产业链布局相对分散，技术能力的不足与分散致使虚拟人制作成本、生产周期居高不下，研究实现实时驱动、普及易用、高度拟真的虚拟人则成为业内布局热点方向之一。

沉浸式计算平台。 沉浸式计算平台主要包括虚拟型与增强型两类形态。虚拟型平台侧重虚拟世界视频处理、图形渲染的能力优化，在现有互联网平台的基础上追求更高的内容拟真度、交互自由度，以及能够承载更大的时空在线数。增强型平台与现实世界高度关联，能够支撑构建多元数字信息叠加融合后的现实场景，提供全息生活助理、实景地图导航、家居陈设预览、AR 手游等虚实融合的应用服务，有望成为未来产业发展布局高地。

10.4　行业应用及典型案例

在数字内容与技术的双轴驱动下，元宇宙正面向多个行业加速渗透，展现巨大的应用价值前景。

元宇宙+文娱旅游。基于元宇宙的沉浸式娱乐作为一种创新型娱乐方式，在体验感、互动性与场景感等方面优势突出，迎合了更注重品质性、体验性内容的消费升级需求。各地正积极探索元宇宙与文娱旅游相融合，虚拟 IP 讲解、全息真人演出、时空穿越、场景还原、历史再现、AR 现场互动、AR 空间装饰等新业态、新模式层出不穷，为文娱旅游行业发展带来了新体验。例如，三星堆博物馆引入全球文博领域首部 MR 导览电影《古蜀幻地第一章——青铜神树》，以 AR 技术为核心，通过视觉采集、3D 复原再现、AR 展示等，将电影情节融入博物馆展览过程中，为游客提供沉浸式参观游览体验。

元宇宙+商贸会展。2021 年，国务院办公厅发布《关于加快发展外贸新业态新模式的意见》，提出大力发展数字展会，建立线上线下融合、境内境外联动的营销体系，加快运用 VR/AR、5G、大数据等现代信息技术手段，推进展会业态创新，实现线上线下、现实虚拟相融合已成为会展行业重点发展模式。元宇宙会议的沉浸式体验，可有效传递声音、图像以外的信息，打破虚拟世界与现实世界的次元壁，补偿线上缺失提供"面对面"体验真实感。例如，借助 3D 投影技术在展会上叠加虚拟产品进行展示，达成更便捷、更清晰的展示效果；引入虚拟人为游览者进行详细讲解，让游览者直观了解产品功效与细节；开通 AR 直播，跨地域带领观众远距离进行沉浸式参展，达到快速展销产品的效果。

元宇宙+大健康。VR/AR、数字孪生、大数据等前沿数字技术深刻改变了传统诊疗模式，极大限度地提升了医疗服务质量，未来有望缓解甚至解决"医疗资源与就医需求不匹配"的突出矛盾。例如，通过三维可视化模型可协助医生在术前进行方案合理性分析和风险研判，在术中完成实时成像和辅助操作；借助元宇宙+远程手术、数字人医生提供患者交互式的问诊体验；利用混合现实技术克服传统医学教学样本资源稀缺问题等。

元宇宙+体育。元宇宙通过 VR/AR、人机交互等新兴数字技术建构体育新世界，有望塑造体育新场景，增强体育活动体验感和参与感，目前主要应用包括沉浸观赛、居家健身等，整体处于体验推广阶段。沉浸观赛通过实时影音结合 360°观赛视角自由调整，打破传统转播技术限制，提供观众身临其境的极致体验，可在奥运会、冬奥会、英超联赛等高级别赛事中进行体验。居家健身通过虚拟现实结合专用运动设备，通过体感设备和指标检测与教练在线互动，以虚拟身份加入虚拟社群等，打造多场景、多形态、虚实联动的运动体验，提升居家健身的趣味性。例如，咪咕善跑打造骑行游戏平台，搭建了健身元宇宙场景。

10.5　发展挑战

元宇宙虚实融合、沉浸式体验的特征，超越了传统社会的运行模式，为技术产业发展带来了新的挑战。

技术发展仍不成熟。组成元宇宙的技术要素存在诸多堵点、断点，整体发展仍处于早期。

虚拟化身建模精度与行为表达能力较低，技术门槛和制作成本高；VR/AR 设备的展示效果与大众预期仍存在落差，眩晕控制问题仍未完全改善；3D 数字内容技术产业链发展尚不成熟，整体实现成本高昂，难以实现规模化工业生产。此外，由于技术不成熟，一定程度上也影响了行业对元宇宙发展的信心。

行业应用仍需探索。 元宇宙中虚拟现实、数字孪生等技术具有深度应用前景，然而当前元宇宙主要应用聚焦于文化、娱乐、游戏等领域，缺乏与行业发展深度融合的着力点，尚未形成有显著价值的标杆性落地应用，应用的广度和深度均有不足，也未对产业发展产生有效的带动、促进作用。

隐私安全风险增大。 元宇宙沉浸式业态对个人生物统计数据收集更加丰富，会涉及生理数据、行为偏好、空间信息等多维隐私数据，信息记录会实时操作，如虚拟现实终端可在 20 分钟使用时间内记录 200 个独特的生理语言信息，大量数据聚集在一起，泄露风险也会相应增大。此外，由于元宇宙集成了诸多信息技术，造成的安全隐患可能更加突出、多元，且难以被事前发现。

行业监管难度增大。 元宇宙创造沉浸式的虚拟世界，而虚拟技术可能使造假内容更加难以分辨，针对用户画像灌输的观点更易对个体形成思想控制。在元宇宙环境中，信息失真、造谣生事、舆论斗争形势将更加严峻，对内容管控、文化建设、意识形态工作带来巨大挑战。

撰稿：丛瑛瑛、陈曦、池程、郭靖

第 11 章　2022 年中国区块链发展状况

11.1　发展环境

自 2022 年以来，中央及地方政府（省级）部门陆续出台区块链政策文件，鼓励区块链技术创新、应用落地、区块链基础设施建设。《中华人民共和国国民经济和社会发展第十四个五年规划和 2035 年远景目标纲要》中明确将区块链作为新兴数字产业之一，提出以联盟链为重点，发展区块链服务平台和金融科技、供应链金融、政务服务等领域应用方案。随后，各部委陆续出台各行业、各领域"十四五"发展规划，对如何利用区块链技术促进经济社会高质量发展作出顶层规划和战略部署。

2022 年 1 月 30 日，中央网信办秘书局、中央宣传部办公厅等部门和单位联合发布《关于印发国家区块链创新应用试点名单的通知》，公布了 15 个综合性试点地区，以及涵盖区块链+制造、能源、政务服务/政务数据共享、法治、税务服务、审判、检察、版权、民政、人社、教育、卫生健康、贸易金融、风控管理、股权市场、跨境金融 16 个行业的 164 个特色领域试点单位，推动区块链深度融入经济社会各领域数字化转型，持续驱动业务场景创新与流程优化。自 2021 年开始，科技部制订并启动"区块链"重点研发项目三年计划，布局前沿技术方向，引领区块链技术创新能力持续提升。

截至 2022 年 9 月，已有 29 个省级行政区域将发展区块链技术写入地方"十四五"规划，出台涉及区块链产业政策共 319 份，涵盖政府数据共享、金融、供应链及物流、医疗卫生、农业等多个行业或领域。各地一方面积极响应扶持区块链相关产业发展，谋求数字经济产业与区块链技术融合，另一方面也延续了对于虚拟货币的监管高压政策。北京提出利用区块链技术加速政府数据共享、提升行政审批效率，加强跨境金融区块链服务平台应用。上海市提出发展区块链应用，探索 Web 3.0 技术研发和生态化发展，构建基于区块链的医疗健康平台，探索安全可信的医疗健康数据共享解决方案。河南、山东、四川、云南、重庆等省份提出进一步建设区块链基础设施。广东、贵州、辽宁、山东、重庆等省份提出探索区块链在金融业的应用。

创新载体、标准组织、评测组织等重要配套主体稳步推进区块链技术落地转化。区块链创新实验室由地方政府、高校、领军企业或行业组织联合成立，承担着将区块链技术、应用推向产业一线落地实践的重要角色，如雄安区块链实验室、中国—东盟区块链应用创新实验室、"碳达峰碳中和数智化暨区块链+能源"和"区块链+智慧政务"政务链应用联合创新实验室等。

我国从 2016 年起积极布局推进区块链标准化工作，并在国际电信联盟电信标准分局（ITU-T）、国际标准化组织（ISO）、电气与电子工程师协会（IEEE）等国际组织牵头立项并发布多项成果。2021 年，全国区块链和分布式记账技术标准化技术委员会（SAC/TC590）成立，旨在加速与国际标准化机构的沟通和交流，践行《国家标准化发展纲要》总体要求中国际化方面的要求，推动国内、国际区块链标准化协同发展。

11.2　发展现状

截至 2022 年 9 月，我国区块链企业已超过 1600 家，产业园区超过 40 个，区块链产业已初步形成较完善的产业链，供给主体从不同维度推动产业落地，与各行业融合发展。国际数据公司（IDC）预测，中国区块链市场规模有望在 2024 年突破 25 亿美元，2019—2024 年预测数据同比上调 5%~10%，年均复合增长率将达到 54.6%。

龙头企业是稳定我国区块链产业发展的压舱石。互联网企业布局早、研究深，但侧重点各有不同，在相关区块链产业细分领域中深入拓展，已构建起以自身平台为基础的产业生态。2022 年福布斯区块链榜单显示，中国企业在世界 50 强中的占比从 2019 年的 4%增长至 2022 年的 14%，年均复合增长率达 52%，包括蚂蚁金服、百度、中国建设银行、中国工商银行、平安集团、腾讯和微众银行等互联网巨头及银行机构。从区块链产品形式看，腾讯、百度、蚂蚁金服、华为等头部企业均推出了涵盖联盟链平台、区块链即服务（BaaS）、开放联盟链、行业解决方案等在内的综合性区块链产品和服务。

中小企业已经成为激发我国区块链产业发展活力的重要力量。截至 2022 年 11 月，国内共发布 10 批区块链信息服务备案清单，总备案项目达到 2691 个，覆盖了金融、政务、供应链、版权等众多领域，如图 11.1 所示。其中 2022 年已公布备案项目数量达 1251 个，区块链

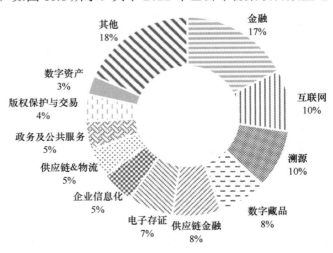

图11.1　区块链信息服务10批备案应用分类图

资料来源：中国信息通信研究院。

应用热度持续上升。在目前已公布的备案项目中，超过 80%的项目由中小企业申报，中小企业已经成为我国区块链产业发展中的重要力量。我国已经形成了一批技术能力强、获投金额较高的区块链中小企业。其中，比特大陆、众安科技、嘉楠耘智、趣链科技、法大大等企业获投金额合计超过 1 亿美元。区块链技术日渐成熟的应用催生了新业态，给中小企业带来了新的发展机遇；中小企业也为我国区块链产业发展注入了源源不断的动能，支撑着我国区块链产业，使其更加活跃和壮大。

11.3   关键技术

1. 自研联盟链技术多向优化提升

随着区块链技术的不断发展，技术门槛不断拉低，企业对特定区块链底层平台的依赖度开始降低，自研底层联盟链不断增加。2022 年可信区块链评测统计结果显示，国内市场中 Hyperledger Fabric 一家独大的局面已经被打破。如图 11.2 所示，2020—2022 年 Hyperledger Fabric 底层选型占比分别为 61%、48%和 21%，呈连续下滑态势，国内开源区块链项目占比明显提升。国产自研链呈现"择优而取"的特点，结合以太坊、EOS、Hyperledger Fabric、Tendermint 等项目技术进行底层架构设计，并根据业务场景进行深度优化，性能方面已有较大提升，安全性、隐私保护等方面也在不断加强。2022 年 9 月，清华大学王小云团队和中国人民银行数字货币研究所联合提出"DASHING 共识协议"，解决了传统共识算法无法同时满足高安全、高延展、高吞吐和低延迟的四方面难题。

图11.2   区块链底层平台使用情况（可信区块链评测统计结果）

资料来源：中国信息通信研究院。

2. 开放联盟链技术理念加速创新

开放联盟链综合了联盟链与公有链的能力优势，推动联盟链走向开放共享新阶段。与公有链类似，开放联盟链在底层代码、链上数据、服务访问等方面具备一定程度的开放性，其核心共识节点由多家具有行业公信力的机构参与运营，同时保留了联盟链的许可准入和合规审计能力。开放联盟链秉承开放和合规原则，优化治理规则与运营模式，能够促进行业企业和技术企业共享行业优势、共用技术创新，将成为构建开放共享型区块链基础设施的重要技术创新。截至 2022 年 11 月，国内已涌现出星火链网、超级链开放网络、至信链开放联盟链、蚂蚁开放联盟链、BSN 开放联盟链、众享链网、智臻链开放联盟网络、旺链 VoneBaaS 等十余种产品服务，且数量仍在不断增加，旨在通过将区块链网络不断下沉，为用户提供便捷的服务。同时，基于区块链的数据协作平台也开始走向市场，深度融合区块链和隐私计算技术，通过综合的信任科技解决方案助力增强数据协作、发挥数据价值。

3. 区块链安全防护逐步完善

国内大中型企业在安全防护方面更加精细，制定了不同安全风险等级的应急预案，与专业安全公司进行合作，进一步完善安全防护能力。中小企业主要依托云服务商提供的安全防护能力，来满足一般的业务场景需求。与此同时，智能合约安全也受到了广泛关注，虽然目前联盟链和合约检测需求仍然偏少，但是各单位在合约编制、合约安全检测等方面的能力都在不断增强，如合约漏洞检测、合约代码静态分析、形式化验证等。此外，密码学作为区块链的关键核心技术，部分企业也开始提前布局抗量子密码算法。但是由于标准规范、技术成熟度等问题，目前还尚未实现大规模应用。

11.4　行业应用及典型案例

区块链应用范围不断拓展，多领域创新持续活跃。当前，区块链产业已步入"信任链""协作链"的新发展阶段，为推动各行业供需有效对接、保障生产要素有序高效流动、探索数字经济模式创新构筑可信底座。一方面，在国家区块链创新应用试点工作的推动下，区块链深度融入经济社会各领域数字化转型，持续驱动业务场景创新与流程优化；另一方面，基于可信技术底座开拓数字原生应用，以机器信任重塑产业主体间数据共享及协作机制。

1. 产业数字化协作应用

区块链在供应链管理、电信数据共享、贸易金融等场景中充分发挥其优化业务流程、降低运营成本等方面的作用，部分机构已实现成熟应用并开展规模化推广。

（1）"结算链"：依托中国移动的"中移链"与中国联通的"联通链"，以技术共享、数据互通、能力共用为目标，形成跨运营商间标准、透明和可追溯的作业流程，构建跨网结算新路径，减少结算争议，加速传统运营模式的数字化转型。

（2）"浙冷链"：基于区块链的冷链食品追溯系统，利用"冷链食品溯源码"汇集冷链食品供应链全流程中的人、物、环境等信息，实现从供应链首站到消费环节产品最小包装的闭环追溯管理，全面掌握冷链食品供应链流向。

（3）Trusple 跨境贸易金融平台：通过区块链技术打通贸易数据，让跨境贸易更加智能、简单和可靠，帮助全球买卖双方更真实地了解交易环节，建立信任，确保相关支付合法合规。

（4）区域股权监管报送平台：基于区块链实现区域股权报送数据"一次报送、多方送达"，保证数据的规范性和一致性，助力证监会对区域性股权市场实施穿透式监管。

2. 公共服务协同应用

区块链在数字身份、司法存证、疫情防控、城市治理等领域的应用价值持续释放，支撑服务透明化、平等化、精准化。2022 年 5 月，最高人民法院发布《关于加强区块链司法应用的意见》，提出充分发挥区块链在促进司法公信、服务社会治理、防范化解风险、推动高质量发展等方面的作用。2022 年 10 月，国务院办公厅印发《全国一体化政务大数据体系建设指南》，提出积极运用云计算、区块链、人工智能等技术提升数据治理和服务能力，加快政府数字化转型，提供更多数字化服务。

（1）浙江省区块链电子票据平台：利用区块链多节点参与、分布式数据处理架构、智能合约等技术特点，构建多部门间的信任协同机制，实现财政电子票据申领、开具、接收、查验和报销环节的数字化流转，提升财政部门财政票据信息化管理水平和服务能力。

（2）可信数据共享交换平台：利用区块链技术构建政务数据共享交换平台，有效整合分散异构系统的数据资源，实现数据可信共享交换，保证数据文件安全，记录每个业务人员的操作流程，形成完整可信的证据链条，解决政务信息归集难、追溯难、分析难的问题。

（3）粤澳健康码跨境互认平台：利用区块链技术将健康码相关信息转化为加密的可验证数字凭证，优化健康码业务流程，实现安全、高效的数据流通和验证。

（4）云链健康云平台：融合医学大数据与区块链技术的可信计算平台，构建医疗数据全流程可追溯服务，提升数据共享意愿与效率，提高数据质量，充分发挥医疗数据的价值。

3. 数字原生应用

数字藏品消费端需求持续走热，市场化表现亮眼。自 2021 年以来，国内相关机构积极建设数字藏品发行平台，出现了如蚂蚁鲸探、京东灵稀、百度希壤等众多平台；中国移动、中国电信、中国联通均对内、对外提供数字藏品发行业务；新华社、央视频、故宫博物院及多个地方博物馆进行了数字藏品发行尝试。据不完全统计，截至 2022 年 6 月，国内已有超过 20 家上市企业布局数字藏品相关业务，超过 700 家数字藏品平台面世，共计发售数字藏品数量约 1775 万件。

（1）"云穹"文旅数字藏品平台：通过建立藏品管理模块、藏品发行模块、运营管理模块、用户管理模块，构建完整的数字藏品发布服务闭环。

（2）芒果数字藏品平台：通过建设区块链+数字藏品+生态服务方式，构建用户数字藏品生态服务，形成实际的数字藏品权益，解决数字藏品的实际落地场景。

（3）算力网络可信交易平台：以区块链为可信底座，依托算力通证、可信存证、溯源和智能合约技术，为算力提供方和使用方提供可信算力交易和业务支撑。

11.5　发展挑战

回顾过去，区块链技术发展之路并不平坦，尤其是近两年新模式、新业态带来的不确定性风险，以及基础设施、运营模式、监管体系等尚不完善，制约了其规模化、产业化、合规化发展进程。区块链技术主要面临以下几方面挑战。

1. 基础设施建设门槛较高

区块链基础设施存在业务需求碎片化与基础设施通用化供给、业务性能要求差异化与基础设施系统工程化成本之间难以平衡的问题，不同组织机构选择不同切入点构建区块链基础设施，存在互相不兼容、互操作性差等问题，难以形成通用型、大规模的区块链基础设施。

2. 产业主体间协作有待强化

我国各产业主体基于自身优势发挥着推动产业发展的重要作用，但彼此间的协作尚有欠缺。例如，我国互联网巨头基于自身业务自主研发了区块链开源平台，但在企业中的应用推广并不广泛，目前国内产业主体以中小企业为主，大多通过主流开源技术打造，在产业链的技术供给方面存在着不稳定因素。

3. 新业态下监管体系需适配

加密货币、数字藏品、元宇宙等基于区块链技术的新模式正在快速发展，但由于缺乏与现实世界中的资产锚定，极易产生资本炒作等问题，同时存在较大的金融安全风险。当前国内对于数字藏品、元宇宙等新兴业务尚缺乏有效监管措施，现有监管理念、监管方式难以形成有利于技术应用的创新土壤，相关法律法规体系有待进一步完善。

4. 应用难以实现规模化推广

区块链技术的本质在于重塑信任机制和生产关系，而在传统业务中利益格局固化的情况下，其作用难以得到发挥。应用方对于区块链技术的认知存在一定不足，区块链并非创造信任的机器而是传递信任的机器，很多场景仅凭区块链技术难以解决，需要充分融合物联网、大数据、人工智能等技术共同推动多方互信。同时，区块链应用水平参差不齐，应用场景同质化现象明显，基本以存证为主，并未真正融合到业务流程发挥其信任协作价值。区块链应用可复制性、可推广性程度不足，多数以小范围试点为主，难以形成规模化态势。

5. 区块链治理体系尚不完善

完善的治理体系是区块链健康可持续运行的重要保障，我国联盟链治理多处于松散、无序的状态，以链下约定为主，多方治理体系尚未形成。在涉及多个业务参与方的场景中，由于认知差异和对自身利益的保护，各方之间难以实现平等互信、共享共治。联盟链网络中的核心机构掌握较强话语权，主导链下治理规则的制定，规则的非公开透明导致无法以智能合约进行固化，治理成本分摊难以调和，进一步导致治理容易趋向中心化，其他成员参与治理意愿较低。

6. 联盟链互联互通需求不足

当前国内联盟链技术应用以独立建设为主，不同链间各自为主、难以互通，容易形成"小圈子"生态，开源社区规模较小，活跃程度与公有链相比差距巨大。在市场方面，联盟链类型众多，彼此间难以互通，应用间跨链需求并不明确，同时部分联盟链尚未开源，技术难度较大。在标准方面，尚未形成统一的技术标准和跨链标准，以及清晰统一的概念界定。当前各区块链独立发展，彼此间难以或不愿互通，造成跨链困难，出现商业协作摩擦。在开源方面，相较以太坊、HyperLedger Fabric 等国际开源社区，国内开源社区核心创新能力不足，配套机制不完善，活跃开发者及项目数量少，被边缘化风险较高，难以形成行业生态。

11.6　区块链基础设施

区块链基础设施接入方式多样化。主要区块链基础设施接入方式包括门户网站、API 接口、数字钱包、区块链浏览器、数据网关等（见图 11.3），其中，门户网站和 API 接口成为当前首选，数字钱包、区块链浏览器、数据网关增长趋势显著。**门户网站**为广大初级用户提供了解区块链资讯的渠道，同时可搭建区块链基础设施的信息集成入口；**API 接口**是众多资深用户及系统开发者构建去中心化应用的主要选择，通过提供程序调用的便利性，仍然是区块链基础设施的系统开发入口；**数字钱包**逐渐脱离加密货币交易的单一功能属性，出现浏器插件、手机 App、硬件钱包等多种形态，正逐渐成为区块链基础设施的统一数字身份入口和一部分应用入口；**区块链浏览器**以其防止网络跟踪、避免恶意广告投放等特性发展迅速，被多数区块链基础设施的建设者和运行者作为重要的信息查询入口；**数据网关**通过融合多种通信协议、提供安全可信的数据缓存、计算、处理能力，成为区块链基础设施与企业信息化系统、实时数据采集设备及其他网络数据源的连接器，未来有望成为区块链基础设施的数据连接入口。

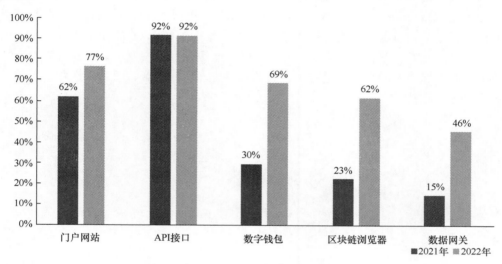

图11.3　主要区块链基础设施的接入方式统计

资料来源：中国信息通信研究院。

区块链基础设施部署模式简易化。本地部署节点带来的成本问题，让众多开发者望而却步，在一定程度上限制了区块链的应用发展和生态建设，因此简易化的节点部署方式受到社群高度关注。目前，区块链基础设施部署模式主要分为集中托管和离散接入两类方式，均能够让开发者借助一系列通用功能组件和实用工具解决应用层问题，从而屏蔽底层的复杂度，快速搭建区块链应用。

区块链基础设施跨链系统模块化。跨链系统建设主要采用中心化或多重签名的公证人、侧链/中继、哈希锁、分布式私钥控制四种技术方案，特别是中继技术已经逐渐发展成为最典型的跨链实现机制。随着跨链从技术研究走向产品化，并结合多链方案开展建设应用实践，逐渐形成了快速接入、平台接入、服务枢纽三种常用的服务模式。

全球对区块链基础设施的支持力度大幅提升。美国利用在全球金融和技术上的领先地位，希望继续引领全球区块链发展。美国拜登政府于 2022 年 3 月签发总统令，要求美国政府各部门研究区块链技术、数字资产发展与应用情况，分析其对美国金融体系和技术前沿的领导地位的影响；美国国家科学技术委员会发布的《先进制造中的美国领导战略》和美国国防部发布的《国防部数字现代化战略》中均提到对区块链技术研究和基础设施建设的推动。**欧洲**注重区块链区域影响力和协同发展，重视数字身份的应用。欧洲区块链基础服务设施（European Blockchain Services Infrastructure，EBSI）已获得 30 个欧洲国家参与和支持，覆盖率超过 60%；2022 年 2 月，欧盟委员会发布《数字欧洲计划》，并宣布将继续推进 EBSI 服务创新、区块链标准和数字身份等。**日本**决心抓住 Web 3.0 机遇，探索区块链基础设施建设带来的经济增长机会。日本首相岸田文雄于 2022 年 5 月发表声明，将区块链基础设施为技术支撑的新一代互联网框架 Web 3.0 上升为国家战略，并于 6 月批准了日本《2022 年经济财政运营和改革的基本方针》，提出将努力为实现这样一个去中心化数字社会进行必要的环境改善。**韩国**政府则以元宇宙建设为起点，投资超过 1.77 亿美元启动元宇宙领域产业发展，韩国知名公有链 Klaytn 依托韩国最大科技公司 Kakao 转型成为全球领先的区块链基础设施。**中国**对区块链基础设施的支持力度持续增加，29 个省、自治区、直辖市基于《中华人民共和国国民经济和社会发展第十四个五年规划和 2035 年远景目标纲要》《"十四五"数字经济发展规划》等数字经济发展和区块链技术创新的指导方向，在资金、政策、产业、应用层面推出了一系列政策支持。

撰稿：张奕卉、刘宾、陈文曲、池程
审校：李勇

第 12 章　2022 年中国互联网泛终端发展状况

12.1　智能手机

1. 发展现状

2023 年 1 月，国际数据公司（IDC）公布的手机跟踪报告显示，2022 年，中国智能手机市场呈现与 2021 年相同的"前高后低"的节奏。第一季度，虽然市场需求持续低迷，导致出货量明显下降，却是全年出货量最高的一个季度；第二季度，由于新冠疫情反弹，全国管控严格，单季出货量创近十年最低；第三季度，市场有所好转，但消费者消费信心不足，厂商运营保守；第四季度，出货量虽然继续回升，但整体市场延续了全年较低迷的状态。

2023 年 2 月中国信息通信研究院发布的《2022 年 12 月国内手机市场运行分析报告》指出，2022 年，国内市场手机总体出货量累计达 2.72 亿部，同比下降 22.6%。其中，5G 手机出货量达 2.14 亿部，同比下降 19.6%，占同期手机出货量的 78.8%。智能手机出货量达 2.64 亿部，同比下降 23.1%，占同期手机出货量的 97.1%，如图 12.1 与图 12.2 所示。

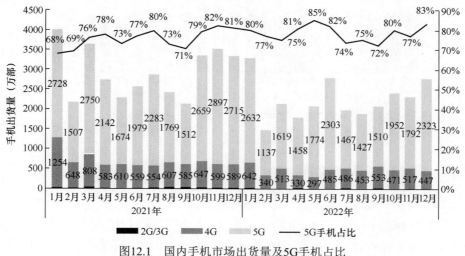

图12.1　国内手机市场出货量及5G手机占比

资料来源：CAICT《2022 年 12 月国内手机市场运行分析报告》。

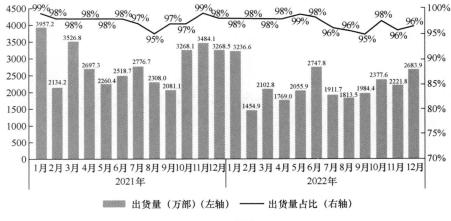

图12.2　国内智能手机出货量及占比

资料来源：CAICT《2022 年 12 月国内手机市场运行分析报告》。

2022 年，国内手机市场上市新机型累计 423 款，同比下降 12.4%，其中 5G 手机 220 款，同比下降 3.1%，占同期手机上市新机型数量的 52.0%。智能手机上市新机型累计 351 款，同比下降 13.1%，占同期手机上市新机型数量的 83.0%。国内手机上市新机型数量及 5G 手机占比如图 12.3 所示。

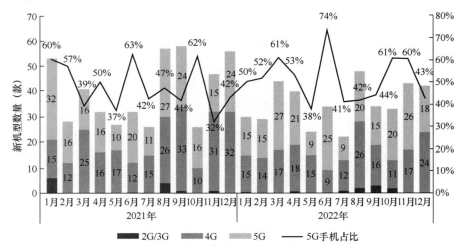

图12.3　国内手机上市新机型数量及5G手机占比

资料来源：CAICT《2022 年 12 月国内手机市场运行分析报告》。

在品牌构成方面，2022 年，国产品牌手机出货量累计 2.29 亿部，同比下降 24.7%，占同期手机出货量的 84.2%；上市新机型累计 386 款，同比下降 11.9%，占同期手机上市新机型数量的 91.3%。另据 IDC 数据，排名 2022 年中国智能手机市场出货量前五的厂商分别为 vivo、荣耀、OPPO、苹果和小米，如图 12.4 所示。

2022 年中国前五大智能手机厂商——出货量、市场份额、同比增幅（单位：百万台）			
厂商	2022 年全年市场份额	2021 年全年市场份额	同比增幅
1. vivo	18.6%	21.5%	−25.1%
2. 荣耀	18.1%	11.7%	34.4%
3. OPPO*	16.8%	20.4%	−28.2%
4. 苹果*	16.8%	15.3%	−4.4%
5. 小米	13.7%	15.5%	−23.7%
其他	16.0%	15.6%	−11.2%
合计	100.0%	100.0%	−13.2%
资料来源：IDC 中国季度手机市场跟踪报告，2022 年第四季度			
注： *在中国智能手机市场统计数据中，当两个或多个厂商之间的收入或出货量份额相差 0.1%或更低时，IDC 将判定为并列 数据为初版，存在变化可能 数据均为四舍五入后取值			

图12.4　2022年中国Top5智能手机厂商出货量

资料来源：《IDC 中国季度手机市场跟踪报告，2022 年第四季度》。

2. 关键技术

1）芯片

国际分析公司 Counterpoint 公布的数据显示，2022 年第四季度，全球智能手机 AP/SoC 和基带收入同比下降 8%。苹果公司以 44%的市场份额领先智能手机 AP/SoC 和基带收入。由于 iPhone 14 系列的推出，苹果公司的市场份额从 2021 年第四季度的 39%增长到 2022 年第四季度的 44%。由于库存调整和宏观经济状况，联发科和高通芯片组的出货量较低。同时，5G 正式商用已超过 3 年，手机芯片行业格局保持稳定，高通、联发科、紫光展锐在公开市场稳居前三且占据大多数份额。但一些大型手机厂商仍在不断尝试自研芯片，如电源管理芯片、人工智能芯片，今后自研芯片技术能力有望迈向 AP 乃至基带、SoC 芯片生产。

2）屏幕

IDC 中国发布的《IDC 中国季度手机市场跟踪报告，2022 年第四季度》显示，2022 年折叠屏市场再次成为市场亮点，中国折叠屏产品全年出货量近 330 万台，同比增长 118%，增速高于预期。折叠屏产品在国内智能手机市场中的占比从 2021 年的 0.5%上升至 2022 年的 1.2%。虽然折叠屏产品是小众的产品形态，但 2022 年头部安卓厂商全部发布了相关产品，形成"直板机+折叠屏"的双旗舰产品战略。不少厂商已经或马上实现"横折+竖折"的双折叠屏产品布局。其中，竖折产品凭借携带方便的特点，受到女性用户青睐，价格也相对横折产品便宜。而操作系统和 App 应用也与直板机相同，不用进行特别适配。所以，用户接受程度更快，2022 年竖折产品份额已占折叠屏市场的 42.3%。目前折叠屏产品已成为各家头部厂商重点关注和长期布局的产品，其市场关注度也一直居高不下。其中，国内折叠屏市场份额较高的六位厂商分别是华为、三星、OPPO、vivo、荣耀和小米。华为市场份额高达 47.4%。2021 年第四季度—2022 年第四季度中国折叠屏手机出货量及同比增长率如图 12.5 所示。

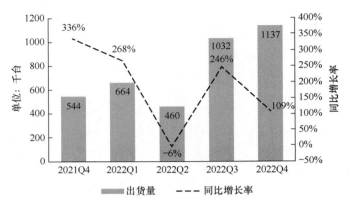

图12.5 2021年第四季度—2022年第四季度中国折叠屏手机出货量及同比增长率

资料来源：《IDC 中国季度手机市场跟踪报告，2022 年第四季度》。

3）操作系统

2023 年 3 月头豹研究院发布的《2023 年商业模式系列研究：探析操作系统（移动 OS、桌面 OS、云 OS）代表厂商商业模式（独占版）》显示，全球手机操作系统市场，形成了 Android 操作系统和 iOS 操作系统双寡头竞争格局。Android 操作系统在全球手机操作系统市场中占据绝对优势，其市场占有率从 2017 年的 69.1%增长至 2020 年的 75.5%，2022 年市场占有率为 72.3%。排名第二位的为苹果的 iOS 操作系统，其凭借性能的优异性、手机产品的良好外观和界面的简洁性等特点吸引了大批忠实粉丝用户，iOS 操作系统市场占比从 2017 年的 19.3%稳步增长至 2022 年的 27%。

另外，Counterpoint Research 公布的数据显示，2022 年第四季度全球智能手机销量同比下降 14%，iOS 操作系统的表现优于整体市场，同比下降 12%，Android 操作系统同比下降 16%。苹果公司的 iOS 操作系统市场份额在 2022 年第四季度达到历史新高，主要受益于 iPhone 14 系列产品的发布，而且高端智能手机市场也比大众市场更有韧性。2022 年全年，全球智能手机操作系统市场不断变化，iOS 操作系统市场份额增加，Android 操作系统市场份额减少。华为的鸿蒙操作系统在 2022 年第四季度占据全球智能手机操作系统市场的 2%和中国手机操作系统市场的 8%。

3. 行业应用

1）移动办公

5G 网络可为移动办公提供更高效、更稳定的数据传输和通信，提高了移动办公的效率和便利性。用户可以通过 5G 网络随时随地进行文件传输、视频会议、在线协作等。

2）智能制造与工业应用

5G 网络可提供超高速的数据传输和低延迟的通信，为智能制造提供了更高效、更精准的生产控制和质量管理。此外，5G 网络及 5G 移动终端可作为企业数智化转型的利器，在智能巡检、自动监测等方面发挥作用，大大降低了企业生产、监控与管理的成本。

4．发展挑战

1）芯片

芯片作为智能手机的核心组件，其性能和功能直接影响到智能手机的性能和功能，而其价格与供应链稳定则会对智能手机成本和生产能力产生重要影响。国内智能手机发展受到芯片技术制约，主要表现在：全球芯片市场集中度较高，尤其是高端芯片市场存在垄断现象，价格居高不下；而一些高端芯片技术（如 5G 芯片、AI 芯片）自主研发需要较高的研发水平与制造成本及研发周期，芯片技术成为长久制约国内智能手机发展的重要因素。与此同时，中国的芯片产业正处于快速发展期，越来越多的本土芯片企业为中国智能手机产业提供了更多的技术支持和创新能力，也推动了中国智能手机产业的发展。

2）屏幕

折叠屏手机技术目前仍处于发展阶段，存在着很多技术限制，如屏幕耐久性、折叠次数等问题，导致折叠屏手机的生产成本和售价较高，普通消费者难以承受。短期内折叠屏仍然是一个相对小众的市场，应用生态体系尚未完善，应用数量和质量相对较低。

3）用户需求

中国信息通信研究院发布的数据显示，自 2016 年以来，我国手机出货量的变化趋势呈现下行状态，至 2020 年已下降至 3.08 亿部；虽然 2021 年中国手机出货量出现反弹，同比上升 13.96%，达到 3.51 亿部。但 2022 上半年，手机出货量再次下降，该现象表明，随着经济的发展与手机的普及，我国手机市场已接近饱和状态，现有市场的竞争局势将趋于激烈。国际数据公司 Canalys 预计，2023 年各大手机厂商将会更加谨慎，并优先考虑盈利状况来巩固其市场范围，各厂商可能将削减成本，以适应新的市场现状。

4）技术创新

一方面，智能手机行业整体在通信能力、整机性能等方面创新乏力，各主流厂商在硬件方面缺乏真正的突破，仅在原有基础上进行微调；另一方面，尽管 5G 技术已经开始普及，但是智能手机厂商在新技术应用上缺乏创新，很少有厂商提出新的技术应用方案。

12.2　可穿戴设备

1．发展现状

2023 年 3 月 16 日，IDC 发布的《全球可穿戴设备市场季度跟踪报告，2022 年第四季度》指出，在严峻的宏观经济形势下，2022 年全年，全球可穿戴设备出货量与 2021 年相比下降了 7.7%，与 2021 年的强劲业绩难以比拟，这是该品类出货量的首年下降。尽管经济低迷，但全球可穿戴设备 2022 年的整体出货量仍达到了 4.9 亿台，远高于 2020 年和 2019 年的水平。IDC 发布的《中国可穿戴设备市场季度跟踪报告，2022 年第三季度》显示，2022 年第三季度，中国可穿戴设备市场出货量为 3229 万台，同比下降 8.4%。从产品类型看，耳戴类设备、腕带设备（智能手表、智能手环）仍是出货量占比较高的终端类型。IDC 指出，驱动可穿戴类设备出货量和营收的主要动力分别是耳戴类设备和智能手表，如图 12.6 所示。

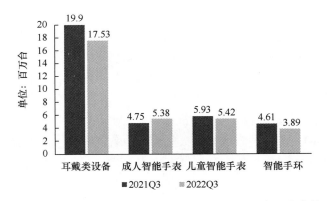

图12.6 2022年/2021年第三季度中国可穿戴设备主要产品出货量对比

资料来源:《中国可穿戴设备市场季度跟踪报告,2022 年第三季度》。

Canalys 数据显示,2022 年整体来看,智能手表市场规模增长 3%,基础手表市场规模增长 21%,基础手环市场规模下跌 39%,导致整个可穿戴腕带设备市场规模下降 5%。在中国大陆市场方面,2022 年第四季度智能可穿戴腕带设备市场份额排名前五位的分别为华为(26%)、小米(17%)、苹果(10%)、小天才(9%)、荣耀(4%)。

智能手表:Counterpoint Research 公布的报告显示,2022 年国内智能手表出货量同比下降 9.3%,而同期全球智能手表出货量同比增长 12%。IDC 发布的《中国可穿戴设备市场月度销量跟踪报告》显示,2022 年中国腕带设备市场销量为 4455 万台,同比下降 13.0%。受需求疲软和产品迭代有限的影响,腕带设备市场销售面临挑战。其中,成人智能手表市场销量为 1718 万台,同比增长 0.6%,但其出货量同比下降 7.6%,出货数据和销售数据趋势形成一定反差,主要原因在于成人智能手表市场在过去一年中,以渠道库存消化为主。儿童智能手表市场销量为 1461 万台,同比下降 12.0%。受到产品同质化、市场饱和度较高及消费环境的共同影响,儿童智能手表市场整体存在一定下行压力,未来更将面临新生人口基数缩减带来的一系列冲击。

智能手环:2022 年,中国智能手环市场销量为 1276 万台,同比下降 27.1%。智能手环市场创 2019 年以来最大降幅,大屏化趋势逐渐明显。其中,小米智能手环新品对出货规模提升起到了一定作用。智能手环市场的持续下滑,一方面是受到了入门腕带产品尝鲜体验的边际效应递减的影响,另一方面是大众逐渐接受智能手表产品的结果。

智能耳戴:IDC 发布的《中国无线耳机市场季度跟踪报告,2022 年第四季度》显示,2022 年中国蓝牙耳机市场出货量约为 9471 万台,同比下降 18.1%。其中,真无线耳机市场 2022 年出货量超过 6881 万台,同比下降 15.0%。主要原因是经济环境收缩、市场需求逐渐饱和及产品功能升级瓶颈。得益于户外运动的流行及认知度的提升,骨传导耳机出货量达 229 万台,同比增长 123.6%,是各类型产品中唯一增长的形态。整体蓝牙耳机市场的智能化进程逐渐加快。随着上游方案成熟性的进一步提升及价格竞争日益激烈,真无线耳机在主动降噪功能上进一步提升。

2. 关键技术

传感技术：智能可穿戴设备需要通过传感器获取用户的生理参数、运动数据、环境信息等数据，传感技术是实现这一过程的关键。常见的传感器有加速度计、陀螺仪、心率传感器等。

无线通信技术：当前主流无线通信技术包括蓝牙、Wi-Fi、ZigBee、NFC 等。

人机交互与用户界面技术：智能可穿戴设备提供友好的用户界面，包括语音交互、手势识别、触摸屏等，可以有效提升用户体验。目前基于语音识别技术和语音合成的语音用户界面逐渐被广泛应用，除此之外，眼控交互、体感交互、骨传导交互和脑波交互技术等也受到关注。

安全与隐私：智能可穿戴设备需要保护用户数据的安全和隐私，包括身份认证、数据加密、访问控制等。

能源管理技术（电池）：智能可穿戴设备的能源来源通常是电池，能源管理技术包括节能、快速充电、电池寿命管理等。

3. 行业应用

医疗行业：智能可穿戴设备可以监测用户的生理参数、运动状态等信息，并通过数据分析提供相应的健康建议，在远程医疗监护、健康管理、疾病预防、康复辅助等方面，可以充分提高医疗效率和质量。医用可穿戴设备应用前景十分广泛，主要包含健康监测（监测心率、血压、体温、呼吸频率、血氧饱和度等健康指标，帮助人们实时了解自己的身体状况，及时发现异常情况）、疾病管理（监测糖尿病患者的血糖、癫痫患者的脑电图、哮喘患者的呼吸情况等，帮助医生更好地管理疾病，制定更合理的治疗方案）、康复训练（监测运动员的运动状态、康复患者的恢复情况等，帮助医生和康复师更好地评估患者的康复进展，制订更合理的康复训练计划）及远程医疗（远程诊断、远程监护、远程咨询等）。

工业生产行业：智能可穿戴设备可以用于工人的远程监测，并及时汇报巡检状态。同时，针对不同行业的工作人员，智能可穿戴设备可以优化实时数据采集、安全预警等方面的工作，提高工作效率和安全性。

金融支付行业：智能可穿戴设备可实现移动支付和身份认证，如通过智能手环或智能手表进行支付和身份识别，提高金融支付的安全性和便利性。通过智能手环或智能手表进行支付或身份识别，用户只需要将设备靠近 POS 机或者感应器，就可以完成支付或认证。这种方式不仅方便快捷，还可以提高安全性，用户无须使用信用卡、身份证等证件。

4. 发展挑战

产品创新：国内可穿戴技术水平距离发达国家仍有差距，尤其是在芯片、传感器、电池等核心技术方面的研发和应用上存在不足。可穿戴设备的制造能力与产业链不够完善，无法满足高品质、高精度、高可靠性的生产要求。同时，由于可穿戴设备制造成本高，价格也相对较高，限制了产品的普及。

用户体验：目前大部分的可穿戴设备功能较为单一，使用寿命较短，电池容量较小且防水、防尘等用户体验逐渐成为可穿戴设备发展的制约因素。

隐私数据保护：随着可穿戴设备的普及和用户数据的不断积累，隐私数据保护成为重要的话题。可穿戴设备会收集用户的个人健康数据，如心率、睡眠情况、运动情况等，这些数据一旦被泄露，会给用户带来极大的损失和风险。可穿戴设备的开发商可能会将用户的数据共享给第三方，而用户可能并不知情，这将会涉及用户隐私权问题。此外，如果可穿戴设备的软件和硬件存在安全漏洞，黑客可能会利用这些漏洞获取用户的个人数据。因此，为了保护用户的隐私数据，可穿戴设备的开发商需要加强数据保护措施，提高用户的隐私保护意识，同时政府也需要完善相关法律法规，加强对可穿戴设备行业的监管。

12.3 智能家居

1. 发展现状

中国智能家居市场参与厂商众多，市场集中度较低，头部厂商积极拓展生态布局并提升自身影响力，据 IDC《中国智能家居设备市场研究报告，2022 年第一季度》显示，2022 年第一季度，中国智能家居设备市场出货量为 4778 万台，同比增长 1.7%。

据 IDC 发布的《全球智能家居设备季度追踪报告》显示，全球智能家居设备出货量在 2022 年首次出现下滑，同比下降 2.6%，至 8.718 亿台。IDC 预计，2023 年，随着全球经济复苏，智能家居设备出货量可以温和增长 2.2%。

智能家居摄像头：IDC 发布的《中国智能家居设备市场季度跟踪报告，2022 年第四季度》显示，2022 年，中国智能家居摄像头市场出货量超过 2000 万台，同比增长 1.6%（仅统计支持无线联网的室内摄像头，不含运营商及行业市场）。2022 年，中国智能家居摄像头市场在功能配置方面大幅升级，分辨率及夜视能力显著提升，但受整体消费环境的影响，产品升级对市场需求的提振效果有限，市场出货量增速放缓。IDC 预计，2023 年，中国智能家居摄像头市场出货量预计为 2155 万台，同比增长 7.5%。

智能家居中控屏：预计 2023 年中国智能家居中控屏出货量将突破 100 万台，出货量同比增长达到 70% 以上，预计 2023—2027 年市场出货量年均复合增长率将超过 60%。

2. 关键技术

短距离无线通信技术：无线通信协议是智能家居领域的基础之一，其作为连接设备、传递信息的通路，可以实现智能家居设备的互联互通和联网控制，提高智能家居的便利性和智能化水平。无线通信技术的更新迭代直接影响各个智能产品之间的互联互通互控质量。在智能电视、智能音响、智能灯光、智能门铃、智能插座等不同的智能家居产品中，采用不同的无线通信技术，如 Wi-Fi、蓝牙、ZigBee、NFC 和 RFID。其中，Wi-Fi 技术是智能家居中应用最广泛的无线通信技术之一。作为下一代 Wi-Fi 标准，Wi-Fi 7 在 Wi-Fi 6 的基础上引入了 6GHz 频段、320MHz 带宽、4096 正交调幅（4096-QAM）、多资源单元（Multi-RU）、多链路操作、增强多用户—多输入—多输出（Multi-User Multiple-Input Multiple-Output，MU-MIMO）、多 AP 协作等技术，使得 Wi-Fi 7 相较于 Wi-Fi 6 将提供更高的数据传输速率和更低的时延。Wi-Fi 7 预计能够支持高达 30Gbps 的吞吐量，大约是 Wi-Fi 6 的 3 倍。

边缘计算及云边协同技术：智能家居依赖于智能家居中枢、智能家电、智能传感器等边缘设备。边缘计算是指将计算和数据处理放在接近数据源的边缘设备上，而不是将数据传输到云端进行处理。边缘计算可以实现智能家居设备的快速响应和智能化控制，同时减少了数据传输和存储的时间和成本。边缘计算与云计算的结合可以实现智能家居设备的智能化和响应速度的提高，同时保护用户的隐私和安全。此外，边缘 AI 芯片的不断涌现对全屋智能产生更大的助力，在保护用户数据安全与隐私、降低功耗、减少数据传输延迟、减少网络连接环境对功能的影响等方面具有较大的优势。

AIoT 技术：智能家居行业的物联网化产生了来自不同传感器、不同维度的海量原始数据，通过边缘计算、云边协同、大数据分析及人工智能分析，可以做到全屋智能识别与分析预判，并通过短距离无线通信作出及时反馈。AIoT 技术将人工智能和物联网技术进行融合，可实现物联网设备的智能化，使其具备更加智能的决策和自主学习能力。智慧物联网设备通过对人的需求的预测和预判，实现对用户需求的个性化识别和响应，以及实现物联网设备的自动化控制和安全管理，通过实现设备和场景间的互联互通，实现物—物、人—物、人—物—服务之间的连接和数据的互通，以及人工智能技术对物联网的赋能，进而实现万物之间的相互融合。

3．行业应用

智慧办公：新冠疫情期间居家办公成为常态，在一定程度上促进了智慧办公领域的行业发展，智能会议系统、智慧大屏等智能家居设备被大量采用。

智慧养老：随着老年人口数量的逐年增加，中国人口逐步迈入老龄化。智能家居可通过安装智能门锁、智能监控等设备，提高老年人的安全保障，智能家电、智能灯光、智能视频通话等也可以为老年人提供更加便捷、舒适的养老生活。此外，智慧家居可以通过安装智能健康监测设备，如智能体重秤、智能血压计等，实时监测老年人的健康状况，并将数据传输给医疗机构和家庭医生，实现远程健康管理。

智慧酒店：针对酒店等涉及隐私较多的场所，一般并不适宜采用摄像头进行人员信息的采集，这种情况下可以采用毫米波雷达对人体状态进行判断，获得相关信息并针对性地优化酒店入住体验。酒店智慧化升级更多地体现在对室内各类设备的智能化设备的便捷管理上，通过智能网关实现对室内灯光、窗帘、电视、音箱等智能化设备的管理，为客户提供优质的入住体验。

4．发展挑战

互联互通与通信协议：由于智能家居行业参与厂商众多，市场集中程度较低，不同厂商的平台与终端之间易形成数据孤岛，这也导致行业内跨平台、跨终端的互联互通与通信协议仍待统一标准。针对这类问题，国际上由 ZigBee 联盟（CSA 联盟）和 Google、苹果、亚马逊联合成立了 CHIP（现名 Matter）来推动智能家居连接标准的制定。2022 年 10 月 4 日，CSA 联盟正式发布了 Matter V1.0 协议。Matter V1.0 协议支持以太网、Wi-Fi 和 Thread 共 3 种底层通信协议，可以让不同协议的智能家居设备互相通信。国内，在工业和信息化部的指导和支持下，由中国信息通信研究院等几十家行业头部研究机构、企业于 2020 年 12 月成立了开放智联联盟（OLA 联盟），致力于制定万物智联的相应标准，实现与全球标准互认互通，促进相关科技和产业的安全发展等。

数据安全与隐私保护：智能家居设备收集用户的个人信息和家庭信息，如家庭成员信息、日常习惯、家庭环境等，如果这些数据被泄露，会对用户的安全造成极大的威胁。智能家居设备收集的数据可能被滥用，如用于广告营销、人脸识别等，这会侵犯用户的隐私权。智能家居设备的安全性也是一个重要问题。黑客可以通过攻击设备来获取用户的个人信息和家庭信息，甚至控制设备进行恶意活动。随着接入网络的传感器和终端数量的增多，容易被攻击的网络节点越来越多，其中具备摄像头功能的设备是重点被入侵的对象，对个人信息形成了很大的风险。

12.4 智能机器人

1. 发展现状

IDC 发布的《IDC 全球机器人与无人机支出指南》预测，全球机器人与无人机解决方案支出总额将在 2024 年达到 2746.2 亿美元，中国是全球最大的机器人（含无人机）市场，预计在 2024 年，中国智能机器人市场将占全球市场的 44%，达到 1211.2 亿美元。

2022 年 8 月中国电子学会发布的《中国机器人产业发展报告（2022 年）》显示，2017—2022 年全球机器人市场规模年均增长率达到 14%。2022 年，全球机器人市场规模约为 513 亿美元，其中，工业机器人、服务机器人、特种机器人市场规模分别达到 195 亿美元、217 亿美元和 100 亿美元，预计 2024 年全球机器人市场规模有望突破 650 亿美元。

中国机器人市场持续蓬勃发展，成为后疫情时代机器人产业发展的重要推力，2022 年中国机器人市场规模达到 174 亿美元。其中，工业机器人、服务机器人和特种机器人市场规模分别达到 87 亿美元、65 亿美元和 22 亿美元。

工业机器人：在国内密集出台的政策和不断成熟的市场驱动下，工业机器人市场增长迅猛，根据 IFR 统计数据测算，随着市场需求的持续释放和工业机器人的进一步普及，后疫情时代中国工业机器人市场的规模将继续保持增长趋势，预计到 2024 年将超过 110 亿美元。

服务机器人：随着人口老龄化趋势的加快，以及建筑、教育等领域持续旺盛的需求牵引，中国服务机器人存在巨大的市场潜力。2022 年，中国服务机器人市场快速增长，教育、公共服务等领域需求成为主要推动力。预计到 2024 年，随着新兴场景的进一步拓展，中国服务机器人市场规模有望突破 100 亿美元。

特种机器人：当前中国特种机器人市场保持较快发展，在各种公共安全事件的需求驱动下，特种机器人有着突出的需求。预计到 2024 年，中国特种机器人市场规模有望达到 34 亿美元。

2. 关键技术

智能机器人的关键技术主要涉及定位导航技术、人机交互与识别、深度学习、运动控制与路径规划。

定位导航技术：旨在机器人运动过程中，利用各种传感器获取机器人当前位置信息，通过计算机算法进行处理，使机器人能够准确地定位自身位置并实现导航。该技术是机器人智能化的重要基础技术之一，广泛应用于工业、军事、医疗、服务等领域，目前比较广泛采用的定位导航技术主要包括激光雷达定位、视觉定位、惯性导航、超声波定位等。

人机交互与识别：旨在使机器人可以更好地理解人类的需求和意图，以实现更加智能化、自然化的交互体验。目前人机交互与识别采用较多的技术包括语音识别技术、人脸识别（包含面部表情识别）技术、姿势（手势）识别技术、触觉传感技术、虚拟现实技术等。

深度学习：深度学习算法是通过多层神经网络模拟人类神经元的工作原理，从而实现对大量复杂数据的分析和处理的算法。智能机器人需要通过深度学习实现目标检测和识别、语音识别和自然语言处理、动作控制与路径规划、智能决策和学习等功能。2023 年，随着新型人工智能语言模型 ChatGPT 的出现，其强大的自然语言处理能力可以协助进行准确、高效的语言回复与指令执行，将来可以用于智能客服、智能语音助手、智能管家等机器人应用。

运动控制：通过各种传感器和控制系统，实现对智能机器人位置、速度、力、动作的准确控制和调节。机器人的动作规划也是运动控制的重要问题之一，包含关节运动规划、避障规划、力控制、碰撞检测等多个方面。

路径规划：能够帮助机器人在复杂的环境中规划出一条合适的路径，实现自主控制和执行任务的目标。目前路径规划的主要技术包括基于图搜索的路径规划、基于采样的路径规划、基于优化算法的路径规划、基于机器人动力学的路径规划。在机器人路径规划过程中，还需要考虑到一些问题，如避障、动态障碍物的处理、安全性等。因此，路径规划算法需要结合机器人的传感器信息，对机器人的运动轨迹进行实时调整，以保证机器人能够安全、高效地完成任务。

3．行业应用

物流仓储：智能机器人在物流和仓储领域可以实现自动化分拣、运输和储存，提高物流效率和准确性。目前有很多物流公司采用自动导引运输车（Automated Guided Vehicle，AGV）在仓库内自动运输货物，采用无人机在物流中心进行快递配送。

工业制造：智能机器人在工业制造中可以实现自动化生产，提高生产效率和质量。智能机器人可以在一些工作上代替人类进行工作环境及效率的检查，通过机器人代替人进行危化生产行业生产区域巡检可以有效提升巡检效率，降低风险。

服务业：智能机器人可以在服务业领域带来各种便利服务，如清洁、导游、无人零售等。智能机器人的采用可以在一定程度上将人从重复的工作中解放出来，降低服务成本，提升工作效率。

4．发展挑战

技术水平不足：我国在运动的精确控制、机电一体化技术、多传感器信息融合与智能控制、精密减速器和伺服驱动器等核心部件、加工装配工艺等技术方面与国外领先产品仍存在较大差距，长期依赖进口。此外，高精度零件的购买受到国际市场的限制，导致成本较高，限制了智能机器人的市场推广与普及。

软件专利：国产智能机器人相关的工业编程软件及相关专利较少，会导致机器人制造创新能力受限，功能开发较少，实际使用不够方便。

市场方面：我国整体市场呈现大而不强的局面，产品同质化、低端化严重，个性化服务的产品稀缺。一些机器人企业通过低价补贴的方式实现了大规模出货，但自身收入和盈利情况有待改善。在一、二线城市，一些服务机器人的应用场景已经实现了较高的渗透，但向三、四线城市的推广速度还有待加快。

12.5 无人机

1. 发展现状

2022年9月，德国汉堡无人机研究机构（DRONEII）发布的《全球无人机市场报告2022—2030》显示，2022年全球无人机市场价值估计为306亿美元，2022—2030年，全球无人机市场价值复合年均增长率（CAGR）预计为7.8%，在具体的应用品类方面，商用无人机的市场将以8.3%的增长率扩张。到2030年，全球无人机市场价值将达到558亿美元，其中亚洲与北美洲无人机市场增长水平领先于其他地区。全球无人机市场日趋成熟与安全，各国在无人机监管方面也进行了立法等尝试，将进一步提高无人机市场的规范程度。

中国和美国是全球贸易最活跃的两个市场，无人机制造行业仍由中国与美国企业主导，在DRONEII于2022年12月进行的行业公司排名中（包含民用无人机制造商排名及军民两用无人机制造商排名），共有17家公司位于美国或中国，其中中国企业排名靠前，以大疆、极飞科技、成都纵横为代表的中国企业分别居全球民用无人机制造商排名的第一、第四和第五位。

2. 关键技术

在硬件生产和供应链上，国内的无人机产业链完整，由上游设计测试（总体设计、集成测试）、中游整机制造（飞行系统、地面系统、任务载荷）和下游运营服务环节（飞行服务、租赁服务、培训服务）构成。芯片、传感器、电池等硬件持续创新，成本不断下降，为无人机的规模化生产和制造创造了条件。在软件方面，飞行控制系统的开源化帮助越来越多的高校与研究机构参与到飞行控制技术的研发中，进一步为企业的研发生产提供了技术支持。

无人机关键技术包括以下几个方面。

飞行控制技术：是无人机的核心技术之一，主要包括飞行姿态控制、飞行轨迹规划、避障和自主导航等方面。无人机的飞行控制技术需要通过传感器获取环境信息，实现自主控制和飞行。

传感技术：是无人机的重要技术之一，包括惯性导航、视觉传感等多种传感器，用于获取无人机的位置、速度、姿态等信息，为飞行控制和导航提供支持。

无人机群控制技术：通过一定的算法和控制策略实现无人机之间的协同作业和飞行控制的过程，主要包含：通信技术（无人机之间，无人机与地面系统之间需要实时通信，交换信息和协同作业），群体编队控制技术（群体编队形态，群体路径规划及避障），智能优化算法（遗传算法、粒子群算法、蚁群算法等），集群感知技术（群体感知、环境感知，获取对环境和其他无人机的感知信息并综合信息）。

航电系统技术：是无人机的重要技术之一，包括电机、电调、电池等多种设备，用于驱动无人机的飞行和保证其飞行的稳定性。

机载计算机技术：是无人机的核心技术之一，用于控制无人机的飞行、数据处理和通信等功能。机载计算机需要具有高性能、低功耗和可靠性等特点。

遥感技术：是无人机的重要应用技术之一，无人机可以搭载各种遥感设备，如高分辨率相机、激光雷达等，实现对地面目标的高精度测量、监测和识别。

3. 行业应用

无人机行业应用十分广泛，与各个行业融合紧密，已经成为工业、商业、政务、应急、农业、林业、消防等领域的重要工具。

测绘与勘探：无人机可以搭载各种测绘设备，如航空相机、激光雷达等，用于地形测量、土地评估、矿区勘探等。无人机可以快速、高效地获取大量数据，提高勘探效率，降低勘探成本。

农业：无人机可以搭载多光谱相机等设备，用于农作物监测、施肥、喷洒农药等。多光谱相机可以获取植物的生长状态、营养状况、病虫害情况等信息，帮助农民制定更科学的管理策略。同时，无人机可以快速、高效地完成农田的巡视和管理，提高农业生产效率。

物流配送：无人机可以用于快递、医药品配送等，可以提高配送效率，缩短配送时间。无人机可以在城市间快速地运送货物，减少交通拥堵和物流成本。

建筑与房地产：无人机可以用于待建地块开挖的设计规划、建筑物巡检、监测建筑物结构、房地产开发等。无人机可以搭载高精度相机等设备，帮助建筑师和房地产开发商更好地了解建筑物的结构和特点，更好地进行设计和开发。同时，无人机还可以用于建筑物的巡检，及时发现建筑物出现的问题，提高建筑物的安全性。

工业生产巡检：无人机可以用于工业生产巡检，提高巡检效率，减少人员安全风险，减少巡检人力、物力投入，降低巡检成本。同时，无人机可以搭载各种传感器和摄像头，实时采集生产线上的数据，如温度、湿度、震动、噪声等信息。无人机系统通过对工业生产数据的边缘计算与初步分析，可以及时发现异常，了解设备运行状态，预测设备故障，优化生产流程，提高生产效率和质量。

环境监测：无人机可以搭载各种环境监测设备，如大气采样器、水质监测仪等，对大气、水质、土壤等环境进行监测，可以实现对较为复杂和难以到达的区域的监测。无人机可以在高空飞行，获取更广阔的监测范围，同时也可以在危险环境下进行监测，避免人员受到伤害。

搜索与救援：无人机可以用于搜救、灾害救援等，可以提高救援效率，缩短救援时间。无人机可以在灾区空中巡视，寻找被困人员的位置，同时也可以在危险环境下进行搜救，避免救援人员受到伤害。无人机还可以在火灾等灾害发生时，用于火灾扑救，减少人员风险。

4. 发展挑战

中国无人机行业快速发展，各领域应用逐步探索，但仍存在一些发展挑战。

技术挑战：无人机行业发展的技术挑战集中在：飞行控制及传感器等领域的技术积累不足，电池技术仍未有实质性的突破，无人机滞空时间不足等。当前技术通过无线电、WLAN或 4G/5G 蜂窝网络控制无人机飞行，均存在可靠性低、抗干扰能力弱、稳定性不足等问题。

专业人才缺乏：在我国无人机行业迅速扩张的同时，相关人才培养（如飞行控制软件研发人员、专业飞手等）的不足也成为一个明显的制约因素。无人机领域需要较高的技术水平和创新能力，人才缺乏会导致国内无人机领域创新驱动力不足，制约行业发展和竞争力水平。

监管不足：我国无人机领域标准不统一，型制规格因应用场景不同而差异明显，缺乏统一的标准体系、管理法规、监管体系。标准体系、适航管理规定和飞行空域管理方面的监管空白可能导致无人机产品质量难以把控，技术要求难以统一。

12.6 卫星终端

1. 发展现状

卫星终端是指用于与卫星通信的终端设备，通常由天线、调制解调器、信号处理器等组成。卫星终端可以用于不同的应用场景，如卫星通信、卫星导航、卫星遥感等。卫星终端的主要功能是接收卫星信号并将其转换成可用的数据，同时也可以将数据转换成信号发送到卫星。

中国卫星导航定位协会于2022年5月发布的《2022中国卫星导航与位置服务产业发展白皮书》显示，2021年我国卫星导航与位置服务产业总体产值达到4690亿元，同比增长16.29%，如图12.7所示。

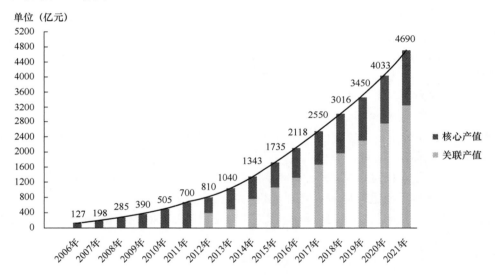

图12.7 2006—2021年我国卫星导航与位置服务产业总体产值

我国卫星导航与位置服务产业继续保持稳定、高速增长态势，产业生态范围进一步扩大，产业结构持续优化，在行业应用发展不断深化的同时，区域应用也得到显著拓展，应用场景越来越丰富。北斗定位系统行业领域全面覆盖，应用深度持续增强。

2022年11月国务院新闻办公室发布的《新时代的中国北斗》数据显示，截至2020年6月，北斗终端在交通运输营运车辆上的应用数量已超过800万台，而在农林牧渔业领域的北斗应用终端数量达到130余万台，在公安领域的北斗应用终端数量达到180余万台。在气象监测、应急减灾、城市管理等领域正在加速推进北斗规模化应用。

北斗正在成为智能手机、可穿戴设备等大众消费产品的标准配置。在2022年上半年，中国境内申请入网的智能手机中，128款支持北斗定位，出货量超过1.3亿部，占上半年总出货量的98%以上。手机地图导航中，北斗定位服务日均使用量突破千亿次。特别是北斗高精度定位服务已进入大众手机，并在深圳、重庆、天津等 8 个城市开通车道级导航应用。

2. 关键技术

卫星终端关键技术涉及信号接收与处理技术（射频信号接收、调制解调、数字信号处理、信号滤波、信号特征提取等）、信道编码技术（卷积码、纠错码、Turbo 码、LDPC 码等）、天线技术、芯片设计技术、高精度时钟技术等。

为了实现与其他网络的互联互通，移动卫星通信系统需要具备相应的能力：在与其他网络的互联互通方面，卫星通信系统通常采用由网络层面完成的松耦合方案，即移动卫星通信网络与其他地面网络的互联互通仅在网络中实现，而各自的无线接入网络则保持独立。采用辅助地面组件（Ancillary Terrestrial Component，ATC）（用于卫星移动通信的地面辅助基站）技术的卫星移动通信系统可以构成天地一体化的无缝覆盖移动通信系统，卫星终端可以在地面网络和卫星之间进行自由切换，实现无缝覆盖。

在卫星终端芯片方面，卫星终端专用芯片作为移动卫星通信产业的核心，既是实现用户终端易用性和小型化的决定性因素，也是实现系统自主可控的核心环节。

3. 行业应用

与地面通信相比，卫星互联网的覆盖范围更广，可实现全球覆盖组网，建设与运营成本均较 5G 网络显著降低。当前，受限于卫星通信领域的产品、技术的发展情况和使用成本，卫星终端的应用领域仍以政府和商用领域为主，通常应用在商用蜂窝网络无法有效覆盖的场景。

海事：船舶可以使用卫星终端进行通信、导航和监测服务。卫星终端可以提供海洋天气、航线规划、船舶位置监测等服务，同时也可以用于船舶之间的通信和应急救援。

农业：卫星终端可以用于农业领域，如农作物监测、气象预测等。通过卫星终端，可以实时获取农田的生长状况、土壤水分、温度等信息，帮助农民制定更科学的农业生产方案。

搜索与救援：卫星终端的采用可以提高救援效率，缩短救援时间。通过卫星终端，可以实时监测和定位被困人员的位置，帮助救援人员迅速找到被困人员。例如，卫星终端可以用于山区救援，定位被困人员和救援人员的位置，帮助救援人员快速找到被困人员。

航空航天：在航空航天领域，卫星终端可以用于飞机和卫星之间的通信、导航和监测，可以为飞机提供实时天气信息、飞行路径规划和通信等服务，同时也可以用于卫星轨道和运行状态的监测和控制。

由于卫星终端在近海、远海、沙漠等地区的广泛适用性，在"一带一路"框架下，为了促进沿线国家（地区）的经济发展和经贸合作，卫星终端可以弥补 4G、5G 技术在覆盖面积上的不足，为沿线国家（地区）提供更好的通信、导航、检测、安全保障等服务，促进经济发展。

4. 发展挑战

低轨卫星轨道资源占用：卫星轨道是一种有限的资源，目前，国际规则中的轨道资源主要以"先占先得"的方式进行分配，后申报方不能对已申报的卫星产生不利干扰。

卫星频谱资源：卫星频谱资源同样是一种有限的战略资源。近年来，国外的卫星企业纷纷推出规模庞大的低轨卫星系统，以抢占有限的低轨卫星轨道和频谱资源，争取先发优势，争夺太空优势，"跑马圈地"的现象十分明显。缺少相关的卫星频谱资源会制约卫星的通信能力和带宽，增加频谱资源成本，限制国内卫星终端领域的发展和中国在卫星终端领域的影响力。

国产芯片的缺少：卫星终端芯片技术相对落后导致卫星终端的性能和稳定性存在差异，国产芯片起步较晚，缺乏稳定的国产芯片，导致生产成本较高，技术安全受到外部供应商控制，产业链发展受到限制，影响国产卫星终端的国际竞争力。

撰稿：刘雨琨、郭涛、郝冉、姜昊宇、葛涵涛、陆烨晔
审校：尹艳鹏

第13章　2022年中国低轨宽带通信卫星发展状况

13.1　发展环境

1. 基本概念

低轨宽带通信卫星系统融合了多种新技术、新业务的特点，该领域的发展逐渐由传统航天产业向商业航天产业转变，其网络、业务和设备均具备新的特征，对现有的技术和产业发展提出了新的要求。

1）低轨宽带通信卫星系统特征

低轨宽带通信卫星系统具有全球覆盖、星间链路、星上处理、开放链路、星地融合、高中低轨融合等特点。

2）低轨宽带通信卫星业务特征

传统卫星业务主要以电视、广播、电话和窄带数据接入为主。低轨宽带通信卫星在传统的卫星业务之外，还能够提供宽带接入、数据回传、物联网、车联网、导航增强等种类多元化业务，并呈现以下特点。

用户：从面向节点到面向大量的个人、家庭用户发展。

业务：从之前主要以广播、语音业务转变为以宽带互联网为主的综合业务。

形态：手持、车载、机载、船载等多种形式。

3）低轨宽带通信卫星设备特征

低轨宽带通信卫星的终端、信关站等设备由最初的定向研发逐渐转变为面向商业化招标采购的模式，设备逐步向低成本、小型化、高性能的方向改进。

2. 政策情况

近年来，世界各国政府依据自身特点与发展优势，相继出台了一系列规划、法律和政策，加速推动卫星通信产业创新和商业航天发展，支撑低轨宽带卫星建设。

1）美国

2022年4月，美国出台《太空司令部商业整合战略》，提出以太空域感知、指挥和控制为目标，开发太空域感知框架，整合商业卫星通信能力，以更好地填补能力差距。同月，美国商务部更新《2022—2026年战略计划》，计划之一是"推进美国在全球商业航天工业中的

领导地位"。

2021 年 12 月，美国发布《美国太空优先框架》，其中概述了其太空政策的优先事项，包括应对日益严重的军事威胁和支持"基于规则的国际太空秩序"。

美国政府于 2018 年 3 月发布《国家航天战略》，阐述了如何保护美国在太空的利益，包括修订军事航天方略、改革商业航天监管等举措，强调加强军事航天、商业航天和民用航天之间的合作，简化国家对航天监管的政策、框架和流程，更好地发挥企业作用。美国商业航天政策的引导带来了产业的蓬勃发展。

2）英国

2021 年 9 月，英国发布首个国家太空战略，愿景是打造"世界上最具创新性和吸引力的太空经济体之一，引领前沿科技，保护和捍卫英国在太空的利益，利用太空科技解决国内和全球挑战"。根据该战略，英国计划通过释放私人融资促进英国太空企业的创新和发展，通过前沿领域研究激励下一代并保持英国在空间科学和技术方面的竞争优势。

3）欧盟

2023 年 2 月 14 日，欧盟委员会通过制订关于安全连接计划（Infrastructure for Resilience, Interconnectivity and Security by Satellite，IRIS²）提案，旨在到 2027 年部署一个欧盟拥有的通信卫星群，通过减少对第三方的依赖来确保欧盟的主权和自主权，以及在地面网络缺失或中断的情况下提供关键通信服务。IRIS² 是欧洲继伽利略卫星导航系统、哥白尼对地观测系统之后的第三个主要卫星计划。IRIS² 项目总投资 60 亿欧元，其中欧盟预算 24 亿欧元、欧洲航天局预算 6.85 亿欧元，其余资金将由私营部门承担。欧盟预计，此次建设的卫星互联网系统可创造 170 亿～240 亿欧元（约合人民币 1246 亿～1759 亿元）的收益。

4）日本

2020 年，日本内阁通过《宇宙基本计划》修订案，标志着日本未来 10 年太空开发利用战略正式形成。新版计划更为强调宇宙空间的军事利用，增加与美国联合研发低轨小卫星等内容，意图组建完善的太空探测体系，密切监视邻国动向。新版《宇宙基本计划》强调，日本所处周边战略安全环境发生显著变化，航天领域成为安保防卫的重要领域，陆、海、空等军种作战训练对航天系统的依赖度越来越高，光通信、量子通信等航天领域技术飞速进步，环境的巨大变化使日本必须重新审视其发展战略，并作出相应调整。

5）俄罗斯

2022 年，俄罗斯国家航天集团宣布，历时 3 年，俄罗斯联邦政府已批准联邦项目"球体"，并获得了约 3.7 亿美元的计划资金支持。俄罗斯"Sphere/Sfera"（球体）多卫星轨道星座项目由俄罗斯总统普京于 2018 年 6 月提出，用于卫星定位（导航）、地球监测和通信。普京期望该系统成为"真正实现突破的卫星网络"，与美国的 Starlink（星链）及英国的 OneWeb 展开竞争。"球体"计划向太空部署大约 380 颗卫星，具有通信、导航、遥感等多方面能力，具体包括通信卫星，用于互联网宽带连接的卫星、物联网卫星，以及遥感卫星；旨在创建一个空间服务应用的综合生态系统，发展空间信息技术和消除数字不平等，成为俄罗斯国家经济和生活各个领域发展的重要驱动力。

6）中国

2020 年 4 月，国家发展和改革委员会推出了包含信息基础设施、融合基础设施、创新基础设施在内的新基建计划，并首次将卫星互联网纳入信息基础设施之中。《中华人民共和国国民经济和社会发展第十四个五年规划和 2035 年远景目标纲要》要求加快建设信息网络基础设施，建设高速泛在、天地一体、云网融合、智能敏捷、绿色低碳、安全可控的智能化综合性数字信息基础设施，积极稳妥地推进空间信息基础设施演进升级，加快布局卫星通信网络，推动卫星互联网建设。

13.2　发展现状

2022 年，全球低轨宽带通信卫星发展进入快车道。以美国 Starlink 系统为首的低轨宽带通信卫星星座系统建设速度加快，全球业务推广迅速，系统性能不断提升，正快速向手机直连方向发展，引领全球低轨宽带通信卫星系统发展进入新阶段。

全球低轨宽带通信卫星发展速度加快，我国也积极开展建设。美国 Starlink 星座已发射超过 4200 颗卫星，在 46 个国家开展业务，用户数量达到 100 万人。OneWeb 累计发射 618 颗卫星，已完成第一阶段的组网。我国的中国星网集团、银河航天等企业也在积极开展低轨宽带通信卫星建设。

手机直连卫星通信成为低轨宽带通信卫星新趋势。自 2021 年以来，手机直连卫星通信成为新的发展热点。美国 AST、Lynk、SpaceX 等公司陆续提出将开展手机直连业务的星座建设规划，其中 Lynk 已经正式获得美国授予的手机直连卫星通信许可。同时，华为和苹果公司于 2022 年发布的新款手机 Mate50 系列和 iPhone14 系列均开通了应急卫星通信业务。

13.3　关键技术

低轨宽带通信卫星系统具有网络异质异构、空间节点高度动态、拓扑结构时变、时空尺度极大、空间节点资源受限、卫星广播传输链路易受攻击等特点，这些特点对网络架构、星地融合通信制式、星间组网协议等方面的设计提出了更高的要求。

（1）卫星节点高动态。低轨卫星节点的高动态特性带来的主要影响之一就是通信中伴有严重的多普勒频偏，导致通信链路容易出现高中断率和高误码率，这些传输特性对卫星互联网的波形、多址、同步等技术设计提出了更高的要求。同时，也会对移动性管理方案设计带来很大影响。

（2）无线链路环境复杂。由于轨道高度的原因，卫星与地面节点间传输信号衰减损耗大且容易受到轨道变化、大气散射、雨衰、遮挡等一系列因素的影响，造成接收信号微弱且干扰强烈，这一现象在高频段将更加严重。同时，长距离传输和空间环境的影响也将导致通信过程中存在高时延和大抖动的问题，这将导致反馈适应机制面临及时调整与长时延的矛盾，使常规的差错控制方法难以奏效。

（3）卫星载荷能力受限。受制于火箭发射能力和卫星热辐射能力，通信卫星载荷可获取的功率资源和星上处理能力受限。随着卫星通信需求向更高峰值速率、更多连接数量方向发展，星上功率资源受限与增大发射功率、提高星上处理能力这一矛盾将进一步加剧。

为了克服以上多项技术挑战，需针对网络技术、空口技术、路由技术、星间技术等方面开展突破攻关。

1）网络技术

为满足不同类型用户和业务对时延、速率、安全等方面的需求，同时降低对卫星的能耗要求，需要重点研究网元按需部署、虚拟化、云边/云网协同、通导遥一体、算力统筹等关键技术。

2）空口技术

需针对低轨卫星的传播环境、移动性、卫星轨位变化和多重覆盖等方面进行优化设计，保证通信的可靠性和传输效率，开展同步、寻呼、重传、新型多址、波形、波束管理等关键技术研究工作。

3）路由技术

为了进一步提升系统性能，满足用户需求，需突破终端一体化设计、端到端切片技术和星地协同传输等技术，对星地资源进行统一协调、调度和划分。

4）星间技术

为了满足空间网络的组网需求，提升大动态拓扑低轨卫星间的高精度数据传输与路由效率，需要开展星间组网协议、激光星间链路技术、太赫兹技术和星间路由技术的深入研究。

13.4　行业应用及典型案例

近年来，互联网卫星星座的发展突飞猛进，典型的代表系统包括一网系统（OneWeb）和星链（Starlink）星座等。其主要特征包括：多采用中、低轨道，相比同步轨道卫星可以大幅降低往返传输时延，使卫星传输的体验可以与地面光纤相媲美；采用几十甚至几百颗小卫星星座组网实现大范围覆盖，通过模块化设计大幅降低卫星生产成本，从而降低通信资费，为用户提供平价的通信服务；多采用 Ka 频段或 Ku 频段，系统容量大幅提高，可以为传统互联网架设成本过于昂贵的地区提供高速宽带互联网接入服务。

1）OneWeb

OneWeb 始建于 2012 年，星座总共包括 650 颗位于 18 个圆形轨道平面上的卫星，单颗卫星重量达 150kg，轨道高度为 1200km。目前星座已经成功发射 618 颗卫星，完成第一阶段的组网。OneWeb 已获得国际电信联盟（ITU）正式授权的部分 Ku、Ka、V、E 频段资源。

2）Starlink

Starlink 分两个阶段建设，第一阶段计划部署 1.2 万颗低轨卫星［已获得美国联邦通信委员会（FCC）批准］，第二阶段计划部署 3 万颗低轨卫星。Starlink 卫星通信采用 Ku 频段和 Ka 频段，单颗卫星重量达 260kg。

截至 2023 年 3 月 31 日，Starlink 星座已累计发射超过 4200 颗（含试验星）卫星，分布在距地 300～1100km 高度的 72 个倾斜轨道面上，卫星信号具备覆盖除两极外的全球南北纬 60°以内地区的能力。Starlink 已经获得 46 个国家的业务许可，其全球用户数达到 100 万人。

2023 年下半年将开始发射第二代 Starlink 卫星，预计第二代 Starlink 卫星单颗重量超过 1250kg，容量能够达到 200Gbps 以上。同时，第二代 Starlink 卫星将支持星上处理和星间链路技术，可降低对地面信关站的依赖，实现业务的快速落地。

3）Kuiper

2019 年，亚马逊公司推出一项名为"Kuiper"的全球卫星宽带服务，旨在为成千上万还无法获得基本接入宽带互联网的人提供服务。Kuiper 星座包括 3236 颗卫星，其中 784 颗卫星位于 367 英里（590km）的高度，1296 颗卫星位于 379 英里（610km）的高度，1156 颗卫星位于 391 英里（630km）的轨道。2023 年 3 月，Kuiper 星座已获得美国联邦通信委员会批准发射。

4）银河航天

银河航天成立于 2018 年，其提出了采用 5G 标准的"银河 Galaxy"低轨宽带通信卫星星座，预计在 1200km 左右的轨道上发射上千颗 5G 卫星。银河 Galaxy 星座的首颗 5G 试验卫星"银河一号"于 2020 年 1 月发射成功，成为我国首颗通信能力达到 24Gbps 的低轨宽带通信卫星。2022 年 3 月 15 日，银河航天 02 批 6 颗宽带批产卫星成功进入预定轨道，单星容量平均为 40Gbps，具备单次 30 分钟左右的不间断、低时延宽带通信服务能力。

13.5　发展挑战

首先，低轨宽带通信卫星业务在国内刚刚起步，缺乏运营管理和市场拓展经验，主要环节和各大业务分工尚未明确。其次，宏观管理未完善，在统筹规划和应用政策引导方面存在不足，缺乏国家层面的统筹协调。同时，国内低轨宽带通信卫星市场发展缺少规范，实现可持续的良性发展仍然存在很多困难。

低轨宽带通信卫星系统建设需要巨额的资金投入，仅依靠国家投资建设既不符合我国国情，也不利于带动商业航天产业发展。尽管现阶段社会商业资本对低轨宽带通信卫星系统建设的支持力度很高，但存在"非理性"的风险。此外，我国的低轨宽带通信卫星系统全球商业化运作经验不足，盈利模式尚不明晰。

撰稿：李侠宇

第 14 章　2022 年中国智能运维发展状况

14.1　发展环境

1. 政策规划

2022 年，智能运维行业继续保持良好的发展势头。政府在智能运维领域出台了多项政策，以促进技术研发和应用推广，同时加强行业监管和管理。其中包括《国务院关于印发"十四五"规划纲要的通知》《关于印发"十四五"国家应急体系规划的通知》《关于加快场景创新以人工智能高水平应用促进经济社会高质量发展的指导意见》等，主要从以下几个方面支持智能运维产业的发展。**促进自主可控核心技术的发展**：鼓励国内企业自主研发智能运维技术，提高自主创新能力，促进我国信息技术和运维服务的自主可控。**推动数字化转型**：鼓励企业采用数字化技术提升运维效率，推动数字化转型，促进企业业务的发展和创新。**培育新业态新模式**：鼓励企业探索智能运维的新业态新模式，推动智能运维行业的创新发展。**加强标准化建设**：鼓励企业参与智能运维标准的制定和推广，提高我国智能运维技术的国际竞争力，推动智能运维产业的健康发展。

2. 产业环境

2022 年，智能运维产业继续保持稳健发展态势，产业环境不断优化，已成为信息技术和智能制造行业中的重要组成部分，被广泛应用于能源、交通、制造、金融等领域。

市场需求增长：随着中国经济的不断发展，各行业对智能运维技术的需求将进一步增加。特别是在新冠疫情后经济复苏的背景下，企业对运维效率的要求不断提高，这将进一步推动智能运维市场规模的扩大。**技术创新提升**：智能运维技术正在不断创新和提升，包括自动化运维、人工智能、云计算等新技术的应用。新技术的不断出现和应用将进一步提升智能运维服务水平和质量，促进智能运维市场规模的扩大。**行业规范化程度提高**：随着行业标准的逐步制定和完善，中国智能运维市场的规范化程度将进一步提高。这将有利于优质企业的发展，同时也将对行业的健康发展产生积极的促进作用。**企业竞争加剧**：随着市场上不断推出的智能运维产品，市场竞争逐渐加剧，智能运维产品服务提供方将面临更大的市场压力。企业需要不断提升自身的技术实力和服务水平，积极创新和拓展业务，以保持市场竞争力和领先地位。

3. 社会环境

随着信息技术的快速发展，数字化转型进程逐步深化，企业对于智能运维的认知和接受度不断提高，对智能化、高效性的运维管理越来越迫切，开始使用智能运维提高运维效率，保障系统的稳定性，并且关注智能运维的效果和为企业带来的收益。此外，**人才的培养和引进成为智能运维发展的重要因素**。随着智能运维市场规模的不断扩大，对于智能运维人才的需求也在逐渐增加。政府和企业加大了对于人才培养和引进的力度，鼓励更多的人才从事智能运维相关工作。**信息化水平的提升也为智能运维的发展提供了良好的环境**。各个行业和领域的数据量和信息量不断增加，为智能运维提供了更多的数据支持和应用场景。同时，信息化水平的提升也推动了智能运维技术的不断升级和优化，为智能运维的发展提供了坚实的技术基础。

14.2　发展现状

1. 全球智能运维市场情况

智能运维市场规模在全球范围内呈现出快速增长的趋势。据市场研究机构 IDC 预测，**到 2025 年，全球智能运维市场规模将达到 3200 亿美元**，年均复合增长率达到 15.1%。这一增长主要源于企业对提高 IT 系统可用性、可靠性和安全性的需求，以及新技术在智能运维领域的广泛应用。

在区域市场方面，北美和欧洲是全球智能运维市场的主要份额地区，其中美国智能运维市场占据全球最大的市场份额。此外，亚太地区的智能运维市场潜力巨大，随着该地区经济的快速发展，未来有望成为全球智能运维市场的重要增长极。

在产品和服务方面，智能运维市场主要包括监控软件、自动化工具、专业服务和咨询等。其中，监控软件和自动化工具是市场的主流产品，占据了约 40% 的市场份额。此外，专业服务和咨询市场也呈现出快速增长的态势，成为各大厂商争相布局的重点领域。

在竞争格局方面，全球智能运维市场呈现出高度集中的特点，主要市场份额被几家大型跨国公司占据。其中，CA Technologies、BMC Software、Ivanti 等公司是全球智能运维市场的领先者。此外，一些新兴公司和创业公司在智能运维领域也崭露头角，成为智能运维市场的新生力量。

2. 中国智能运维市场情况

2021 年，中国智能运维市场规模达到 782.0 亿元，同比增长 34.8%，近三年年均复合增长率达 33.3%。在此高速增长态势下，预计 2024 年中国 IT 运维市场规模将达到 8020.6 亿元。此外，根据《中国 AIOps 现状调查报告（2022）》调查数据显示，**近三年中，近四成企业在智能运维方面年平均投资规模超 5000 万元**，此外投资规模在 2000 万～5000 万元的受访者所在企业占比为 12.74%，500 万～2000 万元占比为 18.55%，100 万～500 万元占比为 21.26%，100 万元以下占比为 13.88%。

在区域市场方面，中国智能运维市场呈现出明显的地域差异。一线城市如北京、上海、广州、深圳等地的市场需求较为旺盛，其中，北京和上海作为全国经济和科技中心，对智能运维的需求尤为强烈。此外，随着二、三线城市和下沉市场的数字化进程加速，这些地区的智能运维需求也在逐步提升。

在产品和服务方面，中国智能运维市场上的产品和服务主要集中在监控与故障诊断、智能巡检、安全与合规性等方面。其中，监控与故障诊断市场规模最大，智能巡检市场需求也较为旺盛。此外，随着企业对数据安全和合规性的重视程度不断提升，运维流程管理、安全与合规性方面的市场需求也在不断增加。

在竞争格局方面，中国智能运维市场的主要参与者包括互联网企业、电信运营商、金融机构等行业的大型企业，其中互联网企业仍然是市场的主要推动者。在互联网行业中，阿里巴巴、腾讯、京东、百度等行业巨头都在积极推进智能运维的研发和应用，不断提升系统自动化、智能化水平，以更好地支持业务发展。同时，电信运营商和金融机构等也在不断加大对智能运维技术的投入，以提升运维效率、降低成本和提升用户体验。

14.3 关键技术

1. 可观测性

2022年，随着大数据和人工智能技术的不断发展，可观测性技术在智能运维领域的应用越来越广泛。可观测性是指在分布式系统中，通过收集、分析和存储关键指标的方法了解系统内部状态、行为和性能的能力，以便快速发现并解决问题。可观测性有狭义和广义之分。狭义的可观测性是指系统内部状态和行为可被外部观察，如通过 API、日志、指标、跟踪等方式获取信息。广义的可观测性是指通过推断和分析展现系统内部状态和行为，例如，通过机器学习模型对指标和日志数据进行分析，展现系统的内部状况。可观测性技术通过高度统筹的方式将来自不同系统的指标、日志、链路数据整合分析，增强并拓展智能运维场景能力，可以有效提高组织的整体运维效率，帮助运维人员更好地了解系统的内部状态，及时发现问题并解决问题，提高系统的透明度及可靠性。根据 Gartner 预测，到2024年将有30%的企业通过可观测技术提升数字化业务的运行性能。此外，应用可观测性也入选 Gartner 2023年需要探索的十大战略技术趋势之一。

在可观测性的实现方面，需要依靠一系列的技术手段，其中包括日志收集技术、指标采集技术、分布式追踪技术、异常检测技术等。这些技术可以帮助我们收集和存储各种类型的数据，并对数据进行分析和挖掘，以实现对系统的全面监控。例如，Prometheus 是一种流行的开源监控解决方案，它可以采集各种类型的指标数据，并提供强大的查询功能和可视化功能。

此外，云原生可观测性技术领域中出现的流式处理大规模分布式系统的可观测性平台 DeepFlow，具有大规模数据处理、分布式追踪、开源集成和可视化界面等优势，为智能运维带来更高效、更准确、更方便的技术支持。

在可观测性技术的基础上，结合智能运维技术的应用也将成为未来的趋势。例如，利用机器学习技术对日志进行分析，可以进行自动化的检测和诊断故障。利用深度学习技术对指标进行分析，可以预测系统的性能瓶颈和故障点。这些技术的应用将大大提高智能运维的效率和准确性。

2. 运维知识图谱

运维知识图谱是一种以图形化的方式表示和组织运维知识的工具，可以帮助运维人员更好地管理和理解 IT 系统的运行状态、配置、依赖关系等信息，运维知识图谱汇聚包括日志、指标、配置文件、网络拓扑结构等多源数据，并通过节点和边的方式相互关联，形成一个完整的知识图谱。

运维知识图谱可以用于 IT 运维管理、问题和故障排除、安全监控和访问控制等场景，如对服务器、网络设备、数据库等资源进行监控和管理，通过图形化的方式展示资源的使用情况、问题关联关系和可能的影响范围，为运维人员提供更加快速、准确的故障定位和解决方案。

运维知识图谱的关键技术点包括数据采集、数据清洗和过滤、数据建模、数据存储、数据查询和可视化、知识图谱构建及知识图谱可视化等多个方面。

3. 运维大模型

运维大模型是将大语言模型与运维领域知识进行融合，是一种针对垂直领域的专业大模型，可以为企业提供运维领域业务场景的高质量专业化解决方案。

运维大模型将赋能企业高阶智能运维能力建设，帮助企业进一步提高系统的效率和稳定性，降低运维成本和风险，为企业的数字化转型和业务发展提供更好的保障和支持。

智能问答：运维大模型赋能智能问答，与用户进行自然语言交互，提供运维相关的咨询、指导和支持，可以提供关于系统配置、网络设置、安全性、管理性等方面的解答。

故障预测与预防：运维大模型通过分析历史运维数据，预测系统故障的可能性，提前进行预防和干预，减少意外停机时间，提高系统的稳定性和可用性。

性能优化：运维大模型对运维相关的日志数据进行自然语言理解和生成，分析系统的性能瓶颈和优化空间，提供针对性的优化建议和方案，提高系统的运行效率和响应速度。

自动化运维：运维大模型结合自动化工具和流程，根据用户的自然语言指令或需求，生成或优化运维相关的代码内容，如脚本、配置、测试，实现部分运维工作的自动化和智能化，减轻运维工作人员的工作负担，提高其工作效率和质量。

智能告警与响应：运维大模型可以根据系统提供的故障描述或日志信息来识别和解决常见的故障问题，提供故障定位和修复建议，并支持设置智能告警规则和阈值，及时发现和响应系统异常，缩短故障处理时间，缩小影响范围。

容量规划与预测：运维大模型可以根据历史数据和业务发展趋势，预测未来的系统容量需求，为企业进行 IT 规划和预算提供数据支持和参考。

运维大模型的应用场景非常广泛，如在互联网公司中，可以将它应用于监控网站的运行状态、分析用户行为、优化业务流程等；在金融机构中，可以将它应用于交易监控、客户服务等。此外，运维大模型还可以用于预测未来的系统需求，帮助企业制定合理的 IT 规划和预算。

14.4　典型案例

1. 中国工商银行

中国工商银行基于已有的运维数据，通过机器学习等手段提升运维的自动化、智能化程度，布局 AIOps 智能运维建设，逐步打造银行业智慧运维。

在平台建设方面，覆盖了智能运维体系的全方位领域，主要由门户、数据源、运维数据分析中心和平台技术支撑四部分组成：门户提供各类智能运维场景的配置和调优服务，并提供可视化展现；数据源实现监控、日志采集存储，通过缓冲层满足数据多渠道消费分析的需要；运维数据分析平台完成平台技术支撑服务的封装，为智能运维各类应用场景提供数据清洗、在线标注、模型训练和模型计算等全套服务；平台技术支撑层实现运维资源供应及大数据和机器学习的平台化能力，根据模型计算的需要提供匹配的流式计算能力，并持续丰富模型算法库。

在应用场景设置方面，将场景划分为故障管理、成本管理、变更管理和服务咨询四个大类。其中，故障管理大类作为主要切入点，通过人工智能算法实现报警阈值的自适应调整，完成报警指标的压缩和关联性分析，提高报警准确性，实现智能异常检测；根据监控指标的变化情况，预测其未来增长趋势，提早发现潜在风险，实现智能故障预测；通过监控指标多维度下钻和聚合分析锁定故障范围，进一步通过运维数据比对推荐故障原因，实现智能故障诊断；探索应急重启、容灾切换等故障修复手段的智能化判定与执行，实现部分场景的故障自愈。

目前，中国工商银行已完成交易安全管控、交易异常定位、日志模式诊断等多个场景的落地实践与探索。

2．中国移动信息技术中心

中国移动信息技术中心围绕业务系统的 metrics、log、trace 数据进行横向业务分析，纵向 SaaS/PaaS/IaaS 分析，实现智能运维故障发现、故障诊断、故障自愈三个阶段的端到端分析操作。

故障发现阶段，采用无监督 metrics、log 异常检测，通过多维数据分析实现故障发现。无监督日志异常检测算法，可自动学习日志的模式，如新的类型、新的日志比例、新的异常参数等。算法首先基于预训练的 AI 模型和专家词典对日志进行分词，然后基于词序和词频等相似度特征，将日志聚类成多种模板进行异常检测。

故障诊断阶段，使用 trace 日志还原业务链拓扑、节点信息。通过业务链异常挖掘算法进行横向根因分析，确定引起整个业务链故障的节点排名。通过日志异常检测算法智能发现相关节点的异常日志，以及结合跨层告警，结合知识库关联分析，在主机进程、中间件、网络拓扑中纵向定位根因。

故障自愈阶段，使用自动化编排，实现自愈策略配置，人工确认故障准确后，系统自动完成自愈。操作完成后，系统自动跟踪自愈后的指标、告警，完成故障处理的闭环。

自智能运维系统建设以来，故障发现时间平均提前 20 分钟；基于 AI 算法定位，排除大量的无效告警，月均告警量下降 20%；故障定位耗时从 30 分钟缩短到 10 分钟，运维服务质量和效率得到显著提升。

14.5　发展挑战与未来发展展望

1．发展挑战

随着智能运维技术的不断发展，在智能运维的建设过程中仍有诸多困难与挑战，根据《中国 AIOps 现状调查报告（2022）》调查数据统计，主要困难是在不同运维场景的实践探索中产生的，如"能力定制化，难以跨业务应用或泛化成本高""场景有限，大量运维场景没有成熟的方案""新场景建设周期长"。在技术应用方面，如"数据集成与标准化成本过高""模型效果难以维持，持续优化成本高"等。

1）智能运维需多领域技术支持

智能运维技术的发展需要大量的技术支持，其中涉及大数据、机器学习、人工智能等多个领域。这些技术本身的瓶颈会对智能运维的发展造成一定的制约。例如，对于数据的处理能力和算法的创新能力等，目前还存在一些不足之处，因此，需要不断加强技术研发，提高技术水平和创新能力，以应对技术瓶颈产生的挑战。

2）智能运维应用场景设计和实现难度大

智能运维应用场景具有多样化和复杂化的特点，需要根据不同的业务场景和应用需求来设计和实现智能运维系统。此外，由于不同业务领域的运维特点、数据来源和需求不同，智能运维系统的建设难度也不同。未来，需要针对不同的业务领域和应用场景，开发适合的智能运维解决方案，并提高智能运维系统的灵活性和可扩展性。

2. 未来发展展望

1）标准引领智能运维行业规范化发展

中国信息通信研究院联合银行、证券、保险、互联网、通信等众多行业领域头部企业编制了"智能化运维（AIOps）能力成熟度模型"系列标准并且同步立项编制了智能运维国际标准，旨在规范和指引智能运维技术的发展和应用，持续推动国内外智能运维相关产业的健康有序发展。

2）运维大模型助力企业智能运维能力越级提升

运维大模型赋能智能运维，进一步提升运维领域的智能化程度，将大模型能力与运维告警、监控数据、运维知识经验等运维领域数据结合运用，已成为未来智能运维技术发展和能力建设的重点方向。

3）智能运维场景建设逐渐深入，在稳定性、易用性方面持续优化

目前，除企业普遍关注的质量场景外，运维领域的安全场景成为更多企业未来关注和提升的方向。此外，企业不断优化现有场景能力，提升稳定性、易用性，持续探索智能运维新场景并加强人员与技术方面投入是未来的发展趋势。

撰稿：杨玲玲、牛晓玲、尚梦宸
审校：周晓龙

第三篇

领域应用与服务

第15章 2022年中国社交平台发展状况

15.1 发展环境

1. 政策支持社交电商新业态发展，释放经济新活力

社交电商消费引擎作用凸显，新业态新模式受到高度重视。2022 年 12 月，中共中央、国务院印发《扩大内需战略规划纲要（2022－2035 年）》，指出要加快培育新型消费，并将支持社交电商、网络直播等多样化经营模式，支持线上多样化社交、短视频平台规范有序发展写入纲要。而在此前，推动社交电商行业融合转型已被纳入《中华人民共和国国民经济和社会发展第十四个五年规划和 2035 年远景目标纲要》。2021 年 10 月，商务部、中央网信办、国家发展和改革委员会三部门发布《"十四五"电子商务发展规划》，提出要拓展直播电商、社交电商等应用面；同年 12 月，中央网信办下发《"十四五"国家信息化规划》，提出支持社交电商、直播电商、知识分享等健康有序发展；当月，商务部等 22 部门印发《"十四五"国内贸易发展规划》，提出推动社交电商、直播电商等新业态健康发展。

2. 社交平台开放 IP 属地显示功能，网络空间更清朗

2022 年 3—4 月，多家社交平台相继宣布"公开账号 IP 属地"，即用户在平台上的评论、留言、发帖等行为，都会在相应位置显示用户的 IP 地址属地信息，引发社会舆论关注。该举措基于国家互联网信息办公室 2021 年 10 月发布的《互联网用户账号名称信息管理规定（征求意见稿）》指引——互联网用户账号服务平台应当以显著方式，在互联网用户账号信息页面展示账号 IP 地址属地信息，要求境内互联网用户账号 IP 地址属地信息需标注到省（区、市），境外账号 IP 地址属地信息需标注到国家（地区）。2022 年 6 月，《互联网用户账号信息管理规定》审议通过，自 8 月起施行。此举有力遏制了网络水军蹭热点、带节奏、恶意营销等问题，保障用户第一时间获取真实有效信息的权益，有利于维护健康有序的讨论氛围。

3. 社交网络市场逐渐回暖，迎来"第二增长曲线"

从资本市场动向来看，社交网络市场复苏回暖。数据显示，我国社交网络行业投融资事件数量自 2017 年达到峰值，而后连续几年呈下降趋势；2021 年呈现回暖态势，投融资事件增长至 105 起，已披露投融资金额共计 272.24 亿元，当年 12 月，投融资金额最高，达到 66.64 亿元，占比达 24.47%。2022 年 1—5 月，投融资事件数量为 18 起，融资项目集中在天使轮和 A 轮。

对于具有一定用户基础的社交平台而言，可期业务转型升级并加速实现商业化。尽管2022年我国互联网普及率已达到75.6%，行业用户增长见顶，但在孵化社交电商等"社交+"新业务形态的过程中，成规模的用户流量将转化为可观的"社交红利"，大大降低获客成本，使社交平台成为各大互联网企业构建自有生态的一块重要版图，推动中国社交网络市场在互联网价值链中迎来新的增长点。

4. 进一步强化社会责任与平台治理，满足社会期待

社交平台的适老化改造和未成年人保护之重要性和迫切性渐成为社会共识。中国互联网络信息中心（CNNIC）第51次《中国互联网络发展状况统计报告》显示，截至2022年12月，我国60岁及以上老年网民群体占比迅速提升至14.3%，而即时通信工具是老年网民最常用的应用程序之一。2022年4月，工业和信息化部信息显示，已对325家网站和App完成适老化和信息无障碍改造。

与此同时，未成年人接触互联网的低龄化趋势显著。《中国互联网络发展状况统计报告》显示，10岁以下网民占比达4.4%，10～19岁网民占比为14.3%，而社交类平台对于未成年人时间和消费的约束管理，尚缺乏细致、明确的相关机制。2022年7月，工业和信息化部推动支持未成年人网络保护专用软件开发及应用推广，并推动移动智能终端未成年人保护相关团体标准、行业标准上升为国家标准。

15.2 发展现状

2022年，中国社交平台的发展演进与创新步伐仍在继续。社交平台进一步丰富了自身功能，打破了社交工具属性的业务边界，与短视频、直播、电商及生活服务等网络平台形成跨界竞争态势，市场前景广阔。

1. 社交平台嫁接短视频与直播功能，抢夺用户时长

近年来，短视频成为中国移动互联网市场上用户时长占比最高的应用类型；2022年，以微信为代表的社交平台，通过能力嫁接的方式补充视频媒介传播场景，刷新短视频赛道的竞争格局。微信依托庞大的社交用户基础，向视频号导入多个流量入口，截至2022年6月，视频号活跃用户规模突破8亿人，位列短视频赛道第一，且微信视频号中抖音、快手平台的用户渗透率分别为59.2%、30.8%，与抖音、快手形成用户竞争。数据显示，2022年，微信视频号看播规模增长300%，看播时长增长156%，用户总使用时长已接近朋友圈的80%。如今视频号陆续支持长视频、直播、直播带货和主页商品橱窗等功能，吸引越来越多的创作者和商家入驻，印证"社交+短视频"市场的增长空间。

2. 社交赋能测评与问答社区转型，打造"种草经济"

"种草经济"根植于社交平台上"了解产品介绍及使用心得"的内容分享，在2022年商业价值已达到千亿元规模，代表平台为拥有2.6亿月活跃用户的小红书。小红书在兴趣社交和生活方式社区的层面上，类似于豆瓣；在信息内容和短视频领域，类似于微信公众号和抖音；在探店、测评、经验分享与问答等方面，类似于大众点评和知乎，同时还兼具商家入驻等功能，这直接造就了其对大众消费文化、消费认知和消费场景的平台影响力，2022年，飞

盘、露营、骑行等户外运动风潮即兴起于小红书。"种草社区"的新型社交形态引发业界关注、淘宝、拼多多、京东、抖音、微信等电商、短视频及社交平台紧随其后发布类似功能，在内容电商赛道与之展开竞争。

3. 本地生活网络服务市场潜力可观，社交平台入局

2022 年，中国本地生活网络服务市场规模达 3.8 万亿元，而互联网在该领域的渗透率仅为 12.7%；在本地生活赛道，参与竞争的网络平台呈多元化分布，包括抖音、美团、高德，以及微信和小红书等社交平台。其中，社交平台依托本地流量和社交模式优势，在市场细分领域进行差异化竞争，推动实现本地生活业务板块的商业闭环，进一步拓展商业边界。例如，小程序是微信布局本地生活的重要工具之一，同时视频号和本地生活业务也有着天然的契合性，可以利用流量优势完成内容分发，助力本地"烟火小店"打通线上线下渠道。再如，小红书上线门店详情展示功能，且入驻商家可以实现线上店铺、线下门店关联，2022 年户外露营市场 70% 的订单来自小红书。

4. 虚拟社交与智能社交"风口"已来，技术更新加速

2022 年，"社交+技术"市场的探索集中在虚拟社交和智能社交赛道。其中多家互联网企业布局虚拟社交，为"下一代互联网社交"打开想象空间。先有"啫喱"年初登顶中国大陆区 App Store 免费榜后"昙花一现"，后有百度的"希壤"、字节跳动的"派对岛"、QQ 的"超级 QQ 秀"上线，力争以虚拟空间中的沉浸式交互方式更新社交体验，以满足新生代用户的使用需求。然而，丰富的虚拟体验需要精深的技术水平支撑，业界尚未交出令用户满意的答卷。同时，聊天机器人程序 ChatGPT 开启了社交智能化的应用场景，将人与人工智能的交互嵌入社交平台，有望提高用户的参与度和满意度。百度的"文心一言"大语言模型被称为"中国版 ChatGPT"，此后多家社交平台纷纷跟进技术研发，以占据市场先发优势。

15.3　市场规模与用户规模

1. 市场规模

2021 年，中国即时通信市场收入达 1610 亿元，2017—2021 年年均复合增长率达 34.3%，2022 年整体市场规模达 2050 亿元（见图 15.1），保持高速增长态势。

2. 用户规模

截至 2022 年 12 月，我国即时通信用户规模达约 10.38 亿人，同比增长 3141 万人，占网民整体使用率的 97.2%（见图 15.2）。即时通信行业在 2022 年依然保持了整体平稳的发展态势，主要表现为个人端即时通信产品对新功能的持续探索，以及企业端即时通信市场的日渐成熟。

3. 用户时长

在中国移动互联网细分行业中，2022 年即时通信的用户使用总时长占比下降为 20.7%，同时短视频已成为用户时长占比最高的应用（见图 15.3）。就"Z 世代"用户而言，截至 2022 年 6 月的统计结果显示，其使用总时长分布情况与全网用户分布相近，即时通信居第二位，仅次于短视频；"Z 世代"用户使用即时通信时长占比高于全网平均水平 1.2%，达到 28.5%。

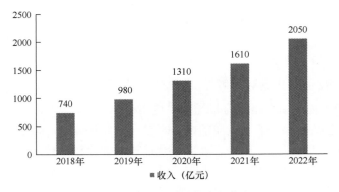

图15.1 中国即时通信市场收入

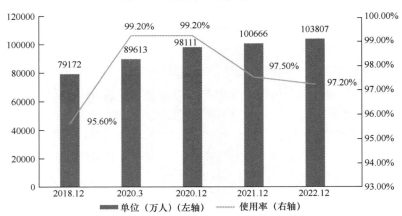

图15.2 中国即时通信用户规模及使用率趋势

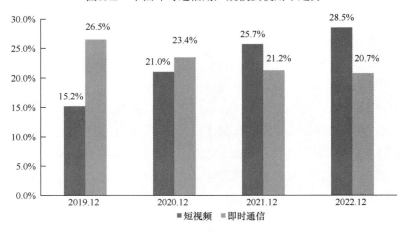

图15.3 2022年中国移动互联网行业用户使用总时长占比

15.4 商业模式

社交平台具有商业化的特点，在社交互动与信息分享中，社交平台能够帮助品牌和产品触达用户、扩大影响力；基于内容分享，能够触发口碑传播效应，影响用户行为和决策；还可以让商家在平台上直接与用户建立连接，培育社群以提高用户黏性并优化用户体验。总体而言，社交平台适用于广告投放、电商营销、企业客服等，能够提供商业化服务，提升品牌价值。

总结社交广告、社交电商和增值服务三类社交平台的商业模式，预期社交市场商业化收入增长空间较大。

1. 社交广告

社交平台可以通过向广告主提供广告投放服务获得收益；基于社交平台的庞大用户体量、智能推送技术及创新营销方案，相较于传统媒介广告，社交广告投放更具效率。例如，微博广告具有较高的曝光率和用户互动率，成为众多品牌宣传和推广的选择，微博构建了以广告为主的盈利模型，包括品牌广告、明星代言广告、活动广告等形式。再如，社交广告占据腾讯广告收入近 90%的比例，其中 2022 年的新增量主要来自微信生态创新，由小程序广告和视频号广告驱动增长。

不过，广告收入易受到预算变动影响。2022 年，中国互联网广告市场规模预计为 5088 亿元，同比下降 6.38%，市场规模近七年首次出现负增长，令高度依赖广告收入的商业模式遭遇危机。此外，社交广告投放的目标平台更为多元，导致社交平台在竞争中难以把握交易收益的主动权，这也是平台力求丰富盈利模型的原因。例如，2022 年小红书在用户规模翻番的基础上，商业营收仅增长 20%；究其原因，在于其商业营收的 80%来源于广告，仅 20%来源于电商，可见其受到广告市场行情影响较大，且广告业务已处于饱和状态。

2. 社交电商

社交电商是指依托社交网络关系进行买卖交易的电商，其和传统电商的主要区别在于通过社交互动和内容分享等方式来影响消费决策，社交平台可以通过向商家收取佣金或推广费用等方式获得收益。近年来，社交电商业务实现大幅增长，2022 年社交电商市场交易规模达到 28542.8 亿元，增长率为 20%，预计 2023 年中国社交电商行业交易规模将达到 34165.8 亿元。

社交电商是当前社交平台商业化的主要方向，主要通过社交化的营销手段和购物方式帮助平台进行商业转化、提升商业价值。如今常见的社交电商转化模式包括"红人经济"模式和"公私域互利"模式。

"红人经济"模式是运用社交网络红人对用户购买决策的影响力来施展营销的策略。红人经济在 2020 年直接市场规模已经达到 1.3 万亿元，年平均增速超过 150%，预计 2025 年将达到 6.7 万亿元。社交平台则成为连接品牌、红人和用户的纽带，在红人经济链中发挥着至关重要的作用。

"公私域互利"模式是将公域和私域的流量串联起来，让品牌既能从公域流量中获客，又能沉淀私域流量，形成流量相互转化的营销模式。以微信为例，公域是指广告投放、搜一搜、看一看和视频号等，私域则是指公众号、小程序、企业微信客服与社群等。私域赋予了品牌更强的运营自主性，推动品牌与用户之间的关系由单向向双向转变。社交平台着力打造适合品牌私域运营的生态环境，连接公域与私域，其在助力品牌商家自主营销的同时，也促进了平台自身生态发展。

3. 增值服务

社交平台可以通过销售虚拟物品、提供会员服务等付费服务获得收益。统计数据显示，中国移动社交网络市场中,"Z 世代"付费用户平均消费由 2017 年的 287 元增加至 2021 年的 561 元,2021 年"Z 世代"用户的市场渗透率占中国移动社交网络总用户规模的 34.0%,说明年轻的社交平台用户对于个性化增值服务具有较强的支付意愿,未来会员订购及虚拟礼物打赏等商业模式具有较大的增长潜力。

15.5 典型案例

在 2022 年度中国通信社交类 App 月活跃用户排行榜中,排名前十的 App 依次为:微信、QQ、新浪微博、小红书、陌陌、百度贴吧、探探、知乎、Soul、最右。其中,微信(不含 WeChat)的月活跃用户超过 13 亿人,QQ 和新浪微博的月活跃用户均超过 5 亿人,小红书的月活跃用户超过 2 亿人,陌陌的月活跃用户超过 9000 万人。

1. 微信

2022 年,微信及 WeChat 的月活跃用户数达 13.1 亿人,同比增长 3.5%;在聊天和非聊天场景增长的推动下,微信总使用时长持续增长。这一年,视频号加快商业化步伐和微信生态服务实体经济成为平台发展的关键特征。

微信生态向视频号开放多级流量入口,不仅打通了腾讯会议和企业微信场景,朋友圈、推荐、话题标签、搜一搜、看一看、公众号、附近直播也均为视频号设置了入口,包括私域端的关注、朋友、名片页、发现页、微信群、聊天对话框也可一键进入视频号。2022 年,视频号总视频播放量同比增长超过 200%,日活跃创作者数量和日均视频上传量同比涨幅均超过 100%,其中粉丝量 10000 及以上的创作者同比数量增长 308%,点赞 10W+ 的爆款内容同比增长 186%,平台原创内容播放量较 2021 年提升 350%。

视频号"短视频+直播"功能进一步完善,开启商业化进程,正在加速成为营收增长点。2022 年,视频号看播规模同比增长 300%,看播时长同比增长 156%,优质开播同比增长 614%,开播时长同比增加 83%;视频号直播带货规模保持高速增长,销售额同比增长超过 8 倍,客单价超过 200 元。未来视频号还将推出创作分成计划、付费订阅服务等项目,继续补齐微信的商业生态拼图。

通过扫码营销和"小程序+社群"等数字化工具,微信生态服务帮助千万个线下小店通过数字化带来了生意增长。2022 年,微信小程序交易规模达数万亿元,同比提升 40%,单用户年交易金额同比增长 34%。其中,活跃餐饮小程序数量和交易量持续双增长;零售商家自营小程序交易保持健康增长,家居家装、鞋服/运动等行业均保持 47% 以上的高速增长;快消渠道、食品饮料行业小程序交易同比增长超过 40%。企业微信用户中,制造业日活跃企业数量新增 30%,其中制造业 500 人以下中小微企业日活跃企业数量同比增长 35%。

2. 新浪微博

2022 年,微博的净收入为 18.4 亿美元,同比下降 19%;经营利润为 4.81 亿美元,经营利润率为 26%。从收入结构来看,2022 年微博的广告及营销收入为 15.97 亿美元,较 2021 年的 19.81 亿美元下降 19%,主要受到宏观经济因素对广告需求的影响;增值服务收入为 2.4 亿美元,较 2021 年的 2.76 亿美元下降 13%,主要是会员服务及直播业务的收入贡献下降所致。

在用户结构上，2022 年 12 月，微博的月活跃用户为 5.86 亿人，同比净增约 1300 万人，平均日活跃用户为 2.52 亿人，同比净增约 300 万人；1 万粉以上作者规模达 143.6 万个，同比提升 6%；10 万粉以上作者新增 2 万个，100 万粉以上作者新增 3000 个。其中，10 万粉以上新增作者主要来自站外入驻和内生扶持，站外入驻占比为 53%，内生扶持占比为 47%，站外入驻作者主要是外部视频平台的头部网红作者。在视频内容上，10 万粉以上作者每天生产 89 万条原创博文，其中视频博文发布占比为 40%，视频化程度进一步上升；新增站外入驻作者发布图文的占比更高，达到 79%。

就微博热搜和营销模式而言，2022 年累计超过 11 万个话题登上微博热搜榜，平均每天产生 407 个微博热搜话题，其中社会类、电视剧类、体育类、综艺类和搞笑类热搜话题位列前五。这一年，微博采取了"品效广告+内容运营"的组合营销模式，组织明星、媒体、"网络红人"生产话题和内容打造行业热点，重点布局汽车、手机和游戏行业。预计微博将推出一系列运营计划，为各层级大 V 成长塑造更完善的平台生态。

3. 小红书

小红书是主打生活方式分享的内容社区，也成为社交用户的消费决策入口，是"种草社区"的代表。时至 2022 年，已成立 9 年的小红书加速探索如何更好地打通内容和交易之间的"种草-拔草"闭环。

2022 年，小红书月活跃用户达到 2 亿人，人均单日使用时长从 2018 年的 26.49 分钟上升至 55.31 分钟，月活跃创作者超过 2000 万人，日均笔记发布量超过 300 万篇，且有 60%的用户每天会在小红书高频搜索，日均搜索查询量近 3 亿次。小红书发展电商业务的逻辑，立足于其内容生产逻辑。小红书的用户超过 70%为"90 后"，一、二线城市用户占比为 50%，他们乐于交换生活经验、分享生活态度，以"笔记"的形式发布图文和视频内容，让用户在获取信息时被"种草"，进而产生"拔草"的动力，从而打开商业化空间。

自 2021 年 8 月起，小红书推行"号店一体"战略，并发布零门槛开店政策，商家可以在平台笔记里直接上架产品和服务供用户购买。2022 年年初，小红书在组织架构上合并社区和电商两大业务板块，5 月又推出《社区商业公约》，新增了有关营销、交易等方面的规范。小红书也注重增加电商直播入口，让用户能够在关注页、主播个人页、预告笔记、推荐信息流等场景看到电商直播，在平台社区精细化运营和社群营销效应下，为电商业务引入丰富的流量。2022 年，小红书电商直播主播数量同比增长 337%，直播场次同比增长 214%。

此外，在塑造新型生活方式潮流的同时，小红书开始反哺线下业态，入局本地生活服务赛道。截至 2022 年 8 月，小红书带有"露营"关键词的笔记数量超过 419 万条，"带火"了原本小众的户外露营项目，如今小红书上露营相关商品数量已超过 4 万件，入驻营地已逾 1000 家。小红书由此将目光投向本地生活业务，并以酒旅业为抓手，邀请民宿入驻，开通预订功能作为试水。

15.6　发展挑战

1. 社交内容生态维护与平台商业环境打造"荣损相连"

社交平台在融合短视频与直播功能后，积极运用用户原创内容分享作为社交货币，提升信息传播效率与"种草"信誉口碑，由此带动社交电商消费氛围；但在优势加成的同时，需要警惕社交平台虚假信息问题衍生"虚假种草"现象，扰乱正常的营商秩序。在这类虚假营销中，品牌方、中介机构和发布软文的用户形成产业链，炮制与事实不符的测评内容，并通过平台传播营造虚假的消费热度。这要求平台落实主体责任，依据相关法律法规开展虚假内容治理，并在升级电商能力的同时建设全链条治理模式，甄别营销内容、治理违规内容、守住安全底线，避免社交电商步入"流量至上"的窠臼。

2. 适应新业态新模式发展，需形成监管合力保障用户权益

在未成年人保护工作中，网络社交和短视频是未成年人容易沉迷的平台品类，在"社交+短视频"平台上防沉迷问题或变得更加严峻。尽管一些网络平台已经上线"青少年模式"，具备全员弹窗、监护人授权、独立密码、时长限制、禁止消费、限制互动等能力，但在"跨界"功能平台上约束未成年人使用的实现难度较大，仍需持续完善落实相关工作并加强引导。

在消费者权益保障方面，"社交电商""直播带货"等新业态新模式涌现，社交平台需要面对跨行业的治理问题。平台用户可能遇到退货难、售后态度差和客服缺位等实际问题，甚至有些商家销售假冒伪劣产品、以次充好或进行网络欺诈。为护航消费者权益，不仅需要相关法律法规规制，也需要形成监管合力，推动电商经济高质量发展。

3. 应对全球市场激烈竞争，以"模式输出"深耕细分赛道

在全球社交领域，中国出海平台的市场份额正在逐渐扩大，不过社交赛道正在面临红海竞争。以 Litmatch 和 Omi 为代表的"社交+语音"平台及以 Bigo Live 和 MICO 为代表的"社交+直播"平台已经成为中国社交泛娱乐全球化的主力，然而其在海外市场面临同质化竞争严重、用户增长放缓和提升变现能力等挑战。建议一方面在现有赛道的基础上，打造个性化的社交娱乐体验，创新产品功能和商业模式，以吸引用户留存、突破增长瓶颈；另一方面，借力中国社交电商在全球社交电商市场中相对领先的位置，复制国内"社交+电商"模式，并借鉴成熟的中国跨境电商平台经验，进而布局海外业务扩张。

4. "社交+AI"应用层落地或带来行业分化和洗牌窗口期

AI 技术与社交平台的深度融合有望升级内容生产力并迭代社交逻辑，未来是否嵌入 AI 技术及创新融合的效果与深度差异，可能导致社交平台之间产生分化，在竞争中拉开差距。究其原因，一方面，AI 技术与社交平台相结合，有助于提高内容生产效率、实现更精准的个性化推荐，这对于内容社区、私域社交或企业协同工具而言，有利于形成新的差异化优势，反哺业务增长及商业化加速；另一方面，"社交+AI"可能孕育新玩法或解决长期存在的市场"痛点"。AI 技术有利于智能化细分用户数据并分析关系链，由此衍生出更多社交功能，同时也有助于增强用户黏性、沉淀深度社交关系，从而打破固有的社交竞争壁垒。

撰稿：李思明

审校：田宇

第16章 2022年中国网络音视频发展状况

16.1 发展环境

1. 政策环境

2022 年，为推进音视频行业高质量创新性发展，我国各部门陆续发布了一系列相关政策，比如 2022 年 12 月国家广播电视总局发布的《全国广播电视和网络视听"十四五"人才发展规划》，提出要加快广播电视和网络视听人才发展战略布局，坚持人才引领行业发展的战略地位，破解人才队伍的结构性矛盾，突出抓好高层次人才、急需紧缺人才、青年创新人才的引进、培养和使用，激发广播电视和网络视听人才队伍创新活力。

在我国短视频用户群体逐渐增长的大背景下，短视频准入门槛低、自我审查机制少等因素造就的大量的低俗内容、虚假内容泛滥、内容抄袭等问题逐渐暴露。为此，我国加紧对短视频行业进行监管。2022 年，中央网信办开展"清朗·整治网络直播、短视频领域乱象"专项行动，聚焦各类网络直播、短视频行业乱象，在鼓励短视频行业发展的同时继续加强管理规范。2022 年中国网络音视频行业主要政策如表 16.1 所示。

表 16.1　2022 年中国网络音视频行业主要政策

时间	发文部门	文件名称	主要内容
1 月	文化和旅游部 教育部 自然资源部 农业农村部	《关于推动文化产业赋能乡村振兴的意见》	充分运用动漫、游戏、数字艺术、知识服务、网络文学、网络表演、网络视频等产业形态，挖掘活化乡村优秀传统文化资源，打造独具当地特色的主题形象，带动地域宣传推广、文创产品开发、农产品品牌形象塑造
4 月	国家互联网信息办公室	《关于开展"清朗·整治网络直播、短视频领域乱象"专项行动的通知》	以集中整治"色、丑、怪、假、俗、赌"等违法违规内容呈现乱象为切入点，进一步规范重点环节功能，从严整治功能失范、"网红乱象"、打赏失度、违规营利、恶意营销等突出问题
12 月	国家广播电视总局	《全国广播电视和网络视听"十四五"人才发展规划》	加快广播电视和网络视听人才发展战略布局，坚持人才引领行业发展的战略地位，破解人才队伍的结构性矛盾，突出抓好高层次人才、急需紧缺人才、青年创新人才的引进、培养和使用，激发广播电视和网络视听人才队伍创新活力

2. 产业环境

全球市场对以音视频为代表的数字媒体市场预期仍然积极。从全球广告市场来看，数字媒体成为推动全球广告市场增长的最主要力量之一，2022 年全球数字媒体广告花费同比增长 21%，社交、视频、搜索等媒体渠道将在未来助力数字媒体广告市场持续前进[1]。

国内资本市场对音视频产业保持谨慎乐观的投资态度。2016 年以来，资本市场在国内视频/直播行业的投资数量逐年减少，投资金额在经历 2019 年的高峰后也迎来波动下滑趋势，呈现出更为谨慎的投资态度。同时，随着视频行业进入存量竞争状态，资本在 2022 年更倾向于进入视频直播、电商、多频道网络（MCN）等周期较短、现金回流较快的领域，对公司盈利能力、现金回流效率提出了更高的预期[2]。

3. 社会环境

党的二十大报告就发展数字贸易、加快建设贸易强国作出重要部署，并提出打造具有国际竞争力的数字产业集群等具体要求。当前，数字经济正在成为重组全球要素资源、重塑全球经济结构、改变全球竞争格局的关键力量，数字贸易作为全球数字经济发展的新趋势，正在成为拉动经济复苏的强劲引擎。在此背景下，音视频作为数字贸易的重要部分，呈现向上发展态势。抖音集团以通过收购海外应用及复制国内产品的方式出海，TikTok 深受北美市场的欢迎，快手结合市场特性，通过差异化发展开拓市场空间，以 Kwai、Snack Video 为载体，开拓南美、东南亚市场。

4. 技术环境

音视频行业加快推动多元数字化进程。新时代背景下，元宇宙呈现出同步性、开放性、永续发展的基本特征，基于此，视频厂商加快推动元宇宙相关的技术应用和领域渗透，对内容、市场、用户等多方面价值进行开发，持续布局游戏、科技、数字藏品等领域。随着元宇宙数字化进程的推进，未来视频领域与其他领域之间的界限或将模糊，行业融合与渗透进一步彰显，视频领域的想象边界将不断被打开。

16.2 发展现状

1. 成本压力下音视频平台持续探索降本增效新路径

流量竞争时代，为获取更多的用户增量，大成本热剧独播的竞争模式将平台内容成本与营销成本越推越高，如今面对盈利压力，头部视频平台不断探索降本增效的新路径，转向平台独播与跨平台联播、拼播相结合的模式，进一步压缩成本、分担风险。以长短视频版权合作为例，2022 年，抖音与搜狐、快手与乐视、抖音与爱奇艺纷纷达成合作。

2. 聚焦"Z 世代"需求，音视频平台加快内容形式升级

"Z 世代"生长于物质相对富足的时代，对精神层面交流的要求高，同时受互联网信息大爆炸的影响，对视频平台的内容深度、社区生态等也提出了更高的要求。近年来，音视频平

---

1 资料来源：互动广告局（Interactive Advertising Bureau，IAB）。

2 资料来源：IT 桔子。

台瞄准未来核心用户的需求，在扩展现实（XR）、人工智能（AI）等技术应用的基础上不断深化内客创作和形式升级，向新用户迈进。

16.3　市场规模与用户规模

1. 市场规模

目前，网络视频行业收入来源主要包括用户付费、广告、节目版权、技术服务等服务，以及网络直播、短视频等其他收入。根据国家广播电视总局发布的《2022 年全国广播电视行业统计公报》的数据，2022 年全国网络视听行业收入达 4419.80 亿元，同比增长 22.95%。其中，用户付费、节目版权等服务收入大幅增长，达 1209.38 亿元，同比增长 24.16%；短视频、电商直播等其他收入增长迅速，达 3210.42 亿元，同比增长 22.51%。例如，头部企业哔哩哔哩 2022 年第一季度实现会员服务收入 21.6 亿元，同比增长 43%；广告收入 12.7 亿元，同比增长 10%；IP 衍生品及其他收入 6.27 亿元，同比增长 10%。

短视频平台已经成为用户获取新闻资讯的首要渠道。日常生活中，人们拿着手机看视频、开车听音频的现象已成常态。2022 年，泛网络视听产业市场规模为 7274.4 亿元，同比增长 4.4%。例如，哔哩哔哩 2022 年营业收入达到 218 亿元，同比增长 13%[1]。

2022 年，短视频领域市场规模达到 2928.3 亿元，占比为 40.3%，是产业增量的主要来源；其次是网络直播领域，市场规模为 1249.6 亿元，占比为 17.2%，成为拉动网络视听行业市场规模的重要力量。综合视频市场规模为 1246.5 亿元，占比为 17.1%。OTT/IPTV 市场规模为 867.1 亿元，占比为 11.9%。其余两类包括内容制作和网络音频，市场规模分别为 644.5 亿元和 338.5 亿元，占比分别为 8.85% 和 4.65%（见图 16.1）。

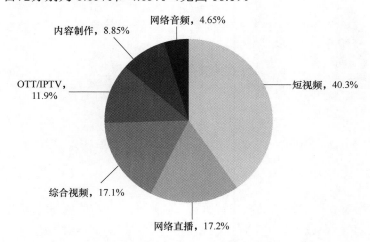

图16.1　2022年全国网络视听行业市场规模及其构成

资料来源：《2023 中国网络视听发展研究报告》。

1　资料来源：《2023 中国网络视听发展研究报告》。

2022年,中国数字音乐市场规模为494.7亿元,较2021年减少17.6亿元,同比下降3.4%,行业发展进入平台期。短视频平台关注到用户的需求,不断加码布局音乐板块。对短视频平台来说,布局音乐市场不仅能拓展平台的业务链,使短视频平台由拍摄工具向新式娱乐公司转变,同时也意味着在激烈而多变的市场竞争中增加优势。网络平台对音乐行业发展的作用不可忽视。越来越多的音乐人选择借助互联网打造个人品牌,采取多元化、多形态的发展路径。一些歌曲作为背景音乐在短视频领域爆火,势必会给音乐平台带来新的契机。

2022年,在线音频市场规模约为312亿元,在线音频用户规模达到6.84亿人。随着知识付费总体用户规模的增加、音频内容的丰富和音频技术的完善创新,知识付费已逐渐成为在线音频产业新的增长极[1]。

2. 用户规模

2022年,短视频用户规模持续增长。与2021年相比,各类用户群体对短视频的使用率均有所上升,短视频进一步向各类网民群体"渗透",成为吸引网民"触网"的首要应用。近1/4的新网民因短视频触网,用户黏性增长明显,短视频"纳新"能力远超即时通信。新入网的网民中,24.3%的人第一次上网时使用的是短视频应用,与其他应用拉开较大距离[2]。

截至2022年12月,我国网络视频(含短视频)用户规模约达10.31亿人,较2021年12月增长5586万人,占网民整体的96.5%(见图16.2)。其中,短视频用户规模约为10.12亿人,较2021年12月增长7770万人,占网民整体的94.8%(见图16.3)。

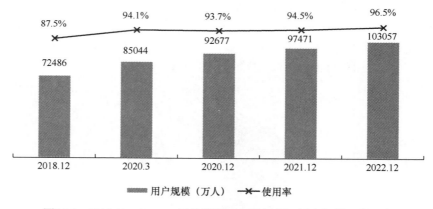

图16.2　2018.12—2022.12网络视频(含短视频)用户规模及使用率

资料来源:CNNIC中国互联网络发展状况统计调查。

网络直播成为仅次于短视频的网络视听第二大应用,并深入娱乐、教育、商业等多个领域,未来发展前景广阔。截至2022年年底,我国网络直播用户规模约达7.51亿人,较2021年12月增长4728万人,占网民整体的70.3%(见图16.4)。其中,电商直播用户规模为5.15亿人,较2021年12月增长5105万人,占网民整体的48.2%;游戏直播的用户规模为2.66亿

---

1 资料来源:36氪研究院。

2 资料来源:《2023中国网络视听发展研究报告》。

人，较 2021 年 12 月减少 3576 万人，占网民整体的 24.9%；真人秀直播的用户规模为 1.87 亿人，较 2021 年 12 月减少 699 万人，占网民整体的 17.5%；演唱会直播的用户规模为 2.07 亿人，较 2021 年 12 月增长 6491 万人，占网民整体的 19.4%；体育直播的用户规模为 3.73 亿人，较 2021 年 12 月增长 8955 万人，占网民整体的 35.0%。

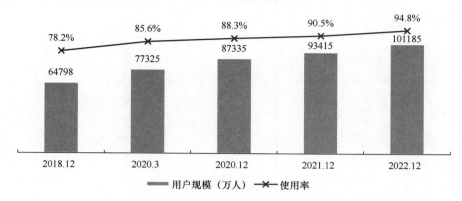

图16.3　2018.12—2022.12短视频用户规模及使用率

资料来源：CNNIC 中国互联网发展状况统计调查。

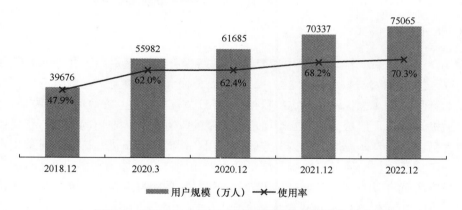

图16.4　2018.12—2022.12网络直播用户规模及使用率

资料来源：CNNIC 中国互联网发展状况统计调查。

截至 2022 年 12 月，我国网络音乐用户规模约达 6.84 亿人，同比减少 4526 万人，占网民整体的 64.1%（见图 16.5）。

3. 用户行为

2022 年，短视频用户的人均单日使用时长为 168 分钟，超过 2.5 小时，遥遥领先于其他应用；综合视频的人均单日使用时长为 120 分钟，自 2019 年年底被短视频超越而排在第二位；直播用户的单日使用时长为 68 分钟，排在第三位；仅有网络音频的用户使用时长在三年内连续下降，从 2020 年年底的 58 分钟降至 2022 年年底的 38 分钟。

看新闻、学知识成为短视频用户的重要需求。获取新闻资讯及学习相关知识成为用户收看短视频的重要原因。短视频平台已经成为网民获取新闻资讯的首要渠道。近年来，泛知识类内容在哔哩哔哩持续增长，以至于被用户称为"没有围墙的大学""百科全书式的网站"。泛知识类内容的相关用户数超过 2.4 亿人，泛知识类视频占全站视频播放量的 41%，科技类视频和知识类视频主动搜索排名达到第二位。哔哩哔哩也成为目前全网院士入驻最多的平台，累计入驻的名师学者达 645 位[1]。

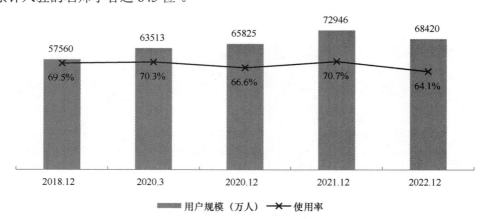

图16.5　2018.12—2022.12网络音乐用户规模及使用率

资料来源：CNNIC 中国互联网络发展状况统计调查。

高学历、一线及新一线城市的中青年群体网络视听使用率更高。据哔哩哔哩统计，哔哩哔哩在 985/211 高校渗透率达到 82%，如在上海交通大学及复旦大学的渗透率超过 90%。

互联网音频市场（含音乐）人均每日使用量已达 114 分钟。在收听途径方面，"车载广播"和"手机 App"已经成为 2022 年用户最主要的收听方式；在内容方面，优质网络音频大部分内容仍由主流媒体提供；在类型方面，音乐、新闻、汽车类是广播节目播出占比最高的类型，非广播音频与广播节目内容类型形成互补。网络音频休闲和学习两不误，70%的用户进行"深度阅读"；用户收听网络音频节目的两大主要目的为娱乐休闲和学习知识，占比分别为47.9%和30.0%。33.2%的网络音频用户"认真听完整期节目"，24.5%的用户"能认真听一大半的内容"。

16.4　细分领域

1. 综合视频

从市场竞争格局看，自 2021 年开始，持续多年的爱腾优"三足鼎立"的旧格局已明显演变为爱腾优加芒果 TV、哔哩哔哩的"五朵金花"新格局，行业和用户都将因此受益。从增速看，2022 年第四季度，哔哩哔哩日均活跃用户同比增长高达 29%，远超行业平均水平。

从商业模式看，以联合会员为典型的资源互换已成为存量竞争阶段的一种必然选择，如

1　资料来源：《2023 中国网络视听发展研究报告》。

腾讯视频与喜马拉雅，芒果 TV 与央视频、咪咕视频纷纷推出了联合会员，哔哩哔哩也与学习强国平台联合推出了"强国 B 站"专区，媒体融合蔚然成风。

从内容看，卡塔尔世界杯和《狂飙》无疑是 2022 年的两大爆款。此外，各大平台的知识区持续多年高速增长，涌现出一大批粉丝超千万、单支视频流量过亿的超头部 UP 主（视频创作者），不但进一步提升了我国的教育机会均等化水平，而且将用户的内容价值取向从"好看""有趣"升华为"有用"新标准。

2. 短视频

2022 年，抖音系、快手系应用在流量和黏性方面均占据头部地位，行业竞争格局基本稳定。短视频平台在兴趣电商、本地生活等新赛道的布局效果显著，持续抢占用户的注意力，用户活跃度和使用时长稳步提升，日均使用时长超过 2.5 小时。4 月，抖音正式提出"兴趣电商"概念，用内容连接人和商品，算法根据用户浏览短视频的特点为其匹配感兴趣的内容，由内容消费推动商品消费。同时，抖音加速发展本地生活业务，瑞幸、喜茶等大量新茶饮品牌通过自播方式实现快速获客。快手也推出了"新市井商业"（Meta-marketplace Business），以包容、近、活力、信任、供给充足、交易高频六大特征，助力品牌实现扩圈、连接、经营、洞察四大价值，形成公域有广度、私域有黏性、商域有闭环的商业生态。同时，快手恢复与淘宝、京东的外链合作，助力三方打造更加丰富的线上消费新场景，既提升了快手用户的购物体验，也拓宽了电商平台的获客渠道。

3. 网络直播

2022 年，网络直播用户规模为 7.51 亿人，成为仅次于短视频的网络视听第二大应用。网络直播已经深入娱乐、教育、商业等多个领域，未来发展前景广阔。网红流量主播超强的变现能力，引来不少明星、企业家等纷纷入局，试图从中分得一杯羹。从整体销售战绩来看，"火出圈"的直播带货，不仅让许多新国货品牌为人熟知，还为农副产品等打开更多销路，带动了网络消费快速增长。

从流量角度看，直播平台竞争格局较为分散，抖音、快手、微信视频号等综合型平台更具优势，而在垂类直播平台中，除陌陌凭借陌生人社交平台的属性积累了更多的用户外，YY、虎牙、斗鱼等其他平台的月活跃用户数基本在 6000 万人以下。

从发展趋势看，网络直播呈现出直播电商的去中心化和直播场景的多元化两大特点。直播电商是直播打赏生态上衍生迭代的结果，部分直播电商场景下的用户购买行为也可被视为另一种形式的直播打赏。预计未来直播电商各大平台主播资源将实现跨平台共享，持续探索流量红利、升级直播场景，推动内容创新、主播造星、收益共享等方面的深度合作。同时，直播的使用场景仍在进一步拓展，招聘、相亲和房产等场景需求有待深入挖掘。另外，由于虚拟现实（VR）在直播领域的应用能够大大降低时空因素的限制，提高观众的参与度，使观众产生身临其境的感觉，扩大信息传播的覆盖面，因此 VR 直播有望成为直播的下一个风口。

4. 网络音频

2022 年，中国网络音频用户规模达 6.92 亿人，市场规模突破 310 亿元，无论用户规模还是用户价值都极具潜力。从竞争格局看，喜马拉雅以 1.44 亿名月活跃用户遥遥领先，懒人畅听、番茄畅听、蜻蜓 FM、荔枝为第二梯队，月活跃用户数量为 1000 万～3000 万人。从收入结构看，音频平台的主要收入来源为广告投放、版权售卖、订阅、直播等。从内容偏好看，知识、职场类内容更能引起用户的消费兴趣，比例分别高达 53.6%和 48.9%，与视频行业的情况如出一辙，充分说明内卷时代，实用为王[1]。

16.5　典型案例

1. 爱奇艺

目前，国内长视频格局趋稳，短期内各平台用户量随重点内容上线、爆款带动及节假日影响而存在小幅波动，整体竞争格局相对稳定，自制内容成为平台推进商业化增长的破局之道。2022 年是爱奇艺的"奇迹之年"，自制剧集、会员收入、运营利润皆创记录。

在国剧市场方面，爱奇艺剧集产能保持行业领先，2022 年剧集上线总量及独播剧数量最多。国产剧播放量指数 TOP10 中，爱奇艺共有 5 部独播剧上榜，且有 4 部独播剧占据榜单前四位，《卿卿日常》《风吹半夏》《苍兰诀》分居前三。

在口碑方面，爱奇艺持续输出高口碑品质剧。2022 年豆瓣 7 分以上剧集共 29 部，其中独播剧 21 部，占比为 72%，数量领先其他平台，联播剧 8 部，占比为 28%。从豆瓣评分 TOP10 剧集来看，爱奇艺上榜 6 部剧，数量最多，《警察荣誉》《风吹半夏》《人世间》分居榜单前三位，单剧评分人数超过 20 万，且均为爱奇艺独播剧。

基于精品内容的支撑，爱奇艺进一步强化 IP 运营，提出 IP 全景生态营销模型，以优质 IP 打通内容、传播、消费三大场域，充分释放内容营销价值，为品牌提供追求短期投资回报率（ROI）和长期品牌建设的平衡点。通过产品联名、衍生品开发、主题门店等方式打造剧集 IP 多点联动，基于生活场景助力品牌触达。通过综艺内容结合社交平台话题，为品牌方提供内容植入、用户互动、品牌直播间等深度联动。

2. 哔哩哔哩

为保障源源不断的创造力，哔哩哔哩从视频的生产流程与 UP 主的成长进程两个方向出发，打造出更立体的激励制度和扶持制度。由于站内的视频内容以中长视频为主，导致视频的制作相对更困难，这抬高了用户成为 UP 主的门槛。为降低门槛，哔哩哔哩在为用户提供视频制作辅助工具的同时引入短视频。另外，哔哩哔哩设置了 UP 主勋章及认证体系，激励 UP 主持续活跃。

在商业方面，哔哩哔哩持续为 UP 主提供多元化的商业变现渠道，构建可持续、具备成长性的创作生态。2022 年第四季度，超过 130 万 UP 主在哔哩哔哩获得收入，同比增长 64%，为解决年轻人的就业问题、促进社会稳定作出了突出贡献。同时，哔哩哔哩月均活跃用户已达 3.26 亿人，同比增长 20%，且上升空间依然巨大。

在内容方面，国产动画口碑破圈之作《中国奇谭》的收官播放量突破 2.3 亿次，被《人民日报》评论为"讲究传统的中式审美，又饱含创新技巧"。国内首部《三体》IP 改编影视作品《三体》动画，也引发了中国式科幻热潮。

---

1 资料来源：赛立信融媒研究院。

在社会责任方面，哔哩哔哩连续五年举办百大 UP 主盛典，让 UP 主成为社会主流认可的新兴职业。2022 年年底，哔哩哔哩又推出了守塔人公益计划，为 600 多座山西古塔文保员送去专业设备，同时发动 28 万用户参与支持，让年轻人争当鲁壁，保护并传承中华文明。

3. 趣丸科技

趣丸科技成立于 2014 年，是一家集兴趣社交、电子竞技、技术研发等业务于一体的创新型科技企业。趣丸科技是中国领先的移动语音社交网络平台，也是领先的面向移动游戏用户的社交网络平台，市场份额分别达 13.4%、20.2%。趣丸科技积极布局多元化赛道，紧跟"Z 世代"心智发展，最大化地创造用户价值。

TT 语音作为趣丸科技旗下的核心产品，为广大用户提供即时语音、兴趣社交等应用服务，旨在用技术打破陌生的界限，用声音创造无限欢乐，是目前国内用户最多的兴趣社交平台。截至 2022 年年底，TT 语音超过 90% 的用户年龄在 30 岁或以下，平均月活跃用户达 1380 万人。在科技文化领域方面，TT 语音还是《英雄联盟》《王者荣耀》《和平精英》等头部优质游戏战略合作伙伴。

趣丸科技旗下的唱鸭 App 是新一代"AI+大众"应用型音乐创作平台，其集成音频处理、AI 深度机器学习及大数据分析等技术，辅助用户进行音乐创作。其运用 AI 技术对和弦、节拍及乐器音色进行数字化、工具化转换，用户可以自由选择乐器、和弦组合及演奏方式，大幅降低了内容创作门槛，更广泛地吸引对音乐感兴趣的年轻人加入。截至 2022 年年底，唱鸭注册用户量环比增长 40%，其中，"95 后"占比超过 90%，成为年轻人创造力展现与文化传播的聚集地。同时，唱鸭还入选文旅部"2022 年文化和旅游数字化创新实践十佳案例"，是华南地区唯一入选的企业项目。

16.6　发展挑战

1. 用户增长红利消退，元宇宙充满未知数

2022 年，降本增效成为一线视频平台的共同主题。首先，大成本自制内容独播的竞争模式致使平台的制作成本和营销成本一直居高不下。其次，自 2021 年 7 月起，网络视频月活跃用户规模增速放缓，且低于全网活跃人数增长，说明用户增长红利正在消失[1]。最后，元宇宙等新概念又因为内涵过于宏大导致所需投资巨大，因此对于降本增效中的平台来说，小范围试水成为多数选择，而技术相对成熟的虚拟偶像/UP 主、海外市场及以"00 后"为代表的"Z 世代"用户正在成为下半场争夺的焦点。

2. "自媒体"乱象需长期整治

近年来，随着互联网的繁荣发展，互联网空间逐渐覆盖了广大群众的工作生活各方面，由此各类"自媒体"飞速发展，同时也出现了造谣传谣、假冒仿冒、违规营利等突出问题。一些毫无人性的"自媒体"甚至欺骗引诱残障人士，通过卖惨、恶搞、虐待等违法失德方式博取流量。更有甚者，一些境内外势力相互勾结，通过搬运倒灌、集中发布相似文案、多账

---

1 资料来源：易观分析。

号联动发文等手段，对明知或应知为谣言、虚假消息、有害信息仍恶意散播、跟风炒作，已经严重危害到了国家安全。

人民网评指出，整治"自媒体"乱象，不是一时之事、一家之事，需要多方合力、久久为功。这其中需要特别关注假冒仿冒官方机构、新闻媒体和特定人员的"自媒体"账号，一经发现要及早、尽快取缔。由此看出，压实网站平台主体责任，督促网站平台健全账号注册、运营和关闭全流程全链条管理制度，加强账号名称信息审核、专业资质认证、信息内容审核等常态化管理，是必要的、重要的、紧要的。与此同时，在专项行动过程中，要加强与公安等部门会商研判，将网站平台排查梳理上报的"自媒体"违法犯罪线索，及时通报公安机关，让网络犯罪行为难逃法律的严惩。良好的"自媒体"发展方向、健康的互联网发展秩序，人人所需、人人有责，只要大家携起手来、共同努力，必定能让互联网空间更加天朗气清、风清气正。

撰稿：谢逅、王文帅、张琳婧、任少峰

第17章 2022年中国搜索引擎行业发展状况

17.1 发展环境

1. 政策引导、规范并重，推动搜索引擎产业有序发展

2022 年，国家市场监督管理总局印发的《"十四五"广告产业发展规划》提出，广告产业向专业化和价值链高端延伸、广告法制体系进一步完善、广告市场秩序持续向好等发展目标。《"十四五"广告产业发展规划》的出台，结合产业经济的发展导向为广告业制定了目标方向，有助于引导搜索引擎广告产业的高质量发展。

同时，针对搜索引擎广告的相关政策规范持续趋严，对不正当竞争行为的监管和对用户隐私保护力度的加大，促进了行业健康发展。例如，《"十四五"市场监管现代化规划》提出，推动完善平台企业数据收集使用管理、消费者权益保护等方面的法律规范，强化平台内部生态治理，督促平台企业规范规则设立、数据处理、算法制定等行为；《上海市消费者权益保护条例（修订）》明确规定，经营者通过互联网媒介，以竞价排名等互联网广告形式推销商品服务的，应当依法显著标明"广告"字样。

2. 宏观经济承压前行，搜索广告需求在波动中增长

2022 年，我国经济运行总体稳定，全年国内生产总值（GDP）突破 121 万亿元（见图 17.1）。受新冠疫情扰动、外部环境多变、全球经济下行等多因素影响，GDP 增速放缓至 3.0%。在此经济环境之下，广告主市场信心波动，整体水平较 2021 年有所下降，但仍高于 2020 年。2022 年 12 月，随着生产生活秩序逐步恢复及各项稳定经济政策不断落地，广告主信心得到有效提振（见图 17.2），呈现的稳健复苏趋势利好搜索广告产业发展。

图17.1 2016—2022年中国GDP规模和增速

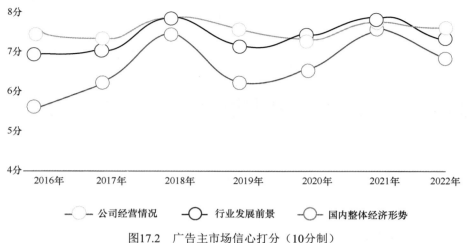

图17.2　广告主市场信心打分（10分制）

3. 基于内容的兴趣搜索习惯养成，搜索方式逐步变迁

2022 年，内容视频化趋势推进、应用内生态建设进一步完善，提供了更具多元特色的搜索形式和内容，移动搜索习惯随之变迁，边看边搜、边聊边搜等行为成为搜索新常态，移动搜索方式及场景日趋丰富化、碎片化。在此背景下，以微信、抖音为代表的平台强化兴趣搜索布局，以全方位的搜索入口实现对移动搜索需求的更全面覆盖，进一步助推搜索方式的变迁。

17.2　发展现状

1. 搜索引擎行业处于发展成熟阶段，渗透率居高、商业价值增长

搜索引擎行业整体处于成熟期，在用户规模、商业模式、行业格局及生态建设等方面都已趋向稳固。中国互联网络信息中心（CNNIC）数据显示，截至 2022 年 6 月，我国搜索引擎用户规模为 82147 万人，较 2021 年 12 月减少 737 万人，使用率由 80.3%降至 78.2%（见图 17.3）。传统搜索引擎使用率呈逐年下降趋势，同时大量互联网平台深化对生态搜索的布局，更多的搜索行为转移至应用内完成，促进搜索渠道多元化发展。

图17.3　2016—2022年中国搜索引擎用户规模及使用率

数据来源：中国互联网络信息中心（CNNIC）·易观分析整理。

搜索行为完成向移动端的迁移，移动互联网搜索引擎用户规模见顶。根据易观千帆数据，2022 年移动搜索行业的月度活跃用户规模平均 5.34 亿人，同比下滑 0.16%。从全年表现来看，用户移动搜索行为稳定，月度活跃用户波动程度小（见图 17.4）。总体而言，市场已经进入相对饱和的存量阶段，移动搜索智能化、服务化及移动搜索场景的拓展成为行业的主要增长点。

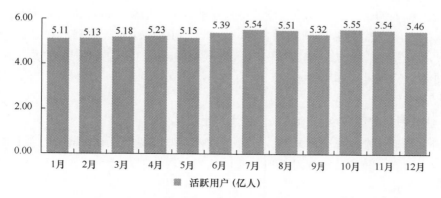

图17.4　2022年1—12月移动搜索行业月度活跃用户规模

在商业价值方面，搜索平台在内容建设、服务连接等维度加速发展，搜索营销地位随之提升，内容生态搜索广告已成为数字营销的重要选项。根据 CTR 数据，2022 年在内容生态搜索广告上增加预算的广告主占比高于其他类型。在此背景下，虽然市场发展受宏观环境影响而承压，但 2022 年中国移动搜索引擎广告市场的规模仍实现增长，以 3.2%的增长率达到 856.2 亿元（见图 17.5）。

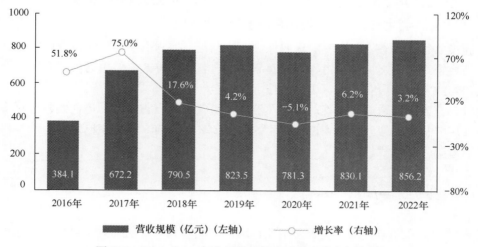

图17.5　2016—2022年中国移动搜索引擎广告市场规模

2. 互联网企业持续布局搜索能力、加速变现，带来行业增量空间

搜索作为互联网及移动互联网的核心需求，在生态布局中显现出越发重要的价值，促使字节跳动、阿里巴巴、腾讯等互联网企业持续加码布局。

字节跳动于 2022 年 2 月推出悟空搜索，作为独立搜索引擎，与抖音、头条搜索构成搜索产品矩阵，完善搜索引擎布局。

阿里巴巴旗下的智能搜索引擎夸克升级个人云服务，持续补充自身搜索服务生态。另外，搜索已发展为支付宝用户访问小程序的重要入口，支付宝在 2022 年进一步开放"小程序直达""品牌直达""政府/事业单位直达"等多种搜索直达能力，并优化服务搜索结果页展示，提供更丰富的搜索运营阵地。

腾讯收购搜狗搜索，着重发力微信搜一搜功能。公开信息显示，2022 年微信搜一搜月活跃用户增长至 8 亿人，搜索量同比增长 54%，其作为微信生态连接器的作用进一步放大。2022 年 11 月，微信正式上线搜索结果广告，提供公共号推广、搜索线索收集、商品推广、品牌活动推广、应用推广和小游戏推广六大服务，并支持竞价推广的模式，标志着微信搜索商业化进程的加速。

3. 行业竞争格局整体保持稳固，但也涌现出更多变数

搜索引擎行业格局整体依然稳固，百度市场份额保持领先，搜狗搜索、360 搜索及其他搜索引擎凭借自身差异化特点立足。但在整体稳固的特征下，搜索市场格局也于 2022 年发生了多维度的变化。

以百度为代表的综合型搜索引擎在互联互通利好之下加速发展，以自身内容、服务布局及外部合作强化生态能力，以期巩固行业地位。

同时，多方入场带来的竞争日趋激烈。生态搜索经历快速发展，巨量引擎在应用内搜索的基础之上发展启发式搜索、微信上线搜索结果广告等布局提升对广告主的赋能能力，进一步蚕食传统独立搜索引擎的市场份额。

此外，搜狗搜索正式被腾讯收购后，其搜索应用于 2022 年 1 月升级为 Bingo App，搜狗搜索 App 于 2022 年 8 月正式停止服务，改变了移动端的搜索引擎竞争格局。

4. 以充盈内容生态、连接消费场景为重要发力方向

在新搜索行为常态下，内容的重要性进一步凸显，搜索引擎加快对自身内容生态体系的完善，结合视频、图文等多种内容形式及 AIGC 内容创作方式提供更为丰富的搜索结果，以期通过内容激发用户边看边搜、边刷边搜，打通全域触点。

另外，搜索引擎通过连接移动服务及消费，覆盖用户日常生活、电商购物等更多场景，以构建起用户从前端搜索入口到后端转化的完整闭环。目前，小程序已发展为承接移动端搜索流量的重要生态形式。

17.3 商业模式

搜索引擎的商业模式仍以基于搜索流量的广告变现为主，包括竞价排名、信息流广告、固定排名和网络实名等。其中，搜索竞价排名及信息流广告是目前主流的广告形式。

搜索竞价排名广告由广告主对特定的关键词进行出价，当用户搜索该关键词时，系统匹配对应搜索内容及广告，购买了同一关键词的网站按出价高低进行排序。竞价排名广告对于品牌主而言，具有高效曝光、定位精准、效果可见等优势。作为搜索引擎的重要变现方式，竞价排名广告的投放规模庞大，头条搜索、微信搜一搜也相继在商业化过程中上线了该广告

形式。同时，竞价排名广告也存在竞价竞争激烈的问题，为用户体验带来一定的负面影响。

信息流广告则融入在搜索结果信息之中，与传统的搜索广告相比更具内容性和原生性，更容易被用户潜移默化地接受和点击。随着搜索信息流广告的发展，其形式更趋多样，包括文字、图文、视频等多种形式。搜索信息流广告在精准触达、传播转化等方面表现出的优势使其与竞价排名广告共同成为搜索引擎的核心广告模式。

此外，随着搜索引擎移动商业模式的发展，更多广告形式得到常态化应用。例如，围绕 App 搭建的开屏广告、位于搜索结果首位以首屏专区展示推广信息的品牌专区广告等。在广告变现之外，搜索引擎也通过提供个人云服务、数据服务、技术服务等增值项目的方式积极丰富自身商业模式。未来，随着对人工智能等技术布局的持续完善，预计搜索引擎企业的非广告收入占比将会得到进一步提高。

17.4　典型案例

1．百度

1）发展情况

百度搜索在互联互通的推进之下积极补充自身生态，通过收录短视频内容、收购视频社交媒体、与外部平台达成合作等方式布局内容视频化。同时，持续以小程序为核心构筑服务能力，与多家头部手机厂商深度互联互通后百度智能小程序能够实现在手机自带浏览器中跨平台运行。

在技术方面，百度于 2022 年发布跨模态大模型和新一代索引技术，进一步提升搜索结果与用户需求的匹配程度。发布"创作者 AI 助理团"和"百度 App 数字人计划"等多项 AIGC 技术工具，并向生态合作伙伴开放。2023 年 3 月，百度推出新一代知识增强大语言模型"文心一言"，并通过与搜索整合改变用户体验，推动搜索智能化变革。

依托在内容生态、服务场景、技术创新等方面的布局，百度搜索的综合优势持续提升。但从业务表现来看，受新冠疫情反复等外部环境的影响，2022 年百度在线营销收入有所下降。加之用户搜索习惯改变、应用内搜索加速发展等因素影响，百度搜索广告业务的发展整体承压。未来，随着百度重点布局第二、第三增长曲线业务，预计搜索营销在百度营收中的贡献占比还将持续下降。

2）核心优势

目前，百度搜索依然在用户规模、用户黏性、市场份额等多方面保持优势。在"智能搜索+智能推荐"的双引擎驱动模式下，百度移动生态能力持续提升，使百度搜索的韧性不断加强，其行业地位得到巩固。

百度基于全网搜索优势，加快服务化布局进程，通过引进第三方平台、发展智能小程序、共建电商及生活服务等方式，构建了从用户搜索到获取信息再到服务/交易转化的闭环链。

百度搜索技术仍在进化，通过提升搜索匹配度实现用户搜索体验的升级。同时，百度深化 AI 布局，形成以 AI 技术辅助内容生产、提升营销效率的能力。未来，百度将在其优势领域和契合场景中加快加深部署 AI，积极探索可行性应用，有望基于技术创造更多搜索价值增量。

2. 字节跳动

1）发展情况

2021 年 11 月，字节跳动旗下的今日头条、西瓜视频、搜索和百科等业务并入抖音。2022 年，基于用户边刷边搜的新行为习惯，字节跳动将搜索定位升级为启发式搜索，以陪伴型搜索入口覆盖用户全场景，通过品牌专区、直播、搜索彩蛋、竞价广告等产品赋能品牌。

在发力生态内搜索的同时，字节跳动上线独立的综合搜索产品"悟空搜索"，形成"悟空搜索+头条搜索+抖音搜索"的矩阵。与头条搜索相似，悟空搜索同样支持头条生态内部搜索、全站综合搜索、细分领域专业搜索等，差异点在于主打无广告搜索，为用户提供更优质的搜索信息及搜索浏览体验。随着悟空搜索的发展，其或将发挥出串联字节跳动旗下各大平台内容、整合电商与本地生活服务的作用。

2）核心优势

字节跳动旗下的搜索引擎具备强大的技术能力，自然语言处理场景丰富，基于大规模机器学习算法技术和超大流量挑战的工程架构技术实现对大规模数据的处理，提供高精度搜索服务。

在生态建设方面，字节跳动旗下平台拥有大量新闻资讯、短视频、中视频领域的内容，在用户流量及场景布局等多方面都具备优势，能够依托搜索营销枢纽有效实现用户与品牌的连接。预计，随着搜索矩阵的完善、视频搜索的发展和对启发式搜索的探索，其搜索流量仍有增长的空间，搜索变现潜力及行业地位有望得到持续提升。

3. 夸克搜索

1）发展情况

夸克搜索作为阿里巴巴旗下的智能搜索引擎，主打极速 AI 搜索直达、精准高效搜索体验，以及智能化工具服务。

为强化自身差异化竞争力，夸克搜索于 2022 年进行品牌升级，定位为"高效生活拍档"，持续通过"智能工具+内容+服务"的模式提升用户获取信息的效率与体验、深化生活场景服务能力。通过推出夸克扫描王，以智能工具满足大学生、白领用户在学习与工作场景中的扫描需求；升级健康搜索，基于夸克健康百科等医疗知识图谱、与医学专家及医学会达成的专业内容合作、自身智能筛查及 3D 模型技术能力为用户提供医疗健康内容及搜索服务；上线2022 高考信息服务，提供招录信息查询、志愿填报等工具，提升对"Z 世代"用户的渗透度。在多维发力之下，夸克 App 于 2022 年实现了活跃用户规模同比上涨，增速表现可观（见图 17.6）。

2）核心优势

背靠阿里巴巴的夸克搜索具备生态资源、数据及技术层面的多维能力。阿里巴巴持续加大扶持力度，成立包括 UC 浏览器、夸克、书旗小说等产品在内的智能信息事业群，聚焦信息服务方向的智能化创新，助力夸克智能搜索综合实力提升。

具备技术优势的夸克持续探索 AI 在搜索引擎及其他生活工具方面的应用。目前，夸克搜索已经具备了 AI 视觉技术加持的智能搜索、搜索直达和与图像技术结合的以图搜图、引入多模算法的内容识别等能力，通过 AI 等技术解决用户实际需求痛点，以智能化的搜索及服务体验稳固市场。

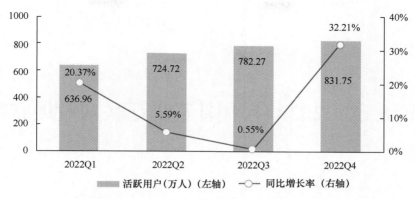

图17.6　2022Q1—2022Q4夸克App活跃用户

此外，夸克搜索围绕用户的交互体验与使用场景持续迭代创新，通过在工具服务和内容领域建设方面的投入，夸克搜索实现了对学习、工作、健康、娱乐等多场景的覆盖。同时，通过提供网盘、阅读、教育、扫描等各类会员增值服务，促进商业变现能力及差异化竞争能力的增长。

17.5　发展挑战

1. 搜索引擎仍是盗版内容的重要传播渠道，需严格履行平台主体责任

从渠道入口来看，搜索引擎结果中充斥着盗版平台链接，对于侵权内容、行为的识别及屏蔽机制仍不完善，且搜索广告投放已经成为盗版网站引流的重要途径。在数字文化产业盗版治理中，搜索引擎平台应积极承担其主体责任，强化版权保护意识、加强盗版内容检索技术及屏蔽能力、合理协调商业变现与社会责任，从而维护创作者及创作平台权益，共同助推内容版权保护，提升网络信息质量。

2. 数据安全重要性持续上升，为搜索引擎合规营销带来挑战

《数据安全法》《个人信息保护法》《互联网信息服务算法推荐管理规定》等陆续出台，要求加强对用户数据安全问题的监督执法力度，规定互联网广告商需向用户提供关闭个性化广告推送功能，明确要求保障用户算法知情权和算法选择权。短期而言，随着对个人数据、信息保护的持续增强，获得用户授权的难度增大，直接影响部分依靠个人隐私数据进行搜索营销的行为。长期则能有效规范搜索营销，带来良性促进。受此影响，搜索引擎面临着平衡用户信息安全与精准营销的挑战。

撰稿：付彪、李玥
审校：殷红

第18章　2022年中国工业互联网发展状况

18.1　发展环境

2022年以来，各级政府机构和主管部门坚决贯彻落实党的二十大要求，立足主责主业，持续完善相关政策布局，融合应用加速推进，各地积极性不断提升，工业互联网创新发展宏观环境持续优化，持续在更广范围、更深程度、更高水平上发挥叠加倍增效应，为新型工业化提供坚实支撑。

一是应用推广的各项政策走深走实。在组织保障方面，专项工作组统筹作用不断强化。2022年4月，专项工作组发布新的工作计划，对创新中心、工业互联网数字化转型促进中心、平台创新推广中心等工作进行统筹，各类创新载体的功能兼具资源汇聚、技术咨询、公共服务等功能，全面提升各类主体协作水平，助力企业跨越"死亡山谷"，加速转型过程。在重点行业规范指引方面，先后发布了一项指南——《5G全连接工厂建设指南》及三项国家标准——《工业互联网 总体网络架构》《工业互联网平台 企业应用水平与绩效评价》《工业互联网平台 应用实施指南 第1部分：总则》，引导行业规范发展。在融合应用推广方面，围绕"5G+工业互联网"、标识解析、平台、安全等重点领域加快遴选试点示范，还将范围扩大至载体和园区，累计遴选了218个试点示范项目，数量创历年新高。同时，还开展了"百城千园行"活动和"安全深度行"系列活动，将工业互联网的赋能和安全保障能力进一步下沉到园区、企业、生产线等更核心的经济单元。

二是地方推进政策逐步向市县下沉。2022年，安徽、江西、广东等多地发布了支持工业互联网创新发展的相关政策，从产融合作、示范打造、人才培育、生态营造等多个维度，对工业互联网的应用普及工作进行了高效部署，广泛调动各方资源多管齐下，加快推动包括工业互联网在内的数字经济和实体经济融合领域。与此同时，新区、开发区、产业园区等也成为推动工业互联网发展的重要一环，工业互联网从相关的制度创新、规划布局中受益匪浅。以中山市翠亨新区为例，2022年4月，翠亨新区发布了《支持先进制造业高质量发展办法（暂行）》，全面落实党中央、国务院、广东省和中山市的战略布局，通过事后奖补、租金补贴等方式支持先进制造业高质量发展，对获得市级及以上机构认定为能够支持企业数字化智能化转型发展的工业互联网标杆示范项目、平台等的建设单位给予配套支持，同时，也对运用包括工业互联网在内的智能装备、数字技术等进行改造的应用企业给予配套支持。

三是创新发展宏观环境持续优化。2022 年年初，国务院发布《扎实稳住经济的一揽子政策措施》，各部委、各地方也积极出台配套政策，围绕稳经济、稳增长、稳就业等多个维度落实国务院要求，为工业互联网创新发展营造了稳定、韧性的宏观环境。同时，随着各项改革的深入推进，工业互联网也从中受益。以资本市场为例，2022 年，我国多层次资本市场建设和互联互通稳步推进，科创板做市商制度正式落地，北交所上市公司向科创板、创业板转板完成制度闭环，民间资本"投小投早投科技"成为重要趋势。据不完全统计，目前我国工业智能、工业大数据、工业软件、工业安全等领域累计创业企业超过 3000 家，创投活跃度居世界前列。

18.2　工业互联网网络

网络基础设施建设稳步推进。面向全产业的工业互联网高质量外网持续拓展建设规模，中国联通通过软件定义广域网络（SD-WAN）业务入网点（POP 点）就近直连中国联通工业互联网（CUII）网络，实现网络进一步向地市延伸；中国移动建设的云专网覆盖全国 31 个省（自治区、直辖市）、300 多个地市，省际带宽接近 50Tbps，成为全球规模最大的采用 IPv6分段路由（SRv6）策略的骨干网。时间敏感网络（TSN）、5G、边缘计算等新技术加快在企业内网改造中应用部署，全国各地在建"5G+工业互联网"项目超过 4000 个，已覆盖 41 个国民经济大类。各地方政府已组织建设 20 余个省级"5G+工业互联网"融合应用先导区，产业应用孵化效果初显。

标准体系逐步完善。2022 年 10 月，工业互联网网络领域第一个国家标准 GB/T 42021—2022《工业互联网　总体网络架构》正式发布。该标准围绕工业互联网网络规划、设计、建设和升级改造，规范了工业互联网工厂内、工厂外网络架构的目标架构和功能要求，提出了工业互联网网络实施框架和安全要求，有助于指导构建高质量的工业互联网网络基础设施。该国家标准与我国主导的 ITU 国际标准一起构建起网络体系技术顶层设计，标志着我国工业互联网体系建设迈出了坚实的一步。国内首个时间敏感网络技术标准 YD/T 4134—2022《工业互联网　时间敏感网络需求及场景》、信息模型总体框架标准 YD/T 4097—2022《物联网信息模型　总体框架》的发布，进一步提升了技术标准国内自主研制能力。截至 2022 年 12 月底，我国已开展近百项工业互联网网络技术标准研制，TSN、边缘计算、工业软件定义网络（工业 SDN）、工业无源光网络（工业 PON）、"5G+工业互联网"等关键技术系列标准框架初步建立。

网络创新技术研究持续深入。2022 年 8 月，工业和信息化部发布《5G 全连接工厂建设指南》，进一步加快"5G+工业互联网"新技术、新场景、新模式向工业生产各领域、各环节深度拓展，推进传统产业提质、降本、增效、绿色、安全发展。工业互联网产业联盟发布《5G/5G-A URLLC 工业场景需求白皮书（2022 年）》，定义 5G URLLC 工业应用创新场景、对齐场景业务需求、明确 5G 网络能力基线、加快推动产业应用实践。面向未来工业网络体系演进技术的研究不断深入，产学研用各方联合开展工业网络 3.0、边缘原生 2.0 等前瞻技术研究，打造新型企业内网产业技术基础。2022 年，国内首款 TSN 芯片、TSN 控制器发布，并通过了"时间敏感网络产业链名录计划"评测，这标志着我国已基本具备 TSN 产业链自主供给能力。工业互联网信息模型库入库 2000 多个模型，为后续构建互通互操作的公共服务平台打下了坚实的基础。中德共同编写《中德工业互联网互操作白皮书》，推动信息模型国际互认，与 IIC、OPC UA、EdgeCross、5G-ACIA 等国际组织持续合作开展研究。

网络产业生态逐步活跃。2022 年 11 月，2022 中国 5G+工业互联网大会在湖北武汉举办，大会以"数融万物，智创未来"为主题，发布了《2022 年度中国 5G+工业互联网舆情研究报告》《2022 中国"5G+工业互联网"发展成效评估报告》及"5G+工业互联网"年度十大标杆应用案例等一批优秀成果。2022 年 9 月，第二届边缘计算开发者大赛启动，大赛吸引了 2500 余人、600 多个团队、141 家单位参加。此外，TSN 产业链名录计划、信息模型伙伴计划、边缘计算产业峰会等活动，加快推进了国内工业互联网网络产业生态的发展壮大。

"5G+工业互联网"深入推进。全国"5G+工业互联网"发展已形成以长三角地区、粤港澳地区为引领，向京津冀地区、西部地区和东北老工业基地延伸的"东中西"梯次推进的全新发展格局。9 月 4 日，工业和信息化部"5G+工业互联网"现场工作会在浙江宁波召开，会上举行了 5G 全连接工厂项目签约仪式，129 个 5G 全连接工厂项目现场签约。中国商飞获全国第一张企业 5G 专网的频率许可，其中 925～6125MHz 和 24.75～25.15GHz 频段也是工业无线专用的频段，标志着我国 5G 专网模式探索进步深入。工业 5G 产业多方突破，5G 芯片模组近三年平均降价 40%左右，国内模组终端供应商数量处于全球前列，虚拟专网、混合专网、独立专网三大主流组网模式基本成熟。

18.3 工业互联网标识解析体系

2022 年，以国家顶级节点"5+2"架构为核心的工业互联网标识解析体系全面建成，标识覆盖汽车制造、电子信息制造、高端装备制造等 39 个重点行业，形成了全方位、立体化的产业生态，工业互联网标识解析体系国际话语权和影响力不断提升，工业互联网标识解析体系正在进入规模化发展新阶段。

1. 工业互联网标识基础设施体系建设情况

工业互联网标识基础设施体系全面建成，国家顶级节点能力不断增强，二级节点、递归节点部署稳步推进，基于标识的区块链新型基础设施加快部署。

国家顶级节点建成。工业互联网标识解析"5+2"国家顶级节点正式建成，包括北京、上海、广州、武汉、重庆五大国家顶级节点和南京、成都两大灾备节点。国家顶级节点业务管理和数据管理等系统持续升级。截至 2022 年 12 月底，标识注册总量超过 2342 亿个，国家顶级节点日解析量 1.4 亿次，灾备节点已为 22 个行业、52 家工业企业提供托管服务。**二级节点覆盖全国。**截至 2022 年 12 月底，累计接入国家顶级节点的二级节点共 265 个，分布于 31 个省（自治区、直辖市），覆盖 39 个行业，累计接入企业节点近 24 万家。**递归节点部署稳步推进。**全国共部署了 16 个递归节点。其中，中国联通在江苏、山东、广东、辽宁、黑龙江、浙江、上海、江西建设的 8 个递归节点稳定运行且开展阶段性验收工作，中国移动在上海、江苏、重庆、浙江、广东、陕西、黑龙江建设的 7 个递归节点顺利上线，山东持续推进入网对接测试等工作。**基于标识的区块链新型基础设施加快部署。**以标识为切入口，融合区块链技术的"星火·链网"新型基础设施已上线超级节点 5 个、骨干节点 8 个，新型分布式标识 BID 有效赋能数字原生资产、星火印可信存证等多场景。

2. 工业互联网标识行业应用创新发展情况

工业互联网标识行业应用以模式创新和应用推广为主线，坚持按行业施策，逐步向纵深发展，打造智能化、敏捷化、柔性化的生产组织方式，提质降本增效明显。

行业标识应用指南陆续发布。中国信息通信研究院积极编制垂直行业应用指南，支撑工业互联网产业联盟面向 14 个重点行业发布《工业互联网标识行业应用指南》，为垂直行业产业链相关参与方提供标识应用示范标杆。**标识应用服务体系逐步完善。**供应商名录日益丰富，中国信息通信研究院累计发布两批标识应用供应商名单，共 37 家企业进入名录。工业互联网标识解析公共服务支撑平台已对接汽车、船舶、电子等 15 个行业标识应用子平台，持续丰富标识应用产品服务体系。**主动标识载体部署规模不断扩大。**主动标识应用模式持续增加，已形成危险品监管、设备远程运维、数据双向安全监控等典型应用模式。工业互联网标识产品与设备服务平台建设完成并正式上线运行。截至 2022 年 12 月底，累计完成仪器仪表、汽车、船舶等领域超过 2100 万枚主动标识载体部署。

工业互联网企业从实际需求和痛点出发，深入挖掘标识解析体系价值，以标识服务应用，持续打造兼具示范效应和推广价值的标识应用。

案例一：标识解析体系实现产品全生命周期管理。南京钢铁有限公司对钢铁制造现场使用的各种制钢设备，以及上游的原材料、制成的钢产品进行唯一标识，通过建设标识解析二级节点，可以关联查询到企业内不同信息系统，获得对应跨企业、跨区域，以及产业链上下游中与这些设备、原材料、产品相关的数据，从而构建起全流程、全要素的数字镜像系统，实现数据驱动的智能运营。通过标识解析，企业客户库存率大幅降低，产业链生产总周期缩短 15%，同时供应链节点企业的信息协同能力增强，工作人员作业效率提高 60%～80%。

案例二：标识解析体系实现生产智能化效率提升。广州裕申电子科技有限公司在印制电路板（PCB）生产流程中，首先在同类型机台上，对加工各类原材料所需设置的生产参数组合，进行大量前置测试，生产人员上机台生产仅需通过机台设备自带的扫码设备就可以读取原材料标识，接入原材料信息，再与数字化的作业指导书智能匹配形成推荐参数组合，15 分钟内即能完成调试并开始正式生产。同时，智能参数管理系统还支持本地机台对推荐参数进行优化，优化后的参数可上传云端作为对应机台的专用参数组合，为工业智能应用并实现自我学习、自我完善提供丰富的数据样本。通过标识解析，企业生产效率提高，用于测试的覆盖膜材料损耗量从原来平均每次耗费 12500 平方厘米、10 片左右下降为 3750 平方厘米、3 片以内，良品率从 96%提高至 98%。

3. 工业互联网标识产业生态构建情况

工业互联网标识产业生态日益繁荣，政府部门、供应商、应用企业等主体共同推进工业互联网标识技术标准、公共服务、标识监管和产业宣贯等多项工作，工业互联网标识产业生态圈基本形成。

技术标准不断完善。标识注册、标识权威解析、递归解析等核心软件系统源码实现 100%自主编写。2022 年 10 月，国家标准化管理委员会发布我国工业互联网网络领域首个国家标准《工业互联网总体网络架构》，截至12月底，工业互联网标识解析领域在研国家标准5项，在研行业标准99项。

公共服务能力日益完善。 中国信息通信研究院分别在北京、重庆建设工业互联网数字化转型促进中心，并在西安建设煤炭行业工业互联网数字化转型促进中心，提升标识产业生态基础服务能力。数据智能服务中心（Decentralized Data Intelligent，DDI）、星火开放实验室、国家顶级节点展厅等服务载体建设运营有序推进。

标识有效赋能行业运行监测。 在工业和信息化部运行监测协调局的指导下，中国信息通信研究院已围绕家电、电气机械、器材制造等多个行业开展标识赋能运行监测，不断完善采集及统计分析方法，积累监测数据。截至2022年12月底，监测平台已在江西、辽宁、江苏等14个省（自治区、直辖市）落地，有效协助地方主管部门开展行业运行监测分析。

标识产业宣贯稳步推进。 工业和信息化部启动工业互联网园区"百城千园行"系列活动，引导政策、标识等七大要素进园区，推动巴南、沈阳、武汉、南京等多地园区开展标识节点建设。在工业和信息化部的指导下，中国信息通信研究院联合各地工业和信息化主管部门共同开展"标识中国行"活动，已在全国举办13场培训会，并围绕光纤、石化、船舶、白酒、材料、汽车和电力开展7场行业应用研讨会。中国工业互联网标识大会、标识创新应用大赛、星火杯区块链大赛等多项产业活动持续推进标识应用创新发展。

4．工业互联网标识国际拓展情况

工业互联网标识领域国际业务、国际合作实现双突破，我国在相关领域的国际话语权和影响力不断提升。

国际节点建设稳步推进。 中国信息通信研究院持续推进泰国等国际节点建设，"星火·链网"首个跨境超级节点落地中国澳门，首个国际超级节点落地马来西亚，为跨国数字经济发展打造坚实底座。**国际化服务能力不断提升。** 超级账本工业特殊兴趣小组正式成立，为工业互联网标识、"星火·链网"国际化发展创造国际社群基础。**国际合作持续加强。** 中国信息通信研究院与全球企业、标准化组织、技术社群深化合作，思爱普和西门子等跨国企业相继接入"星火·链网"，构建高质量国际合作关系。**国际话语权逐步提升。** 中国信息通信研究院联合微码邓白氏发布《释放中国—东盟数字贸易发展潜力：新基建与新路径》，为中国—东盟数字贸易发展提供有益参考，并依托亚太地区电信标准化机构，提出两个新议题，切实增强我国网络空间话语权。

18.4　工业互联网平台

我国工业互联网平台发展态势良好，正在从起步探索期向规模化推广期迈进。我国平台产业培育成效显著，工业互联网平台规模与覆盖范围正在加速扩张，具有一定影响力的工业互联网平台数量超过150家，其中国家级"双跨"平台数量扩容至28家，服务企业数量突破720万家。同时，我国平台技术产品与特色解决方案创新活跃，边缘计算、建模分析、软件开发等平台基础支撑能力得到显著增强，面向各个行业与关键领域的深层次应用赋能水平正在持续提升。

在产业发展方面，我国以市场为牵引、以数据为驱动、以生态为核心的特色发展路线走向清晰，产业互联网企业、制造企业与 ICT 企业等产业主体正在加快融通赋能，进一步释放产业生态合力。

在产业交易流通领域，以互联网、工业电商企业为主导建设产业互联网平台，汇聚供需市场流量、打通产品流通渠道，在更大范围优化生产资源配置，全面提升个性定制、服务创新、供应链物流、金融等生产性服务能力，加快拉动中小企业转型升级。例如，上海电气打通"星云智汇"平台与"商和"产业链平台，连接 3.3 万家供应商及客户，订单互动超过 14 万条。在企业转型服务领域，以制造企业、工业人工智能企业为主导建设行业知识、数据知识型平台，在保障行业数据与工艺模型自主可控的基础上，加快业务与机理知识沉淀、"数据+机理"模型融合，打造撒手锏工业 App，实现面向行业、区域与领域的规模化赋能。例如，美云智数自研产供销工业软件，赋能 1000 多家企业，实现外部收入占比超过 70%；百度打造设备故障诊断解决方案，实现故障研判缩短到秒级，效率提升至百倍以上。在技术基础支撑领域，以信息通信技术企业为主导建设数字底座型平台，持续强化平台计算、存储与应用开发能力，打造生态赋能底座引擎、完善平台利益分配机制，实现对各个行业、领域专业服务商的整合与汇聚，有力支撑知识型平台与产业互联平台建设。例如，华为打造数据模型驱动引擎（DME），基于统一的元数据模型及开发框架，构建工业软件云原生生态体系。

在技术创新方面，我国工业互联网平台在边缘计算、数据集成、应用开发等多个领域技术产品成效显著，工业互联网平台供给能力大幅提升、产品化进程不断加快。

在边缘计算方面，边缘硬件产品正在加速功能集成与智能升级，如以研华科技为代表的 OT 厂商在工控机、控制器上叠加智能分析能力，以华为、浪潮为代表的 ICT 厂商推出面向工业现场的智能网关、超融合一体机等，加快 IT 技术能力向边缘渗透。"通用+实时"混合型操作系统成为创新热点，如东土科技发布 Intellwell 操作系统，支持 RTOS 与 Windows 系统同时运行。在数据集成方面，平台集成工具正在发生基础性创新变革，全面提升数据集成深度和流转范围。例如，华为基于海量业务对象、业务实体、业务属性与典型结构，抽象出 2 种模型、6 类关系，搭建统一元数据模型，支撑企业数据走向全面统一、互联互通。在应用开发方面，多端开发、行业低代码开发与边缘云原生开发创新持续涌现，开发一致性与敏捷性正在不断提升。例如，华为统一微内核操作系统，实现应用一次性开发，支持车间大屏、计算机、工人手机和手表等多端应用。格创东智打造工业极客低代码开发平台，以及流程型和离散型制造场景下的各类机理模型，利用微服务架构实现模块化封装，实现零代码加编码混合的敏捷开发。

在应用推广方面，我国工业互联网平台的场景应用、行业应用与区域应用展现出鲜明特征，平台应用价值加速显现，正在从单点优化走向规模化赋能。

在场景应用方面，生产管控场景仍为当前平台应用重点，占比高达 66%，其中设备管控、质量管理应用最为广泛，安环管理、能耗管理等绿色生产应用正在迅速崛起；经营管理场景应用次之，占比达 18%，其中库存管理、供应链与物流管理应用较为突出；研发设计、资源协同与运维服务应用的占比较小，分别为 6%、6% 与 4%，未来随着产业互联网平台能力的持续提升，资源协同领域的应用将得到进一步普及。在行业应用方面，位于产业链上游的行业，如电力、原材料等，平台应用成熟度较高，而消费品等位于产业链下游的行业，平台应用成熟度相对较低。分行业来看，原材料行业在生产管控与节能降耗方面的应用较为普及，装备制造行业注重产品研发设计与产品的全生命周期管理应用，电子信息行业侧重于质量管理与供应链管理应用，消费品行业则聚焦产品管理与后市场服务应用等。**在区域应用方面**，我国积极建设园区级、省市级工业互联网平台，当前主要布局政府管理与服务相关应用，如招商引资、政务服务、安全生产、环保监测、经济运行监测等，而产业公共服务应用仍有待进一步深化加强，如集采集销、备品备件共享等。

18.5 工业互联网应用

当前工业互联网融合应用加速从"点状探索阶段"向"规模普及阶段"迈进，工业互联网在智能工厂建设、数字供应链建设、行业数字化转型及中小企业数字化转型等不同领域、不同层次的应用呈现出新的发展趋势。

智能工厂建设推进蹄疾步稳，柔性制造成为重点发展方向。在国家政策引导与行业需求牵引等多重因素的影响下，我国制造企业积极推进智能工厂建设，涌现了大批试点示范，柔性化生产成为工业互联网在智能工厂建设中的重点发展方向。中国信息通信研究院的调研结果显示，2022年智能工厂调度排产与生产管控一体化案例占比较2021年提升6%以上，数字化成为应对"规模需求不足，个性需求提升"的重要手段。例如，中石油广东石化基于炼油生产智能调度优化平台持续加强一体化生产管控建设，实现原油调度、装置调度、成品油调度等全流程分段优化和集成优化，有效提高了炼油生产柔性程度。又如，安踏集团于2022年率先在行业内实现造粒数字化自动生产，应用智能系统进行自动排产派工，打造从排单、码垛到转运的全智能一体化运作体系，并在生产过程中根据订单数据自动匹配配方材料比例，显著提高了生产线柔性化水平，提升产线产能及效率，每年节约成本超过100万元。

供应链数字化转型进程加快，数字技术助力提升供应链弹性韧性。为保障生产经营稳定性，避免因原材料断供而导致的一系列生产延误问题及经济损失，各企业对供应链的关注程度显著提升，纷纷推进数字化供应链建设。中国信息通信研究院的调研结果显示，2022年企业应用数字化技术进行供应链一体化与产品全生命周期管理案例的占比较2021年提升2%，数字化技术的应用进一步提升了行业企业供应链的透明程度与弹性水平，为企业平稳生产与风险预警提供保障。例如，华鼎国联2022年启动仓库管理系统（WMS）云项目，为其锂离子动力电池生产业务建立集团统一的仓储管理平台，实现全过程质量安全追溯，同时基于云平台开放和互联能力连接供应链上下游，实现供应链端到端的可视化。

重点行业转型发展走深向实，新方向、新趋势不断涌现。其中，**装备行业**逐步加快对柔性制造探索，如比亚迪汽车工厂持续推进柔性生产线升级改造，开展多平台、多车型混流生产。**原材料行业**在节能减排政策下加大能耗、排放优化应用，如华新水泥2022年在黄石万吨水泥窑线开展升级改造，基于工业控制优化平台打造智能控制系统，实现全年再减碳6万余吨。**消费品行业**推进销售、设计、制造、采购的全流程协同优化，如雪花啤酒2022年在蚌埠工厂开展智能生产信息系统布局，使工厂具备供应协同和营销协同的快速反应能力。

中小企业成为转型重点领域。一是主要国家政府纷纷出台各类政策举措，加速推进中小企业数字化转型进程。美国中小企业管理局（SBA）牵头成立中小企业数字联盟（SBDA），通过为中小企业提供免费工具等方式促进电子商务应用。欧盟发布新的《欧洲创新议程》，旨在通过资金支持、人才培养等方式提升中小企业数字化、绿色化水平。我国持续完善中小企业转型支持政策体系，先后发布《关于开展财政支持中小企业数字化转型试点工作的通知》《中小企业数字化转型指南》等文件，以提升对中小企业转型的资源、理论支持。**二是新工具新模式不断涌现，支持中小企业实现低成本转型。**2021 年以来以黑湖小工单、飞书多维表格、钉钉生产类应用等为代表的一批低代码工具，在传统云制造执行管理系统（MES）的基础上进一步聚焦协同这一关键属性，通过更加轻量化的方式在中小企业间加速普及。与此同时，云化软件工具与平台的协同耦合程度不断提升，在企业允许的情况下，云化软件通过将部分企业数据上传至云平台，使企业资源显性化表达，并通过平台进行更广范围的深层次资源协同调度，带来了不同于单点云化软件应用与传统电商类资源平台应用的新型价值关系。例如，京东工业 2022 年推出 SaaS 工业采购支付应用，将中小企业连接到供应链金融生态，助力获取金融资源。**三是公共服务载体成为推动中小企业数字化转型的重要力量，**如美国 2022 年推出 AM Forward 计划，旨在通过投资中小企业，支持其应用增材制造等新技术，提升供应链弹性；欧盟委员会通过"欧洲数字创新中心工作计划"，旨在加强中小企业数字化服务水平。与此同时，我国也在不断完善中小企业数字化公共服务载体建设，《中华人民共和国国民经济和社会发展第十四个五年规划和 2035 年远景目标纲要》明确提出，"在重点行业、区域建设一批国际水准数字化转型促进中心"，在宏观政策指导下中国信息通信研究院发起"国家工业互联网数字化转型促进中心共建合作倡议"，中国生物、华能集团等行业龙头加速开展行业数字化转型促进中心建设。

18.6　工业互联网安全

1. 工业互联网安全风险突出形势严峻

随着网络攻击的敏捷化和智能化，网络攻击成本在不断降低，攻击方式也更加先进，针对工业领域的供应链攻击、勒索软件攻击、地缘政治相关黑客攻击等网络威胁持续上升。2022 年，丰田供应商遭受网络攻击、美国工业巨头 Parker Hannifin 遭勒索软件攻击、俄乌网络战等，导致丰田汽车大规模停产，泄露数 GB 的敏感文件，多家重点工业企业受到冲击。同时，我国工业领域网络安全态势不容乐观，一方面，针对工业领域的网络攻击频次增加，波及企业范围进一步加大。据统计，2022 年累计监测发现，工业领域遭受网络攻击 7975.4 万次，同比增长超过 23.9%，遭受网络攻击企业数量累计超 1.8 万家，同比增长 50.9%。另一方面，网络攻击重点瞄准电子信息制造、汽车制造业等。监测发现，电子信息制造业仍是网络攻击的热点行业，以僵尸网络感染、非法外联通信、漏洞利用行为为主，针对汽车制造业的网络攻击以僵尸网络感染、木马后门感染为主。此外，来自境外 IP 的网络攻击屡增不减，2022 年累计监测发现，来自境外 IP 的网络攻击占网络攻击总数的 62.3%，同比增长超过 20%，主要来自美国、加拿大、德国等国家，其中来自美国的网络攻击数量最多，占境外网络攻击总数的 10.7%。

2. 工业互联网安全工作体系不断升级，地方企业实践日益深入

我国工业互联网安全工作步入落地深耕新阶段，分类分级管理不断深入，政府、行业、产业协同推进格局进一步形成。一是深度行活动全国开展，工业互联网安全工作深入落地。2022 年 5 月，工业和信息化部办公厅印发《关于开展工业互联网安全深度行活动的通知》，指导组织 20 余省（自治区、直辖市及计划单列市）开展分类分级管理、政策标准宣贯、资源池建设、应急演练、人才培训、赛事活动等工作。分类分级管理企业规模扩大至数千家，各地遴选出一批工业互联网安全专业服务机构、优质产品和解决方案、赛事活动和应急演练深入开展推动工业互联网安全管理、服务、人才、产业协同发展，工业互联网安全保障水平得到进一步提升。二是标准体系持续构建。2022 年，在《工业互联网综合标准化体系建设指南（2021 版）》和《工业互联网安全标准体系（2021 年）》的基础上，我国持续开展工业互联网安全标准研制工作，深入推动分类分级安全防护、安全管理和安全应用服务等重点标准研制，结合产业实际需求，对关键要素相关标准"查漏补缺"。全国通信标准化技术委员会/中国通信标准化协会、全国信息安全标准化技术委员会、工业互联网产业联盟及其他组织持续推动开展工业互联网安全标准研制工作，取得积极进展。三是示范引领作用加速凸显。2022 年，工业互联网试点示范持续开展，安全类试点示范面向分类分级管理、工业控制系统网络安全创新应用、垂直行业安全解决方案、安全服务创新载体和新技术融合创新应用等 7 个细分方向，遴选出 29 个试点示范项目，涌现出一批钢铁、轻工、冶金等行业分类分级优秀实践，人工智能、威胁智能分析防御、边缘计算等新技术不断应用于安全防护方案，确保5G 全连接工厂、智能制造等应用场景安全可靠。

3. 工业互联网安全技术保障不断夯实，产业发展稳步前行

面对日益严峻的工业领域网络安全形势，产业各方充分发挥各自优势，不断加大安全技术保障力度，产业支撑体系加速构建。一是技术保障能力不断巩固夯实。工业和信息化部建设"部—省—企"三级工业互联网安全监测服务体系，已覆盖 31 个省（自治区、直辖市），以及电子、航空等 14 个重要行业，以及中芯国际、昆钢集团等 27 家重点工业企业，海尔、浪潮等 11 家重点工业互联网平台企业建成企业安全综合防护系统并与国家监测平台对接，风险监测发现、通报预警、威胁处置能力不断提升。二是安全公共服务水平持续提升。工业互联网创新发展工程持续实施，带动突破平台安全、工业控制系统安全、5G 安全等核心技术研究，研发了一批网络安全攻击防护、漏洞挖掘、态势感知、追踪溯源等安全产品。建成了 30 余个安全公共服务平台，在近 15000 家企业进行应用推广，累计提供风险评估、安全监测、应急处置等安全服务超过 51 万次，服务工业中小企业超过 8000 家。三是安全投融资领域展现积极活力。工业领域网络安全市场关注度得到不断提升，资金不断注入，如2022 年，天地和兴完成 D 轮近 7 亿元融资，双湃智安完成数千万元 Pre-A 轮融资，工业企业、网络安全企业等将资金投入工业互联网安全业务创新、市场拓展及技术研发，持续提升专业能力和业务服务能力。四是人才选拔培育稳步推进。中国信息通信研究院在全国范围内持续开展工业互联网安全人才能力评价、评估机构遴选、培训讲师培育、培训中心建设等，建设工业互联网安全人才库（工业和信息化人才库子库），将相关获证人员纳入工业和信息化人才数据库。

18.7　工业互联网产业

工业互联网的核心产业体系既包括汇聚工业数据、机理模型和创新应用的工业互联网平台及应用新领域，也包括工业软件、工业自动化、工业网络、工业装备以及工业安全等传统产业智能化升级变革的部分。当前工业互联网产业已经基本跨越起步探索期，正在向快速成长、规模化发展的新阶段迈进。

1. 工业互联网产业发展呈现高增长态势

我国工业互联网产业发展态势良好，产业规模进一步壮大。中国信息通信研究院测算，2022 年，我国工业互联网产业规模达到 12261 亿元，同比增长 13.2%。其中，工业互联网网络与标识解析领域规模达到 2919 亿元，增速为 17%；工业互联网平台与应用规模达到 3678 亿元，增速为 31%；工业互联网安全领域规模达到 329 亿元，增速为 24%；工业互联网自动化领域规模达到 3076 亿元，增速为 1.7%；工业数字化装备领域规模达到 2259 亿元，增速为 9%。

与此同时，资本市场对于工业互联网领域持续看好，投融资与创新创业表现活跃，不断为产业发展注入新动能。仅 2022 年上半年，我国新增工业互联网上市企业 24 家，首发累计融资规模 349.23 亿元，超过 2019 年及 2020 年的融资总和。工业互联网初创企业覆盖工业智能、工业软件、工业大数据、工业安全等多个领域，总量超过 3000 家，其中，工业智能初创企业数量有 1500 多家。

2. 工业互联网基础设施能力全面提升

我国工业互联网网络、平台、安全三大体系建设成效显著。**在网络方面**，高质量外网覆盖范围持续扩大，在地级行政区覆盖率达 89.7%，时间敏感网络、5G、边缘计算等在企业内网改造中加快应用，"5G+工业互联网"已从生产外围辅助环节向生产中心控制环节加速迈进，应用深度与广度持续提升。工业互联网标识解析体系基本建成，以五大国家顶级节点为核心、上连国际根节点、下连二级节点，上线行业和区域二级节点 265 个，覆盖 31 个省（自治区、直辖市）。**在平台方面**，我国工业互联网平台数量与增速位于全球前列，平台覆盖范围与供给能力均显著提升，根据中国信息通信研究院平台的评测数据，具备设备数据实时处理与优化能力的平台由 10%增长至 70%，有效支撑更加敏捷的工业生产过程管控服务；具备工业知识与数据建模能力的平台数量由 40%增长至 80%，加快以"数据模型+机理模型"提供更加精准的智能决策；建设软件应用市场的平台数量由 60%增长至 80%，基于平台的工业优化与资源整合能力得到持续提升。**在安全方面**，我国地方、行业、企业安全能力建设成效显著，覆盖国家、省、企业的三级安全技术监测服务体系基本建成，可覆盖 980 万台联网设备、近 14 万家工业企业、165 个重点平台，监测预警、威胁处置等保障能力有效增强。经 2020—2022 年监测发现，工业互联网整体被攻击成功比例由 2020 年年初的 30.5%下降至 2022 年年底的 14.7%。

3. 工业互联网加快带动传统工业体系变革升级

工业互联网正在带动我国工业自动化、工业装备、工业网络、工业软件等传统工业技术产业走向高端化、智能化。**在工业自动化和工业装备领域**，工业现场的装备自动化系统朝着软硬件解耦、硬件通用化集成化、软件灵活化多样化方向演进，工业 5G 模组、网关的研发和产业化加快推进，5G 可编程逻辑控制器（5G PLC）、云化可编程逻辑控制器（云化 PLC）、5G 自动导向车（5G AGV）、5G 机器人、5G 无人机等新的工业设备形态涌现，汇川、浙江中控、和利时、广州数控、福大自动化等一批企业正在快速发展。**在工业网络领域**，面向工业需求的 5G 组网模式不断成熟，5G、时间敏感网络（TSN）、边缘计算等新技术与工业网络走向深度融合。例如，长城精工搭建全国首个 5G 汽车柔性试制产线，采用 5G 传输，实现可编程逻辑控制器（PLC）与现场输入/输出之间的实时数据交互，以及主 PLC、HMI（人机界面）与 MES（制造执行系统）之间的非实时数据交互，简化了现场组网，赋予生产线柔性生产能力。**在工业软件领域**，传统软件依托工业互联网平台实现云化、解耦、重构，实现基于平台的功能编排、模型融合与数据集成，正在加速构建面向数据孪生发展趋势的新型软件形态。例如，华为与湃睿科技、安世亚太、益模科技等工业软件企业合作打造 SaaS 化 PLM、CAD、SCM 等产品，加快实现应用的高效敏捷开发、可持续集成与系统的灵活配置。

撰稿：王欣怡、张恒升、毕丹阳、王亦澎、李笑然、
侯羽菲、刘晓曼、王润鹏、陈影

审校：周晓龙

第 19 章　2022 年中国农业互联网发展状况

19.1　发展现状

党的二十大报告明确指出，加快发展数字经济，促进数字经济和实体经济深度融合。互联网是承载数字经济发展的重要基础，在推动网络信息产业发展和加速产业数字化转型等方面具有重大意义。

自"互联网+"行动方案提出以来，我国农业产业与数字经济加速融合，农业互联网领域取得快速发展。综合来看，2022 年，我国农业互联网主要呈现以下特点。

（1）基础设施不断完善。数据显示，截至 2022 年 12 月，我国农村网民规模达 3.08 亿人，同比增长 2371 万人，约占网民整体规模的 28.9%。农村地区互联网普及率达 61.9%，同比提升 4.3%，城乡地区互联网普及率差异持续缩小。全国农村宽带用户数再创新高，同比增幅达 11.8%[1]。

（2）产业应用持续渗透。数字技术已渗透到生产、管理、流通、销售等产业环节，数字技术与农业产业的融合应用不断深化。数字育种探索起步，智能农机装备研发应用取得重要进展，智慧大田农场建设多点突破，畜禽养殖数字化与规模化、标准化同步推进，数字技术支撑的多种渔业养殖模式相继投入生产，农业生产信息化率进一步提升。农村地区互联网教育、互联网医疗网民规模持续增长。2022 年，全国农产品网络零售额达 5313.8 亿元[2]，农产品电商再攀新高。

（3）政策扶持再次加码。2022 年，"互联网+农业"、数字农业等再获政策支持。从中央一号文件《关于做好 2022 年全面推进乡村振兴重点工作的意见》，到《"十四五"全国农业农村信息化发展规划》和《数字乡村发展行动计划（2022—2025 年）》，在这些 2022 年中央颁布的政策文件中，均提出了推进数字农业、智慧农业等加速发展的要求和目标。在政策引导下，数字农业加速前进。《"十四五"全国农业农村信息化发展规划》为我国"十四五"期间数字农业发展制定了明确的目标：到 2025 年，农产品年网络零售额超过 8000 亿元，农业

1　资料来源：第 51 次《中国互联网络发展状况统计报告》，中国互联网络信息中心。

2　资料来源：《2022 年中国网络零售市场发展报告》，商务部。

生产信息化率达到 27%，建设 100 个国家数字农业创新应用基地，认定 200 个农业农村信息化示范基地，建成 60 个以上国家数字农业农村创新中心、分中心和重点实验室。

19.2 涉农电商

2022 年，中央一号文件明确提出，实施"数商兴农"工程，推进电子商务进乡村，促进农副产品直播带货规范健康发展。加快实施"互联网+农产品"出村进城工程，推动建立长期稳定的产销对接关系。推动冷链物流服务网络向农村延伸，整县推进农产品产地仓储保鲜冷链物流设施建设，促进合作联营、成网配套。同年 4 月，中央网信办、农业农村部、国家乡村振兴局等五部门印发《2022 年数字乡村发展工作要点》，提出"深入实施青年农村电商培育工程"。

2022 年，在我国新冠疫情散点多发、农产品流通部分区域受阻的情况下，涉农电商延续之前的增长态势，依旧取得快速发展。据统计，2022 年全国农村电子商务网络零售额达 2.17 万亿元，同比增长 3.6%。分品类看，服装鞋帽针纺织品、日用品、粮油食品网络零售额位居前三。分地区看，东部、中部、西部和东北地区农村网络零售额占全国农村网络零售额的比重分别为 77.6%、14.0%、6.3% 和 2.2%（见图 19.1），同比分别增长 1.8%、12.0%、5.7% 和 15.3%。

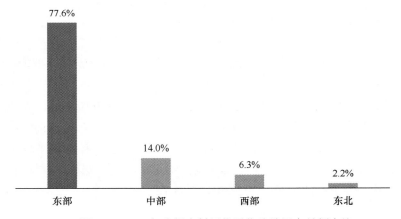

图19.1　2022年我国农村网络零售分地区交易额占比

资料来源：商务部。

2022 年，全国农产品网络零售额达 5313.8 亿元，同比增长 9.2%。分品类看，休闲食品、粮油、滋补食品网络零售额位居前三，占比分别为 17.3%、15.7% 和 11.9%（见图 19.2）。其中，滋补食品、奶类、粮油同比分别增长 28.8%、23.6% 和 15%。

在市场方面，2022 年涉农电商企业继续加大对农产品电商的支持。阿里巴巴、京东、拼多多等电商企业，通过流量倾斜、资金补贴等方式助农扶农。例如，阿里巴巴推出"热土计划 2022"，即 4.2 亿流量、11 万乡村主播、400 万人次帮扶等 18 项新举措；拼多多百亿补贴持续助农，从"多多农研科技大赛""农云行动"到丰收节助农；东方甄选火爆全网，半年时间商品交易总额（GMV）超过 48 亿元，将农产品电商带上风口浪尖。

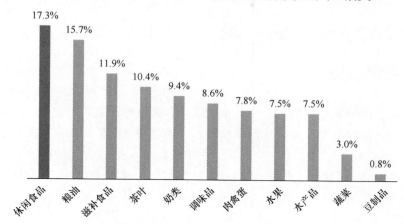

图19.2　2022年我国农产品网络零售分品类交易额占比

资料来源：商务部。

近年来，涉农电商发展迅速，在推动农产品上行、拓宽农民盈利增收渠道、推进乡村产业兴旺等方面作出了巨大的贡献。在《"十四五"全国农业农村信息化发展规划》中，进一步明确了推进涉农电商的发展目标：到 2025 年，我国农产品网络零售额突破 8000 亿元。涉农电商发展空间仍然巨大，积极推进"数商兴农"工程，未来可期。

19.3　农业信息服务

农业信息服务是指依托大数据、物联网、云计算等信息技术手段，以农业产业主体在生产和生活中的实际需求为导向，为其提供包含生产管理、农技学习、疾病诊断、文化教育等在内的专业化服务。

农业信息服务是提高农业主体生产效率、增加生活便利化、促进农业高效发展的重要手段。农业信息服务是伴随数字化和智慧农业发展的新兴服务方式。

2022 年，中央网信办等十部门联合印发了《数字乡村发展行动计划（2022—2025 年）》，提出了数字基础设施升级、智慧农业创新发展、新业态新模式发展、数字乡村治理能力提升等重点任务。同时，进一步明确行动目标：2023 年，数字乡村发展取得阶段性进展。网络帮扶成效得到进一步巩固提升，农村互联网普及率和网络质量明显提高，农业生产信息化水平稳步提升，"互联网+政务服务"进一步向基层延伸，乡村公共服务水平持续提高，乡村治理效能有效提升。

近年来，我国三农信息服务水平不断提升。农业信息服务体系相对健全，基层信息服务队伍不断壮大，农业信息服务平台不断搭建，多样化的信息服务模式也在加速应用。

截至 2021 年年底，全国利用信息化手段开展或支撑开展党务服务、基本公共服务和公共事业服务的村级综合服务站点达 48.3 万个，行政村覆盖率达到 86.0%。全国共建成运营益农信息社 46.7 万个，累计提供各类信息服务 9.8 亿人次[1]。

2022 年 12 月，农业农村部办公厅等印发《关于推介第四批农业农村社会化典型服务典型案例的通知》，公布了 22 个全国公共服务的典型案例。"互联网+教育""互联网+医疗健康""互联网+文化"等多样化的便民信息服务在全国各地落地开花。

19.4　智慧农业

"十四五"期间，数字化、智慧化持续向农业各领域和产业环节渗透，从智慧种业、智慧种植业、智慧畜牧到智慧渔业，从前端育种到中端生产再到后端销售和质量追溯，智慧农业在加速应用。自 2021 年以来，中央一号文件均将智慧农业发展作为主要任务。

2021 年，农业农村部新认定 106 个全国农业农村信息化示范基地，推进国家农业农村大数据平台、国家数字农业农村创新中心和国家数字农业创新应用基地等重大工程项目，建成 58 个国家数字农业农村创新中心、分中心，苹果、大豆、天然橡胶、棉花等 8 个大类 15 个品种的全产业链大数据建设试点稳步推进。

在智慧种业方面，《中国数字乡村发展报告（2022 年）》指出，目前种业加速发展，建成运行全球首个农作物品种 DNA 指纹库公共平台"全国种子检测与认证信息系统"，开发上线国家农作物种子追溯管理信息系统和全国种业投诉举报平台。

在智慧种植业方面，物联网、大数据、人工智能、卫星遥感、北斗导航等现代信息技术在种植业生产中加快应用，精准播种、变量施肥、智慧灌溉、环境控制、植保无人机等技术和装备开始大面积推广。2021 年，全国大田种植信息化率为 21.8%，其中小麦、稻谷、棉花三个农作物的生产信息化率相对较高，分别为 39.6%、37.7% 和 36.3%，玉米的生产信息化率相对较低，为 26.9%；2021 年，全国设施栽培信息化率为 25.3%，比 2020 年增长 1.8 个百分点。

在智慧畜牧方面，畜禽养殖数字化与规模化、标准化同步推进，现代信息技术在畜禽养殖全过程得到广泛、深度应用，在传统三大农业行业中处于领先水平。2021 年，全国畜禽养殖信息化率达 34.0%，其中，生猪和家禽养殖信息化率分别为 36.9% 和 36.4%。畜牧业综合信息平台、饲料和生鲜乳质量安全监管系统已实现对全国 18 万余个规模猪场、4200 多个生鲜乳收购站、5800 多辆运输车、300 余个牧场、1.3 万家左右持有饲料生产许可证企业的全面监管，畜牧业预测预警、市场调控、疫病防控、质量监管水平得到明显提升。

在智慧渔业方面，养殖水体信息在线监测、精准饲喂、智能增氧、疾病预警与远程诊断等数字技术与装备在渔业行业不断推广应用，数字技术支撑的工厂化养殖、稻虾养殖、鱼菜共生模式相继投入生产，渔业生产信息化稳步推进。由农业农村部信息中心编制的《中国数字乡村发展报告（2022 年）》对全国渔业生产信息化率的评价显示，2021 年，全国水产养殖信息化率为 16.6%，其中，蟹类、虾类、鱼类和贝类的生产信息化率分别为 23.6%、21.6%、20.9% 和 6.0%。

2022 年，智慧农业领域创投火热。数字化与育种、农机、农业解决方案等细分领域的结

合成为资本关注热点。科腾生物、岚江科技、小雨农智、爱科农等创业企业，获得了包括熊猫资本、顺为资本、IDG 资本、高瓴创投等一线投资机构在内的投融资。

2022 年，智慧农业领域产业化应用加速推进。7 月，由农业农村部大数据发展中心牵头，联合中国电信集团有限公司等多家公司共同研发的农业农村大数据公共平台基座研发成型。该基座构建了"1+8+N"的产品形态（1 套标准规范技术体系；包含数据采集、数据治理、数据管理、计算分析等在内的 8 大功能模块；N 个基础和扩展应用）。农业农村大数据公共平台基座的搭建，有助于实现农业农村的数据互联互通、资源共建共享。

总体而言，我国智慧农业处于起步阶段。据统计，我国 2022 年智慧农业市场总体规模达 743 亿元，智慧农业市场渗透率不到 1%。

19.5　数字乡村

数字乡村是乡村振兴的战略方向，也是数字中国建设的重要内容。实施数字乡村战略，有助于发掘信息化在乡村振兴中的巨大潜力，进一步解放和发展农村数字化生产力。

2022 年，中央网信办、农业农村部等多部门联合印发《数字乡村发展行动计划（2022—2025 年）》，部署了包含数字基础设施、乡村网络文化等在内的 8 个方面，并提出"到 2025 年，数字乡村发展取得重要进展。乡村 4G 深化普及、5G 创新应用，农业生产经营数字化转型明显加快，智慧农业建设取得初步成效，培育形成一批叫得响、质量优、特色显的农村电商产品品牌，乡村网络文化繁荣发展，乡村数字化治理体系日趋完善"的发展目标。

从实际应用看，数字乡村应用效能加速提升。2021 年，全国"三务"网上公开行政村覆盖率达 78.4%，较 2020 年提升 6.3 个百分点，党务、村务、财务覆盖率分别为 79.9%、79.0%、76.1%。"互联网+党建"成为农村基层党员干部和群众指尖上的"充电站"，"学习强国"等App 成为"互联网+党建"的新阵地。全国基层政权建设和社区治理信息系统已覆盖 48.9 万个村委会、11.7 万个居委会。

全国一体化政务服务平台在农村的支撑能力和服务效能不断提升。全国已建设 355 个县级政务服务平台，国家电子政务外网已实现县级行政区域 100%覆盖、乡镇覆盖率达 96.1%。

此外，乡村数字基础设施、数字网络文化、基层数字治理等建设也在加速推进中。

19.6　发展挑战

（1）人才队伍储备不足。近年来，受新冠疫情等因素的影响，我国各产业与数字化的融合速度加快，农业互联网迈入快速发展期。农业互联网的建设是一个长期、系统化工程，需要人才、资金和技术的持续投入。而当前我国农业经营主体的年龄普遍偏高，知识储备相对受限，对新一代互联网技术的认知不足，部分主体对于互联网技术的应用仍存在怀疑、否定和不接受的情况，这阻碍了互联网技术的产业化应用与推广。农业互联网的建设与推进迫切需要一批既懂互联网又懂农业的跨学科应用人才。尽管近年来部分高校开设了智慧农业相关专业，为社会输出了一批专业人才，但在产业实践中，农业互联网的人才缺口依然较大。

（2）产业化应用过程相对缓慢。农业互联网从基础设施建设到产业技术和设备的应用，均需要大额资金投入。当前，农业互联网的投资主体以政府为主，投资方向聚焦在数字化基础设施建设上，但是经营主体的自主投资比例相对有限。一方面，对于农业经营者而言，农业投资回报周期长，资金需求量大，多数主体存在资金不足或者意愿不强的情况；另一方面，对农业互联网服务提供商而言，鉴于经营主体业务及经营模式的巨大差异，数字化建设过程中的个性化需求较多，难以实现产品规模化的复制，导致企业研发成本较高。因此，经营端的资金短缺与服务端的研发高成本，造成了农业互联网技术应用相对缓慢，经营主体自主投资意愿相对较弱。

（3）数据资源要素利用不足。近年来，从中央到地方政府制定了一系列推进数字农业建设的规划文件，农业数字化建设得到普遍共识。但在实践过程中，存在顶层设计与基层落地匹配的难题。一方面，有关数字农业建设的相关法律法规、产权制度、经营方式等方面仍存在部分短缺或模糊不清的问题，导致地方政府和经营主体执行相对困难；另一方面，产业数字化的推进需要不同层面、多个主体的协同用力，难免出现主体配合度不高，进而导致数据割裂、数据要素利用不充分等问题。

撰稿：于莹、彭澎
审校：李想

第 20 章　2022 年中国智慧城市发展状况

20.1　发展现状

1. 政策环境

智慧城市是推动城市治理体系和治理能力现代化的必由之路。2022 年，党的二十大报告明确提出打造宜居、韧性、智慧城市，国家出台多项政策强调高质量推进城市数字化、智慧化建设。2022 年 1 月，《国务院关于印发"十四五"数字经济发展规划的通知》（国发〔2021〕29 号）要求，深化新型智慧城市建设，提升城市综合管理服务能力，完善城市信息模型平台和运行管理服务平台，因地制宜构建数字孪生城市。2022 年 3 月，《2022 年新型城镇化和城乡融合发展重点任务》（发改规划〔2022〕371 号）提出，加快推进新型智慧城市建设，坚持人民城市人民建、人民城市为人民，建设宜居、韧性、创新、智慧、绿色、人文城市。2022 年 6 月，《国务院关于加强数字政府建设的指导意见》（国发〔2022〕14 号）要求，推进智慧城市建设，推动城市公共基础设施数字化转型、智能升级、融合创新，构建城市数据资源体系，加快推进城市运行"一网统管"，探索城市信息模型、数字孪生等新技术运用，提升城市治理科学化、精细化、智能化水平。

标准规范建设成为引领智慧城市建设的重要抓手。 智慧城市建设需要科学合理的标准规范进行指导，智慧城市标准体系建设正日益受到业界关注。2022 年 4 月 1 日起正式实施的 GB/T 41150—2021《城市和社区可持续发展——可持续城市建立智慧城市运行模型指南》作为我国智慧城市标准体系的重要组成部分，在指导智慧城市顶层设计、规范技术架构、促进融合应用等方面发挥了重要作用。GB/T 33356—2022《新型智慧城市评价指标》以评价指标的形式明确了新型智慧城市重点建设内容及发展方向，指导各级政府清晰了解当地建设现状及存在问题，有针对性地提升智慧城市建设的成效。T/CICC 3704—2022《城市大脑　术语》、T/CICC 3705—2022《城市大脑顶层规划和总体架构》、T/CICC 3703—2022《城市大脑数字神经元基本规定》等首批城市大脑系列标准为我国城市大脑、智慧城市等领域的发展提供了有益的参考和指引。ISO 37172—2022《智慧城市基础设施——基于地理信息的城市基础设施数据交换与共享》聚焦智慧城市数据交换与共享领域，提出了基于地理信息的城市基础设施数据交换和共享的发展目标及内容概述，并阐述了数据交换共享的框架及在不同领域的应用场景。

场景创新成为推动智慧城市高质量发展的重要路径。 科技部等六部门发文加快推动人工智能场景创新，探索人工智能发展新模式、新路径，以人工智能高水平应用促进经济高质量发展。福建省发展和改革委员会开展 2022 年度数字技术创新应用场景征集遴选活动，推动数字技术与各产业深度融合、在各领域广泛应用，做大做优做强数字经济。长沙市对外发布 193 个智慧城市应用场景，启动新型智慧城市重点领域解决方案比武活动，共吸引全国 273 家科研机构、优秀企业"揭榜"，征集到有效解决方案 379 个。重庆市大数据应用发展管理局围绕东数西算、数据开放两个领域面向社会公开发布 2022 年重庆市新型智慧城市建设场景第一批清单，以智慧城市应用场景开放推动大数据等新一代信息技术产业的招商引资和企业培育工作。北京市经济和信息化局征集智慧城市领域相关前沿技术，梳理智慧城市场景的技术难点和痛点，促进技术研发单位与场景应用机构联合攻关，促成场景开放合作项目和标杆前沿技术成果落地。

2. 产业发展

智慧城市投资迅速增长。据 IDC 分析，2022 年政府主导的智慧城市 ICT（信息通信技术）市场投资规模为 214 亿美元，同比增长 21%，其中软件和硬件投资增长率略降，服务投资增长率上升明显，总体上我国智慧城市的投资保持乐观增长。2022 年，随着县域新型智慧城市、城市大脑、一网统管、城市生命线等热门领域的蓬勃发展，其相关投资也在逐步增加。

智慧城市产业新赛道不断涌现。数字孪生和元宇宙成为 2022 年智慧城市建设的关键词，相关领域企业纷纷加入智慧城市产业新赛道。据 IDC 统计，目前仿真推演、可视化、交互控制、城市信息模型等数字孪生市场板块均是十亿级市场规模，相关企业在数字孪生解决方案方面的营收增长率普遍超过 50%。2022 年，我国元宇宙市场投融资持续活跃，相关领域产值呈现指数级增长，涌现出了"元宇宙+医疗""元宇宙+教育""元宇宙+景区"等一系列新场景。

3. 技术发展

泛在感知技术进一步夯实智慧城市基础支撑。自 2022 年以来，我国正式进入"物超人"时代，物联感知终端规模化部署，进一步优化城市神经网络，夯实智慧城市基础支撑。城市感知体系中多项目、多用户、海量设备设施异构数据的生产，对统一数据标准和先进接入技术提出新的需求。随着物联网技术与新一代信息技术融合创新，物模型标准体系持续完善，软硬件进一步解耦，物联网资源虚拟化及面向多场景的动态重构能力实现突破，物联网感知终端接入门槛降低，设备部署及服务响应的伸缩性、敏捷性、智能性大幅提升，推动万物互联向万物智联迈进。

AI 技术加快智慧城市升级演进。AI 通过结合数据库、自然语言处理、计算机视觉等技术，有效促进传统智慧应用转型升级，推动智慧城市从网络化、数字化向智慧化加速提升，促进城市精细化发展，推动城市高效运转和可持续发展。目前，AI 在智慧安防、智慧应急、智慧交通、智慧水务、智慧能源等场景的应用明显增多，结合城市应用场景的算法种类明显增长。随着多维度复杂场景的推理增多，需要更多地利用 AI 技术进行横向多事件维度及纵向多时间维度的关联，AI 将赋能更多城市的场景建设。

数字孪生技术为智慧城市建设注入新活力。当前智慧城市建设正在向数字孪生城市方向探索迈进，数字空间与现实空间深度融合加速推进，数字孪生进入大集成大融合新阶段。

伴随数字孪生城市的快速推进，地理信息系统（GIS）、建筑信息模型（BIM）、可视化渲染、物联网、模拟仿真等各领域厂商纷纷布局低代码平台，支持应用场景自由搭建、灵活扩展及多样化部署，提高数字孪生城市建设效率。神经辐射场（NeRF）技术成为 2022 年计算机视觉领域最火的 AI 技术，可以实现从二维图像到三维场景的快速生成，高效构建大尺度、精细化的数字孪生城市模型，缩减三维建模成本。此外，视频融合建模成为数字孪生城市的发展重点，通过创建视频画面与空间位置的关系，将 AI 结构化计算与时空计算相结合，为数字孪生城市供给连续的单体化对象，实现视频画面和三维场景的无缝融合、沉浸式浏览。

20.2　应用场景

1. 智慧水利

《中华人民共和国国民经济和社会发展第十四个五年规划和 2035 年远景目标纲要》明确要求"构建智慧水利体系，以流域为单元提升水情测报和智能调度能力"，水利部将智慧水利建设作为推动新阶段水利高质量发展六条实施路径之一，在 2022 年全面推动以数字孪生流域为核心的智慧水利建设，以物理流域为单元、多维时空数据为底板、水利模型为核心、水利知识为驱动，对物理流域全要素和水利治理管理活动全过程进行数字化映射、智能化模拟，加快构建具有预报、预警、预演、预案（以下简称"四预"）功能的智慧水利体系。各地先行先试开展数字孪生流域建设，智慧水利建设取得阶段性成果。例如，太湖流域水利部门探索基于机器学习的多维动态水位流量预测模型在防洪和水资源调度中的应用；小浪底枢纽管理部门建成防汛调度和工程安全相结合的"四预"应用，探索大型水利工程数字孪生建设可行模式；深圳市水务部门构建数字孪生流域知识平台，分析不同降雨情势下各类溢流污染成因对河道水质产生的影响。

2. 智慧住建

党的二十大报告提出，"加强城市基础设施建设，打造宜居、韧性、智慧城市"。提高城市规划、建设、治理水平，打造宜居、韧性、智慧城市，成为党的二十大之后城市建设工作的目标任务。住房和城乡建设部发布的《"十四五"工程勘察设计行业发展规划》《"十四五"住房和城乡建设科技发展规划》等文件明确提出推进 BIM 全过程应用和城市基础设施数字化、网络化、智能化技术应用，并将北京市等 24 个城市列为智能建造试点城市。目前，各地在城市基础设施智慧监管、城市信息模型（CIM）平台建设与应用、工程建设、历史文物建筑保护等住建领域数字化应用方面不断深入。例如，合肥市构建智慧化城市生命线安全运行监测体系，覆盖燃气、桥梁、供水、排水、热力、消防、水环境、综合管廊八大领域，实现各类城市生命线监测运行状态透彻感知、智慧分析和精准处置；广州市建成全国首个 CIM 基础平台，形成全市"一张三维数字底图"，初步实现工程建设项目审批四个阶段的三维数字化辅助报审；苏州市全面推进智慧工地建设，广泛开展建筑机器人、BIM、建筑产业互联网等智能建造装备和技术应用，同时依托高精度测绘、三维扫描、高清航拍等技术，对文物建筑和园林进行精细化三维建模，探索文物古建数字化保护路径。

3. 智慧商圈

2022 年 4 月，《国务院办公厅关于进一步释放消费潜力促进消费持续恢复的意见》发布，提出"积极拓展沉浸式、体验式、互动式消费新场景"。2022 年 12 月，商务部公布首批全国示范智慧商圈、全国示范智慧商店名单，北京市三里屯商圈等 12 个商圈、三里屯太古里南区等 16 个商店入选。各地积极引入新理念、新技术、新业态、新模式推动传统城市商圈进行数字化、智能化升级改造，满足消费者品质化、多样化的消费需求。例如，杭州市西湖区文三数字生活街区打造全国数字生活第一街，上线运行智慧停车、云逛街小程序、平行世界、高德一键游等数字场景，聚焦"视、听、触、味、嗅"等全方位感官体验，运用前沿技术重构传统消费内容；重庆市解放碑—朝天门商圈不断完善多功能智慧灯杆、智能垃圾回收站、智慧公厕、多功能智能座椅等智慧硬件设施，引导大型商业综合体开发运用无人购物、智慧导购、智慧物流等技术，智能货架、虚拟试衣镜等沉浸式智慧场景覆盖率近 40%。

20.3 建设管理模式

1. 总体设计推动智慧城市建设整体协同

智慧城市建设是具有"三融合五跨越"[1]特性的复杂巨系统，是一项体系工程/系统工程（System of System）。以往由于缺乏总体设计，智慧城市建设往往背离整体性、系统性，存在碎片化、割裂化的项目式设计与建设，导致业务敏捷性差、互通性协作性差、需求侧体验不佳。总体设计有助于理顺智慧城市需求方、集成商、项目实施方等多利益相关方协同合作关系，划清协作界面，通过将智慧城市总体愿景分解为典型业务场景，通过业务架构、数据架构、应用组件架构、技术集成架构设计，指导具体实施项目建设，确保智慧城市建设整体协同、系统推进。例如，2022 年 1 月，北京市朝阳区招标采购"城市智慧大脑"总体设计，围绕朝阳区发展环境、发展战略等，明确朝阳区"城市智慧大脑"的标准规范、架构设计和实施路径。

2. 全过程工程咨询推动智慧城市项目闭环管理

根据《建设项目全过程工程咨询管理标准》，"全过程工程咨询"是指咨询人在建设项目投资决策阶段、工程建设准备阶段、工程建设阶段、项目运营维护阶段，为委托人提供包括技术、经济、组织和管理在内的整体或局部的服务活动。随着我国智慧城市项目建设水平的逐步提高，为更好地实现投资建设意图，投资者或建设单位在智慧城市项目投资决策、工程建设、项目运营过程中，对综合性、跨阶段、一体化的咨询服务需求日益增强。开展智慧城市全过程工程咨询，形成各环节有序衔接、有效贯通、整体联动的全流程闭环管理模式，能够提升智慧城市项目建设的质量和成效。例如，2022 年 10 月，广东省潮州市招标采购智慧城市建设项目前期咨询和全过程管理服务，为潮州市智慧城市建设项目开展项目审核服务、统筹管理服务和专项管理咨询服务。

---

1 "三融合五跨越"指技术融合、业务融合、数据融合，跨层级、跨地域、跨系统、跨部门、跨业务协同。

20.4　典型案例

1. 浙江省

2022 年，时任浙江省省委书记袁家军指出浙江省智慧城市要"以信息化为引领，以城市为主体，以产业为支撑，以民生为目标，构建全省智慧城市发展新格局"[1]。

1）重点举措

一是发挥政府统筹推动作用。 成立智慧城市建设试点领导小组和浙江省智慧城市建设决策咨询委员会，负责项目统筹协调和顶层设计。各地市出台一系列推进智慧城市建设方面的政策意见，推动智慧城市发展。

二是推进"城市大脑"建设与应用。 基于云计算、大数据、物联网、人工智能等新一代信息技术，构建支撑经济、社会、政府数字化转型的城市大脑，推动新一代信息技术与城市现代化深度融合。

三是打造一体化数字资源系统（Integrated Resources System，IRS）。 统筹整合全省政务数字应用、公共数据和智能组件等海量的数字资源，厘清浙江省跨层级、跨部门、跨业务的信息化成果，打破原来各类政务信息系统的属地化、层级化管理的界限，形成全省域政务数字资源高效配置的新格局。

四是建立"一地创新、全省共享"的工作机制。 充分激发基层改革创新活力，推动省级单位吸收采纳基层提出的简表单、减材料等优化建议，将基层"领跑者"标准作为全省统一标准，全面提升全省政务服务均等化水平。

2）建设成效

"城市大脑"让城市更聪明。 浙江省初步建立"系统大脑+领域大脑+城市大脑"的架构体系，推进 23 个领域、11 个设区市"城市大脑"的建设升级，截至 2022 年年底，依托于"大脑"提前感知、智慧研判、辅助决策的特性，已在农业、公安、教育、交通等领域得到广泛应用。

数据资源共享效率提升。 数字资源系统自启动以来，对浙江省政务系统的信息化基础设施、公共数据、应用系统、算法组件等数字资源进行了全面普查，形成了浙江省数字资源的智能化"总账本"。通过"总账本"，各地各部门可快速掌握本省内数据资源情况，一站式浏览、获取所需的数据资源与应用服务。

基层应用创新日益丰富。 自实施"一地创新、全省共享"以来，浙江省各地涌现出一批智慧治理类应用及利企、便民类应用。例如，杭州富阳"医学检查检验结果互认共享"、平湖"数字农合联"、嘉兴"平原地区台风洪涝风险智控应用"等地方特色应用均在全省范围内得以推广。

2. 太原市

太原市是我国中西部的重要城市之一，是京津冀向西辐射的重要支点。作为山西省首批

1　资料来源：《以习近平总书记重要论述为指引全方位纵深推进数字化改革》，袁家军，《学习时报》。

省级新型智慧城市试点市，太原市把优政、便民、利企、兴业作为新型智慧城市建设的落脚点，为推动全省新型智慧城市建设贡献"太原智慧"。

1）重点举措

一是夯实数字基础设施。包括持续推进网络基础设施普及建设、提升数据中心算力设施服务能力、推动工业互联网融合基础设施建设、加快推进城市视频监控网络建设等。

二是推进公共服务公平普惠。围绕惠民服务领域，加快推广"一网通办、全程网办、我来帮办"等政务服务新模式，推动医疗、教育、社区治理等领域一系列智慧场景落地。

三是繁荣新型智慧城市产业生态。联合智慧城市领域各个行业头部企业及省内外优秀企业112家负责人举办新型智慧城市发展联合会，通过政府引导、多方参与创新智慧城市建设运营模式，推动智慧城市产业发展。

四是注重政策引领。制定《太原市新型智慧城市发展规划（2022—2025年）》，通过夯实数字底座、深化一网统管、发展数字经济、推动产业升级、创新惠民服务等一系列举措，将太原市打造成领跑中部区域的"智慧龙城"。

2）建设成效

数字底座持续夯实。截至2022年年底，太原市累计建设5G基站11899座，实现城区、乡镇5G网络全面覆盖，重点行政村基本覆盖，5G建设速度和质量稳居全国第一方阵。固定宽带建设水平居全国前列，全市实现光网全覆盖。数据中心算力设施服务能力逐步增强，全市建有数据中心37个，建成国家超算中心——太原中心，"太行一号"投入运行，太原国家级互联网骨干直联点正式开通，算力水平在中部地区领先。

信息惠民建设不断深化。截至2022年年底，太原市审批服务事项可网办率达92%，累计帮办各类事项5000余件。太原市为全市414万居民建立了健康档案并陆续向医院及患者开放查询、挂号、付费、报销等服务。教育信息化取得长足发展，建成万兆级教育城域网和"云计算"数据中心，接入学校（单位）415所（个）。万柏林区智慧社区建设成效初显，建成基层治理赋能平台，推进基层工作便捷化，群众服务便利化，政府决策科学化，逐步构建共享共治基层治理新格局。

数字经济日益繁荣。数字产业化成效初显，中电二所、中电科风华、富士康、山西烁科等产业链头部企业集聚太原，数据要素产业亮点频出，山西数据流量生态园入园企业突破200家，龙芯、麒麟、百信等信创领军企业入驻太原。产业数字化转型不断提速，太钢不锈、智奇铁路、科达自控入选国家级智能制造试点示范企业，数字农业、农村电商强力支撑乡村振兴。在赛迪顾问数字经济产业研究中心评选的"2022年数字经济发展百强城市"中，太原市居第33位。

3. 苏州工业园区

苏州工业园区（以下简称"园区"）是中国和新加坡合作的重要项目，被誉为"改革开放的重要窗口"和"国际合作的成功范例"，致力于通过"数字园区"建设，打造非凡园区、世界一流高科技园区，为数字中国贡献园区方案。

1）重点举措

积极探索"SIP数治"新范式。园区以政府数字化转型引领经济社会数字化发展，提出"一个数字政府、一座数字新城、一种数字生活"的数字化发展新图景，以数字化场景牵引技术创新和市场应用，激发政府治理创新活力，构建智慧化（Smart）、整体性（Integrated）、平台型（Platform）"SIP 数治"新范式。

创新提出"54321"数字化工作新路径。建立一套组织架构负责统筹、一批 CDO（首席数字官）具体推动、一支专员队伍技术支撑、一个国资大数据公司统一建运、一个大数据协会营造生态的"5"个一工作格局；聚焦推动政务服务"一网通办"、经济发展"一网提优"、城市治理"一网统管"、政府运行"一网协同""4"个一体化转型；着力加强系统优化整合、数据汇聚治理、场景开发开放"3"个重点工作；不断构建适应整体性一体化数字政府的"业务+技术""2"个运营体系；聚力打造"1"个高度集成的数字化底座。

2）建设成效

数字政府运转更加高效。园区"数园区·政务通""数园区·智中枢""数园区·疫防控"获评 2022 年度数字政府示范案例和典型案例。"数园区·政务通"（园区数字机关协同平台）实现跨部门沟通效率提升近 60%，公文处理时间缩短约 50%。"数园区·智中枢"（园区数字政府智能中枢）通过公共数据汇聚共享、公共能力统建共用，实现数字政府集约化建设、一体化赋能，广泛应用于政务服务、城市管理、安全生产等 200 多个应用场景。"数园区·疫防控"（园区疫情防控一体化平台）通过大数据手段归集疫情相关数据近 7000 万条，在实际流调溯源工作中，工作人员数量同比下降 30%，业务处置周期从原来超过 8 小时，缩短到 4 小时以内。

数字经济赋能更加强劲。截至 2022 年 12 月底，园区数字经济核心产业增加值占园区 GDP 比重达 24.6%，位居全市第一。"园芯品牌"稳步壮大，2022 年集成电路产业营收达 804 亿元，同比增长 14%，在全市占比近 70%；人工智能产值超过 800 亿元，集聚相关企业超过 1300 家；入选工业互联网国家新型工业化产业示范基地，获批江苏省首批"5G+工业互联网"融合应用先导区。

数字社会建设更加深入。园区积极落实教育数字化战略行动，成为工业和信息化部、教育部"5G 智慧教育"应用试点项目实验区，开启园区智慧教育 4.0 时代，金鸡湖景区上榜 2022 年度江苏省智慧旅游景区名录，"巴黎·我爱你"微型元宇宙展览亮相 2022 年首届"苏州金鸡湖中法文化艺术周"，园区"一网通办"平台、疫情防控信息化平台、"经济大脑"平台入选 2022 年智慧江苏重点工程。

20.5　发展挑战

1. 业务技术有机融合难

部门业务与信息技术的融合是信息化领域老生常谈的概念，但在实际落地的过程中，依然会得到部门和研发人员类似"系统不好用""需求难实现"等方面的反馈，原因大致分为以下三类：一是部分业务场景难以通过技术实现标准化和系统化，需要发挥业务人员主观能动性的业务，如矛调、维稳、扶贫等很难通过技术手段流程化解决；二是技术与业务匹配度有待提高，对业务部门需求沟通的不到位，只是一味地追求新技术，会导致技术引进并未真正解决问题；三是信息化人才的匮乏，信息化既是业务的信息化，也是人员的信息化，业务人员缺乏对技术的理解，导致其在面对问题时难以排查根源，无法与技术支持人员顺畅沟通，增加了部门业务流转的时间成本。

2. 部门层级数据壁垒严重

在数据共享开放的过程中，不同业务部门、不同层级间普遍存在数据壁垒，导致数据重复采集、系统重复建设、数据价值挖掘困难、部门协调乏力等诸多问题产生，原因主要包括：一是不能数据共享，不同部门信息化建设的技术和标准不同，导致数据格式、接口不匹配；二是不敢数据共享，出于对数据安全的考量，部门担忧数据造假、数据泄露会对国家安全、商业机密、个人隐私等带来风险；三是不愿数据共享，出于维护部门及个人自身利益（如职责、绩效、竞争等）的考量，不与其他部门开展数据对接。

3. 建设运营模式创新难

智慧城市主要由政府主导建设，目前面临着建设成本高、融资难、盈利难的挑战。一是项目聚焦于公共利益，政府主导的项目更多的是要考虑长远发展和社会效益，而非单纯收益；二是投资回报周期长，智慧城市建设需要大量资金，而获取收益又要等待相当长的时间，对于投资方的资金实力和抗风险能力有较高要求；三是商业模式不成熟，智慧城市作为一个复杂巨系统，其商业落地需要考虑多方的利益和需求，对市场需求分析和预测的不准确，会影响项目盈利。

撰稿：刘梦、罗光容、王浩男
审校：付伟

第 21 章 2022 年中国数字政府发展状况

21.1 发展现状

1. 电子政务国际排名达到新高

近年来，我国不断推进"互联网+政务服务""互联网+监管"建设，数字技术应用更加普及，全国一体化政务服务平台不断完善并发挥作用，电子政务已形成体系化推进路径。2022 年，我国数字政府服务能力水平进一步提升，数字政府建设已进入全面改革、深化提升的关键阶段。《2022 联合国电子政务调查报告》显示，我国电子政务发展指数从 2020 年的 0.7948 提高到 2022 年的 0.8119，电子政务水平在 193 个联合国会员国中排名第 43 位（见图 21.1），是自报告发布以来的最高水平，也是全球增幅最高的国家之一。其中，作为衡量国家电子政务发展水平核心指标的在线服务指数为 0.8876，居全球第 15 位，继续保持"非常高"水平（级别分组为"非常高、高、中等和低"）。

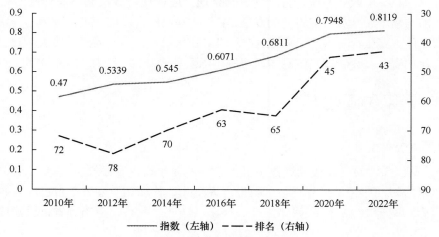

图21.1 我国电子政务发展指数及排名情况

2. 数字政府顶层设计不断完善

2022 年 6 月，国务院印发了《关于加强数字政府建设的指导意见》（以下简称《指导意见》），为各地方各部门全方位系统性推进数字政府建设提供了重要指导。《指导意见》明确提出"三个首次":一是首次确立了数字政府建设的总体战略定位,将数字政府建设作为引领和推进数字经济、数字社会和数字生态发展的必然要求,是建设网络强国、数字中国的基础性和先导性工程。二是首次阐明了数字政府建设的组织领导责任,各级政府在党委统一领导下,履行数字政府建设主体责任,谋划落实数字政府建设的各项任务。三是首次明晰了数字政府建设的五大任务体系,即系统化构建协同高效的政府数字化履职能力体系、数字政府全方位安全保障体系、科学规范的数字政府建设制度规则体系、开放共享的数据资源体系和智能集约的平台支撑体系,分阶段建成与政府治理能力现代化相适应的数字政府体系框架。

3. 各地数字政府建设进程持续提速

《2022 年数字政府服务能力评估》显示,我国省级和重点城市数字政府建设速度持续提升。一是政务上云率持续提高。64 个省级和重点城市政府均在稳步推进集约化政务云平台、政务数据中心建设及政务信息系统云迁移。超过 90%的省级和重点城市政府政务服务平台已实现办事系统的统一申报、统一查询、统一咨询、统一支付、统一评价等功能。二是各地组织机制改革持续深入。各省级政府和重点城市中设立数字政府工作领导小组、数据管理机构的地方数量继续增加,截至 2022 年 9 月,31 个省(自治区、直辖市)中,29 个地区成立了厅局级的政务服务或数据管理机构,20 余个地区印发了数字政府或数字化转型相关规划文件[1]。加强统筹领导推进数字政府建设基本达成共识,组建数据综合管理机构已成为各地推进数字政府建设的趋势。

4. 数字技术有力支撑数字政府创新实践

一是数据中台、区块链、人工智能等应用赋能数字政府建设,云、网、端支撑能力效果显著。山西省打造国民经济与社会运行态势感知平台,通过数据中台自动对全省政务信息资源进行全量数据摸底、核心业务数据筛选识别。福建省政务云已承载 222 个厅局委办的1044 个项目及 1697 个业务系统,持续促进网络通、应用通、数据通,提升便民服务水平[2]。二是数字政府与新型智慧城市建设协同发展,城市大脑已成为赋能城市治理能力与治理体系现代化的重要底座。宣城、亳州、聊城等地市建设城市大脑,致力于通过城市大脑建设促进城市公共资源优化配置、社会管理精细有序、居民生活质量提升、城市高效运行和可持续发展[3]。

21.2 一网协同建设

1. 协同办公平台

《指导意见》强调要"加快推进数字机关建设,提升政务运行效能"。自 2020 年以来,各地区积极推进协同办公平台建设,一批批"轻量化、移动化"办公平台已成为数字机关建设的重要内容。截至 2022 年 12 月,浙江、广东、江西、北京、重庆等省市已建成政府协同

---

1 资料来源:《省级政府和重点城市一体化政务服务能力调查评估报告(2022)》,中共中央党校(国家行政学院)电子政务研究中心。

2 资料来源:《"云上政务"赋能数字福建新发展》,福州市互联网信息办公室。

3 资料来源:《数字政府典型案例汇编(2022 年)》。

办公平台并上线运行。

浙江省以"浙政钉"为抓手打造"掌上办公之省"。依托掌上办公 App"浙政钉",汇聚省、市、县、乡、村、小组(网格)六级公职人员,在一个平台协同办公,大大提升办公效率。目前,"浙政钉"注册用户数已达 180 万人,日活跃率达 84%,各地方各部门基于"浙政钉"平台自建开发的应用数已超过 4000 个,一个数字政务新生态已经被构建起来[1]。"浙政钉"在经济运行、市场监管、社会管理、环境保护、公共服务、文化教育、基层减负等方面发挥着资源共享、数据共享、高效协同的重要作用,通过让数据多跑路,换取群众和企业"最多跑一次"甚至"一次不用跑",提升了政务办事及服务效率。

"粤政易"移动办公平台有力支撑了广东省全域协同办公。按照广东省领导"建设政务互联网思维的协同办公平台,实现各级政府部门办公和业务协同"的部署要求,"粤政易"移动办公平台应运而生。围绕日常办公需求,"粤政易"移动办公平台为广东省公务员打造了集即时通信、通讯录、工作台、个人信息四个版块于一体的移动办公平台,统建了粤视会、会议管理、批示速递、广东网院、粤政头条等 20 项政务应用[2]。"粤政易"移动办公平台自2020 年 8 月正式上线以来,已接入 1000 多个政务应用,为全省 21 个地市、逾 13 万个组织、超过 250 万名公职人员用户提供服务,政府行政效率显著提升[3]。当前,广东省正加快完善"粤政易"移动办公平台标准版,围绕办文、办会、办事等日常办公需求,与"粤省事""粤商通""粤省心"互联互通,共同打造内容丰富、随需而变的移动政务门户,有力支撑政府运行"一网协同"(见图 21.2)。

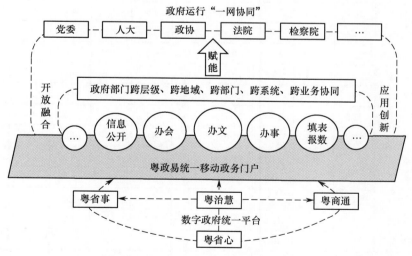

图21.2　"粤政易"移动办公平台支撑政府运行"一网协同"

1　资料来源:《浙江省自建应用数已超 4000 个 "浙政钉"构建数字政务新生态》,浙江日报。

2　资料来源:《粤政易正式上线 为全省公职人员搭建一体化移动办公平台》,广东省政务服务数据管理局。

3　资料来源:《"粤系列"领跑全国,看数字广东如何实现快捷又省事》,中国黔西南。

2. 政府网站建设

截至 2022 年 12 月，我国共有政府网站 13946 个[1]，主要包括政府门户网站和部门网站。其中，中国政府网 1 个，国务院部门及其内设、垂直管理机构共有政府网站 539 个，省级及以下行政单位共有政府网站 13406 个，分布在我国 31 个省（自治区、直辖市）和新疆生产建设兵团。相比于 2021 年同期，政府网站数量进一步缩减。

清华大学国家治理研究院发布的《2022 年中国政府网站绩效评估报告》显示：各部委网站中，国家税务总局、商务部、国家林业和草原局位列前三名，海关总署、国家市场监督管理总局和国家药品监督管理局并列第四名，教育部、交通运输部并列第七名，科学技术部、工业和信息化部、国家卫生健康委员会、国家发展和改革委员会、文化和旅游部、生态环境部、公安部分列第九至第十五名（见表 21.1）。省（自治区）政府门户网站中，广东、贵州位列前两名，四川和海南并列第三名，浙江、福建、安徽、内蒙古、云南、江苏、湖南分列第五至第十名，江西、湖北、山东、吉林分列第十二至第十五名。直辖市政府门户网站中，北京位列第一名，上海位列第二名，重庆位列第三名。计划单列市政府门户网站中，深圳、青岛和厦门位列前三名。省会城市政府网站中，广州、济南和西安位列前三名，南京、贵阳、成都、长沙、杭州、海口、合肥分列第四至第十名。地级市政府门户网站中，佛山、东莞、郴州位列前三名，无锡、威海、珠海、苏州、惠州、鄂尔多斯和温州分列第四至第十名。

表 21.1　2022 年各部委网站绩效评估情况[2]

部门	信息公开	政策解读	在线服务	互动交流	展现设计	传播应用	监督管理	政务新媒体	创新案例	综合得分	排名
国家税务总局	24.1	13.8	10.8	11.2	6.9	6.5	7.3	4.1	1.0	85.7	1
商务部	24.3	13.5	10.5	10.9	7.1	7.2	7.1	4.2	0	84.8	2
国家林业和草原局	23.5	13.0	10.5	10.8	6.9	6.6	6.9	4.0	1.0	83.2	3
海关总署	23.2	12.5	10.5	10.0	7.0	6.8	7.2	4.1	1.0	82.3	4
国家市场监督管理总局	23.6	12.8	10.2	10.7	7.4	6.3	7.3	4.0	0	82.3	4
国家药品监督管理局	23.5	11.9	10.5	9.4	7.1	7.1	7.3	4.0	1.0	82.3	4
教育部	23.8	12.5	10.3	11.0	7.0	6.6	6.4	4.0	0	81.6	7
交通运输部	23.4	13.1	10.3	10.1	7.2	6.5	7.0	4.0	0	81.6	7
科学技术部	23.4	12.8	10.7	10.8	6.3	6.6	6.7	3.9	0	81.2	9
工业和信息化部	23.4	10.7	10.2	9.9	7.2	6.8	7.2	4.0	1.5	80.9	10
国家卫生健康委员会	23.7	12.0	10.0	10.6	6.5	7.5	6.3	4.0	0	80.6	11
国家发展和改革委员会	22.9	12.2	10.6	10.5	7.1	6.5	6.8	4.0	0	80.6	11
文化和旅游部	23.8	12.5	10.2	10.8	7.0	6.8	5.2	4.1	0	80.4	13
生态环境部	23.0	12.2	10.4	10.4	7.2	6.9	5.9	4.1	0	80.1	14
公安部	22.8	12.0	10.6	11.3	6.9	6.3	5.6	4.1	0	79.6	15

---

1 资料来源：《第 51 次中国互联网络发展状况统计报告》，中国互联网络信息中心。

2 资料来源：《2022 年中国政府网站绩效评估报告》，清华大学国家治理研究院。

总体来看，2022 年政府网站主要呈现三大方面的特点。

1. 更加关注政策资源的兑现效率

政府网站聚合了丰富的权威政策资源，如何将这些资源精准送达给需要的企业和个人，同时推动政策尽快落地生效十分关键。深圳市罗湖区、北京市石景山区等地对企业和个人精准画像，并根据监测数据动态调整，构建智能计算模型，实现利企便民政策和办事服务精准匹配用户画像；亳州市优化升级"免申即享"平台，逐步实现惠企政策，兑现由"企业找政策"向"政策找企业"、企业被动申请向系统自动匹配、人工层层审核向平台自动审核、政策制定粗略预估向科学精准转变。

2. 更加关注信息传播的互动体验

虚拟数字人通过生动的方式，让政策解读更具表现力和感染力。深圳市龙岗区政府上线了门户网站数字发言人，采用语音拟人化的多元交互手段，以亲和的形象、贴心的服务，为老百姓提供政策解读、手语播报、在线访谈等服务，让群众沉浸式体验新技术带来的魅力。湖北省仙桃市打造政府数字人"桃桃"，以 3D 虚拟数字人形态和视听化呈现方式，让新闻信息更接地气、更有人情味，同时开展手语数字人进行视频解说，帮助听障人士更好地理解政策信息，增强了公众获取政策信息的体验感。

3. 更加关注用户需求的精准理解

当前政府网站的搜索功能更加注重"读懂""猜对"用户所想，甚至是感知用户潜在需求。例如，北京市建立"百姓体"词库，通过自动语义智能处理用户输入，实现政府官方语言与企业、群众通俗语言的智能翻译，提高搜索准确度，同时提供搜索即服务，识别用户核心意图，直接呈现相关数据结果，智能推送关联信息；贵州省政府网站的智能搜索服务能够根据页面动态变化，提供常见事项、热门板块搜索指引，支持语音咨询问答。

21.3　一网通办建设

1. 模式创新促进事项高效办结

各地区依托政务服务平台及小程序等入口，围绕群众办事"急难愁盼"问题，推进政务服务"网上办""掌上办""一件事一次办"系统，为群众施公平之策、开便利之门。厦门市建设"一件事一次办"服务系统，先后构建了 321 个主题服务套餐，在打破以往单事项办理模式的同时，优化了企业和群众办事流程、减少了办事材料、缩减了办事时间。截至 2022 年年底，厦门市 97% 以上的政务服务事项实现了"一趟不用跑"，85.2% 的政务服务事项实现"全流程网办"[1]，大幅提高了企业和群众办事的便利度。此外，地方积极推进"多卡合一""多码合一"，除疫情联防联控时期个人健康状态统一认证外，还与"互联网+公共服务"系统串联，实现数字化公共服务"一码通域"。2022 年年初，武汉"市民码"与合肥"皖事通"

---

1 资料来源：《厦门"一件事一次办"服务系统获评 2022 数字政府管理创新成果与实践案例》，金台资讯。

完成互认，两地景点预约、医院挂号、地铁公交乘车等服务场景实现"'一键'共享""一码跨通域"[1]。

2. 数字服务渠道更加多样便捷

政务服务获取方式多样化发展，微博、小程序等新媒体渠道为民众提供政务服务新方式。截至 2022 年年底，我国 31 个省（自治区、直辖市）均已开通政务微博，其中，河南省各级政府共开通政务机构微博 10017 个，广东省共开通政务机构微博 9853 个。与此同时，全国政务小程序数量达到 9.5 万个，同比增长 20%，超过 85%的用户在日常生活、出行办事中使用政务微信小程序办理政务服务[2]。浙江"浙里办"、北京"京通|健康宝"、上海"随申办"等小程序上线，丰富了"互联网+政务服务"办事场景。其中，北京"京通|健康宝"小程序依次在百度、支付宝、微信 3 个平台上线发布，梳理服务事项并优化系统性能，融合"北京通"办事与"北京健康宝"服务，首发社保、医疗、婚育、住房、就业等高频使用的 400 多项便民便企服务，不断提升市民、企业办事体验[3]。

3. 信息无障碍建设进一步完善

随着数字化建设步伐的不断加快，提升全民数字素养与技能，弥合数字鸿沟，推动全民共享数字红利，增强人民群众的获得感成为数字化便民服务建设的重点。地方推出信息无障碍政务服务，面向老年人、残障人士等特殊群体需求，积极完善线上线下的服务渠道，推进信息无障碍建设，切实解决特殊群体在运用数字化系统中遇到的突出困难。大连市打造辽事通 App"e 大连频道"[4]，推出"健康码""居民码""医保电子凭证""养老金缴费查询""养老金领取查询"等常用功能，并为老年人提供大字版、语音版、简洁版移动应用，保障老年人和视力障碍、听力障碍人士等特殊群体便捷地获取政务信息，更好享受数字化便民服务成果。

21.4 一网统管建设

2022 年 3 月，住房和城乡建设部印发《关于全面加快建设城市运行管理服务平台的通知》，要求构建国家、省级、市级三级城市运管服平台，并实现互联互通、数据同步、业务协同，支撑并推动城市运行管理"一网统管"。同年 5 月，上海市人民代表大会表决通过"一网统管"建设决定[5]，围绕"一网统管"建设目标、运行体系、数据赋能、数字化能力、应用场景、建设保障等方面提出 23 条综合性决定，推动城市治理模式创新、治理方式重塑、治理体系重构。

---

1 资料来源：《武汉"市民码"与合肥"皖事通"互认，两地居民"一键"共享》，长江日报。

2 资料来源：《2023 行业突围与复苏潜力报告》。

3 资料来源：《融合"北京通"和"北京健康宝"，明起"京通"小程序上线试运行》，北京日报。

4 资料来源：《大连积极推进政务服务"适老化"》，大连日报。

5 资料来源：《上海市人民代表大会常务委员会关于进一步促进和保障城市运行"一网统管"建设的决定》，上海市人民政府网站。

1. 经济运行调节数字化支撑体系初步构建

数字化技术广泛应用于宏观调控决策、经济社会发展分析、投资监督管理、财政预算管理、数字经济治理等方面，推进经济治理体系和治理能力现代化发展。广东省政务服务数据管理局印发《广东省经济运行调节数字化支撑体系建设工作方案》，要求建设省经济治理基础数据资源体系，建立覆盖经济运行全生命周期的态势感知、预警和研判能力，提升经济政策精准性和协调性，为各地区营商环境优化、产业有序转移和经济社会高质量发展提供有力支撑。2022 年 10 月，浙江省基于全市经济运行监测分析数字化平台，升级转变打造"经济调节 e 本账"应用，梳理经济运行监测分析指标体系，以大屏端、PC 端、移动端"三端联动"，创新开展省内 11 个地市"日跟踪、周调度、月画像"高频分析，着力推动"用数据说话、用数据管理、用数据决策"，为统筹经济调节、打好稳进提质攻坚战提供了重要支撑[1]。

2. 智慧市场监管能力稳步提升

为适应市场主体活跃发展的新形势，提升监管水平及效能，各地方大力推行智慧监管建设，充分运用数字技术支撑构建新型监管机制，推进市场监管治理体系和治理能力现代化发展。湖北省统筹开展行政审批系统整合工作，将八大类行政审批业务融合到"智慧审批一张网"，构建支持省、市、县三级共用的一体化在线行政审批平台，实现"一套系统管审批"。截至 2022 年年底，湖北省各级市场监管部门通过"智慧审批一张网"办理各类行政审批业务 83.8 万件[2]。江苏省市场监管数智化平台于 2022 年 12 月上线，归集了 47 个业务系统的 69.65 亿条数据，构建了"企业通"及"政务通"等服务门户，以及登记注册、行政审批、执法办案、信用监管、平台经济监管、重要产品追溯 6 张综合监管智慧网及多个综合业务系统，打造"沉浸式"市场监管新模式。该平台的上线标志着江苏省市场监管数字化革新和数字化驱动的阶段性目标基本实现，以数据驱动决策、驱动服务、驱动监管的格局逐步形成[3]。

3. 社会管理智能化建设广泛开展

国家及地方高度重视"雪亮工程""智慧公安"等社会管理项目规划及建设工作，着力提升社会治安防控、公共安全保障、矛盾纠纷化解等领域数字化治理能力。公安部组织开展"全国社会治安防控体系建设示范城市"创建活动，广泛推进社会化防控、探索推进智能化防控。截至 2022 年年底，全国共建成 25.6 万个智能安防社区，其中智慧安防小区 77.8 万个，有力提升了社会治安防控体系的立体化、信息化水平[4]。崇左市以争创"全国社会治安防控体系建设示范城市"为目标，以市域社会治理现代化试点为契机，立足边境实际，推进"公安智慧大脑"建设，建成一体化综合作战平台及多路智能感知前端设备，打造网上网下结合、人防物防技防结合的立体化、智能化南疆边境社会治安防控体系，构建安全稳定、群众触手可及的社会治安环境。截至 2022 年年底，崇左市全市命案发案率同比下降 39.13%，涉访重

1　资料来源：《浙江以数字化改革为牵引着力打好经济稳进提质攻坚战》，国家发展和改革委员会。

2　资料来源：《构建社会共治格局　创新消费维权机制——湖北省市场监管局优化消费环境提振消费信心工作揽胜》，中国质量报。

3　资料来源：《江苏省市场监管数智化平台正式上线》，江苏省市场监管局。

4　资料来源：《公安部：推进智能化防控，全国已建成 25.6 万个智能安防社区》，法安网。

点人员稳控率达 100%，市民矛盾纠纷化解率达 90.6%[1]。

4. 生态环保数字化转型加速布局

近年来，以数字化赋能生态环境治理的创新实践遍地开花，有力提升了生态环保和自然资源保障的数字化协同治理水平。2022 年 8 月，工业和信息化部等七部门联合印发了《信息通信行业绿色低碳发展行动计划（2022—2025 年）》，提出着力提升重点设施能效水平和行业绿色用能水平，提升行业赋能全社会节能降碳技术供给能力和行业绿色低碳监测管理能力，全面、系统提高信息通信行业绿色低碳发展质量，助推经济社会发展全面绿色转型，助力实现碳达峰碳中和目标。2022 年，马鞍山市建成智慧环保建设服务项目，通过搭建物联网平台，接入并统一管理各类监测监控设备，形成天空地一体化生态环境感知网络。同时，该项目纵向与各级生态环境部门及企业实现数据回流共享，横向与各相关市直部门及 12345 热线等实现互联互通[2]，充分挖掘生态环境数据价值，提高了智慧管理能力。

21.5 一体化服务能力建设

1. 全国一体化政务大数据体系加速构建

2022 年 9 月，国务院发布的《全国一体化政务大数据体系建设指南》（以下简称《建设指南》），对《国务院关于加强数字政府建设的指导意见》中数据资源体系建设部分进行深化部署，绘制了我国政务大数据体系建设的"工程图纸"和"任务清单"。一是框定了一体化政务大数据体系架构。全国一体化政务大数据体系包括"1+32+N"框架结构和管理机制、标准规范、安全保障三大支撑（见图 21.3）。其中"1"是指国家政务大数据平台，是我国政务数据管理的总枢纽、政务数据流转的总通道、政务数据服务的总门户；"32"是指 31 个省（自治区、直辖市）和新疆生产建设兵团统筹建设的省级政务数据平台；"N"是指国务院有关部门的政务数据平台，负责本部门本行业数据汇聚整合与供需对接，与国家平台实现互联互通。二是提供了解决政务数据体系建设中所存在问题的系统方案。《建设指南》明确了从"八个一体化"入手，推进全国一体化政务大数据体系建设：通过统筹管理一体化解决政务数据统筹管理机制不完善的问题；通过数据目录一体化、数据资源一体化促进政务数据共享供需充分对接；通过数据资源一体化、数据服务一体化、算力设施一体化稳步提升政务数据支撑应用水平；通过标准规范一体化健全政务数据标准规范体系；通过安全保障一体化解决政务数据安全保障能力不强的问题。

2. 全国一体化政务服务平台政务服务总枢纽作用不断强化

2022 年，随着全国一体化政务服务平台功能不断完善，国家级政务服务总枢纽作用进一步显现。一是平台使用量再创新高。截至 2022 年 12 月，全国一体化政务服务平台实名用户超过 10 亿人，其中国家政务服务平台注册用户 8.08 亿人，总使用量超过 850 亿人次[3]。二是

---

1 资料来源：《崇左公安：打造立体化和智能化南疆边境社会治安防控体系》，人民资讯。

2 资料来源：《马鞍山市打造智慧环保数字化治理新模式》，安徽省生态环境厅。

3 资源来源：《第 51 次中国互联网络发展状况统计报告》，中国互联网络信息中心。

共性应用持续提升政府履职效率。国家政务服务平台已归集汇聚 32 个地区和 26 个国务院部门 900 余种电子证照，目录信息达 56.72 亿条，累计提供电子证照共享应用服务 79 亿次，有效支撑减证明、减材料、减跑动，共性应用持续提升政府履职效率。三是全国一体化政务服务平台惠企便民能力持续增强。平台不断新增惠民便企服务专区，2022 年全国一体化政务服务平台陆续上线春节服务专栏、信用信息查询、药品服务、医保服务等服务专区，涵盖医药溯源、异地就医、出行、企业资质信息查询等民众企业聚焦的高频问题，不断推动解决企业和群众办事的难点问题和堵点问题，以提升政务服务标准化、规范化、便利化水平。

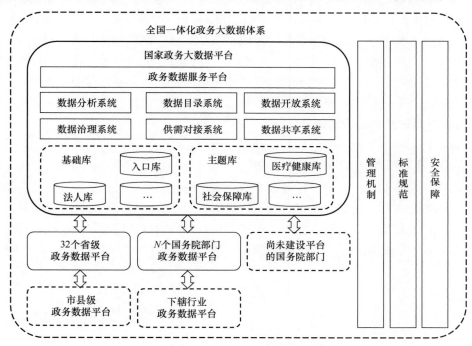

图21.3　全国一体化政务大数据体系总体架构图

21.6　发展挑战

1. 管理体制面临新一轮调整磨合

一是《指导意见》提出了"各级党委主责领导、各级政府主责建设"的数字政府建设责任分工，未来如何更好地处理党政关系，如何发挥各级党委在重大问题决策、常态化考核评估的作用，如何更好地建立全国一盘棋的统筹推进机制有待进一步探索；二是在组建国家数据局的背景下，涉及中央网信办、国务院办公厅、国家发展改革和委员会等部委的数据管理职能有待进一步梳理优化，既要厘清职责边界，又要做好统筹衔接，同时各省（自治区、直辖市）大数据局（或大数据中心）也将面临新一轮机构改革。

2. 数据资源价值有待进一步释放

一是质量问题成为数据价值释放的重要制约。不少地方在数据资源建设过程中，缺乏一体化统筹推进举措，政务数据质量不高，可读性、可用性不强，数据冲突、数据碎片化问题较为普遍。二是垂直管理数据跨层级回流不畅。基层数字化赋能水平低成为突出问题，尤其是与本地区民生密切相关的、共享需求大的法人、人口、教育、生育、婚姻等数据返还困难。据有关研究统计，"国家垂直管理系统和省级垂直管理系统的事项数目，占基层窗口办事项目的比重达到 90%～95%，但地方服务窗口与垂直管理系统无法有效对接、数据无法真正共享"[1]。

3. 平台建设与业务需求存在脱节

一是部分项目前期论证不充分不彻底，导致建成的应用体验差、数据更新慢、业务逻辑不合理，往往出现系统应用和业务操作两张皮现象。例如，调研某省会城市发现，投资 800 余万元建设的综合指挥和信息化网络平台，建成不久就成为"僵尸系统"，网格员 App 闲置，账户长期不登录。二是服务应用碎片化、场景碎片化仍然存在，由于缺乏全局性设计导致敏捷响应能力较差。客观上政府职能随着时代发展不断变化，部分应用对个性化场景、使用者用户体验的适应性不足，功能更新跟不上业务需求。

4. 可持续性运维和有效监管不足

一是在建设过程中，资源分配重头轻尾，前急后缓。更多资源投入在平台系统的设计、优化、整合上，运维资金往往不能及时到位。二是技术、业务和运营协同不足。即使有地方成立平台公司，与专业厂商相比，往往缺乏专业人才与技术能力，加之建设阶段与运维阶段过渡不畅，运维知识与技能传递不足，极易构成运维的重要阻碍。三是缺乏有效的平台监管和考核评估机制。对数字政府建设效果、运营效果缺乏绩效评估标准，不少项目评价维度单一，缺乏来自用户、基层、第三方的客观数据和量化依据。

撰稿：张佳宁、闫嘉豪、闫钰丹
审校：付伟

---

1 资料来源：《加强顶层设计 解决突出问题 协调推进数字政府建设与行政体制改革》，江小涓。

第22章　2022年中国电子商务发展状况

22.1　发展环境

1. 政策环境

电子商务作为数字经济中发展规模最大、覆盖范围最广、创新创业最为活跃的重要组成部分，对做强做优做大我国数字经济、构建双循环新发展格局至关重要。自2022年以来，支持电子商务发展的政策体系和制度规则进一步加强和完善。**一是全方位支持跨境电商发展**。新增设27个跨境电子商务综合试验区，《区域全面经济伙伴关系协定》（RCEP）正式生效，先后出台《关于调整跨境电子商务零售进口商品清单的公告》《关于加快推进冷链物流运输高质量发展的实施意见》《国务院办公厅关于推动外贸保稳提质的意见》《关于阶段性加快出口退税办理进度有关工作的通知》《关于支持外贸新业态跨境人民币结算的通知》等一系列文件，从便利跨境支付结算、出口退税便利化、推动基础设施（如海外仓）建设、增强跨境物流服务能力、优化跨境电商服务等方面支持跨境电商发展。**二是大力推进农村电商助力乡村振兴**。加大力度实施"数商兴农"工程、"快递进村"工程、"互联网+"农产品出村进城工程三大强基固本工程，出台《数字乡村发展行动计划（2022—2025年）》《"十四五"全国农业农村信息化发展规划》《2022年数字乡村发展工作要点》《关于开展2022年农业现代化示范区创建工作的通知》等政策文件。**三是规范直播电商及特定产品网络销售行为**。中央网信办、国家市场监督管理总局等部门先后出台《关于印发网络主播行为规范的通知》《关于进一步规范网络直播营利行为促进行业健康发展的意见》《药品网络销售监督管理办法》等政策文件。**四是建立完善平台经济规范健康发展的常态化监管体系和制度规则**。2022年，中央经济工作会议提出，要大力发展数字经济，提升常态化监管水平，支持平台企业在引领发展、创造就业、国际竞争中大显身手；国家发展和改革委员会等九部门联合印发《关于推动平台经济规范健康持续发展的若干意见》；中共中央、国务院出台《关于构建数据基础制度更好发挥数据要素作用的意见》，探索建立平台经济及电子商务发展的基础制度。2022年电子商务领域主要政策如表22.1所示。

表 22.1　2022 年电子商务领域主要政策

涉及领域	发布时间	发布部门	政策名称	重点内容
跨境电商	2022 年 2 月	国务院	《关于同意在鄂尔多斯等 27 个城市和地区设立跨境电子商务综合试验区的批复》	同意新增鄂尔多斯市、扬州市等 27 个城市和地区为跨境电子商务综合试验区
	2022 年 2 月	财政部等八部门	《关于调整跨境电子商务零售进口商品清单的公告》	增加滑雪用具、家用洗碟机、番茄汁等 29 项近年来消费需求旺盛的商品
	2022 年 4 月	交通运输部等	《关于加快推进冷链物流运输高质量发展的实施意见》	增强跨境冷链物流服务能力，推进国际物流企业与跨境电商平台战略合作
	2022 年 4 月	国家税务总局等十部门	《关于进一步加大出口退税支持力度促进外贸平稳发展的通知》	便利跨境电商进出口退换货管理。鼓励跨境电商出口企业积极适用出口退税政策
	2022 年 5 月	国务院办公厅	《国务院办公厅关于推动外贸保稳提质的意见》	推动跨境电商加快发展提质增效。针对跨境电商出口海外仓监管模式，加大政策宣传力度，对实现销售的货物，指导企业用足用好现行出口退税政策，及时申报办理退税。尽快出台便利跨境电商出口退换货的政策，适时开展试点。针对跨境电商行业特点，加强政策指导，支持符合条件的跨境电商相关企业申报高新技术企业
	2022 年 6 月	国家税务总局	《关于阶段性加快出口退税办理进度有关工作的通知》	进一步压缩出口退税时间
	2022 年 6 月	中国人民银行	《关于支持外贸新业态跨境人民币结算的通知》	完善跨境电商等外贸新业态跨境人民币业务相关政策
	2022 年 7 月	工业和信息化部等五部门	《数字化助力消费品工业"三品"行动方案（2022—2025 年）》	支持跨境电商开展海外营销推广，巩固增强中国品牌国际竞争力
	2022 年 7 月	财政部交通运输部	《关于支持国家综合货运枢纽补链强链的通知》	鼓励运输企业与跨境电商等加强合作
	2022 年 9 月	商务部	《支持外贸稳定发展若干政策措施的通知》	新设一批跨境电子商务综合试验区，进一步扩大跨境电商覆盖范围，让更多的地区享受跨境电商发展红利；发挥跨境电商稳外贸的作用，积极提升跨境电商在畅通国外大循环过程中的地位
农村电商	2022 年 1 月	国务院	《关于做好 2022 年全面推进乡村振兴重点工作的意见》（2022 年中央一号文件）	促进农副产品直播带货规范健康发展，持续推进农村电子商务与一、二、三产业融合发展，促进农村客货邮融合发展"两大融合"，加大力度实施"数商兴农"工程、"快递进村"工程、"互联网+"农产品出村进城工程三大强基固本工程

（续表）

涉及领域	发布时间	发布部门	政策名称	重点内容
农村电商	2022 年 1 月	中共中央、国务院	《数字乡村发展行动计划（2022—2025 年）》	深化农产品电商发展，深入推进"互联网+"农产品出村进城工程，持续实施"快递进村"工程
	2022 年 2 月	农业农村部	《"十四五"全国农业农村信息化发展规划》	拓展农产品网络销售渠道，完善农产品现代流通体系，构建工业品下乡和农产品进城双向流通格局。鼓励多样化、多层次的农产品网络销售模式创新，发展直播电商、社交电商、县域电商新模式，综合利用线上线下渠道促进农产品销售
	2022 年 4 月	中央网信办、农业农村部、国家发展和改革委员会、工业和信息化部、国家乡村振兴局	《2022 年数字乡村发展工作要点》	深化农产品电商发展。推进"互联网+"农产品出村进城工程。持续深化"数商兴农"。推进邮政快递服务农特产品出村进城工作。深入实施青年农村电商培育工程，组建"青耘中国"直播助农联盟，广泛开展"青耘中国"直播助农活动。持续发展"巾帼电商"，培育扶持妇女优势特色产业
	2022 年 4 月	农业农村部、财政部、国家发展和改革委员会	《关于开展 2022 年农业现代化示范区创建工作的通知》	推进电子商务进乡村，促进农副产品直播带货等新业态健康发展
直播电商	2022 年 6 月	国家广播电视总局等	《关于印发网络主播行为规范的通知》	引导网络主播规范从业行为，强化社会责任，树立良好形象，提高网络主播队伍整体素质，治理行业乱象，规范行业秩序，通过规范管理进一步推动网络表演、网络视听行业持续健康发展
	2022 年 3 月	国家互联网信息办公室等	《关于进一步规范网络直播营利行为促进行业健康发展的意见》	加强对网络直播营利行为的规范性引导，鼓励支持网络直播依法合规经营，切实推动网络直播行业在发展中规范，在规范中发展
特定商品网络销售	2022 年 8 月	国家市场监督管理总局、国家药品监督管理局	《药品网络销售监督管理办法》	明确在药品网络销售中第三方平台、药品出售方等需承担的责任
平台经济	2021 年 12 月	国家发展和改革委员会等九部门	《关于推动平台经济规范健康持续发展的若干意见》	提升针对平台企业的监管能力和水平、优化发展环境、增强创新发展能力，鼓励平台企业发展跨境电商，积极推动海外仓建设，提升数字化、智能化、便利化水平，推动中小企业依托跨境电商平台拓展国际市场。赋能经济转型发展
构建数据基础制度	2022 年 12 月	国务院	《关于构建数据基础制度更好发挥数据要素作用的意见》	建立保障权益、合规使用的数据产权制度，建立合规高效、场内外结合的数据要素流通和交易制度，建立体现效率、促进公平的数据要素收益分配制度，建立安全可控、弹性包容的数据要素治理制度

2. 经济环境

从国际经济环境看，当前世界经济处于"逆全球化"趋势凸显、全球供应链修复缓慢的大背景下，2022年俄乌冲突持续发酵、广泛且持续的高通胀及海外主要央行大幅紧缩货币政策等因素，对全球经济增长前景造成较大冲击。根据世界贸易组织的统计数据，2022年全球贸易总额为32万亿美元，同比增长12%，但较2021年增幅（25%）明显下降。**从全球主要经济体看**，全球主要经济体均面临复杂的内部矛盾，面临陷入衰退的风险。美国面临高通胀率、高失业率及高负债率等多重压力，难以通过内部政策有效调节；欧盟受俄乌冲突升级、俄罗斯石油及天然气断供的影响面临能源危机，产业向外转移，同时受美联储政策影响通胀急剧加速，很多欧盟国家通胀率达到几十年来的高位；日本作为世界第三大经济体，目前产业转型和升级迟滞，2022年外需对日本经济增长的贡献降至-0.6%。**从国内经济环境看**，我国就业和物价水平总体平稳，2022年国内生产总值达121万亿元，比2021年增长3.0%。数字经济规模达50.2万亿元，总量稳居世界第二，占GDP比重提升至41.5%，成为稳增长、促转型的重要引擎。外贸对我国经济增长的贡献显著，2022年我国货物进出口总额首次突破40万亿元关口，比2021年增长7.7%，已连续6年保持世界第一货物贸易国地位。在贸易伙伴方面，我国在"一带一路"经贸合作方面迈出了新步伐，对"一带一路"沿线国家非金融类直接投资增长7.7%，占比保持在17.9%。与"一带一路"沿线国家贸易规模也创下新高，货物贸易额达13.8万亿元，同比增长19.4%，高于外贸整体增速11.7个百分点。与"一带一路"沿线国家双向投资也迈上新台阶，涵盖多个行业，其中沿线国家对华实际投资891.5亿元，同比增长17.2%。2022年在"一带一路"沿线国家承包工程新签合同额8718.4亿元，完成营业额5713.1亿元，占承包工程总额的比重分别为51.2%和54.8%。中老铁路、匈塞铁路等重点项目建设运营稳步推进，一批"小而美"的农业、医疗、减贫等民生项目相继落地。境外经贸合作区提质升级，截至2022年年底，我国企业在"一带一路"沿线国家建设的合作区已累计投资3979亿元，为当地创造了42.1万个就业岗位。在贸易新业态方面，我国跨境电商高速发展，电商平台的国际影响力和竞争力不断提升。

3. 社会环境

从消费结构看，互联网普及率的提升叠加新冠疫情影响改变了居民的消费心理和需求，在线购物需求直线上升，"宅经济"爆发，为电商行业的发展注入了新活力。**从人口结构看**，2022年，我国人口首次出现逆增长，迎来新的转折点，同时，我国人口加速老龄化的趋势明显。在新冠疫情影响下，老年人群的互联网参与程度也逐渐提高，2022年，20～29岁、30～39岁、40～49岁网民占比分别为14.2%、19.6%和16.7%；50岁及以上网民群体占比由2021年的26.8%提升至30.8%，互联网进一步向中老年群体渗透。老年群体线上消费潜力加速释放，消费行为不断升级。**从互联网普及率看**，我国互联网普及率为75.6%，其中农村地区互联网普及率为61.9%[1]，农村地区互联网普及率还有提升空间。**从头部电商平台渗透率来看**，2022年6月，腾讯系、头条系、阿里系、百度系App渗透率分别达到98.6%、

---

1 资料来源：中国互联网络信息中心，第51次《中国互联网络发展状况统计报告》。

89.5%、96.2%、91.8%[1]，头部平台国内渗透率接近天花板，内生增长趋缓，"出海"成为各公司获取业绩增量的重要途径。

4．技术环境

2022 年，"双千兆"、物联网、云计算、元宇宙、人工智能（尤其是以 ChatGPT 为代表的 AIGC[2]技术应用）等信息技术持续发展，一方面为电子商务提供了技术支撑，另一方面也推动了电子商务发展模式的创新与变革。**"双千兆"建设持续推进，提供了更高质量的用网环境。**以千兆光网和 5G 为代表的"双千兆"网络构成新型基础设施的承载底座。截至 2022 年 12 月，我国建成具备千兆网络服务能力的 10GPON 端口数达 1523 万个，较 2021 年年末接近翻一番水平，全国有 110 个城市达到千兆城市建设标准；移动网络保持 5G 建设全球领先，累计建成并开通 5G 基站 231.2 万个，总量占全球的 60%以上[3]。**物联网创造更多元的接入设备和应用场景，提升网络使用体验。**2022 年，我国移动网络的终端连接总数已达 35.28 亿户，万物互联基础不断夯实；蜂窝物联网终端应用于公共服务、车联网、智慧零售、智慧家居等领域的规模分别达 4.96 亿户、3.75 亿户、2.5 亿户和 1.92 亿户[4]。海量的新设备接入网络，进一步丰富了数字终端设备和应用场景，持续提升网民使用体验。**人工智能、5G、VR[5]等新兴技术为电子商务业态的未来发展注入新动力。**5G 网络加速了数据的传输速度和处理速度，为用户提供了更好的购物体验，有助于进一步提升消费者的满意度和忠诚度；人工智能和区块链结合在电子商务中的应用可以带来更好的解决方案，如在电商支付方面，人工智能和区块链结合可以帮助实现更快捷、更安全的交易，提高了电商支付系统的效率和透明度；VR 全景直播对于提升用户收视体验发挥了技术优势，能够为电商直播提供直播新模式；OpenAI 推出 ChatGPT 后，迅速受到电商平台、电商服务公司及卖家的追捧，电商平台推出类似的工具，帮助推荐产品，跨境电商服务公司及跨境电商卖家已经开始使用 ChatGPT 或类似工具生成商品标题、撰写商品描述，并获得了更高的流量及转化率。**数字技术与农业生产、农产品流通环节深入融合，持续推进助力农村电商发展。**智能农机、自动化育秧等数字技术与农业生产融合应用日益普及，有效提升了农业生产效率。数据显示，智能农机具备连续工作、全时作业能力，作业效率能够提升 20%~60%[6]。同时，在数字技术的帮助下，农村电商进一步发展，2022 年全国农产品网络零售额已达 5313.8 亿元，同比增长 9.2%，增速较 2021 年提升 6.4 个百分点[7]。

1　资料来源：月狐数据。

2　AIGC：AI Generated Content，即人工智能生成内容。

3　资料来源：工业和信息化部，2023 年 1 月 20 日。

4　资料来源：同上。

5　VR：指 VirtualReality，即虚拟现实技术。

6　资料来源：央视网，2022 年 5 月 18 日。

7　资料来源：商务部，2023 年 1 月 30 日。

22.2 发展现状

1. 模式创新拓展电子商务发展空间

在新冠疫情的反复冲击下，线下零售市场波动加大，许多中小企业开始了解新零售的作用，传统零售转型新零售布局明显加速。新零售正成为电商、零售、物流、商业地产等众多行业发展的风向标。近两年，包括阿里巴巴、腾讯、京东、苏宁在内的线上、线下企业已围绕新零售频繁布局。在新零售的商业模式中，线上和线下不再是此消彼长的关系，而是打通数据和供应链，实现线下体验与线上购物一体化，二者双向赋能，优势互补。近年来，生鲜超市、自助购物商超、无人仓配等新鲜事物接踵而至，崭新的零售模式正逐步进入人们的视野。与此同时，消费者的需求越发呈现个性化、多元化的趋势，能够提供更具体验感的消费场景，更加人性化、便利化的消费方式越来越得到消费者的喜爱和欢迎。2022 年上半年，在传统商超、便利店线下客流遇冷的同时，消费者对即时性、便利性的需求逐渐增强。实体零售企业开始加速突围，寻找发展新增量。受国内消费群体需求变化的影响，"线上下单，最快 30 分钟送达"的即时零售业态发展迅速，越来越多消费者的需求由餐饮延伸至各类商品，由此带动了商超百货等本地供给主力的新一轮增长。沃尔玛、家乐福、物美、华润等全国性大型商超，以及 7-Eleven、罗森、美宜佳等知名连锁便利店品牌，均在加紧布局线上化到家配送业务，通过即时零售谋求增长新曲线。即时零售新业态推动了超市便利店的稳步增长。美团数据显示，2022 年，平台上的品牌超市便利店即时零售订单比 2021 年增长 30%。美团在供给端不断扩大和丰富商家基础，将在高线城市的运营能力和经验成功复制至低线城市。目前，美团平台已上线大量连锁超市，并与部分品牌建立战略合作关系。2022 年，美团平台即时零售相关的便利店、小超市近 30 万家，数量是 2019 年的 2 倍多，商户的销量较 2019 年增长超过 400%，商品种类是 2019 年的 3 倍。随着用户对即时零售的需求越来越大，药品、鲜花、日用杂货等品类的相关业务会出现较大增长，电商平台闪购业务有望迎来更大的发展机遇。

中国的零售市场已经变成了"线下+线上"的二元市场结构，这已经是不可逆的现状，并且从未来的发展趋势看，线上市场将会更加快速地发展，在一些区域、一些品类线上甚至可能超越线下，成为更主要的市场。新零售行业的发展不仅能够催生新的电商模式，有效提升流通效率，降低流通业成本，促进居民消费结构由商品消费向服务消费转型，还能创造经济新动能，通过平台型企业的带动作用，让大数据和互联网技术应用于电商行业，优化生产制造，降低交易成本，提升消费潜力。

2. 直播电商加速普及

近年来，网络直播在促进灵活就业、服务经济发展等方面发挥了重要作用。2022 年，我国网络直播用户规模达 7.51 亿人，较 2021 年 12 月增长 4728 万人，占网民整体的 70.3%。其中，电商直播用户规模为 5.15 亿人，较 2021 年 12 月增长 5105 万人，占网民整体的 48.2%。近几年，电商直播发展日趋成熟，快速拉动了企业营收，主要体现在以下两方面，一是以直播电商为代表的新模式迭代加速。2022 年，我国电商直播用户规模为 5.15 亿人，较 2021 年 12 月增长 5105 万人，占网民整体的 48.2%。直播电商已经成为电商变现的新场景，各大电商企业均布局直播电商。以阿里巴巴电商直播数据为例，天猫"双 11"期间，62 个淘宝直播间成交额超过 1 亿元，632 个淘宝直播间成交额在千万元以上，新主播成交额同比增长 345%。二是短视频平台对电商直播业务的探索初见成效。以"双 11"期间为例，抖音电商参与"双 11"活动的商家数量同比增长 86%，7667 个直播间销售额超过百万元；快手参与活动的买家数量同比增长超过 40%。电商直播业务成为传统电商平台营收的重要抓手。

3. 短视频平台与电商加速融合

短视频作为碎片化时代的重要产物，已经成为人们生活必不可少的一部分。随着行业的发展，短视频内容不断丰富，带动用户规模增长和黏性加强，成为移动互联网时长和流量增量的主要来源。近年来，短视频平台用户规模快速增长，短视频成为全民化应用。2022 年，短视频用户规模首次突破 10 亿人，用户使用率高达 94.8%。2018—2022 年，短视频用户规模从 6.48 亿人增长至 10.12 亿人，年新增用户均在 6000 万人以上。其中，2019 年、2020 年，受技术、平台发展策略等多重因素的影响，年新增用户均在 1 亿人以上。短视频平台持续拓展电商业务，"内容+电商"的种草变现模式已深度影响用户消费习惯。2022 年，抖音日活跃用户量已达 7 亿人，视频日均播放量超过 400 亿次，月视频更新量超过 1.2 亿次，抖音企业号数量超过 1000 万个。抖音电商平台交易总额达到 14100 亿元，同比增长 76%。2022 年，快手电商商品交易总额达 9012 亿元，同比增长 32.5%。短视频平台依托流量和效率优势，将持续吸引更多商家入驻。短视频与电商的加速融合，逐步完善了电商产业生态，为电商产业多模式发展注入了新活力。

4. 跨境电商继续高速增长

新冠疫情促使线上消费习惯加速形成，大幅扩大了跨境电商的市场空间。2022 年，我国跨境电商进出口（含 B2B）额为 2.11 万亿元，同比增长 9.8%。其中，出口额为 1.55 万亿元，同比增长 11.7%，进口额为 0.56 万亿元，同比增长 4.9%。跨境电商业务规模的增长，推动了海外直运和加工贸易电商的发展。天猫国际、京东国际等平台扩大产品进口，推出更多优质国际品牌及产品。健康产品、母婴产品、美妆产品等成为跨境电商新热点，隐形冠军品牌和产品层出不穷，中小商家利用跨境电商平台开拓海外市场的力度加大，互联网经济已成为我国经济发展的新动力。

5. 现代电商物流配送体系不断完善

近年来，各大平台及第三方物流企业均在投入巨资建设自动化仓储系统和无人配送系统，大幅提升仓储及配送效率。无人车和无人飞机也开始在电商物流环节试点应用，推动电商物流进一步智能化。面对电子商务快速增长的势头，我国物流配送体系不断完善，为电子商务的发展提供了基础设施保障。移动互联网、大数据、云计算、物联网等新技术在物流领域广泛应用，网络货运、数字仓库、无接触配送等"互联网+"高效物流新模式、新业态不断涌现。自动分拣系统、无人机、无人仓、无人码头、无人配送车、物流机器人、智能快件箱等技术装备加快应用，高铁快运动车组、大型货运无人机、无人驾驶卡车等起步发展，快递电子运单、铁路货运票据电子化得到普及。中国国家铁路集团数据显示，2022 年开行中欧班列 1.6 万列、发送 160 万标箱，同比分别增长 9%、10%，充分发挥了中欧班列的战略通道作用。西部陆海新通道班列发送货物 75.6 万标箱，同比增长 18.5%。中老铁路开通运营一周年累计发送旅客 850 万人次，运送货物 1120 万吨，开行跨境货物列车 3000 列，跨境运输货值超过 130 亿元。2022 年，国家发展和改革委员会公布建设 25 个国家物流枢纽和 24 个国家骨干冷链物流基地。商务部等单位推出天津、石家庄、包头等 15 个全国供应链创新与应用示范城市和菜鸟、日日顺等 105 家全国供应链创新与应用示范企业，引领提升产业链、供应链现代化发展。2022 年 12 月，国务院办公厅印发《"十四五"现代物流发展规划》，推进布局建设 120 个左右的国家物流枢纽和 100 个左右的国家骨干冷链物流基地。同时，我国海外仓布局持续优化，2022 年，海外仓数量超过 2000 个，面积超过 1600 万平方米，充分发挥了跨境物流的保障作用[1]。

6. 电商代运营机构异军突起

随着网购用户人数的持续增长及中国人均可支配收入的提高，中国电商交易规模持续扩大。新冠疫情促使更多消费者线上消费比例增加，电商交易规模的不断增长及品牌方之间的竞争越发激烈，推动电商代运营服务需求增加。网经社电子商务研究中心发布的《2022 年上半年中国电商服务商市场数据报告》显示，2022 年电商代运营市场规模达 7342.28 亿元，同比增长 7.3%。数据显示，2022 年上半年，电商代运营公司总营收约为 39 万亿元，较 2021 年的 40 万亿元略有下滑。与此情况恰恰相反的是，前五大代运营公司营收较上年却是稳中有升，再次刷新历史新高。2022 年上半年，天猫联合中国品牌榜、智研瞻产业研究院发布《中国十大电商代运营公司排行榜》，盘点了中国电商代运营公司 2022 年上半年的经营与服务表现。国内规模较大的电商代运营企业有宝尊电商、丽人丽妆、壹网壹创、索象电商、若羽臣等。从中国电商服务商五巨头发展的基本情况对比看来，宝尊电商是五大企业中成立时间最早，发展历程最悠久的，且具备跨品类一站式运营能力，业务复制能力极强。丽人丽妆从事美妆品牌代运营十多年，全面抢占美妆代运营市场。壹网壹创也在美妆领域优势较为明显，并以收购实现快速扩张。索象电商作为近两年的新晋黑马，在品牌运营能力、新渠道转化能力、新媒体互动能力等方面表现抢眼，增长势头强劲。若羽臣则持续服务消费品类，加码全渠道精细化运营的一站式电商综合服务。相较于 2021 年，最新代运营十大公司的排名变化大盘稳定。此次前十名公司中，宝尊电商以 45.3 亿元营收保持第一，丽人丽妆超越壹网壹创，位列榜单第二名。电商代运营行业经过多年的积累摸索，已经走向专业化、集中化。伴随电商代运营行业竞争加剧，头部效应越发明显。以宝尊电商、丽人丽妆、壹网壹创、索象电商、若羽臣为代表的五大头部电商代运营公司被列为行业的第一梯队公司。随着越来越多的品牌方入局电商，电商代运营机构也更加注重自身技术实力的提升，凭借着不断精进的运营能力和创新服务模式，赢得越来越多品牌方的信赖。选择代运营服务商合作，实现互利共赢的共生模式日渐成为一种趋势。

7. 电商出海"外卷"

随着国内互联网增量见顶，互联网巨头们纷纷涌入跨境电商赛道，2022 年逐渐形成了"出海四小龙"的市场现状。最早入局跨境电商的阿里速卖通，是跨境电商赛道的出海"排头兵"，在跨境电商 App 中总体用户规模最大。现已覆盖全球 220 个国家，用户人数已突破 1.5 亿人，

---

1 资料来源：国务院办公厅关于印发"十四五"现代物流发展规划的通知，中国政府网。

女性用户和年龄在 25～34 岁的年轻用户是消费主力，和菜鸟合作一直致力于海外物流基建；SHEIN 则紧紧咬住海外电商巨头亚马逊，2022 年利润达到 7 亿美元（约合人民币 48 亿元）；拼多多旗下 Temu 新上不久在北美的下载量便迅猛增长；字节跳动旗下 Tiktok Shop，依托短视频积累了巨大用户量，具有独特电商竞争力。"出海外卷"成为国内互联网大厂的共同选择。

22.3　市场规模与用户规模

22.3.1　总体规模

2022 年，中国电子商务市场规模继续保持增长态势。根据国家统计局数据，2022 年中国电子商务交易额达到 43.83 万亿元，同比增长 3.50%（见图 22.1）。2022 年 12 月，中国全面放开疫情管控，线下消费需求逐渐恢复，但线上消费仍保持了较高的活跃度。

图22.1　2018—2022年中国电子商务交易额及增长率

资料来源：国家统计局、全国电子商务公共服务网。

2022 年，新模式和新元素仍是电子商务市场的关键发展方向，内容电商和直播电子商务等新业态继续扩大市场份额，成为电子商务企业的重要增长点。同时，社区团购等本地化电商模式得到更广泛的应用和推广，为消费者提供更便捷的购物服务。此外，随着 5G 网络和物联网技术的发展，中国电子商务市场进一步实现数字化和智能化升级。例如，智能物流、智能支付等新技术在为电子商务企业提供更高效、便捷服务的同时，也提升了消费者的线上购物体验。

22.3.2　网络零售

2022 年，受国内整体消费环境的影响，中国网络零售市场规模增长趋势放缓。国家统计局数据显示，2022 年中国网上零售额达 13.79 万亿元，同比增长 4.0%，增长率相比以前年份有所下降（见图 22.2）。这与 2022 年我国整体经济增速放缓的趋势相一致，国家统计局数据显示，2022 年全年我国社会消费品零售总额达 43.97 万亿元，比 2021 年下降 0.2%。从实物商品网上零售情况来看，2022 年实物商品网上零售额达 11.96 万亿元，同比增长 6.2%，占社会消费品零售总额的比重为 27.2%，同比增长 2.7%，网上消费已成为我国人民日常消费中不可或缺的重要组成部分。

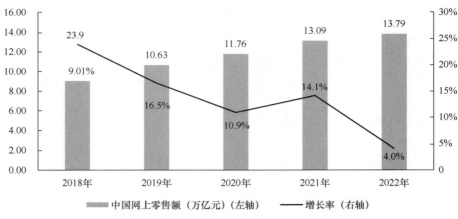

图22.2　2018—2022年中国网上零售额及增长率

资料来源：国家统计局、全国电子商务公共服务网。

22.3.3　网络支付

网络支付在电子商务中扮演着至关重要的角色，它不仅为消费者提供了安全、快捷的支付方式，也为商家提供了高效、低成本的支付服务。2022 年，中国网络支付规模保持增长趋势。从网络支付用户规模来看，中国互联网络信息中心数据显示，截至 2022 年 12 月，中国网络支付用户规模达到约 9.11 亿人，较 2021 年 12 月增加约 781 万人，同比增加 0.86%；我国总体网民规模约为 10.67 亿人，较 2021 年 12 月新增约 3549 万人，互联网普及率达 75.6%，较 2021 年 12 月提升 2.6 个百分点（见图 22.3）。从网络支付金额来看，中国人民银行数据显示，2022 年，银行共处理网上支付业务 1021.26 亿笔，同比下降 0.15%，金额为 2527.95 万亿元，同比增长 7.39%，网络支付服务有力支持了经济社会发展。此外，2022 年数字人民币得到了进一步发展，其试点范围已扩大至 17 个省（自治区、直辖市），为向全国推广奠定了基础。数字人民币在零售、交通、教育医疗、公共服务、普惠金融、企业数字化、跨境支付等领域已形成一批可复制、可推广的应用场景，数字人民币 App 产品研发和服务升级也在持续推进。

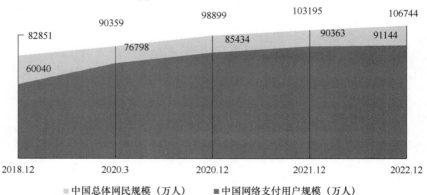

图22.3　2018年12月—2022年12月中国总体网民规模及网络支付用户规模

资料来源：中国互联网络信息中心。

22.3.4 重点商品

商务大数据监测显示，2022 年我国重点监测商品网络零售额占比中，服装鞋帽、针纺织品，日用品，家用电器和音像器材的网络零售额排名靠前，分别占实物商品网络零售额的 22.62%、14.62% 和 10.34%（见图 22.4）。中西药品、金银珠宝和烟酒网络零售额同比增速较快，分别达到 43.6%、27.3% 和 19.1%。

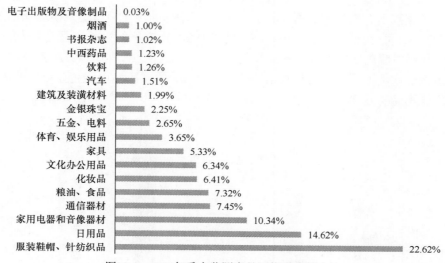

图22.4 2022年重点监测商品网络零售额占比

资料来源：商务大数据。

22.3.5 用户数量

截至 2022 年 12 月，我国网络购物用户规模达约 8.45 亿人，较 2021 年 12 月增长 319 万人，同比增加 0.38%；我国网络购物用户规模占网民整体的 79.2%，相比 2021 年 12 月下降了 2.4 个百分点（见图 22.5）。未来，随着互联网基础设施的完善和数字信息技术的快速发展，预计中国网络购物用户规模将进一步提升，进一步促进中国电子商务规模的增长。

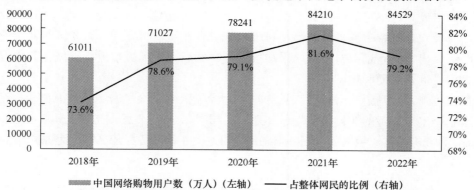

图22.5 2018—2022年网络购物用户数规模及占整体网民的比例

资料来源：中国互联网络信息中心。

22.4 细分市场

1. 跨境电商

在新冠疫情全球流行的环境下，跨境电子商务作为国际贸易新业态，展现出强劲的发展活力。

网经社"电数宝"电商大数据库显示，2022 年中国跨境电商市场规模达 15.7 万亿元，较 2021 年的 14.2 万亿元同比增长 10.56%，增速较 2021 年下降 3.04 个百分点（见图 22.6）；跨境电商交易额占我国货物贸易进出口总值 42.07 万亿元的 37.32%。2022 年，跨境电商行业渗透率总体来说稳步提升，目前独立站等模式的出现，给了跨境电商企业更多的选择渠道，也将带动行业规模的发展。

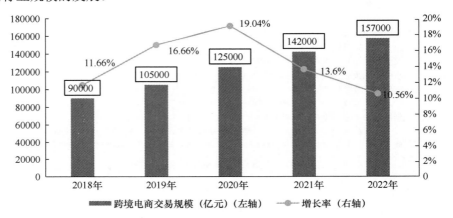

图22.6　2018—2022年跨境电商交易规模及增长率

资料来源：网经社，《2022 年度中国跨境电商市场数据报告》。

从国内来看，2022 年我国对于跨境电商发展的政策支持力度不断加大。2022 年 2 月，《关于同意在鄂尔多斯等 27 个城市和地区设立跨境电子商务综合试验区的复批》对外公布，这是自 2015 年设立首个跨境电商综合试验区以来的第六批综合试验区。除此之外，我国发展跨境电商新模式，支持市场采购贸易和跨境电商融合发展，指导综合试验区帮助企业充分利用海外仓扩大出口，新增 17 个市场采购贸易方式试点，积极探索保税维修、离岸贸易等新业务，大力推进贸易便利化。

在新冠疫情及亚马逊封号事件双重影响下，为了抵御风险、增加销售渠道和打造品牌，独立站占整个出口业务的比例持续增长。来自亿邦智库 2022 年面向 DTC[1]出海企业的一组调研数据显示，2022 年，独立站业务占比在 30%以上的企业已占 87.5%，而独立站业务占比

---

1 DTC（Direct to Consumer）字面含义为直接面向消费者，是一种绕开第三方批发商、零售商或任何其他中间商，通过独立的互联网线上销售渠道（又称"独立站"或"自建站"）直接面向消费者出售商品或服务的商业模式。

在 50% 以上的企业已占 36.6%。《云上未来——电商创新增长白皮书》显示，据不完全统计，当前独立站的市场规模已占据海外电商市场约 40% 的份额，受益于全球网络零售市场的持续增长，DTC 消费者已占全球电商消费者的 43.2%。

零售化促进跨境电商产生综合数字化需求。当下的电商出海已经逐渐脱离了传统的大宗商品贸易模式，开始向 M2B2C 的零售长链条模式转化——DTC 模式发展迅速。与之相对，跨境电商的数字化也正在复制国内电商的数字化模式，产生了从建站到合规的综合数字化需求。

2. 农村电商

近年来，中国农村电商行业受到各级政府的高度重视和国家产业政策的重点支持。国家陆续出台了多项政策，鼓励农村电商行业发展与创新，《关于开展 2022 年农业现代化示范区创建工作的通知》《2022 年数字乡村发展工作要点》《关于加强县域商业体系建设促进农村消费的意见》等产业政策为农村电商行业的发展提供了明确、广阔的市场前景，为企业提供了良好的生产经营环境。截至 2022 年年底[1]，全国农村宽带用户数量为 1.76 亿人，较 2021 年增长 11.39%，农村宽带用户占比为 29.9%，我国现有行政村已经全面实现"县县通 5G、村村通宽带"，互联网的渗透率不断扩大，农村网民数量快速增长。"快递进村"比例超过 80%，交快、邮快、快快等合作进一步深化，共同配送、客货邮融合等新模式不断涌现。商务部数据显示，2022 年，我国农产品网络零售额达 5313.8 亿元，同比增长 9.2%（见图 22.7），农产品电商超额完成《2022 年数字乡村发展工作要点》提出的目标，特别是超过"农产品电商网络零售额突破 4300 亿元"的目标，达到 5313.8 亿元，同比增长 26.19%。

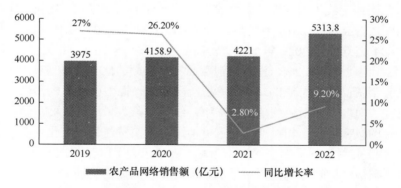

图22.7　我国2019—2022年农产品网络销售额及同比增长率

资料来源：中国互联网络信息中心，第 51 次《中国互联网络发展状况统计报告》。

"互联网+"农产品出村进城工程、"数商兴农"工程深入实施，首届"大国农匠"全国农民技能大赛（农村电商人才类）顺利举办，中国农民丰收节金秋消费季、"数商兴农"专场促销活动等扎实推进，有力促进了产销对接和农村电商发展。截至 2022 年 7 月[2]，电子商

1　资料来源：中国互联网络信息中心，第 51 次《中国互联网络发展状况统计报告》。

2　资料来源：中国国际电子商务中心，《中国农村电子商务发展报告（2021—2022）》。

务进农村综合示范项目累计支持 1489 个县，支持建设县级电子商务公共服务中心和物流配送中心超过 2600 个。截至 2022 年年底，"832 平台"入驻脱贫地区供应商超过 2 万家，2022 年交易额超过 136.5 亿元，同比增长 20%。

抖音电商启动"萤火计划"，邀请 40 余名各领域头部创作者低佣金带货，助销图书、农产品及非遗商品等。"想去乡游"小程序推介乡村休闲旅游精品线路 681 条，涵盖 2500 多个精品景点等优质资源。深入推进乡村地名信息服务提升行动，截至 2022 年 8 月，互联网地图新增乡村地名达 414.2 万条，超过 200 万个乡村、超过 2 亿人受益，返乡入乡创业就业人数快速增长。拼多多作为承办中国农民丰收节金秋消费季的唯一电商平台，2022 年 9 月上线"多多丰收馆"，并投入 50 亿元平台惠农消费补贴，与全国各大农产区共庆丰收节。以河北迁西板栗为例[1]，其拼多多店铺淡季日均销量超过 600 单，在多多买菜平台日销量达 6000～8000 单，整个新安板栗合作社一个月出货量达 400 多吨。《抖音 2022 丰收数据报告》显示：截至 2022 年，抖音新增乡村相关短视频 4.3 亿条，乡村题材短视频播放量增长 77%，384 亿人次为短视频里的乡村点赞。许多传统古村也通过短视频、直播等形式走进大众视野。其中，浙江丽水缙云县岩背村获得 306 万次点击，贵州铜仁德江县焕河村获得 155 万次点击，新疆阿尔泰布尔津县禾木村获得 125 万次点击。古村成为许多人向往的旅游目的地之一。除此之外，超过 10 万名用户参与了"乡村守护人"话题，25.8 万人参加了"乡村英才计划"培训，"山货上头条"扶持 69 个地标农产品产业化发展，"山里 DOU 是好风光"带动文旅商家增收 3.5 亿元。

3. 新零售电商

2022 年，我国线上线下融合继续催生着新零售行业的消费模式，使线上实物零售额增长得以保持。相关数据显示[2]，2016 年我国实物商品网上零售额约为 4.19 亿元，同年国内线下零售额约为 29.04 亿元；到 2022 年全国实物商品网上零售额为 11.96 万亿元（见图 22.8），突破 10 万亿元，同比增长 6.2%，占社会消费品零售总额的比重为 27.2%，同年，国内线下零售额约占社会消费品零售总额的 3/4。随着新冠疫情管控力度下降，国内线下消费有望在短期内产生反弹，但前期在新冠疫情的冲击下，线下商家数量下滑、商业地产租金下降的形势在短期内逆转的概率很小。相对地，新冠疫情强化了消费习惯线上化，叠加新冠疫情冲击下本地化服务圈商家数量下降带来的空白市场、店铺租金下降带来成本下滑及 O2O 模式的成熟带来的线上化成交渗透和辐射区域增加，即时零售短期内将迎来发展机会。

当下消费者"方便、快捷、舒适、宅家"需求日益提升，美团、京东到家、盒马、饿了么等即时零售开放平台模式成为主流。"外卖送万物"渐成现实，以"本地门店+即时配送"为组合拳的即时零售新模式正在加速实体商业变革，也成为平台、品牌在 2022 年新的增长点。即时零售范围、品类、主体的不断扩容，让消费者有了更多的选择。《2023 未来零售发展报告》数据显示，2022 年"双 11"期间，即时零售商品交易总额（Gross Merchandise Volume，GMV）达 218 亿元，同比增长 10.8%，数字经济和实体经济的融合蔚然成风。《2022 年电商

---

1 资料来源：广州日报，《新电商迎"丰收节"助力农产品产业升级》。
2 资料来源：亿邦智库，《2022 未来零售发展报告》。

双十一生态洞察报告》表明，2022 年"双 11"超过 1800 个县区消费者体验到最快分钟达的即时零售服务，"双 11"开场开启仅 10 分钟，京东小时购收货用户比 2021 年增长 100%。同时，美团上来自本地实体门店的计算机品类销量增长了 73 倍，截至 11 月 11 日，苏宁易购在美团平台送出超过 60000 单"数码电器外卖"。大型超市、连锁便利店、夫妻杂货店、母婴店等多种业态在即时零售的加持下，销售量均获得大幅增长。亿邦智库预计，到 2025 年，即时零售开放平台规模将达到 1.2 万亿元，年复合增长率将保持在 50%以上。

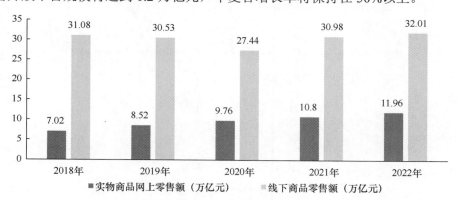

图22.8　2018—2022年我国实物商品网上零售额变化及线下商品零售额情况

资料来源：观研天下、亿邦智库。

在红利见顶的高压之下，增长难度大幅增加，当下以电商平台为主导的零售模式开始发生转变，即时零售正改变着电商购物市场的格局。未来在政策利好的加持下，即时零售开放平台将以互联网技术和渠道助力为依托，通过互联网平台流量入口，链接各类服务门店，实现线上线下优势互补，赋能实体商业数字化转型升级，提升传统零售企业效率，在不断丰富品类的同时缩短物流配送时长，满足消费者日趋多元的服务升级需求。

4. 直播电商

2022 年是直播电商动荡的一年，旧格局瓦解，新秩序诞生。随着《网络主播行为规范》正式发布，直播电商彻底告别野蛮生长时代。抖音电商押注下沉市场，快手开放淘宝联盟、京东联盟外链，星期六股份有限公司更名为遥望科技，直播电商赛道异彩纷呈。

截至 2022 年 12 月，我国网络直播用户规模达 7.51 亿人，较 2021 年 12 月增长 4728 万人，占网民整体的 70.3%[1]。易观分析发布的报告显示，2018—2021 年，国内直播电商市场交易规模分别为 0.14 万亿元、0.44 万亿元、1.29 万亿元和 2.36 万亿元（见图 22.9）。其中，2019 年直播电商市场交易规模增速高达 214.29%，2020 年和 2021 年增速分别为 193.18%和 82.95%。该报告预计，2022 年直播电商的交易规模或接近 3.5 万亿元，同比增长 48.31%。

---

1 资料来源：中国互联网络信息中心，第 51 次《中国互联网络发展状况统计报告》。

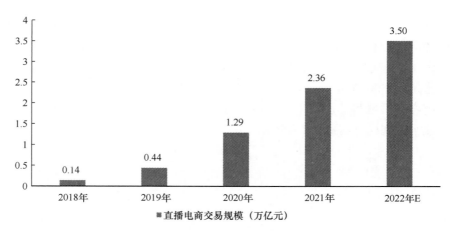

图22.9　2018—2022年中国直播电商交易规模

资料来源：易观分析。

第 51 次《中国互联网络发展状况统计报告》数据显示，截至 2022 年 12 月，我国电商直播用户规模为 5.15 亿人，较 2021 年 12 月增长 5105 万人，占网民整体的 48.2%（见图 22.10）。

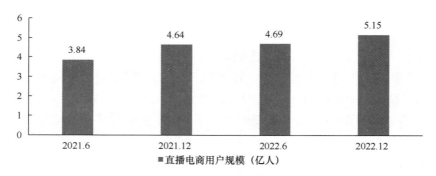

图22.10　2021—2022年中国直播电商用户规模

资料来源：中国互联网络信息中心。

经历了爆发式的野蛮生长时期，如今直播电商行业正呈现出去头部化、去中心化的趋势，内容和形式也在不断地丰富、充实。与此同时，国内知名网络消费纠纷调解平台"电诉宝"受理用户维权案例显示，发货问题、退款问题、商品质量、虚假促销、售后服务、网络欺诈、网络售假、货不对板、退换货难、霸王条款等是 2022 年直播电商投诉的主要问题。对此，2022 年我国在直播电商领域的监管力度不断增强。6 月，国家广播电视总局、文化和旅游部联合发布《网络主播行为规范》。12 月，中共中央、国务院印发了《扩大内需战略规划纲要（2022－2035 年）》，都有涉及直播电商的内容，为行业规范发展指明了方向，促进了相关网络平台和"网红主播"履行检测程序，最终达到全面动态提高产品质量的效果。针对近年来直播电商主播逃税等问题，相关部门进一步明确了纳税义务，加大了查处力度，依法查处偷逃税等涉税违法犯罪行为。

2022 年，直播电商向货架电商靠拢，内容和电商走向共生模式，不断拓展业务边界驱动业务增长。商务部发布报告，重点监测电商平台累计直播场次超过 1.2 亿场，累计观看超过 1.1 万亿人次，直播商品超过 9500 万个，活跃主播近 110 万人。即时零售渗透的行业和品类持续扩大，覆盖更多应用场景，加速万物到家。2022 年 5 月，抖音电商宣布将兴趣电商升级为全域兴趣电商，在原有短视频和直播之外，重点发力商城和搜索。2022 年"双 11"期间，抖音等平台重点打造了货架电商，加强商城、搜索、橱窗等渠道的经营，满足多元场景需求，通过直播短视频+货架电商双轮驱动，形成了更高效的供需连接和转化路径，打开了增量空间。此外，各大电商平台也在发力内容，优化用户体验。2022 年 9 月，淘宝直播公布 2.0"新内容时代"战略，明晰了"从内容种草到成交爆发"的双轮驱动成长新路径。"双 11"准备阶段，淘宝直播官方 App"点淘"延续了内容化战略，推出大力度的内容激励政策，在直播的基础上鼓励创作短视频，以"短直联动"方针，让消费者在短视频和直播中沉浸式地购物，实现从内容种草到成交的链路，刺激消费增量，助力商家抓住生意增长点。根据阿里巴巴集团公布的 2023 财年第二季度报告，截至 2022 年 9 月 30 日止的 12 个月，在淘宝天猫消费超过 10000 元的消费者数维持在约 1.24 亿且留存率达 98%，连续三个季度保持高留存率，消费群体的规模和黏性稳固。直播电商已进入下半场，各大平台都在通过各种方式持续助力达人看清粉丝资产，从内容创作、商品趋势到电商交易构成全链路，实现人群、内容、商品的精准匹配，提高带货效率，持续构建生意增长路径。

22.5　典型案例

1. 拼多多-Temu

近年来，随着国内电商市场增长速度逐渐趋缓，拼多多、京东、快手等互联网巨头开始向海外市场发力，寻求第二增长极。拼多多海外平台 Temu 是 2022 年电商巨头出海的典型代表。

2022 年 9 月 1 日，拼多多正式在海外上线跨境电商平台 Temu，主要定位美国、加拿大市场。自 9 月 1 日在美国上线以来，Temu 的下载量和独立访客数量持续攀升，表现出了强劲的发展态势。Analytics 数据显示，2022 年 11 月，Temu 在 App Store 和 Google Play 两大应用商店均位列下载榜首位；Comscore 数据显示，截至 2022 年 12 月，Temu 的 UV（独立访客）从 0 人增加到 4450 万人，短短 4 个月时间内实现了几乎前所未有的流量增长。

锚定海外下沉市场，追求极致性价比。为了打造平台的低价定位，Temu 采取了类自营模式，卖家负责供货，平台掌握商品定价权，并要求卖家报送产品底价，以确保相比其他平台 Temu 上的商品价格更低。同时，为吸引更多的商家入驻，拼多多还在 9 月 19 日启动了"2022 多多出海扶持计划"，投入百亿资源包，首期打造 100 个出海品牌，扶持 10000 家制造企业直连海外市场。

尽管 Temu 已经成功吸引了大量追求性价比的海外用户，但作为双边电商平台，其订单量还没有表现出爆款特征。这主要是由于拼多多尚未将拼团等社交裂变玩法复制到海外，Temu 目前主要是向海外第三方流量平台采购流量，而不是来自具有网络效应的社交裂变。

此外，Temu 处于起步阶段，海外电商基础设施尚不完善，现阶段依靠的是专线运输服务或与国际物流商合作的跨境直邮模式，由国内仓发往海外。

Temu 的出海布局应进一步完善，以加强与海外用户的互动和社交效应，实现更大规模的发展。同时，还需要加强电商基础设施建设，为海外用户提供更好的购物体验。

2. SHEIN

SHEIN 成立于 2008 年，2012 年起以快时尚女装切入美国市场，自此之后，SHEIN 深耕快时尚女装赛道，主要面向欧美、中东、东南亚等市场。近年来，SHEIN 加快全球扩张速度，全球影响力不断提升。据 Apptopia 数据，2022 年，SHEIN 以 2.29 亿的下载量，成为全球下载量最大的电商 App；《BrandOS TOP100 出海品牌社媒影响力榜单》显示，2022 年 4 个季度 SHEIN 均位于我国电商类出海品牌社媒影响力榜单首位。在盈利能力方面，据《金融时报》报道，2022 年 SHEIN 的营收和 GMV 均稳步增长，总利润达 7 亿美元，连续 4 年实现盈利。

SHEIN 采用独立站运营模式和"小单快反"生产模式，形成强大供应链管理能力和流量获取能力。"小单快反"指先生产小批量产品进行市场测试，再通过终端数据反馈，对爆款进行快速反单。该模式帮助 SHEIN 减少库存风险，同时形成款式多、上新快、性价比高的竞争优势，从而帮助 SHEIN 实现用户转化和留存。

在设计环节，建立数字化设计系统以提高上新速度和设计效率。SHEIN 为设计师提供了一个 IT 系统，包括情报收集系统和设计辅助系统。该系统利用数字化工具，通过对流行元素的统一采集和整理，使产品设计能够更快、更准确地响应用户的时尚偏好，并将设计师的工作系统化，提高设计效率。**在生产供应环节**，数字化赋能供应商降低交易成本、提高发货速度。SHEIN 搭建具备强大生产能力、快速响应市场的云工厂供应链平台，连接国内众多而分散的中小服装加工企业，利用平台抢单模式对供应商进行智能化协同管理，形成"小单快反"的生产模式，大幅降低交易成本，提高供应商发货速度。**在仓储物流环节**，SHEIN 通过提高每位用户平均购买的商品数量（Units Per Transaction，UPT）来降低物流成本。SHEIN 在全球设置多个海外中转仓接收消费者退货，并提供比同行更宽松的退货条件，让消费者愿意一次购买多件商品。

3. 乐其

2022 年，电商品牌纷纷进驻抖音、小红书商城等平台并快速发展，品牌正在从货架电商向兴趣电商和内容电商分兵，呈现出多渠道电商的综合经营进化趋势。乐其集团从传统运营的概念出发，开启了从组织到技术的全面升级，通过锚定商品发展内容，以期在复杂的数字零售环境中实现长效经营。

基于商品研究的数据产品。数据产品以商品为核心，结合商品经营的场域，将业务关键字段进行提炼和处理，自动化地进行聚合呈现，大大降低操盘手在业务经营过程中的信息获取门槛。同时，因为字段锚定是建立在乐其十多年来的实务基础之上的，所以对于各种规模的品牌都有一定的借鉴意义，从而能够帮助各种类型的品牌在数字零售环境中快速建立自己的认知地图。

基于商品发展的经营方法。通过对不同品牌的业务解析，抽丝剥茧后，归纳了超过 16 万字的经营方法。这些经营方法以商品发展为出发点，联动营销投放、直播、内容、人群管理等经营链路，既有思路归纳，又有执行描述，兼具微观、中观和宏观，这套方法思路正在帮助团队管理人员从运营人才走向经营人才，同时也在帮助各种阶段的品牌能够更加系统地理解中国数字零售环境，从而建立底层认知，大大降低融入中国多渠道数字零售环境的门槛，提升产业效率。

随着组织和技术升级的完成及应用，乐其已与多家国际头部品牌完成战略合作。不同于以往的单纯执行，由于策略面和技术面的加持，乐其可以实现三个方向的服务进阶。一是向上拥抱。乐其借助数字化服务能力，能帮助更多国内外小品牌在中国成长。由于这些品牌在中国本地的团队不大，乐其以其数字化经营体系及行业认知为合作伙伴赋能。二是向下支持。针对已经合作的品牌，乐其能帮助该品牌实现从业务到组织的数字化变革，包含系统、人才、流程和认知四个层面的底层变革。三是向外陪伴。一方面，乐其能帮助国际品牌建设中国的数字零售业务，助力国际品牌"出海"中国；另一方面，乐其能帮助国货品牌走出去，实现业务、系统和流程的全面"出海"。

22.6　发展趋势

1．守正创新成为电商高质量发展的新要求

当前数字经济在各国经济中的占比不断提高，电子商务作为数字经济中发展最迅猛、影响最广泛、创新最活跃的重要领域，其对经济、社会、生活的影响力也在不断增强。促进电子商务规范发展，已经成为近年来各国监管部门的共识，而如何兼顾规范发展和创新发展之间的平衡将成为未来电子商务高质量发展的新目标。当前各国围绕电子商务的平台垄断、不正当竞争、消费者保护、知识产权保护、数据安全、个人信息保护等方面的法律法规和监管体系正在加速完善。欧盟针对大型电商平台企业的监管机制和法律体系已经较为完善。2022 年 11 月，欧盟《数字市场法》（Digital Markets Act，DMA）和《数字服务法》（Digital Service Act，DSA）已经生效，并分别于 2023 年 5 月 2 日、2024 年 2 月 17 日开始实施。DMA 引入"守门人"概念，对符合标准的大型互联网平台（目前符合标准的主要有苹果、微软、亚马逊、谷歌、脸书等美国互联网平台）进行反垄断规制，以保障市场公平与企业良性竞争；DSA对欧盟境内在线中介服务提供者的权利、义务进行规制，两项法案的生效和实施将在一定程度上改变在欧盟境内电商平台巨头的发展环境。中国针对电商平台的治理步入常态化监管的新阶段。2021 年以来，我国监管部门从信息保护、反垄断、反不正当竞争、推荐算法规范等多方面针对电商平台企业开展了专项治理，并取得了良好成效。2022 年中央经济工作会议提出，要大力发展数字经济，提升常态化监管水平，支持平台企业在引领发展、创造就业、国际竞争中大显身手。国家发展和改革委员会等九部门联合印发的《关于推动平台经济规范健康持续发展的若干意见》明确提出，坚持发展和规范并重，并从健全完善规则制度、提升监管能力和水平、优化发展环境、增强创新发展能力、赋能经济转型发展等方面提出具体意见。

在常态化监管的新背景下，今后一段时期，治理规则和制度规范将进一步完善，各部门协同治理将进一步推进，对电商发展的监管将重点针对金融和数据、算法安全领域，数字化监管技术和手段将进一步增强，电子商务开放创新的生态将逐步构建，电商赋能产业数字化转型将有力深化，电商平台企业探索技术创新和模式创新将不断强化，平台企业和卖家的合规意识将不断提升，守正创新将成为未来电商高质量发展的重要特征。

2. 加速出海开拓全球电商增长新空间

在市场驱动和政策支持的背景下，中国电子商务将加速拓展全球市场，不断增强国际化发展能力，提升国际竞争力，以电商出海推动中国制造和中国品牌"走出去"，将成为未来我国电子商务开拓第二增长曲线的重要路径。从行业趋势看，随着国内流量红利见顶，由国内市场需求驱动的电子商务增长逐渐趋缓，而海外市场电商增长前景可期。一方面，新冠疫情期间培养了全球用户的电商消费习惯，全球消费、服务线上化趋势明显；另一方面，新市场和新模式有望驱动全球电商新增长，欧美成熟市场具有高消费能力和成熟基础设施的支撑，东南亚、拉美等新兴市场互联网快速渗透、电商增速领先，中国引领的社交电商、直播电商等新模式有望带动全球电商迎来新一轮增长。根据 eMarketer 数据，全球电商市场规模2019—2021 年的复合年均增长率（CAGR）为 22%，预计 2026 年全球电商市场规模有望达到 8.1 万亿美元。从政策导向看，中央经济会议提出"鼓励平台企业在国际竞争中大显身手"；国家发展和改革委员会会同九部门发布的《关于推动平台经济规范健康持续发展的若干意见》中专门提出，要支持平台企业提升全球化发展水平，围绕国际规则的制定、专业化中介服务、培育跨境电商产业链和生态圈等方面提供政策支持；中共中央国务院《关于构建数据基础制度更好发挥数据要素作用的意见》（简称《数据二十条》）提出，要"针对跨境电商等典型应用场景，探索安全规范的数据跨境流动方式"，为中国电商出海中的数据跨境流动问题探索制度规则。在行业趋势和政策支持的背景下，2022 年，国内电商平台、电商卖家纷纷加速出海步伐，初步形成了以阿里速卖通、SHEIN、拼多多 Temu 及字节跳动旗下的 Tiktokshop 为代表的中国电商出海"四小龙"。未来中国电商将依托国内高性价比产品、优质供应链、电商平台商业模式创新及完备的电商生态体系，逐步构建我国电商出海的竞争优势，进一步推动中国制造、中国品牌、中国模式"走出去"。与此同时，随着中国电商平台在海外的影响力日趋增强，电商出海也将面临越来越多的来自国外政府监管、市场竞争环境、社会文化等多方面的挑战，未来中国电商的全球化发展之路机遇和挑战并存。

3. 绿色普惠引领电商 ESG 实践新方向

近年来，ESG（环境、社会、治理）作为一种推动可持续发展的新理念，已经成为国际社会的主流共识，成为衡量高质量发展的重要标尺，衡量企业核心竞争力的重要标准，引起政界、学界和企业界的广泛讨论与实践。电子商务的发展在赋能小微企业、促进社会公平、促进就业、助力乡村振兴等方面发挥了重要作用，未来，绿色普惠将会持续引领电商 ESG 实践的新方向。从政府推动来看，商务部办公厅发布《关于推动电子商务企业绿色发展工作的通知》，首次明确提出电商绿色发展的行动措施；商务部实施"数商兴农"行动计划，聚焦"三农"，发展农村电商新基建，打造农产品网络品牌，培育直播新农人；农业农村部出台《关于加快农业全产业链培育发展的指导意见》，提出"加强农村电商主体培训培育""实施'互联网+'农产品出村进城工程""发展直播带货、直供直销等新业态"等。从电商企业的 ESG 实践来看，阿里巴巴、唯品会、京东等电商平台均把 ESG 作为企业未来发展的重要基石，相继发布了 ESG 报告，涉及绿色低碳、社会公益、企业现代化治理等多个方面。在绿色发展方面，我国电商企业正逐步建立健全绿色运营体系，数据中心、仓储物流设施、产业园区绿色转型将进一步升级，塑料包装治理和快递包装绿色供应链管理将不断完善。在普惠发展方面，电子商务企业已经在带动创业就业、助力乡村振兴等方面取得许多有益的经验成果，随着政策支持不断强化、农村数字基础设施和物流配送体系进一步完善，人们的数字素养和技能普遍提高，电子商务企业将在促进普惠发展方面提供更多助力。未来，电子商务发展将进一步利用中小微企业集聚、就业创业集中、城乡衔接紧密等特点，打造更公平的产业链分配机制，助力实现"共同富裕"；同时，电子商务企业将在发挥自身绿色低碳、节能增效优势的基础上，通过广泛带动作用，促进形成绿色生产生活新方式。

4. 数实融合将成为电商助力产业数字化转型的主要驱动力

电子商务联通生产消费、线上线下、城市乡村、国内国外，是数字经济和实体经济的重要组成部分，我国的电子商务发展已经深度融入生产生活的各个领域，未来，数实融合将成为电商助力产业数字化转型的主要驱动力。过去 20 多年，电子商务发展以消费互联为基础，形成了较完善的平台生态，积累了连接生产端和消费端的海量数据，涌现了短视频、直播电商、社交电商等多种新模式。当前，电子商务发展正在从消费互联转向产业互联。以电商平台为纽带，传统制造业可以形成以电子商务为牵引的新型智能制造模式，制造企业基于电子商务平台对接用户的个性化需求，贯通设计、生产、管理、服务全流程，发展个性化定制、柔性化生产，打造用户直连制造（C2M）的数字化、智能化新模式；依托农村电商发展，农业数字化基础设施不断完善，数字化手段和能力不断升级，将撬动农业生产、流通、销售端的全链路数字化变革。电商平台企业如拼多多、抖音、阿里巴巴、京东深入全国各地的制造业、农业产业带，推出基于产业带的专项活动或平台，推动国货品牌、农产品直连国内、国际两个市场，并从产品结构、设计研发、生产制造、品牌打造等方面，提供全链路的数字化服务，助力传统企业、制造工厂、农业农村的数字化转型。大型生产制造企业探索发展行业性电商服务平台，如海尔的卡奥斯平台、三一重工的树根互联根云工业互联网平台等智能制造平台致力于打造行业性的工业互联网集成平台，赋能产业链数字化。在今后一段时期，大型电商平台企业、行业性电商服务平台与制造业、农业的深度融合，将成为未来发展趋势，并成为电商助力产业数字化转型的重要驱动力。

撰稿：杜国臣、李凯、王荣、王林、伍谷
审校：向坤

第 23 章　2022 年中国网络金融发展状况

23.1　发展环境

2022 年，受新冠疫情、地缘冲突等多重因素叠加影响，全球经济增速放缓，复苏风险增大，金融行业面临机遇与挑战并存局面，传统金融服务模式面临更深层次的数字化转型发展压力，金融业更需要科技力量来实现资源优化配置。2023 年 5 月，国家金融监督管理总局挂牌成立，将注重防范化解金融风险，持续强化消费者权益保护，对广义的网络金融领域提出了更高的管理要求。

1. 政策环境

2022 年，网络金融业务的监督管理工作稳步开展。监管部门秉持审慎监管的原则，针对金融领域陆续发布监管政策，行业管理进入追求高质量发展阶段；针对期间出现的某村镇银行的金融违规事件，监管部门积极协同地方政府稳妥开展工作，履行维护区域金融稳定责任，做好流动性管理和应急保障；针对新一代信息技术在金融领域的应用，如移动支付、互联网保险和智能财富管理等业务的监管进入精细化管理阶段。同时，2022 年是中国人民银行《金融科技发展规划（2022—2025 年）》的开局之年，我国网络金融行业正式步入了"积厚成势"的新阶段，法规、标准、人才等产业基础正不断夯实。2022 年中国网络金融领域部分政策法规及重要事件如表 23.1 所示。

表 23.1　2022 年中国网络金融领域部分政策法规及重要事件

发布时间	相关领域	政策法规名称	发布机构
2021 年 12 月	金融科技	《金融科技发展规划（2022—2025 年）》	中国人民银行
2022 年 1 月	数字化转型	《关于银行业保险业数字化转型的指导意见》	中国银保监会
2022 年 1 月	数字经济规划	《"十四五"数字经济发展规划》	国家发展和改革委员会
2022 年 1 月	数字经济规划	《关于推动平台经济规范健康持续发展的若干意见》	国家发展和改革委员会、中央网信办等九部门
2022 年 3 月	网络借贷	《关于修改〈最高人民法院关于审理非法集资刑事案件具体应用法律若干问题的解释〉的决定》	最高人民法院
2022 年 4 月	证券	《证券期货业网络安全管理办法》（征求意见稿）	中国证监会
2022 年 6 月	网络安全	《互联网用户账号信息管理规定》	中央网信办
2022 年 7 月	互联网借贷	《关于加强商业银行互联网贷款业务管理提升金融服务质效的通知》	中国银保监会

资料来源：公开渠道搜集。

2. 经济环境

2022 年，面对多重压力和复杂多变的外部环境，我国经济韧性强劲，全年经济平稳运行。一是发展质量稳步提升，国内生产总值突破 121 万亿元，跃上新台阶；二是消费总量保持基本平稳，潜力逐步释放，对经济增长的贡献回归合理水平，呈现恢复发展态势；三是工业"压舱石"作用有效发挥，全国工业增加值达到 40.2 万亿元，全年全国规模以上工业增加值较2021 年增长 3.6%，高质量支撑经济发展；四是基建投资对经济的支撑作用明显，专项债和政策性金融工具协同发力，撬动更多社会资本，确保基建项目稳定持续推进，为稳增长保驾护航。

3. 技术环境

以人工智能、区块链、云计算、大数据和物联网等（以下简称"ABCDI"）为代表的新一代信息技术高速发展，呈现新特征：一是金融机构提速数据能力建设，释放数据要素潜力，提高数据要素价值；二是算力基础设施持续升级，人工智能、机器学习等全面发展，应用到多个金融领域，同时底层技术架构和开发运营模式创新加速，分布式等技术的逐步应用在架构稳定基础上提升了金融机构的敏捷开发能力；三是网络信息安全要求日益升高，区块链技术逐渐应用于更多的银行等金融机构的多种业务系统中；四是以元宇宙、数字人、生成式 AI为代表的前沿信息技术手段，在金融领域出现新的应用场景，并在局部金融机构开展试点应用。

23.2　发展现状

随着我国网络金融监管体系的不断健全完善，网络金融市场呈现快速发展趋势。新一代信息技术助力金融业深入推进数字化转型，以科技赋能普惠金融，提高金融服务可得性，降低金融交易成本。

1. 我国金融业科技投入稳步提升

据公开信息披露，2022 年，中国工商银行、中国建设银行、中国农业银行、中国银行、交通银行、中国邮政储蓄银行在金融科技领域投入总额超过千亿元，平均约占总营业收入的3.0%，同比增长 8.42%，增速显著。

2. 传统网点加快场景化，数字化转型赋能服务效能提升

纵观银行、证券、保险等金融机构对网点的优化布局过程，尽显科技力量。一是金融机构优化线下网点发展模式，部分机构已开始采用大数据等技术手段，将业务嵌入多元场景中，推进网点场景化转型。例如，部分金融机构结合自身发展优势，在传统网点增设普惠金融、住房租赁、养老金融等类型基础设施，聚焦于特色业务，与标准化的线上业务互补协同。二是通过丰富智能服务配套推进数字化转型，实现提质增效。金融机构将大数据、AI、人脸识别等新兴技术手段应用于网点运营的多个场景和流程中，包括但不限于平台建设、业务流程设计、自助设备智能化升级等，使网点资源利用效率显著提升，提升前、中、后台协同能力。

3. 国内外金融科技市场分析

2022 年，全球经济形势复杂多变，多国央行采取加息的措施应对通胀压力，叠加经济发

展预期调整等因素，资本市场的下行压力相对较大。2022 年，全球金融科技行业投融资事件总次数为 3294 次，总金额为 1681 亿美元。第一季度和第二季度的投融资次数和金额较多，第四季度的投融资次数和金额相比前三季度均有所下降[1]（见图23.1）；与此同时，2022 年第四季度投融资降至 2018 年水平，交易额降至 2020 年水平。就国内而言，金融科技领域投融资主要集中在北京、上海、深圳、广州、香港、杭州等金融业相对发达的城市，受整体经济形势的影响，下一阶段金融科技领域的创新企业、创新项目、投融资机构会进一步聚焦于支持金融业服务实体经济的大局战略。

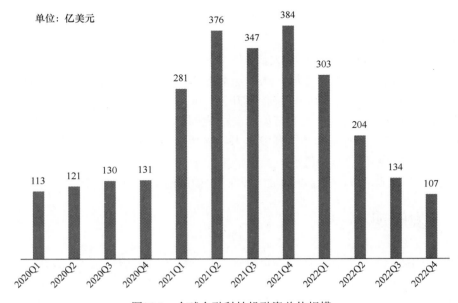

图23.1　全球金融科技投融资总体规模

资料来源：CB insights。

23.3　网络支付

1. 网络支付市场规模扩大，网络支付体系更加便民化

2022 年，在新冠疫情持续影响下，外出活动受到限制，很多线下需求需要通过线上方式来满足，网络支付行业优势更加凸显。"非接触式"支付方式被社会公众逐渐接受，我国网络支付规模稳步增长，呈现出新的发展格局。截至 2022 年 12 月，我国网络支付用户规模达 11 亿人，较 2021 年 12 月增长 781 万人，占网民整体的 85.4%[2]。我国网络支付业务量依旧保持快速增长态势，银行共处理网络支付业务 757.07 亿笔，金额达 1858.38 万亿元，同比分别增长 1.5% 和 6.4%；移动支付业务 1167.69 亿笔，金额达 378.25 万亿元，同比分别增长 7.4%

1　资料来源：清华大学，《全球金融科技投融资趋势报告（2022 年度）》。

2　资料来源：中国互联网络信息中心，《中国互联网络发展状况统计报告》。

和 1.1%。网络支付服务不断求创新、拓场景、惠民生，有力支撑了经济社会的发展。

网络支付适老化改造持续推进，数字鸿沟进一步弥合。 截至 2022 年年底，全国 60 周岁及以上老年人口有 28004 万人，占总人口的 19.8%；全国 65 周岁及以上老年人口达 20978 万人，占总人口的 14.9%。随着老龄化程度的加深，各支付机构相继开展适老化改造工作，推出了老年人专属 App 版本，通过提升安全性、强化新技术应用等方式，满足老年群体支付服务需求。在政府、企业的通力合作下，截至 2022 年 12 月，60 周岁以上老年群体对网络支付的使用率达 70.7%，与整体网民的差距同比缩小 2.2 个百分点。

线下支付领域应用场景创新推动行业发展。 网络支付既变革了支付方式，又降低了商户经营成本，提高了商户的业务支付结算效率。在线下支付场景方面，C 端用户以支付宝、微信等第三方支付机构为主要使用工具，B 端商户的支付收单服务集中度较低，有较多支付机构和银行金融机构提供支付收单服务，各家支付机构和银行针对不同行业的客户深耕客群，以发展差异化的行业解决方案和场景金融服务，与此同时，B 端商户的支付服务商业竞争也在持续加速线下移动支付的发展和创新。

2. 跨境支付利好政策频出，持续推进跨境支付数字化发展

自 2022 年以来，随着国内经济的逐步恢复，跨境支付利好政策有序出台（见表 23.2）。2 月，《金融标准化"十四五"发展规划》指出，要全面开展人民币跨境支付清算产品服务、清算结算处理、业务运营和技术服务等方面标准建设。5 月，《国务院办公厅关于推动外贸保稳提质的意见》要求，持续优化跨境贸易人民币结算环境，支持银行机构在依法合规前提下，通过单证电子化审核等方式简化结算流程，提高跨境人民币结算效率[1]。

表 23.2　针对跨境支付的顶层设计和典型区域政策案例

时间	政策类文件名称
2022 年 1 月	《"十四五"数字经济发展规划》
2022 年 2 月	《金融标准化"十四五"发展规划》
2022 年 4 月	《关于做好疫情防控和经济社会发展金融服务的通知》
2022 年 5 月	《国务院办公厅关于推动外贸保稳提质的意见》
2022 年 6 月	《关于支持外贸新业态跨境人民币结算的通知》
2022 年 7 月	《关于推进对外文化贸易高质量发展的意见》
2022 年 10 月	《深圳市推动跨境电子商务高质量发展行动方案（2022—2025）》
2022 年 10 月	上海市人民政府办公厅关于印发《本市推动外贸保稳提质的实施意见》的通知

资料来源：公开渠道搜集。

下一阶段，跨境支付数字化发展将持续推进，区块链技术具有去中心化、难以篡改、安全可靠等特点，能有效提升业务安全水平，提高跨境支付等金融服务业务质量。现阶段，全球约 2/3 的央行和金融监管机构正拟定或制定法定数字货币政策，多边央行数字货币桥（mCBDC）的安排正在成为重要探索方向之一[2]。就我国而言，跨境银行间支付清算有限责任

1　资料来源：中国跨境支付行业年度专题分析 2022。

2　资料来源：人民币国际化观察，2022 年第 5 期，中国银行研究院。

公司受央行指导管理，负责人民币跨境支付系统（CIPS系统）的开发和运行维护，为境内外金融机构提供人民币跨境支付清算、数据处理、信息技术等服务。截至2022年10月底，CIPS系统全球参与者达到1353家[1]。

23.4 消费金融与互联网贷款

1. 消费贷款余额稳步增长，线上获客渠道成为主流

消费金融机构大力提升科技水平，深入推进数字化转型，金融科技手段助力消费金融服务质效显著提升。新一代信息技术在推动消费信贷线上化、标准化方面作用显著，各家消费金融公司业务经营线上化转型的趋势明显。消费信贷市场总体规模超过50万亿元，其中有2/3左右为个人消费贷款及住房贷款。2022年，消费金融公司累计发放线上贷款2.47万亿元，占全部贷款的96.17%[2]。目前，就获客渠道而言，我国有30家机构获得了消费金融牌照，并开展线上业务，其中28家消费金融机构将线上第三方引流作为最主要的业务渠道，22家消费金融机构线上第三方引流投放占比超过50%；从获客地域限制方面来看，互联网消费金融还没有明确的区域限制[3]。

2. 消费金融走向多元化发展格局，金融机构深入学习多种场景流程，推动场景金融业务落地

消费金融行业已实现了从以银行为绝对主导到银行、消费金融公司与互联网金融平台多元化发展的行业新格局，并实现了从传统的人力驱动模式升级到倚重金融科技的新型发展阶段。

居民的消费需求和新兴消费业态的增长，为金融科技助力场景金融提供了丰富的发展空间。以数字人民币为例，银行在面向教育、医疗、交通等消费金融场景构建数字人民币生态应用的同时，不断推动对公业务场景（尤其是在采购、支付结算和风控等企业经营重点环节）突破，帮助企业完善供应链上下游体系[4]。建设银行于2016年推出个贷产品"个人快贷"，并快速成为建设银行个人消费贷款的重要增长驱动力，完全线上化的"个人快贷"产品对个人消费贷款规模的贡献从2016年年底的39.5%一度上升到了2020年年底的93.1%，自2016年以来个人消费贷款规模始终处于国有大型商业银行中的前列[5]。

3. 消费金融与互联网贷款市场监管深化

自2022年以来，消费金融领域监管政策陆续出台。2022年年初，国家发展和改革委员会、中央网信办、工业和信息化部、商务部、中国人民银行等九部门联合印发了《关于推动平台经济规范健康持续发展的若干意见》，重申互联网平台从事金融业务的监管重点。7月，

---

1 资料来源：中国跨境支付行业年度专题分析2022，易观分析。

2 资料来源：中国银保监会非银部，《引领消费金融公司规范有序发展》。

3 资料来源：《2023年消费金融行业分析》。

4 资料来源：《中国金融科技生态白皮书（2022年）》。

5 资料来源：艾瑞咨询，《2022年中国消费金融行业研究报告》。

中国银保监会发布《关于加强商业银行互联网贷款业务管理提升金融服务质效的通知》，进一步明确细化商业银行贷款管理和自主风控要求。11 月 30 日，中国银保监会发布新版《银行保险机构公司治理监管评估办法》，其中消费金融公司首次被纳入监管评估范围。同时，评估对象从商业银行和商业保险公司，扩大至农村合作银行、金融资产管理公司、金融租赁公司、企业集团财务公司、汽车金融公司、消费金融公司及货币经纪公司等机构，且都被纳入监管评估范围。2023 年 1 月，中国人民银行金融市场司负责人马贱阳表示，14 家平台企业的整改取得了一些积极成效，目前大多数问题已基本完成整改，大型平台企业合规经营、公平竞争，消费者保护意识明显增强，金融业务不断规范发展。

4．典型案例

桔子数科成立于 2014 年 9 月，是国内成立时间较早的互联网科技金融企业，是国家高新技术企业单位、数字普惠金融 100 人论坛发起人单位，并于 2021 年入选工业和信息化部中国信息通信研究院"卓信大数据计划"。目前，桔子数科将 To B 端科技金融数字化营销和科技输出作为主要业务，充分发挥金融科技技术优势，以产品化形式为金融机构和互联网平台提供数字化营销解决方案。现已同多家商业银行、消费金融公司、中大型支付公司及互联网平台达成业务合作，通过满足合作方流量变现和场景化增值服务需求，有效提升金融机构的数字化营销服务水平，达成不同类型金融机构数字化转型的目标。

1）持续推进数字化转型，丰富桔子数科产品体系

桔子数科在创立之初便推出面向 C 端用户的场景数字化金融服务平台——桔多多 App，作为桔子数科独立开发运营的场景数字化金融服务平台，伴随消费需求多元化和消费场景的不断拓展，在金融科技促转型、助升级的发展背景下，桔子数科主营业务从 To C 业务转向 To B 服务。

为更好地服务于金融机构，助力金融业深入推进数字化转型，桔子数科通过整合客群、场景、生态等多方位优势，加大了在消费场景、产品矩阵和科技能力输出等方面的投入，快速制定企业战略规划，与金融机构有效互补。具体而言，通过打造 To B 端金融科技数字化营销业务板块，以金融数科数字化营销业务作为重要发力点，围绕主营业务在核心研发能力和产业生态方面进行布局，为客户提供产品搭建、获客渠道共建、联合辅助风控、持续精准获客等全生命周期数字化服务体系，为生态伙伴提供全方位的科技服务支持，快速实现互联网企业消费金融场景化赋能，助力金融机构消费金融业务数字化转型。

桔子数科为合作客户提供全链路金融流量价值变现服务，根据客户实际情况，提供差异化解决方案。在服务银行营销领域数字化转型的过程中，桔子数科为客户的营销价值精准分层、人机协同触达、风控服务、资金对接方面的业务提供 7×24 小时无间断服务；此外，桔子数科还可根据客户不同发展阶段，提供差异化方案输出，为企业提供"陪伴成长式"的数字化转型服务。

截至 2023 年 8 月，桔子数科 To B 业务累计服务流量渠道端客户、中小银行、消费金融公司等数十家机构，为流量端客户提供流量代运营和联合运营服务，为中小银行和消费金融公司对接获客流量，同时开展沉睡客户激活唤醒等服务；其中，超过 50% 的合作客户达到了预期效果，并签署了长期合作项目协议。目前，桔子数科在营销数字化转型领域已累计服务

十几家中小银行，触达并激活上千万沉睡用户，对接流量资产超过百亿。

2）加强产学研合作，构建桔子数科生态体系

桔子数科与南开大学合作成立"科技金融联合实验室"，该实验室整合双方优势资源，培养高级技术人才，并提升大数据算法、联邦学习等领域的技术储备水平。一方面，借助桔子数科独有的场景、用户、数据优势及大数据风控经验，为南开大学提供更优质的风控算法、模型和实践项目。另一方面，结合金融科技领域的实际应用场景，促进双方在金融科技领域的实质性合作，将科研成果快速转化、落地，不断提高金融科技领域成果产出能力，共同推进企业与学校在金融科技相关领域的技术合作，努力实现"校企合作、产学双赢"。2022年5月，该实验室发表有关人工智能数据建模的论文被机器学习领域顶级会议ICML 2022收录，受到行业的广泛关注。

2022年9月，在中国（天津）自由贸易试验区政策与产业创新发展局、滨海新区金融工作局统筹指导下，东疆综合保税区金融服务促进局报送的中国（天津）自由贸易试验区（天津港东疆片区）金融科技"监管沙盒"试点项目取得了阶段性进展，桔子数科旗下业务线桔子互联研发的用户精准筛分模型项目成功纳入东疆金融创新"监管沙盒"系统试点运行。

桔子数科努力发挥自身在金融科技领域的优势，以客户为中心，通过不断提高产品创新能力和服务效率，全面满足各类金融机构的不同需求，积极助力各行业客户实现数字化转型目标。2023年，在国家大力支持实体经济发展、金融业深入推进数字化转型等背景下，桔子数科将持续关注金融科技发展趋势，充分发挥自身在金融科技领域的专业优势和业务布局优势，积极与行业内优秀企业合作，实现优势互补、资源共享，共同推动数字经济与实体经济深度融合，为金融机构提供更加智能、便捷、安全的数字化服务和产品，全面提升金融机构的数字化营销服务水平。

23.5　数字人民币

1. 数字人民币试点向着广度和深度扩展，应用场景实现多层次突破

在金融业和产业界的共同努力下，数字人民币各项研发试点工作稳步推进。**一是数字人民币试点范围继续扩大**。中国人民银行先后选择15个省（市）的部分地区开展数字人民币试点，并综合评估确定了10家指定运营机构，其中开展试点最早的深圳、苏州、雄安、成都四地，将适时推动试点范围逐步扩大到全省。除城市试点外，数字人民币服务下沉到县域农村，基于农产品销售、惠农补贴发放等特色场景拓宽农村金融服务覆盖面，助力乡村振兴和数字乡村建设。**二是试点场景多样化发展趋势明显**。中国人民银行数据显示，截至2022年8月底，试点地区累计交易笔数为3.6亿笔、金额为1000.4亿元，支持数字人民币的商户门店数量超过560万个，数字人民币在批发零售、餐饮文旅、教育医疗、公共服务等领域已形成一批涵盖线上线下、可复制、可推广的应用模式，实现了从小额支付向大额支付、从日常消费到公共事业缴费、从零售到批发交易等多样化场景突破，如多地开展了通过数字人民币缴纳土地拍卖款、住房公积金缴费、专项资金发放等试点工作。

2. 非银支付市场格局发生明显变化，场景化连接作用持续扩大

我国数字支付规模保持稳步增长，截至 2022 年年底，非银支付机构移动支付业务笔数达到 10046.84 亿笔，交易总量为 348.06 万亿元。受多方因素叠加影响，非银支付市场呈现两大特征。一是监管要求推动非银支付市场结构追求良性发展。随着支付领域反垄断的推进，支付宝、微信支付均与银联云闪付实现收款码扫码互认，非银支付机构的封闭生态打开了开放的窗口；持支付牌照的机构也在经历着新一轮考验，支付牌照持续缩量，2021 年内 9 张支付牌照注销，2022 年 7 月有 19 家机构的支付牌照被注销。**二是支付的连接作用持续发挥，便民、助企的场景更加丰富。**通过应用支付科技，非银支付机构将其支付功能越来越多地嵌入便民服务和助力小微企业发展场景中，构建基于支付的广谱连接体系。例如，多个非银支付工具已被广泛应用于居民衣食住行场景，并且以便捷的交易方式助力小微企业、店铺进行精细化运营，促进客流回升和复工复产。

23.6　供应链金融

2022 年，我国供应链金融市场规模达 32.2 万亿元（见图 23.2）。预计未来几年，中国供应链金融行业市场规模将进一步扩大。一方面，受国家政策支持，绿色供应链金融、涉农供应链金融、跨境电商供应链金融有序发力，助推供应链金融规模增长；另一方面，由于新一代信息技术的迅猛发展，新型供应链金融服务模式逐渐增多，推动供应链金融规模增长。

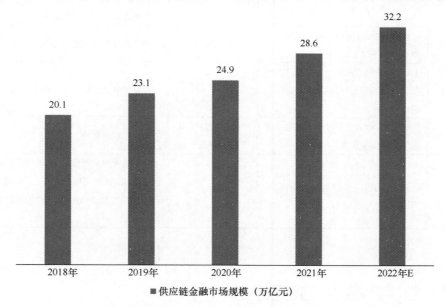

图23.2　2018—2022年中国供应链金融市场规模

资料来源：中商产业研究院。

2022 年，供应链金融行业呈现以下特征。一是保理融资业务模式仍是供应链金融业务的最主要业务模式之一。保理融资业务的业务杠杆效应有效提升了保理企业的业务规模。二是央企正广泛参与供应链金融业务。由于央企的主体资信优势，在强大的产业背景、业务体量及资金协同能力的推动下，央企正在赋能整个产业发展。据不完全统计，在 98 家央企中，估计超过 70 家央企通过下属的各类子公司参与供应链金融业务。三是不同地方政府产业平台支持供应链金融业务。地方政府能够立足本地产业服务本地企业，拓宽普惠金融的覆盖广度和深度；此外，多渠道数据的整合，建立了更为有效的风控体系和数据安全体系，有益于推动数据交易大市场的建立和发展。2022 年中国供应链金融相关政策类文件发布情况如表 23.3 所示。

表 23.3　2022 年中国供应链金融相关政策类文件发布情况

发布时间	政策类文件名称	发布机构	重点内容
2022 年 1 月	《"十四五"国内贸易发展规划》	商务部	稳步推进供应链金融发展，丰富供应链金融服务产品
2022 年 1 月	《要素市场化配置综合改革试点总体方案》	国务院	推广"信易贷"模式，用好供应链票据平台、动产融资统一登记公示系统、应收账款融资服务平台，鼓励金融机构开发与中小微企业需求相匹配的信用产品
2022 年 1 月	《"十四五"现代流通体系建设规划》	国家发展和改革委员会	加强供应链金融基础设施建设
2022 年 3 月	《关于推动中央企业加快司库体系建设进一步加强资金管理的意见》	国务院国资委办公厅	加强供应链金融服务管理。有条件的企业要突出行业"链长"优势，合理借助上下游业务、资金等信息，发挥数据和服务支撑作用
2022 年 4 月	《关于做好疫情防控和经济社会发展金融服务的通知》	中国人民银行	强化产业链供应链核心企业金融支持
2022 年 6 月	《关于开展"携手行动"促进大中小企业融通创新（2022—2025 年）的通知》	工业和信息化部等 11 部门	创新产业链供应链金融服务方式
2022 年 9 月	《关于推动动产和权利融资业务健康发展的指导意见》	中国人民银行、中国银保监会	推广供应链融资
2022 年 12 月	《"十四五"现代物流发展规划》	国务院	规范发展供应链金融，鼓励银行等金融机构在依法合规、风险可控的前提下，加强与供应链核心企业或平台企业合作，丰富创新供应链金融产品供给

资料来源：公开渠道搜集。

23.7　数字金融与开放银行

1. 金融机构大力发展数字金融创新，金融科技成为业务发展的重要引擎

传统金融机构着力以数字金融科技提升客户体验。《经济学人》调研数据显示，65%的受访银行家认为现有网点模式将在 5 年内被逐步取代，超过 81%的受访者认为客户体验的差异化是未来的重点方向。2022 年，越来越多的银行强化信息科技建设，启动了数字化升级、网

点智能化改造，引入客服机器人、数字人、智能终端设备来提升服务效率。以工商银行为例，工商银行已在业内率先构建并推出"云工行"非接触服务品牌，推动手机银行、物理网点、远程客服之间的功能联通和服务协同。依托金融生态云，提升覆盖 20 余个行业、2000 余种标准化金融服务和"行业+金融"的开放输出能力。在具体实践方面，建设银行、浦发银行、广发银行、平安银行、浙商银行等大型银行和股份制银行在数字金融科技创新和行业解决方案创新等方面取得了显著成果，更广泛地服务于企业客户和零售客群，获得了优秀的客户口碑和市场评价。宁波银行、北京银行、上海银行、泰隆银行、杭州银行等城市商业银行在金融科技领域也有丰富的创新成果，基于自身的客群特点创新适配的产品和服务，通过金融科技实现了进一步的提质增效。

2. 数字银行通过数字化赋能金融普惠

广义的数字银行包含电子银行、网络金融、直销银行、互联网银行、开放银行等电子渠道和业务形态。电子银行通过计算机端、手机端等电子渠道为客户提供便利的线上金融服务渠道。直销银行、互联网银行通过互联网平台、App 和小程序等载体为客户提供互联网化的综合性金融服务和直销模式的金融产品。开放银行通过搭建开放平台和 API 接口技术，形成多方数据整合平台，通过大数据有效地将各类金融服务延伸至产业链平台上下游的中小微企业和零售客群。开放银行通过 API 技术将自己的产品业务变为功能模块，提供集约化服务，促使单一普惠金融客户的服务成本大幅下降，规模效益提升，对金融普惠的扩大发展起到了重要作用。总体上，数字银行构建了金融、科技与实体的共建生态圈，通过生态圈中的各方价值互补实现合作共赢，共同获得优质的金融服务。

开放银行在生态和技术层面上，呈现出多个特征。一是构建了金融、科技与实体的共建生态圈，不论企业规模大小、是否与核心企业建立供应关系，均可以通过彼此互补实现价值共赢，平等获得优质金融服务。二是形成多方数据集成平台，通过数据的开放和共享，有效地将各类金融服务延伸至产业链上下游的中小微企业，确保其稳健经营。三是通过 API 技术将自己的产品业务变为功能模块，提供集约化服务，促使单一普惠金融客户的服务成本大为下降，尽显规模效益，保证普惠金融的可持续发展。

23.8　互联网理财

2022 年，互联网理财用户规模呈现稳步增长态势。中国基金业协会数据显示，我国互联网理财市场用户规模在 2015—2022 年间增长了 2.6 倍，用户数量突破 6 亿人，年复合增长率高达 17.5%。当前，中国互联网理财的规模已经达到全球市场的近 1/3。与此同时，在用户年龄结构方面整体呈现年轻化发展格局。互联网理财的用户年龄主要集中在 21～30 岁，其中用户年龄占比前三位的分别是 21～25 岁用户，占比为 27%；26～30 岁用户，占比为 26%；31～35 岁用户，占比为 17%。在区域分布方面，一线、新一线、二线城市用户规模明显高于三线以下城市用户规模，其中一线、新一线、二线城市用户数量约占整个互联网理财市场的一半以上，互联网理财市场目前存在较大下沉潜力。

随着互联网技术的发展和消费者对理财产品需求的增长，中国互联网理财行业一直处于稳健发展状态。**一是政策监管机构对于互联网理财的监管力度不断加强。** 自 2018 年《关于规范金融机构资产管理业务的指导意见》落地后，出台了一系列政策文件（见表 23.4），以规范互联网理财平台的经营行为，保护投资者的权益，促进行业的健康发展。**二是传统金融机构与互联网金融平台共同融合发展。** 银行的互联网理财平台通过提供便捷的网上开户、存取款、转账等服务，满足了消费者对便捷理财的需求。互联网理财平台、券商的互联网理财服务则是通过低门槛、相对高收益的理财产品，吸引了大量投资者。互联网理财会实现平台资源共享，提供更全面、便捷的理财产品和服务。**三是多元化产品与智能投顾是互联网理财行业未来的发展趋势。** 随着金融科技的发展，互联网理财行业会针对目标客群量身定制产品和服务解决方案，同时提升风险控制和提供智能化服务。总体上，互联网理财具有广阔的发展前景，同时也面临着一定的挑战，行业内公司需要通过提升服务水平和提高风险管控能力来应对市场变化和监管政策形势的变化。

表 23.4 2021—2022 年互联网理财相关政策文件发布情况

发布日期	发布机构	发布文件	对应产品
2021 年 6 月 17 日	中国银保监会、中国人民银行	《关于规范现金管理类理财产品管理有关事项的通知》（银保监发〔2021〕20 号）	商业银行与理财公司的现金管理类理财产品
2021 年 12 月 10 日	中国银保监会	《理财公司理财产品流动性风险管理办法》（2021 年第 14 号）	理财公司理财产品
2022 年 6 月 1 日	财政部	《资产管理产品相关会计处理规定》（财会〔2022〕14 号）	所有资管类产品

资料来源：公开渠道搜集。

23.9 互联网保险

1. 互联网保险行业整体发展稳健，各险种发展出现差异

根据中国银保监会和中国保险行业协会发布的 2022 年保险行业运行数据，我国互联网保险保费收入总额为 4782.50 亿元，同比上涨 25.56%，但对比 2021 年的 29.91%而言，增速有所放缓。2022 年我国保险业原保险保费收入约为 4.7 万亿元，同比增长 4.6%。2022 年全年互联网保险保费收入占保险业原保险保费收入的 10.16%，连续两年持续保持近两个百分点的增速（见图 23.3）。自 2019 年来，互联网保险规模持续健康稳步增长，平均增长率为 7.83%。

根据中国保险行业协会发布的《2022 年上半年互联网财产保险发展分析报告》，财产保险机构整体发展稳健，险种间"此消彼长"。73 家财产保险公司累计互联网保费收入 530.4 亿元，同比负增长 1.4%；车险保费 89.3 亿元，同比增长 16.6%；非车险保费 441.1 亿元，同比负增长 4.3%。非车险中保证保险、退货运费险和健康险三个险类保费占比合计为 81%，其中保证保险保费收入为 151.5 亿元（占比为 34.4%）、退货运费险为 82.7 亿元（占比为 18.7%）、健康险 124.1 亿元（占比为 28.1%），其中意健险（人身意外伤害险和健康险）同比下降 49.2 亿元。

2. 数字化助力互联网保险升级，产品和服务成为发展重点

近年来，中国银保监会不断加强制度建设，构建多层次立体化互联网保险监管制度体系，

引导互联网保险业务数字化转型和健康可持续发展。与此同时，互联网财产保险在发展中正面临着一些新的问题与挑战。**一是互联网保险产品有待多元化。**互联网财产保险产品受线上交易特点、风险控制能力等多方面因素影响，责任和形态相对简单，尚未形成保障全面、责任丰富的产品体系。**二是线上化、智能化成为服务的关键。**当前的互联网保险已经从聚焦于前端服务渠道的互联网化，转向销售、保全、理赔等保险全流程的线上化。长期来看，互联网保险必须从依靠流量与价格优势销售产品，通过科技能力向提高服务质量转变，从而让互联网保险更加可持续、高质量地发展。**三是数据信息安全保护需进一步升级。**相关监管部门逐渐加强对互联网保险的监管，确保保险服务的稳定可靠和用户权益的保障。互联网保险公司也需要不断提升自身的风险管理能力和信息安全水平，以确保用户的数据安全和资金安全。**四是客户主体年轻化、需求多样化。**当前，"80 后""90 后"群体逐渐成为社会消费主力，其更加注重专业性与服务体验，互联网保险机构是否能提供能够直达和满足客户真实需求的产品，成为未来发展的要点。

图23.3　2017—2022年中国互联网保险收入规模

资料来源：中国保险行业协会。

23.10　金融征信

随着我国市场经济的逐步完善和信用经济的发展，信用交易在各种商业交易中的比重逐渐增加，因交易中的信息不对称而引发的交易风险事件时有发生。为防范信用风险，扩大信用交易规模，收集交易中的各种有效信用信息，对外提供专业化的征信服务，而产生了征信行业。征信体系是重要的金融基础设施，是获得便利金融服务的必要条件。我国金融领域内的征信体系建设是随着金融体制改革的深化、金融市场的逐步完善而产生和发展的。在金融体制改革中，中央银行、商业银行逐渐认识到征信对于防范信用风险、降低融资成本、维护金融稳定和改善金融生态方面的作用至关重要。

随着我国金融经济的发展，我国向外资开放部分金融业务，征信是其中的重要一环。近年来,我国征信业的对外开放步伐日益加快。从我国征信市场发展的历程和现状看,我国征信市场的发展主要依靠政府与市场共同推动。最初是市场自主发展,但是,由于当时许多市场化征信机构缺乏公信力,难以解决相互信任问题,难以建立全国统一的征信体系。为迅速建立全国统一的征信体系,政府推动完成了全国统一的征信系统建设,并在此期间发挥了重要作用。随着《征信业管理条例》的实施,中国人民银行根据法规要求,大力推动征信市场发展,丰富市场主体,目前已逐渐形成公共征信机构与市场化征信机构并存、在各自领域发挥重要作用的局面。

23.11　网络金融的信息安全与监管

自 2020 年《中共中央 国务院关于构建更加完善的要素市场化配置体制机制的意见》将数据列为生产要素以来,数据要素价值得以不断释放。金融行业作为数据密集型行业,政府和金融监督管理部门高度重视信息安全工作,相继发布了一系列监管政策(见表 23.5),来规范网络金融业务的发展。

表 23.5　2022 年部分信息安全监管政策

发布时间	政策法规名称	发布机构	主要内容
2022 年 1 月	《网络安全审查办法》	国家互联网信息办公室、国家发展和改革委员会、工业和信息化部等 13 部门	网络安全审查坚持防范网络安全风险与促进先进技术应用相结合、过程公正透明与知识产权保护相结合、事前审查与持续监管相结合、企业承诺与社会监督相结合
2022 年 1 月	《金融机构客户尽职调查和客户身份资料及交易记录保存管理办法》	中国人民银行、中国银保监会、中国证监会	金融机构应当通过来源可靠、独立的证明材料、数据或者信息核实客户身份
2022 年 1 月	《银行保险机构信息科技外包风险监管办法》	中国银保监会	保障网络和信息安全,加强重要数据和个人信息保护
2022 年 2 月	《金融标准化"十四五"发展规划》	中国人民银行、国家市场监督管理总局、中国银保监会、中国证监会	强化金融网络安全标准防护、推进金融业信息化核心技术安全可控标准建设
2022 年 4 月	《关于 2022 年进一步强化金融支持小微企业发展工作的通知》	中国银保监会	银行保险机构要完善涉企信用信息的安全管理体系,落实保密管理责任,加强数据安全和隐私保护
2022 年 5 月	《银行保险机构消费者权益保护管理办法(征求意见稿)》	中国银保监会	银行保险机构应当建立消费者权益保护审查机制,健全审查工作制度,对面向消费者提供的产品和服务在设计开发、定价管理、协议制定、营销宣传等环节进行消费者权益保护审查,从源头上防范侵害消费者合法权益行为发生

资料来源:公开渠道搜集。

零信任步入多场景落地期,金融领域认可度逐渐升高。零信任落地条件逐步成熟,标准化、产业化趋势显现。2022 年 6 月 2 日,全国信息安全标准化技术委员会发布零信任的首个国家标准——《信息安全技术 零信任参考体系架构（征求意见稿）》，为零信任在多场景落地提供重要参考依据。同时，零信任实验室、零信任产业标准工作组等行业组织相继成立。在应用场景方面，尽管落地场景增多，但远程访问需求依然是落地零信任的主要驱动力。依托数据"可用不可见"的特性，金融领域隐私计算技术持续受到关注。

　　未来，随着网络安全和数据保护基础法律的"三驾马车"进一步实施，金融业将进入数据安全和网络安全快速并行发展的新周期。一方面，金融数据安全合规进入强监管阶段，保护数据安全成为金融机构数据治理的首要任务。2021 年全年，金融监管机构针对涉及信息处理等违规问题开出 119 张罚单，金额合计约为 4654 万元，违规行为集中于个人信息保护与信息网络安全方面；2022 年 3 月，中国银保监会查处的监管标准化数据质量领域违法违规案件处罚金额已达到 8760 万元，加大金融业数据合规领域监管的趋势更加明显。在此形势下，强化信息保护、破解数据安全之困作为数据治理首要任务已成为业界共识，未来也将成为金融机构在市场竞争中的核心要素之一。另一方面，金融机构对数据安全治理和隐私保护的需求将更加广阔，数据安全保护技术成为金融科技企业创新的热点方向。隐私计算在金融业的应用场景会更加丰富和多元化，将被广泛应用于普惠金融、公司金融和消费金融等业务领域的风控场景，更好地保障、促进金融业务创新。部分金融机构趋向于建设集中化、联动化的安全防护平台，而不是采购单一化的局部网络安全产品，如建设零信任平台、安全态势感知平台、密码服务平台等，平台化金融安全服务模式将更好地协调联动金融机构，达到网络安全整体防护的合力。以上相关技术创新及其在金融业的应用，成为近年来金融科技创新的热点方向之一，催生了一批与数据安全保护相关的优秀创新创业企业。

23.12　发展趋势与挑战

　　2022 年是网络金融和金融科技发展具有深远意义的一年，顶层设计级别的相关标准和规范陆续出台。与此同时，金融数字化转型升级日益提高，已成为行业共识。党的二十大报告指出，"加快发展数字经济，促进数字经济和实体经济深度融合"。金融科技在服务实体经济中将进一步发挥积极作用，是未来金融科技领域发展的重要方向。

　　1.　在扩大内需和提振消费战略导向下，消费金融领域的金融科技应用创新将更加凸显并成为重要驱动力量

　　中央经济工作会议将恢复和扩大消费摆在优先位置。扩大内需和提振消费将成为 2023 年经济发展的核心驱动力之一。消费金融近年来已呈现出明显的科技赋能效应。2023 年，金融科技将对消费金融的创新发展发挥更为重要的驱动作用，主要体现在三个方面：一是扩大消费金融的服务群体，数字化能力能够为拓宽渠道和降低服务成本带来显著的差异化优势，在扩展客群范围的同时，降低用户获取服务的门槛。二是优化消费金融的服务能力，提高消费习惯、风险偏好等多维因素的综合分析效率，使服务更精准、风险更可控。三是实现消费金融场景的深度融合，通过广泛的科技应用，将金融服务嵌入衣、食、住、行等各类消费场景中，建立对消费行为全场景、全周期、全过程的金融服务闭环。

2. 金融科技应用将更加着力于服务产业科技创新发展，助力"科技—产业—金融"良性循环有效落地

中央经济工作会议明确提出要推动"科技—产业—金融"良性循环，2023 年，金融科技应用将更加关注产业发展和科技创新。一方面，依托以国家产融合作平台为代表的公共服务平台，进一步强化数据科技在普惠金融和科创投资方面的作用，借助隐私计算、云计算、大数据等技术手段释放数据要素价值，在科技创新领域的数据信息披露、数据共享应用、数据价值挖掘等层面推进创新发展。另一方面，金融科技有效助力金融资源在科创企业成长全生命周期发挥关键作用，在科创项目甄别、金融服务创新、投资模式创新、培育机制创新、政策引导创新等多维度持续发力，推动创新链、产业链、资金链实现深度融合，技术驱动型的硬核科技企业将更多地被资本青睐。

3. 金融科技在转型金融领域的应用水平将持续提升，助力"双碳"目标实现和高质量转型发展

转型金融对促进"双碳"目标下我国经济高质量发展有着积极意义，是金融业贯彻新发展理念的积极探索。经过前几年的探索，金融科技应用与金融高质量发展的结合已初窥门径，2023 年将进一步得到提升。金融科技促进有关转型金融标准的研究将更加深入。利用金融科技手段让监管机构建立高碳行业减碳行为跟踪与监控机制，在当前已有标准的基础上明确金融高质量发展的基本原则，并就不同领域、不同行业的减碳降碳需求明晰适用范围，促进高碳行业主体路径转型金融的标准出台。

4. 金融科技将在更加活跃的对外经贸合作中实现面向国际化的新发展

2023 年，金融科技将进一步支撑不断扩大的对外经贸活动，并实现自身面向国际化的新发展。一方面，金融科技将持续优化跨境支付结算体系，支持新形势下对外经贸活动高效开展。2023 年，我国对外贸易形式会更加多样化，同时也会面临跨境支付结算方面新的挑战，未来金融科技的深入应用是破解跨境支付结算多个痛点的重要手段。另一方面，以腾讯、蚂蚁金服、拼多多、字节跳动等为典型代表的平台企业将加快对外技术输出，提升国际竞争力。大型金融机构将持续提升金融科技服务能力，优化跨境结算、反洗钱风控体系等数字金融基础设施，为跨境贸易企业提供支持。中央经济工作会议提出"支持平台企业在国际竞争中大显身手"，平台企业也将国际化作为重要方向，通过加大对海外的技术输出，提升金融科技领域的国际竞争能力。

撰稿：孙立鑫、王馥芸、陈浩、武昱、谷梦林、史孝东
审校：柳文龙

第 24 章　2022 年中国网络游戏发展状况

24.1　发展环境

1. 政策环境

未成年人保护工作取得阶段性进展。2022 年 3 月，中央网信办发布《关于〈未成年人网络保护条例（征求意见稿）〉再次公开征求意见的通知》，对于包括网络游戏在内的网络服务提供者在未成年人保护方面的责任与义务，征求意见稿作出了更加全面和具体的规定。这标志着网络游戏企业的未成年人保护工作将在健全和持续完善的监管体系下继续优化。2022 年 11 月，中国音像与数字出版协会游戏工委、中国游戏产业研究院联合伽马数据共同发布的《2022 中国游戏产业未成年人保护进展报告》指出，未成年人游戏沉迷问题已得到进一步解决。

游戏产业价值有望持续开发。2022 年 8 月，中共中央办公厅、国务院办公厅印发《"十四五"文化发展规划》，指出要"把先进科技作为文化产业发展的战略支撑，建立健全文化科技融合创新体系"。网络游戏作为文化与科技结合的产物，其产品研发和运营过程就是人工智能、数字建模、计算机图形学、大数据、拟真仿生等高新技术与文化创意相结合的过程。未来，随着国家文化数字化战略的持续推进，游戏产业所积累的科技价值，有望在更多的文化产业乃至汽车智能座舱、工业互联网等更广泛的领域中得到日益充分的开发和体现。

2. 产业环境

互联网产业完全进入存量时代，网络游戏发展开始追求质量而非数量。中国互联网络信息中心数据显示，截至 2022 年 12 月，我国网民规模约为 10.67 亿人，较 2021 年 12 月新增网民 3549 万人，同比增长率为 3.4%，标志着我国的网民规模增长正在逐渐接近天花板。在此背景下，互联网相关产业增长均将面临较大的挑战，其中包括网络游戏及互联网广告、社交网络、数字文化娱乐等相关产业。这意味着，网络游戏将无法依靠网民的持续增加来获取增量红利，市场竞争已经全面转变为以产品品质为核心的存量竞争。

3. 社会环境

对网络游戏的认知逐渐趋于理性化。中国音像与数字出版协会发布的《2022 年游戏产业舆情生态报告》指出，2022 年游戏产业发展虽然面临挑战，但整体舆情平稳正向、积极向好。尤其是对于游戏产业本身的科技与文化价值、对精品游戏出海的文化传播价值等，社会舆论正在从理性、积极的角度去看待。这不仅直接有利于游戏市场接受度的提升，也有利于游戏研发人才的教育与培养。

但是，在中国消费者协会公布的 2022 年十大消费维权舆情热点中，"网络游戏停服删档引发虚拟财产侵权争议"位列第十，这鞭策着网络游戏企业需要进一步提升产品服务水平，保障用户权益。

24.2　发展现状

1.　游戏市场竞争加剧，企业持续进行精益化运营

2022 年，在全球宏观经济下行压力持续加大的背景下，国内外消费市场均呈现相对疲软的态势，间接导致国内及海外主要游戏市场普遍出现了下滑，从而加大了游戏企业的竞争压力。因此，游戏企业需要进一步进行精益化运营，具体举措包括：优化研发资源配置，以心动网络、游族网络、莉莉丝等为代表的主流游戏企业，均在 2022 年对进行中的进展不佳或非重点的研发项目进行了缩减优化，把更多的研发人力和资源集中到了重点项目中；提高游戏产品产出标准，通过加大研发资源投入、加长研发周期、增加游戏测试和调优轮次等方式，将游戏产品打磨得更加成熟后才推出市场；加强长线产品运营，通过持续进行营销推广、加大内容更新投入、提升用户服务质量等方式，进一步延长长线游戏的生命周期。

2.　推进更多游戏价值探索项目，实现游戏价值升级

游戏作为科技与创意相结合的产物，其诞生与发展的基础是包括计算机图形学、大数据、人工智能等在内的技术。近年来，在监管部门的积极引导和支持下，游戏企业开始回归技术本身，探索将游戏相关的技术与文旅文博、工业数字化、文化传播、医疗卫生等领域相结合的项目，以期通过技术赋能各行各业，实现游戏价值升级。例如，由腾讯利用游戏引擎、云游戏、数字建模等技术与中国文化研究院打造的"云游长城"，由米哈游与张家界共同打造的"以游戏为载体的文化传播和旅游宣传推广模式探索"，网易游戏所开发的训练儿童编程的功能游戏《网易卡搭》等。

24.3　市场规模与用户规模

1.　市场规模

易观分析数据显示，2022 年，我国网络游戏市场规模达到 3297.6 亿元，相较 2021 年下降 9.6%。市场规模下降的主要原因是宏观经济仍处于恢复阶段，用户付费意愿和付费能力减弱，同时行业监管严格，版号发放数量大幅减少，游戏新品上线数量少，因而整体市场收入较 2021 年有所下降。但随着中国网络游戏厂商研发能力的持续提升，产品向精品化发展，用户黏性进一步提升。加之，网络游戏在中国的认可度逐渐提升，用户付费意愿增加。此外，在"文化出海"系列利好政策出台的背景下，中国网络游戏厂商在海外的业务布局逐渐扩大，因而该行业市场规模仍将继续增加，但增速有所减缓。预计中国网络游戏市场规模将在 2023 年实现复苏，增长 5.1%，达 3465.8 亿元（见图 24.1）。

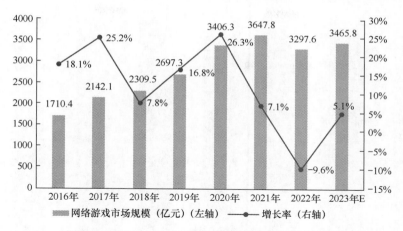

图24.1　2016—2023年中国网络游戏市场规模及预测

2. 用户规模

易观分析数据显示，受宏观经济因素的间接影响与网络游戏新产品供应不足的直接影响，2022 年中国网络游戏用户规模较 2021 年下降 0.3%，为 7.08 亿人。但受居民人均收入水平持续提升、游戏产品精品化、游戏认可度提升等因素驱动，预计 2023 年中国网络游戏用户规模仍将继续扩大，但增速相较此前将有所放缓，为 2.2%，达到 7.23 亿人（见图 24.2）。

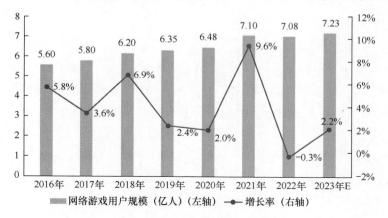

图24.2　2016—2023年中国网络游戏用户规模及预测

24.4　细分领域

网络游戏市场基于游戏运行平台进行划分，主要分为运行在手机、平板电脑等移动端设备上的移动游戏，运行在个人电脑中通过客户端进行链接的客户端游戏，以及在个人电脑中通过网页浏览器进行链接的网页游戏。

易观分析数据显示，由于 2022 年移动游戏市场规模与整体市场规模同步下降，而客户端游戏有所上升，导致移动游戏所占市场份额略微下降，为 77.01%，同时客户端游戏的市场份额略微上升，为 21.69%，此外，网页游戏的市场份额持续萎缩，为 1.30%（见图 24.3）。

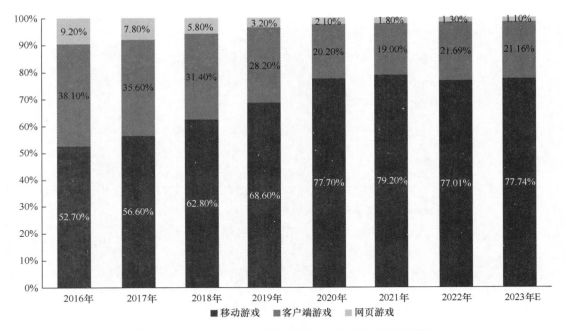

图24.3　2016—2023年中国网络游戏细分市场份额及预测

24.4.1　移动游戏

易观分析数据显示，2022 年中国移动游戏市场规模较 2021 年下降 12.1%，为 2539.5 亿元（见图 24.4），其中主要原因在于新游戏的产出和上线较少。2022 年，中国移动游戏市场主要由以《王者荣耀》《和平精英》《原神》《三国志 战略版》等为代表的已上线多年的长线产品为主，缺乏具有足够市场影响力的新游戏上线。

图24.4　2016—2023年中国移动游戏市场规模及预测

导致该等现象的主要原因是：在进一步规范游戏市场发展的要求下，行业主管部门暂缓了游戏版号的发放，同时，游戏企业基于市场变化考虑，对游戏产品上线的考核标准不断提高，从而导致大多数企业的重点游戏产品的研发流程变长，上线时间延后。

24.4.2　客户端游戏

2022 年，在整体游戏市场萎靡的情况下，客户端游戏市场实现了逆市上涨，增长 3.2%，达到 715.3 亿元。这主要是由于客户端游戏用户的游戏黏性、付费能力和稳定性强于移动游戏用户和网页游戏用户，在包括《剑网三》《英雄联盟》等主要游戏产品内容的持续更新和运营下，市场规模保持了较强的稳定性。

由于动视暴雪与网易游戏的游戏代理续约的失败，以《魔兽世界》为代表的占有重要市场地位的客户端游戏从 2023 年 1 月 24 日开始暂停运营，重新运营时间待定。预计这会给客户端游戏市场规模的增长带来一定的不利影响，但在整体游戏市场有望复苏的前景下，客户端游戏市场规模在 2023 年仍有望实现小幅增长，达到 733.4 亿元（见图 24.5）。

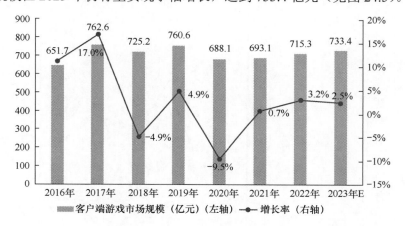

图24.5　2016—2023年中国客户端游戏市场规模及预测

24.4.3　网页游戏

网页游戏市场由于产品特性限制——在浏览器运行，因此要求游戏内容相对简单，游戏卖点主要是社交与数值，并不符合当前追求更高质量内容和更加沉浸式体验的市场潮流。易观分析数据显示，网页游戏市场已连续五年萎缩，从 2017 年的 167.1 亿元下降到 2022 年的 42.9 亿元。预计未来网页游戏将继续保持较小的市场规模，到 2023 年将继续下降 11.1%，达 38.1 亿元（见图 24.6）。

24.4.4　电子竞技

电子竞技是网络游戏与体育产业的有机融合，其主要收入包括竞技游戏收入、赛事收入（门票、赞助、版权等）、俱乐部经营与其他等。易观分析数据显示，受游戏市场下降、线下赛事活动减少等因素影响，2022 年电子竞技市场规模下降 15.1%，达到 1356.2 亿元。2023 年，拥有 7 个电子竞技项目的杭州亚运会在 2023 年 9 月开幕，届时会对电子竞技市场带来一定的促进作用，吸引更多的用户和企业关注，从而推动市场规模重回增长，有望在 2023 年增长 7.1%，达到 1452.1 亿元（见图 24.7）。

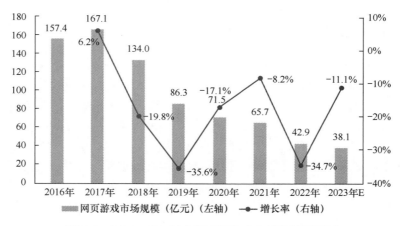

图24.6 2016—2023年中国网页游戏市场规模及预测

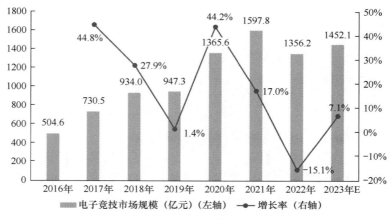

图24.7 2016—2023年中国电子竞技市场规模及预测

24.5 典型案例

1. 腾讯游戏

腾讯作为国内收入规模最大的游戏公司，拥有《王者荣耀》《和平精英》等长期保持市场领先的游戏产品。

腾讯财务报告显示，腾讯旗下游戏业务 2022 年营收 1707 亿元，同比下滑 2%，其中本土市场下滑 4%，国际市场经调整后增长 5%。这在一定程度上体现了腾讯旗下游戏业务目前所面临的挑战和机遇，一方面，腾讯 2022 年在本土市场仅上线了十余款新游戏，且进军策略游戏这一商业化核心细分市场的成绩不佳，面临在国内需求升级的市场环境中难以推出高质量、大影响力新游戏的挑战；另一方面，除 Riot、Supercell 等海外子公司外，依靠《胜利女神：妮姬》《夜族崛起》等投资工作室的新品，腾讯游戏的海外发行体系正在逐渐成型。

但是，腾讯游戏 2022 年的发展情况并不突出，虽然《英雄联盟手游》《金铲铲之战》《重返帝国》《暗区突围》等产品贡献了主要收入增量，但后两款产品的长线生命力不佳。腾讯游戏需要继续推出能够有较大市场号召力和长线生命力的产品，以维持其领先优势。而在出海方面，其海外发行品牌 Level Infinite 在 2022 年取得了较为出色的成长，成功发行了《幻塔》和《胜利女神：妮姬》等热门产品。但是，由于历史版本的经营问题，《王者荣耀》的出海版本难以全球统一，无法复制 PUBG Mobile 和《使命召唤手游》的全球发行成绩或发展路径。换言之，腾讯游戏的全面自主发行出海，不仅需要解决发行品牌和工作室各自发行导致的资源浪费问题，还需要有更大的全球市场竞争力的产品。

2. 三七互娱

三七互娱聚焦以网络游戏研发、发行和运营为基础的文化创意业务，稳步推进"精品化、多元化、全球化"发展战略，坚持"研运一体"战略，不断推动公司高质量、精品化发展。2022 年，其移动游戏业务呈现品类多元化、产品精品化、海外业务发展快等特点。旗下《斗罗大陆：魂师对决》《云上城之歌》《叫我大掌柜》《小小蚁国》和 Puzzles&Survival 等多款长生命周期产品表现优异。

在国内发行层面，三七互娱持续深耕优势赛道，"研运一体"优势稳固，产品矩阵精品多元。2022 年，三七互娱推出了《小小蚁国》《空之要塞：启航》《光明冒险》等高质量精品游戏，为玩家带来差异化新鲜体验，加速其多元化转型。

在海外发行层面，经过多年出海经验的积累，三七互娱的全球化布局成效显著，在"因地制宜"的策略下，已在全球市场上形成了以多人在线角色扮演、策略、卡牌、模拟经营为基石的产品矩阵，进入中国出海游戏厂商第一梯队。三七互娱 2022 年度境外收入约达59.94 亿元，同比增长 25.47%，成功打造了 Puzzles&Survival 和《云上城之歌》等多款出海标杆产品。

在研发层面，三七互娱高度重视研发投入和人才培养，精细化管理提质增效，在策略、多人在线角色扮演、卡牌等多元赛道形成了专业化布局，持续贯彻"精品化"策略，对当下顶尖研发技术不断地创新探索，积极拥抱数字技术带来的研发革新。

在技术创新层面，三七互娱积极探索科技赋能业务和产业创新融合，紧跟元宇宙技术与产业发展动向，持续进行技术提升，自主打造了三七互娱元宇宙游戏艺术馆、虚拟人葱妹等数字互动体验，并通过战略投资加大对元宇宙上下游产业的布局，带动优秀数字内容产品的诞生和新技术、新设施的研发探索，投资了包括光学、显示及材料、整机、算力芯片、人机交互、软件工具引擎等领域的优质企业。

3. 中旭未来

2022 年，贪玩游戏正式宣布"贪玩游戏品牌升级为中旭未来"。这一年，其推出了全新战略布局——业务多元化布局及进军海外的全球化布局。

在游戏业务板块，2022 年，中旭未来累计用户数突破 3 亿人，已营销和运营了超过 259 个网站和移动互动娱乐产品，平均月度活跃用户突破 940 万人，成功打造出《蓝月传奇》《原始传奇》等多款热门精品游戏。此外，2022 年，中旭未来深度挖掘"游戏+"，打造了"传统"与"数字智能"结合的发展新趋势。通过《发现身边的传奇》纪录片，利用产品场景与非遗工艺深度结合的方式，实现了千万级别直播观看和视频播放量。

在 AI 大数据营销板块，中旭未来自主研发的"旭量星海"大数据平台由"河图"和"洛书"组成。其中，河图为商业智能分析系统，洛书为智能全渠道参与平台。目前，"旭量星海"系统已对接超过 180 家合作网络媒体平台，并生成超过 3000 个分析指标，实现了一站式营销活动投放，成功驱动了超过 1000 亿次的精确触达。

在电商潮玩板块，中旭未来成功搭建起游戏主业、速食食品品牌"渣渣灰"，以及潮玩业务"BRO KOOLI"等全域发展业务框架。"渣渣灰"速食食品品牌诞生于游戏 IP，目前作为中旭未来企业"数字乡村"助农计划的成功案例，在 2022 年年底月销售额突破 4000 万元，年销售额超过 2.7 亿元。

伴随着 AI、元宇宙等新概念持续发展，中旭未来将自己定义为"连接器"，以三大核心能力——精准数字营销能力、优化运营能力、品牌开发能力作为核心驱动力，通过延展产业价值链，让 IP、潮玩、品牌及粉丝以新的方式连接，从 AI 大数据科技到游戏、电商，再到文创、非遗、社会责任等领域，释放数字化新动能，实现品牌资产沉淀与新商业化增长。

24.6 发展趋势

1. AIGC 将大幅提升游戏产业研发、运营效率

人工智能生成内容（AIGC）技术在 2023 年迎来爆发性发展，对于此前已经在建模、广告内容制作等方面应用相关技术的游戏产业而言，AIGC 的发展将大幅提升游戏产业的研发、运营效率。具体而言，AIGC 可以帮助游戏企业减少在重复性的基础文本、图像制作流程中的人力投入，也可以作为创作工具帮助研发人员更高效地进行理念落地与测试，还能够直接在广告内容制作方面通过智能化、自动化提升效率和内容水平。

2. 业绩分化仍是行业发展的主要特征

自 2018 年起，一部分企业业绩大幅增长，另一部分企业业绩持续波动乃至下滑的分化趋势在游戏产业中持续增强。未来，业绩分化仍将是中国游戏产业的主要特征，且有更加显著的趋势。其根本原因在于部分缺乏制作高质量产品能力的游戏企业正在逐渐被市场抛弃。这具体表现为：一方面，部分游戏企业持续进行产品研发，但难以达到上线标准，或上线成绩不佳，从而导致收入规模持续下滑。另一方面，拥有较为优秀的研发和运营能力的企业，则可以通过高质的产品收获优于市场的增长水平。未来，前者的经营压力可能越来越大，体现在行业层面就是业绩分化的特征越来越显著。

3. 游戏将通过 IP 联动与其他产业深度融合

游戏与其他文化产业的联动，有助于提升游戏品牌的影响力，扩大用户覆盖范围，同时，也有利于利用游戏的技术与市场影响力，推动文化产业的内容创新、市场增长。此外，依靠其受众年轻、内容丰富等属性，游戏 IP 将成为包括旅游、消费品等在内的更加广泛的产业的重点联动对象。通过 IP 联动，游戏本身可以获得更多的内容更新素材，而其他产业则可以得到有效、广泛的推广和运营。总而言之，IP 联动有望成为游戏 IP 发展的重要方向，而游戏产业将依靠 IP 联动持续加深与其他产业的融合发展。

撰稿：廖旭华、叶国营、刘洋、黄嘉强

第 25 章　2022 年中国网络教育发展状况

25.1　发展环境

国家和地方教育数字化转型工作全面启动。教育数字化转型是数字中国、网络强国的重要组成部分，也是推动教育高质量发展和教育生态变革的重要抓手。2022 年 1 月，国务院发布《"十四五"数字经济发展规划》，明确提出要深入推进智慧教育示范区建设，进一步完善国家数字教育资源公共服务体系，提升在线教育支撑服务能力。2022 年 1 月，全国教育工作会议将"实施教育数字化战略行动"作为教育发展的强大动力之一。2022 年 10 月，党的二十大报告明确将"推进教育数字化，建设全民终身学习的学习型社会、学习型大国"作为加快建设教育强国重要任务。在国家战略的引领下，各地教育数字化转型工作纷纷启动。2022 年 3 月，上海市作为教育部批复的教育数字化转型试点区印发了《上海市教育数字化转型"十四五"规划》，全方位部署了学习方式转型、教学模式创新、教育评价改革等八个方面的教育数字化转型工作任务。2022 年 12 月，北京市人大常委会发布《北京市数字经济促进条例》，提出支持教育等产业领域互联网发展，推进产业数字化转型升级。浙江省加快推进教育数字化转型实践，积极探索"线上一所学校、线下多所学校"云端共同体模式[1]。

中国的探索实践为世界网络教育发展提供中国智慧、中国方案。 2022 年 8 月，由北京师范大学与联合国教科文组织教育信息技术研究所联合主办的"2022 全球智慧教育大会"召开，会议主题为"智能技术与教育数字化转型"，会上发布了"国家智慧教育战略联合研究计划"的研究成果，并发起了"全球智慧教育合作联盟倡议"。2022 年 9 月，由印度尼西亚教育、文化、研究和技术部主办的二十国集团（G20）教育部长会议召开，教育部部长怀进鹏在会上倡议，要共同引领教育数字化转型执行力，促进优质数字教育资源共享共建，推动教育生态、学校形态、教学方式变革，合力推进教育数字化转型和绿色转型。2022 年 12 月，由教育部、中国联合国教科文组织全国委员会与联合国教科文组织共同主办的 2022 国际人工智能与教育会议以线上方式举行，会议主题为"引导人工智能赋能教师，引领教学智能升级"，

1　资料来源：浙江省教育厅。

教育部部长怀进鹏在会上指出，要聚焦教育数字化变革中教师面临的机遇和挑战，以数字化为杠杆，为教师赋能，促进教学升级，撬动教育整体变革，推动教育更加包容、更加公平、更有质量。同月，由世界慕课与在线教育联盟和联合国教科文组织教育信息技术研究所联合主办的2022世界慕课与在线教育大会在线上召开，大会主题为"教育数字化引领未来"，会上发布了《无限的可能——高等教育数字化发展报告》，该报告创新性地构建了"世界高等教育数字化发展指数"。总的来看，2022年我国作为联合主办方举办和参与了多场与数字化相关的世界教育大会，网络教育的中国方案密集亮相于世界舞台，为推动全球智慧教育发展贡献了智慧和力量。

网络教育治理取得实效并持续深入推进。2022年，我国在线教育、网络安全、校外培训、未成年人保护等领域国家和地方政策陆续发布实施，网络教育治理实效逐步显现，治理范围不断扩大，治理层次不断深化。3月，教育部等五部门发布《关于加强普通高等学校在线开放课程教学管理的若干意见》，明确将在线开放课程纳入高校日常教学管理，并在在线开放课程教师管理、学生在线学习规范与考试纪律、课程平台监管制度等方面提出了具体要求。7月，中央网信办、教育部等部门联合启动"清朗·2022年暑期未成年人网络环境整治"专项行动，强化对未成年人使用的智能设备信息内容管理，全面清理违法和不良信息。12月，教育部等十三部门发布《关于规范面向中小学生的非学科类校外培训的意见》，进一步严格审批非学科类线上培训机构准入流程。同月，教育部发布《直播类在线教学平台安全保障要求》教育行业标准，规定了直播类教学平台的安全合规要求、直播教学模式安全功能要求及直播教学平台数据安全要求。为深入贯彻落实"双减"重大决策部署，教育部还加大了对教育App的管理和校外培训巡查力度。截至12月底，已有1173家企业的2655个教育App完成备案，共计31.77万所学校（不含学前）完成使用者备案[1]。2021年10月—2022年11月，教育部共开展21次校外线上培训巡查。2022年11月，教育部办公厅等十二部门发布了《关于进一步加强学科类隐形变异培训防范治理工作的意见》，进一步巩固学科类培训治理成果，有力确保"双减"工作取得成效。各地网络教育治理工作也在不断推进。例如，北京市教育委员会联合北京市互联网信息办公室、北京市通信管理局发布《关于进一步做好教育移动互联网应用程序备案及管理工作的通知》，进一步健全北京市教育移动应用审核备案及日常管理工作机制，加强教育移动应用审核备案的事中事后监管，提升教育移动应用服务质量和保障水平，推动教育移动应用治理制度化、规范化。

25.2　发展现状

在线教育"国家队"主阵地作用日渐显著。国家智慧教育公共服务平台的上线运行是我国在线教育发展的里程碑，是教育数字化战略行动取得的重大成果之一。国家智慧教育公共服务平台整合各级各类教育平台入口，汇聚政府、学校和社会的优质资源、服务和应用，聚焦学生学习、教师教学、学校治理、赋能社会、教育创新五大核心功能，一体谋划基础教育、职业教育和高等教育三大基础板块，全面覆盖德育、智育、体育、美育和劳动教育，为师生、

---

1 资料来源：教育部。

家长和社会学习者提供"一站式"服务。截至 2023 年 2 月 9 日，国家智慧教育公共服务平台用户已覆盖 200 多个国家和地区；资源布局取得一定成果，中小学平台现有资源 4.4 万条，职业教育平台接入国家级、省级专业教学资源库 1173 个，高等教育平台汇集 2.7 万门优质慕课，基本建成世界第一大教育教学资源库[1]。教育部于 2022 年 7 月启动了 2022 年职业教育国家在线精品课程遴选工作——遴选 1000 门左右国家在线精品课程，带动分批遴选建设不少于 3000 门省级在线精品课程和一大批优质校级在线精品课程；9 月，启动了 2022 年"基础教育精品课"遴选工作，在 31 个省（自治区、直辖市）和新疆生产建设兵团遴选 15300 门左右省级精品课，在此基础上遴选确定部级精品课，并在国家智慧教育公共服务平台进行公示。

各领域在线教育特色发展、多点开花。2022 年，高等教育、职业教育、教师素养等领域的在线教育发展成绩斐然。高等教育着力提升数字化应用能力，持续加大慕课建设力度，经过 10 多年的探索实践，慕课已成为我国高等教育新名片。教育部网站信息显示，截至 2022 年 11 月，我国上线慕课数量超过 6.2 万门，注册用户累计超过 4 亿人，学习人次达 9.79 亿，在校生获得慕课学分认定 3.5 亿人次，慕课数量和学习人数均居世界第一[2]。职业教育强化虚拟仿真项目和试点建设，以及在线教学法制化、规范化发展。4 月，新修订的《中华人民共和国职业教育法》，明确提出支持运用信息技术和其他现代化教学方式，开发职业教育网络课程等学习资源，创新教学方式和学校管理方式，推动职业教育信息化建设与融合应用。10 月，工业和信息化部、教育部等五部门联合印发《虚拟现实与行业应用融合发展行动计划（2022—2026 年）》，提出支持建设一批虚拟仿真实验实训重点项目，加快培养紧缺人才；深化虚拟教研室试点工作，公布两批共 657 个虚拟教研室建设试点。职业教育在线教育教学发展进入法制化、规范化轨道。12 月，中共中央办公厅、国务院办公厅印发《关于深化现代职业教育体系建设改革的意见》，提出做大做强国家职业教育智慧教育平台，建设职业教育专业教学资源库、精品在线开放课程、虚拟仿真实训基地等重点项目。注重教师队伍数字素养提升。4 月，教育部等八部门印发《新时代基础教育强师计划》，提出建设师范生管理信息系统，完善国家教师管理服务信息化平台，深入实施人工智能助推教师队伍建设试点行动。12 月，教育部发布《教师数字素养》教育行业标准，给出了教师数字素养框架，着力提升教师利用数字技术优化、创新和变革教育教学活动的意识、能力和责任。

在线教育行业加速转型布局，市场信心逐步恢复。2022 年，资本市场对于在线教育的信心有所恢复，在线教育企业继续转型发展，拓展素质教育、智慧教育、教育智能硬件、海外业务、直播带货等业务领域。例如，新东方转型直播带货业务，新东方在线 6—11 月营收 20.8 亿元，同比增长 262.7%。好未来聚焦科教、科创、科普三大战略方向，其中涵盖"科教"业务的学习服务（包括学而思网校、学而思素养等素质教育业务）及其他业务是主要营收来源，占比达 75%[3]。网易有道明确了以智能硬件、素质教育、成人与职业教育及教育信息化四大业务为增长支柱。高途布局以大学生和成人教育、非学科类培训业务为主的学习服务业务及数字化学习产品两大业务为主线。猿辅导由学科教育转型素质教育，拓展 To B 智慧教

1　资料来源：教育部。

2　资料来源：教育部。

3　资料来源：Edu 指南。

育市场。作业帮构建“科技+教育”双引擎，聚焦素养教育、智慧教育、智能硬件领域。从财务数据来看，部分在线教育头部企业转型效果已初步显现。其中，网易有道 2022 年第四季度及 2022 财年未经审计财务报告显示，2022 年第四季度净收入创历史新高，达 14.5 亿元，同比增长 38.6%。新东方和高途已实现转亏为盈，新东方 2023 财年第二季度未经审计财务报告显示，截至 2022 年 11 月 30 日，新东方 2023 财年第二季度净利润 70 万美元，而 2021 年同期亏损为 9.365 亿美元。高途 2022 财年未经审计财务报告显示，截至 2022 年 12 月 31 日，2022 年净利润 1317 万元，而 2021 年同期净亏损 31.04 亿元。好未来实现亏损缩差，其 2023 财年第三季度财报显示，截至 2022 年 11 月 30 日，经营亏损为 3288 万美元，而 2021 年同期经营亏损为 1.08 亿美元，净亏损明显收缩[1]。

25.3 市场规模与用户规模

全球教育科技融资市场整体萎缩，欧洲和印度风险投资额度占比近半。如图 25.1 所示，2022 年全球教育科技领域融资额为 106 亿美元，较 2021 年的 208 亿美元下降 49%[2]。**巨额融资放缓。**2021 年全球教育科技领域共获得 53 轮巨额融资，其中 18 轮超过 2.5 亿美元。2022 年获得 20 轮，较 2021 年下降 62%，其中超过 5000 万美元的风投融资总体下降，但 2000 万～5000 万美元及 2000 万美元以下的投资水平逐年增长。**融资市场份额出现调整变化。**2022 年，欧洲和印度的教育科技风险融资总额为 47 亿美元，占全球融资总额的 45%。美国教育科技领域融资额为 42 亿美元，比 2021 年的 83 亿美元减少近一半，但仍较 2019 年融资额度增长高出 2.5 倍。受 2021 年监管政策影响，我国 2022 年融资总额为 1 亿美元，较以往年份融资额度显著减少。除主要的融资市场外，非洲、拉丁美洲、中东、东南亚和大洋洲也进一步扩大了规模。

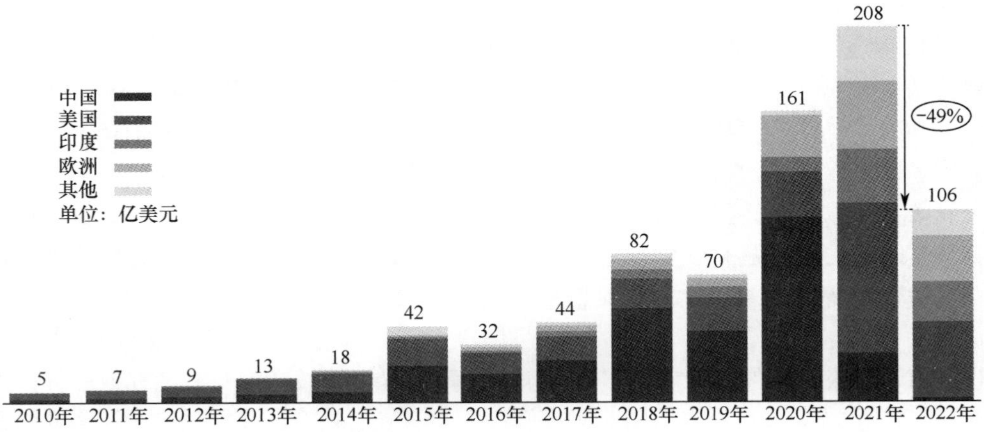

图25.1　2010—2022年全球教育科技融资情况

资料来源：Holon IQ。

1 资料来源：Wind 金融。

2 资料来源：Holon IQ。

　　网民规模逐年增长，在线教育行业用户规模止跌反弹。截至 2022 年 12 月，我国网民规模达 10.67 亿人，较 2021 年 12 月增长 3549 万人，互联网普及率达 75.6%，较 2021 年 12 月提升 2.6%。手机网民规模达 10.65 亿人，较 2021 年 12 月新增 3636 万人，手机网民渗透率达 99.8%[1]。如图 25.2 所示，截至 2022 年 6 月，在线教育用户规模达到 3.77 亿人[2]，较 2021 年 6 月增加 5207 万人，占网民整体的（2022 年 6 月网民规模达 10.51 亿人）35.9%。在线教育用户规模止跌反弹，由 2020 年 12 月以来连续下降转为增长 16%。

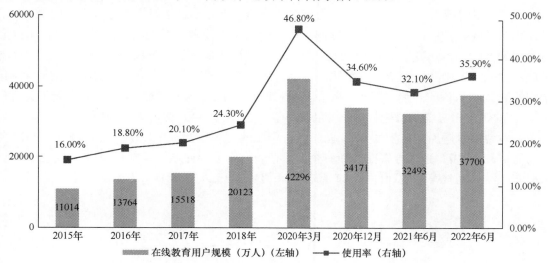

图25.2　2015年—2022年6月中国互联网在线教育用户规模及使用率

　　我国在线教育融资额下降明显，职业教育和教育服务获资本青睐。2022 年，中国数字教育融资总额为 13.4 亿元，同比下降 90.50%[3]，不足 2021 年融资总额 141 亿元的一成。**从融资金额轮次来看，**战略投资融资金额为 3.66 亿元，占融资总额的 27.18%，位列第一；A 轮融资金额为 33.11 亿元，占融资总额的 23.5%，位列第二。**从融资领域来看，**教育服务商融资金额为 6.57 亿元，占融资总额的 48.77%，位列第一；职业教育融资金额为 1.95 亿元，占融资总额的 14.51%，位列第二。**从融资事件数量来看，**2022 年中国数字教育共发生 47 起融资，同比降低 63.57%。在行业分布上，教育服务商（16 起，占 34.04%）、职业教育（12 起，占 25.53%）和 Steam 教育（7 起，占 14.89%）3 个赛道占比超过 70%。在时间上，2022 年上半年融资事件 32 起，占全年的 68.09%，下半年融资事件 15 起，占全年的 31.91%。

25.4　细分领域

　　在线教育服务商明确发力重点，教育智能硬件市场规模快速增长。"双减"政策实施一年来，主要在线教育服务商纷纷挤入智能硬件赛道。图 25.3 显示，2022 年中国消费级教育

---

1 资料来源：中国互联网络信息中心，第 51 次《中国互联网络发展状况统计报告》。

2 资料来源：中国互联网络信息中心，第 50 次《中国互联网络发展状况统计报告》。

3 资料来源：网经社。

智能硬件市场规模为431亿元，比2021年的353亿元增长22.1%，2023年预计达到498亿元，同比增速保持在10%以上。艾瑞咨询对1000名教育智能硬件用户调研的结果显示，第一受欢迎梯队为学生平板电脑，约70%的家长选择购买；第二受欢迎梯队为点读笔、儿童智能手表、扫描笔及智能作业灯，约30%的家长购买过；第三受欢迎梯队则为早教故事机、错题打印机、电子单词卡及听力宝等。在受众最多的学生平板领域，百度旗下小度智能学习平板电脑、科大讯飞旗下AI大屏学习机等品牌依旧占据市场前列[1]。在线教育企业选择上述第二、第三梯队品类发力。网易有道着力打造词典笔、听力宝、学习机、翻译王、超级词典、打印机等多元化智能硬件矩阵，串联起家庭、途中、学校多个场景的学习需求，其2022年度智能硬件收入12.6亿元，同比增长28.2%，是其增速最高的业务板块[2]。新东方在2021年年底和2022年相继推出新东方在线词典笔、新东方单词通和双语启蒙学习机。猿辅导陆续推出小猿A4打印机、小猿智能练习本、逻辑思维学习机、AI指读机等多款教育智能硬件产品[3]。作业帮推出喵喵机错题打印机、智能手表、护眼灯、AI学习桌椅等硬件产品，以及整合了作业帮海量题库、学习大数据、教学教研资源的"聪明学"智能系统[4]。总体来看，2022年网易有道、作业帮、猿辅导等在线教育企业已在教育智能硬件领域确立科技优势和产品优势，未来将持续推动教育智能硬件领域产品创新和服务提升。

图25.3　中国消费级教育智能硬件市场规模及预测

资料来源：艾瑞咨询。

职业教育行业红利持续释放，行业头部企业"顺势而起"。在政策方面，2022年全年国家发布的所有政策中，职业及成人教育数量最多，占年度所有发文比例的28.75%。2022年4月，新修订的《职业教育法》明确指出，职业教育是与普通教育具有同等重要地位的教育类型，是国民教育体系和人力资源开发的重要组成部分。12月，国务院颁布《关于深化现代

1　资料来源：京东App京东金榜。
2　资料来源：芥末堆。
3　资料来源：Edu指南。
4　资料来源：华夏时报、环球网财经。

职业教育体系建设改革的意见》，指出制定支持职业教育的金融、财政、土地、信用、就业和收入分配等激励政策的具体举措，形成有利于职业教育发展的制度环境和生态，形成一批可复制、可推广的新经验、新范式。在人口方面，高校招生创新高，推动我国职业教育市场规模持续扩大。2021 年普通本专科和职业本专科招生规模同比增长 3.6%，达 1001 万人，2022 年高考报名人数同比增长 115 万人，达 1193 万人。艾瑞咨询《2022 年全球职业教育行业发展报告》显示，预计 2023 年，中国非学历职业教育市场规模将超过 6400 亿人。行业头部企业实现扭亏为盈。达内教育 2022 年净收入为 24.68 亿元，同比增长 3.4%；净利润达 8523 万元，同比实现扭亏为盈；高途在 2022 财年实现净利润 1317 万元，而 2021 年同期净亏损为 31.035 亿元；尚德实现净利润 6.43 亿元，同比增长 202.8%；粉笔 2022 年经调整利润为 1.19 亿元，而 2021 年经调整亏损为 8.22 亿元。综合来看，达内教育、高途、尚德、粉笔等职业教育赛道头部企业的净利润数据均稳步回暖。

素质教育市场加速细分，基础教育校外培训监管持续深化。2022 年 3 月，教育部、国家发展和改革委员会及国家市场监督管理总局发布《关于规范非学科类校外培训的公告》，强调面向中小学生的培训不得使用培训贷方式缴纳培训费用，不得一次性收取或以充值、次卡等形式变相收取时间跨度超过 3 个月或 60 课时的费用。5 月，教育部通报，截至 4 月 30 日，已有 10.99 万家非学科类校外培训机构纳入监管与服务平台监管，85% 的非学科类培训机构纳入预收费监管。12 月，《关于规范面向中小学生的非学科类校外培训的意见》明确，从业人员必须具备体育、文化艺术、科技等相应类别的职业（专业）能力资质，不得聘用中小学在职在岗教师，聘用外籍人员须符合国家有关规定。在此监管背景下，在线教育初创企业不断涌现，素质教育市场细分程度进一步加深。在学前教育阶段，多家初创企业将方向聚焦到亲子、育儿、绘本、互动教育等领域，并在一级市场完成融资，如婴幼儿育教服务商"爱多纷"获得了数亿元 Pre-A 轮融资，聚焦亲子读书会社区的"好奇说"、聚焦母婴消费的"家后"等融资额达到数千万元。2022 年，与体育培训相关的领域出现了小热潮，少儿体适能培训教育品牌"体能虎"、青少年体育服务提供商"吾同体育"、青少儿体育培训平台"宾果运动"等初创企业均获得了数千万元融资[1]。

"元宇宙+教育"成为在线教育领域产、学、研各方关注的新热点、新方向。2022 年，由中国教育三十人论坛、中译出版社和中关村互联网教育创新中心联合发起的"元宇宙教育实验室"于 1 月、8 月和 12 月相继举办三届元宇宙教育前沿峰会，发布《元宇宙教育实验室系列丛书》、全国首份《元宇宙教育共识》、2022"元宇宙+教育"十大新闻、2022 元宇宙职业教育优秀案例，为探索元宇宙与教育创新结合、推动元宇宙教育应用落地发展作出了探索。8 月，职业教育机构达内教育发布了面向高校的"元宇宙产业学院"建设方案，从培养元宇宙人才、建立元宇宙教育中心、元宇宙专业升级等角度为高校赋能。多所高校纷纷参与和启动元宇宙教育教学实践，中国科学技术大学、中山大学开设元宇宙课程，中国传媒大学、东南大学、浙江大学、西北大学等高校启动元宇宙校园建设，北京邮电大学、清华大学、中国人民大学等高校成立元宇宙相关实验室、研究院。为引导鼓励各级各类教育机构积极参与和推进"元宇宙+教育"，工业和信息化部、教育部等五部门在 11 月联合印发了《虚拟现实与

---

1 资料来源：蓝鲸财经。

行业应用融合发展行动计划（2022—2026 年）》，指出将在中小学校、高等教育、职业学校建设一批虚拟现实课堂、教研室、实验室与虚拟仿真实训基地，面向实验性与联想性教学内容，开发一批基于教学大纲的虚拟现实数字课程，打造支持自主探究、协作学习的沉浸式新课堂。

25.5 典型案例

1. 松鼠 Ai

松鼠 Ai 自 2014 年起深耕人工智能教育领域，致力于通过人工智能技术和自适应算法提供千人千面的学习方案，为公立学校提供普惠式的人工智能教学方案和解决方案。2022 年，松鼠 Ai 持续推出 Y1 学习机、X2 学习机、V11S 学习机、5G 学习机等智能硬件学习设备和自适应学习系统，搭建自主学习、孩子成长、能力培养、家庭沟通等智能场景，实现智能诊断、知识点细致拆分、流程式学习、错因分析、遗忘复习、错题本、报告反馈等功能。3 月，松鼠 Ai 与华东师范大学签约战略合作协议，双方围绕 MCM 模型（思想、能力、方法的拆分）、核心素养能力建设、教育教学创新、构建高质量教育体系进行共同研究探索。11 月，松鼠 Ai 与海南师范大学数据科学与智慧教育教育部重点实验室成立了"智慧教育教育部重点实验室-联合实验室"，围绕智慧教育、智慧校园、智能硬件领域等方面开展研究建设合作。

2. 飞象星球

飞象星球是一家专注于教育科技领域的公司，面向政府、学校和学习者提供智能教育产品和基于 AI 能力的全场景教育数字化转型解决方案。飞象星球提供的产品和服务解决方案主要包括：飞象双师素质课堂、飞象 VR 虚拟课堂、飞象智能作业系统、飞象在线教室。其中，VR 虚拟课程是以"五育"并举、全面发展素质教育为目标，融合 AI 技术，开发出的安全、心理等主题课程；飞象智能作业系统以数字化贯穿作业核心场景，利用数据驱动优化作业设计与作业管理，可满足教师精准教学、学生个性化学习、作业数智化管理需求；飞象在线教室是以大规模教学场景为出发点，基于自研 RTC 技术与智能互动技术建设的"线上互动教室"，提供直播教学、互动教研等服务。2022 年，飞象星球还推出了飞象星图、飞象智慧校园和飞象智能答疑系统，并基于智能答疑系统和在线教室，为山东省研发了响应学生自适应学习、智能答疑、个性化服务等需求的"齐鲁教育在线"综合服务平台。

25.6 发展挑战

面向政府和学校提供平台化、专业化产品服务成为行业转型主攻方向。 2022 年，科大讯飞推出八款面向校园的智慧教育产品，涵盖智慧课堂、智慧作业、个性化学习手册、课后服务、体育心智等方面，助力教学场景、教学过程、教学评价、教育治理的数字化转型。此外，科大讯飞还将课后服务作为增量业务发展方向，提供的产品涵盖平台、课程和服务。一起教育科技研发推出"一教一学"SaaS 教学平台，通过对学生日常作业数据的挖掘，制定有针对性的高效学习方案，促进因材施教的实施。翼鸥教育旗下 ClassIn 发布的教学系统为虚拟和现实搭建了科技桥梁，并推出了 ClassIn World 新一代教学空间建设方案，让传统教室实现智能升级，在实际课堂中促进教与学的变革。针对"双减"政策对市场的影响和改变，在线教育企业正在围绕国家政策引导方向和学校最迫切、最现实的需求，打造更加成熟、智能、专业的平台化、专业化产品服务。

　　老年学习、银发教育成为网络教育新赛道、新热点。国家卫生健康委员会数据显示，截至 2021 年年底，全国 60 岁及以上老年人口达 2.67 亿人，占总人口的 18.9%。预计"十四五"时期，60 岁及以上老年人口总量将突破 3 亿人，总人口占比将超过 20%；2035 年前后，60 岁及以上老年人口数量将突破 4 亿人，总人口占比将超过 30%。面对中度、重度老龄化发展趋势，国务院印发《"十四五"国家老龄事业发展和养老服务体系规划》，提出"创新发展老年教育""鼓励老年教育机构开展在线老年教育""扩大老年文化服务供给"。中国老龄事业发展基金会创办了老年文化学习公益在线平台红枫学堂，提供在线书法绘画、音乐舞蹈、健康养生、手工棋牌等课程。在国家政策引领下，资本和企业纷纷加入老年教育、银发教育新赛道。1 月，中老年兴趣社区"红松社区"获得亿元融资，该社区聚焦老年人的社交需求，提供在线课程（涵盖声乐、绘画、书法、舞蹈等）和在线学习交流场景。同月，开课吧推出的中老年兴趣学习平台"明椿学社"完成千万元融资，该平台面向中老年人提供传统文化、生活美学、健康养生和隔代教育等多品类兴趣课程。千尺学堂对课程进行适老化改造，开设在线钢琴课、书法课等，以直播、社群化教学方式，方便中老年群体足不出户便可享受专业的艺术教育。

　　人工智能对教育的变革性、颠覆性影响日益显现。随着以 ChatGPT 为代表的强人工智能技术应用全面进入实践应用场景，由此引发的教育生态变革性、颠覆性影响日渐显著。人工智能驱动人才培养产生新需求、新要求。处在人工智能时代的教师和学生需要具备数字素养等社会生存新能力，信息社会环境下学生的创造性、批判性、协同性思维和能力的培养势在必行。人工智能驱动教育环境产生新场景、新应用。师生的身体、行为、性格、精神能被更全面地感知，情境、教学、学习、教务、测评、社交能被更全面地记录，校园物理环境、教室教学环境、网络学习环境充分融合，将实现从环境的数据化到数据的环境化、从教学的数据化到数据的教学化、从人格的数据化到数据的人格化的转变。人工智能驱动教育生态更公平、更开放。人工智能将打破地域和空间限制，促进优质的教师智力资源、数字教学资源和社会信息资源向农村、薄弱学校、贫困地区、困难群体倾斜，不断消弭数字鸿沟、知识鸿沟，提高教育优质均衡发展水平。

撰稿：唐亮、高保琴、李艳霞
审校：姜昕蔚

第 26 章　　2022 年中国网络医疗健康服务发展状况

26.1　发展环境

1. 政策环境

我国一直重视利用政策工具推动互联网医疗健康行业发展。自 2022 年以来，党中央、国务院先后发布了多项政策措施，促进互联网医疗持续保障人民群众生命健康。

一是在数字中国战略中作出了互联网医疗健康发展的总体部署。2023 年 2 月，中共中央、国务院印发了《数字中国建设整体布局规划》，并要求各地区、各部门结合实际认真贯彻落实。该文件指出，要"推动数字技术和实体经济深度融合，在农业、工业、金融、教育、医疗、交通、能源等重点领域，加快数字技术创新应用"。同时，该文件指出，"推动公共数据汇聚利用，建设公共卫生、科技、教育等重要领域国家数据资源库"。此外，该文件还指出，"发展数字健康，规范互联网诊疗和互联网医院发展"。

二是明确了互联网医疗健康发展的具体任务。国务院办公厅于 2022 年 5 月印发了《"十四五"国民健康规划》，提出要做强做优健康产业，同时指出"开展原创性技术攻关，推出一批融合人工智能等新技术的高质量医疗装备"。此外，该文件还指出，"围绕健康促进、慢病管理、养老服务等需求，重点发展健康管理、智能康复辅助器具、科学健身、中医药养生保健等新型健康产品，推动符合条件的人工智能产品进入临床试验。推进智能服务机器人发展，实施康复辅助器具、智慧老龄化技术推广应用工程"。该文件还在"强化国民健康支撑与保障"一节中，特别将"促进全民健康信息联通应用"作为一项专门的任务，从落实信息化建设标准与规范、建设互联网医院、医疗联合体服务、"互联网+"签约服务、"互联网+"慢性病管理、推广应用新兴信息技术、构建全民健康信息平台、信息共享、数据开放、公民健康信息管理使用等方面进行了详细的部署。

2. 产业环境

互联网医疗健康相关部委和各省市在党中央、国务院的坚强领导下，积极落实国家战略部署，为互联网医疗健康发展创建良好的产业发展环境。

一是协同联动共促互联网医疗健康产业发展。2022 年 1 月，工业和信息化部、国家发展和改革委员会等九部门联合印发《"十四五"医药工业发展规划》，指出要推动医药制造能力系统升级，推动医药工业高端化、智能化和绿色化发展，促进互联网、大数据、区块链、人工智能等新一代信息技术和制造体系融合，提高全行业质量效益和核心竞争力。2022 年11 月，国家卫生健康委员会、国家中医药局、国家疾控局三部门联合印发《"十四五"全民健康信息化规划》，主要聚焦信息化基础设施建设、信息化标准体系构建、"互联网+医疗健康"服务体系深化等方面。《"十四五"全民健康信息化规划》预计到 2025 年初步建设形成统一权威、互联互通的全民健康信息平台支撑保障体系，基本实现公立医疗卫生机构与全民健康信息平台联通全覆盖。

二是重点领域相关工作重点加强。2022 年 11 月，国家中医药管理局印发《"十四五"中医药信息化发展规划》，提出了"十四五"阶段中医药信息化发展的主要任务。其中，夯实中医药信息化发展基础得到了高度重视，加快信息基础设施提档升级、强化网络和数据安全防护、推进中医药信息标准应用成为现阶段主要目标。2022 年 12 月，国务院应对新型冠状病毒感染疫情联防联控机制综合组发布《关于做好新冠肺炎互联网医疗服务的通知》，提出医疗机构"可以通过互联网诊疗平台，依据最新版新型冠状病毒诊疗方案有关要求，为出现新冠相关症状的患者、符合《新冠病毒感染者居家治疗指南》居家的，在线开具治疗新冠相关症状的处方，并鼓励委托符合条件的第三方将药品配送到患者家中"；发布《关于对新型冠状病毒感染实施"乙类乙管"的总体方案》，提出"保障零售药店、药品网络销售电商等抗原检测试剂充足供应"。

三是积极拥抱新技术、新业务。海南省人民政府办公厅 2022 年 10 月印发了《海南省加快推进数字疗法产业发展的若干措施》，这是全球首个数字疗法全周期支持政策，提出将通过 2~3 年的努力将海南建设成为全球数字疗法创新岛、创新资源集聚区和产业高地，将数字疗法打造成海南健康产业高质量发展的"新引擎"。

3. 社会环境

"互联网+医疗健康"在新冠疫情阻击战中所发挥出来的巨大作用，不仅使其成为齐心合力对抗新冠疫情的必要抓手，也使人民群众利用互联网医疗手段保障生命健康的意识进一步提高。

一是"互联网+医疗健康"建设成效显著。目前，我国"互联网+医疗健康"建设也实现了从最初期的在线平台预约挂号、疾病咨询，到后来的互联网医院、医生线上处方权，再到如今开始向互联网"三医"联动发展。"互联网+医疗健康"的政策效益日益显现，在推动医疗健康行业发展、满足人民群众健康需求、增强人民群众幸福感与获得感方面发挥了积极且重要的作用。国家卫生健康委员会公布的信息显示，2021 年年底国家级全民健康信息平台基本建成。

二是"互联网+"已被人民群众视为重要的医疗健康服务手段。有了之前新冠疫情的防控经验，人民群众的互联网医疗健康思维已经基本成为定式，在自己、家人、朋友或四邻遭遇新冠感染或者其他疾病时，已经不再谈虎色变，大部分人都会首先通过互联网来寻找预防、控制、治疗的方案，通过具有相关销售资质的互联网商店购买药品、检测试剂盒等。此外，还积极主动佩戴健康监测终端，对心率、血压、血氧浓度等各项健康指标进行监测，并通过科学健身、健康营养、中医药养生保健等措施提高自身身体素质和对疾病的抵抗能力，有效减轻了疫情给医疗资源造成的压力与挑战。

26.2 发展现状

1. 可信医疗云

可信医疗云已成为互联网医疗健康业务发展的必要基础设施。"互联网+医疗"时代，可信医疗云伴随着对数据信息更高的安全存储和稳定交互的要求诞生。一方面，随着数字医疗健康产业的不断发展，医疗数据因其复杂性和隐私性的特点需要得到严格保护。在"互联网+医疗"的过程中，产生的数据包括组学数据、药物化学数据、疾病数据、电子病历数据、医学影像数据、可穿戴设备数据等，数据上云可有效解决其存储和查询的便利性问题，但仍需要多方安全计算、可信执行环境、联邦机器学习等手段提高云数据的可信性。另一方面，"互联网+"也让大型医院或康养中心面临信息存储量日益庞大、本地信息运维成本高等压力，分级诊疗等措施也要求医疗机构间业务协同和数据交互的低时延、高精准和高稳定可靠，因此国家也在各类政策规划中鼓励医院信息系统在云上部署，推进医学影像数据存储、互联网服务和应用信息系统分步上云。

可信医疗云标准体系逐步完善。完善能力评估体系，保障医疗大数据资产全生命周期的合规可信是可信医疗云发展成熟的重要环节。中国信息通信研究院针对可信医疗云的标准立项已经囊括 11 大类别医疗云产品，包括 IaaS 层的可信私有医疗云解决方案评估标准、PaaS 层的可信混合云存储评估标准，以及 SaaS 层的影像云、远程会诊云、心电云、病理云、健康管理云、医疗云应用、云 LIS、血压云、医疗设备管理云的服务评估标准。2022 年发生了多起核酸检测系统崩溃、健康宝卡顿等事故，为了有效防范相关风险，新版标准中新增了医疗云系统稳保能力专项评估系列标准，PaaS 层新增了医疗云容灾、医疗云备份和智慧医疗基础平台 3 个标准，SaaS 层新增了医疗科研云、医疗云桌面、数字化慢病管理 3 个标准，解决方案系列新增了云上智慧医院、云上医供体、公共卫健云 3 个标准。

2. 健康医疗大数据

健康医疗大数据是国家重要的基础性战略资源，会给医疗行业带来深刻影响和巨大的变化，有利于医药卫生行业数字化转型工作有条不紊地推进，也有益于提升医疗行业的服务效率和服务质量。随着医疗行业数字化迅速发展，各级医疗机构积累了大量的医疗数据，主要包含电子病历、健康档案、人口信息和各类影像数据，高质量数据对推动医疗行业的健康发展有极大的正面意义。与此同时，这些数据具有极强的隐私性。因此，对健康医疗大数据的质量管理和隐私保护提出了较高的要求。

医学人工智能领域强化数据集质量管理。随着人工智能医疗器械产品的大量涌现，行业中对各类高质量数据集的需求不断增加，与此同时，国内相关机构也逐步推进数据集建设。现行质量管理国际标准（如 ISO 9000 系列、ISO 13485、ISO 14971 等）均属于通用框架，难以解决数据集质量管理的特殊问题。基于以上情况，经过三次迭代修订，由中国食品药品检定研究院牵头、电气电子工程师学会（IEEE）人工智能医疗器械标准工作组起草的 IEEE

2801—2022《医学人工智能数据集质量管理推荐标准》于 2022 年 7 月 1 日正式发布，成为人工智能医疗器械领域的首个全球性标准。自此之后，我国医疗机构、科研高校等机构能够依照标准内容，建立健全符合自身情况的数据集管理体系，推动数据集规范化、规模化发展，为人工智能医疗器械的发展提供更优质的数据资源。

隐私计算技术保障健康医疗大数据的流通安全。在隐私保护方面，健康医疗机构开始借助隐私计算技术保障数据在跨机构、跨地域交流时的安全性及数据拥有方的权益。目前，隐私计算技术已在医院信息化平台、公共卫生预警系统、新药研发、医保业务系统等多种场景中应用实践。2022 年 12 月 9 日，由《中国数字医学》杂志社有限公司、中国信息通信研究院云计算与大数据研究所主办的"首届医疗隐私计算大会暨第二届 DataX 大会"在上海长宁举办，并正式发布了《隐私计算医疗应用白皮书（2022）》。《隐私计算医疗应用白皮书（2022）》梳理了隐私计算技术的总体发展历史，汇总了国内医疗健康领域的应用发展现状；详细阐述了隐私计算技术方案的落地实践案例；分析了隐私计算技术在医疗行业实践中所需面对的挑战，并提出未来发展建议。《隐私计算医疗应用白皮书（2022）》旨在为隐私计算技术在医疗健康产业应用中的各参与方提供技术和实践参考，以期进一步推动隐私计算在医疗健康领域更广泛、更深入的探索和应用，为健康医疗大数据的流通安全提供相关经验和方法论。

3. 数字化研发与生产

随着数字化转型进程的加深，医药企业运用数字化工具支撑的业务场景逐渐增多，产生数据的节点大规模增长。特别是来自研发和生产环节业务一线的数据，由于真实性强，可挖掘价值高，面临数据安全、隐私保护、数据操作及管理规范性等数字化安全和合规问题，为有效数字化转型的推进增添了风险和不确定性。2022 年 11 月，在由工业和信息化部、湖北省人民政府共同主办的中国 5G+工业互联网大会上，中国信息通信研究院与明度智云（浙江）科技有限公司联合发布了《医药企业研发与生产数字化合规白皮书》。

《医药企业研发与生产数字化合规白皮书》提出医药企业数字化合规定义，即医药企业在数字化转型中，遵照国家法律法规和政策要求，对运用数字化技术和工具支撑的研发、生产、流通、营销、质控环节，进行全周期规范化管理和标准化操作；实现数据全生命周期的安全风险防范和隐私保护；确保反映业务全过程的数据做到真实、准确、完整、及时和可追溯。《医药企业研发与生产数字化合规白皮书》从 7 个方面构建了医药企业数字化合规体系，对我国医药企业数字化合规建设提出了法规政策保障，加大了对数字化合规的宣贯与监管力度；引入新一代信息技术，多元化、数字化合规服务供给；研制数字化合规标准，建立验证主体资质认证体系；合理界定合规审查边界，兼顾风险防控与效率提升，充分考虑企业对合规管理实施的成本，避免合规范围和手段扩大化，并指出数字化转型和数字化合规是医药企业可持续发展的"两翼"。

《医药企业研发与生产数字化合规白皮书》的发布，给医疗健康服务的数字化发展指明了方向，并阐述了可能遇到的风险与解决方案，可以为网络医疗健康服务业的数字化研发与生产保驾护航。

4. 高端医疗装备国产化率进一步提升

"十四五"时期，信息化与制造业深度融合，加速信息技术向医疗装备产业渗透。我国高端医疗装备行业起步较晚，发展时间较短，落后于美国、欧洲、日本等占据全国医疗器械市场主要地位的国家和地区。随着国内对高端医疗器械需求的不断增长，我国逐步重视高端医疗设备的研发和生产，积极布局推进研发工作，并取得了较好成绩。

一是智能化医疗器械开始进入规范化发展阶段。随着人工智能医疗器械的广泛应用，临床医学诊疗水平也得到了大幅提升。2022 年 3 月 9 日，为加强医疗器械产品注册工作的监督和指导，进一步提高注册申报资料质量和审评效率，国家药品监督管理局医疗器械技术评审中心发布《医疗器械软件注册审查指导原则（2022 年修订版）》《人工智能医疗器械注册审查指导原则的通告（2022 年第 8 号）》《医疗器械网络安全注册审查指导原则（2022 年修订版）》。一系列政策的出台标志着我国高端医疗设备行业从初期的从 0 到 1 的发展，逐渐步入到高质量、规范化、数字化发展阶段。

二是部分急需高端医疗装备国产化替代取得突破性进展。在新冠疫情防控时期，体外膜肺氧合系统（ECMO）需求量急剧增加，针对此情况，各相关机构投入大量人力、物力，协同实现了 ECMO 设备的国产化研制。辉昇-Ⅰ型 ECMO 于 2022 年 1 月，通过国家药监局审查批准。该设备的研发是医工结合的重要探索，北京协和医院、中日友好医院等多家医院深度参与了设备研发过程和动物实验、临床试验。航天科技集团从 2020 年开始历时两年半时间，成功研制出具有完全自主知识产权的 ECMO 产品，总体性能和指标达到国际同类产品水平，部分指标甚至更优。2023 年 1 月 17 日，国家药监局经审查，采用附条件批准方式，应急批准了航天新长征医疗器械（北京）有限公司研发的体外肺支持辅助设备注册上市，进一步提升了我国 ECMO 产品供应能力。

26.3 市场规模与用户规模

1. 市场规模

互联网医疗健康市场规模较 **2021 年增速放缓，但仍保持较高速增长**，如图 26.1 所示。援引网经社《2022 年度中国数字健康市场数据报告》的数据，2022 年国内互联网医疗市场规模达 3102 亿元，同比增长 39.1%。数字健康板块 8 家国内上市公司按市值排名依次为京东健康（1988.44 亿元）、阿里健康（787.1 亿元）、平安好医生（208.76 亿元）、叮当健康（136.78 亿元）、智云健康（69.09 亿元）、合纵药易购（54.24 亿元）、1 药网（17.26 亿元）、新氧（9.42 亿元）。

2. 医疗信息化建设

以网络化、数字化、智能化为特征的网络通信技术驱动传统医疗卫生服务向数字化转型方向加速迈进。医疗信息化是产业信息化的一个重要领域。近年来，随着人工智能、5G、大数据、云计算等新一代信息技术的突飞猛进和应用的日益成熟，得益于相对超前的医疗信息化基础设施建设、数字技术及应用的进步，我国迈入信息技术与医疗融合创新发展的先进国家行列，随着中国医疗信息化市场的高速发展，吸引了一大批投资者的青睐。一是医疗信息化建设市场规模能够继续保持增长。据统计，2022 年中国医疗信息化市场共发生 230 起投资事件，投资金额总计为 472.25 亿元，市场规模继续保持正增长。二是医疗健康信息互通共享工作取得巨大进步。2022 年全国 7000 多家二级以上公立医院接入区域全民健康信息平台，2200 多家三级医院初步实现院内医疗服务信息互通共享。

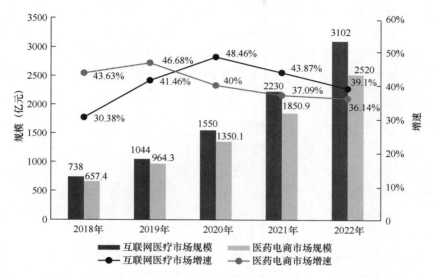

图26.1　2018—2022年中国互联网医疗健康市场规模及其发展情况

3. 医疗器械

医疗器械总体市场快速发展。2022 年，我国医疗器械市场持续发展壮大，营业收入达到 1.3 万亿元，同比增长约 12%。第三类医疗器械产品首次注册数量达到 1844 件，同比增速超过 63%。

高端医疗器械发展势头迅猛。2022 年，我国有 60 余款人工智能医疗器械取得注册证，覆盖心血管、脑部、眼部、肺部、骨科、肿瘤等多个病种。由人工智能医疗器械创新合作平台智能化医疗器械产业发展研究工作组、中国信息通信研究院牵头编制的《人工智能医疗器械产业发展白皮书（2023）》正式发布后引起了社会的广泛关注。该白皮书明确了人工智能医疗器械产业在现代产业体系中的成长性、关联性和带动性，指出人工智能医疗器械产业发展态势良好，产业生态基本形成，应用场景持续创新，商业进程不断加速，发展环境逐渐优化。该白皮书还指出，人工智能医疗器械产业整体尚处于发展初期，面临技术瓶颈核心基础有待突破、产业闭环商业模式尚未形成、产业发展支撑环境尚需优化等多方面的挑战与困难，需要对产业发展进行适当的规范，引导产业良性健康发展。

4. 医疗机器人

医疗机器人市场规模迅速扩张。2022 年 6 月，国家卫生健康委员会发布《关于医疗领域机器人应用优秀场景名单的公示》，积极推广各类医疗机器人的应用。在各级政府的高度重视和国家产业政策的重点支持下，我国医疗机器人市场发展步入快车道。据统计，2022 年我国医疗机器人市场规模高达 79.6 亿元，同比增长 34%。其中，康复机器人市场规模占比最大，达到 47%，辅助机器人位居次席，占比达到 23%，手术机器人及医疗服务机器人占比紧随其后，分别达到 17%和 13%。

在**康复机器人**方面，随着术后康复、人口老龄化等问题逐步显现，外骨骼康复机器人引起了社会的重视，国家积极重视外骨骼康复机器人行业发展，并给予相应的政策支持。但由于外骨骼康复机器人具有研发周期长、投入成本高等特点，该设备主要集中于医院、养老院等对此有较强需求的机构，整个市场的渗透率较低。相关数据显示，我国外骨骼康复机器人目前还处于早期扩张阶段，市场规模呈现逐年上涨的趋势。据相关行业媒体预测，2025年中国外骨骼康复机器人行业市场规模将达到105亿元，其间年复合增长率为98.5%，其中C端市场增长将最为迅猛。

在**手术机器人**方面，由于5G技术的快速部署，近年来我国的5G+临床应用发展迅速，其中以骨科手术机器人为代表的"遥操作"远程机器人手术在我国已经步入临床应用阶段。截至2022年10月，北京积水潭医院自主设计和研发的世界首个骨科通用化手术机器人已经在全国20余家医院开展了169例远程手术，标志着我国骨科手术机器人远程诊疗能力达到了国际领先水平。临床试验的成功为我国手术机器人的商业化奠定了良好的应用基础，各种类型的手术机器人显示出了强大的商业潜力。

在**脑机接口**方面，主要帮助瘫痪、聋哑、残疾者等实现日常沟通交流和简单生活的脑机接口技术近年来得到高度重视并取得快速发展。天津大学于2022年11月发布了脑机接口综合性开源软件平台MetaBCI，降低了脑机接口开发门槛，加快推动了脑机接口技术研发、产品实现与应用推广。预计到2040年，中国脑机接口市场规模将达到1250亿元，年均复合增长率为26%。脑机接口行业市场规模大，增速快，未来具有很大发展空间。

随着康复机器人、手术机器人、脑机接口等医疗装备行业的迅速发展，我国的医疗水平将会得到进一步的提高，医疗资源东西分布不均匀等状况也将会得到相应改善。

5. 用户规模

互联网医疗的用户规模持续扩大。2022年，互联网医疗的用户规模保持稳定高速增长态势，首次突破3亿人。中国互联网络信息中心（CNNIC）发布的第51次《中国互联网络发展状况统计报告》的数据显示，截至2022年12月，我国网民规模达约10.67亿人，同比增长3549万人，互联网普及率高达75.6%，互联网医疗用户规模达3.63亿人，占网民整体的34%，同比增长21.7%，成为当年用户规模增长最快的领域。

互联网医院数量不断增加。2022年，全国互联网医院已超过1700家，根据各地市卫生健康委员会的数据，截至2022年4月，江苏省139家医疗机构获批并上线互联网医院；8月，北京建成互联网医院40家，150家医疗机构开展互联网诊疗服务，广东225家医院建成互联网医院；9月，宁夏互联网医院监管平台已监管第三方及实体医疗机构互联网医院182家；10月，上海已审批84家互联网医院，四川建成互联网医院227家。

互联网医院线上问诊的渗透率还很低，未来空间巨大。国家统计局和德勤报告的数据表明，2022年全年总诊疗人次为84.0亿，互联网医院线上问诊的渗透率只占整个问诊市场的6%，未来还有巨大的增长空间。此外，根据调查，目前多数互联网医疗服务仍停留在初步问诊、线上买药等诊疗的初级阶段。

26.4　细分领域

1. 互联网医疗

2022 年，互联网医疗领域的技术业务发展进一步成熟，在管理、诊疗、康养等各个环节，电子病历、医疗卫生信息平台、医用信息网络等技术为互联网医疗提供了重要的创新驱动力。**一是电子签名为电子病历系统提供安全规范。**据统计，2022 年，电子病历系统应用水平分级评价高级别医院（5 级及以上）的数量为 232 家，其中，4 家医院获评 7 级、32 家医院获评 6 级、196 家医院获评 5 级，8 级仍然空缺。**二是互联网医疗卫生信息平台为医护和患者的信息管理创造便捷。**根据国家卫生健康委员会统计信息中心的调查结果，2022 年，我国省、市、县级区域卫生信息平台建设率分别达到 100%、62.8% 和 46.4%。**三是医用信息网络的不断升级为互联网医疗的广泛应用提供技术保障。**据工业和信息化部《关于 2022 年千兆城市建设情况的通报》中的数据，2022 年新建成千兆城市 81 座，千兆城市平均每万人拥有 5G 基站数达到 22.2 个，千兆城市的市属三级及以上公办医院 5G 网络通达率超过 80%。

2. 健康管理

慢性病防控成为国之大策。随着慢性病发病率逐年递增，以慢性病防控为代表的健康管理工作的重要性日益增加。近年来，社会老龄化加剧与患有各类慢性病人口数量的激增催生了社会对于医疗资源的需求，《"十四五"国民健康规划》中也明确要求要强化慢性病综合防控和伤害预防干预。数据显示，2022 年，我国超重及肥胖人口约为 5.1 亿人，患高血压人口则达到 4.2 亿人，血脂异常人口有 2 亿人，糖尿病人口有 1.2 亿人。

首批慢性病防治典型数字产品（服务）目录发布。2022 年，中国信息通信研究院联合中国疾控中心慢病中心主办了首批慢性病防治典型数字产品与服务征集和遴选活动，最终确定涵盖慢性病智能筛选与诊断解决方案、慢性病数字疗法解决方案、慢性病智能监测与生命支持解决方案、慢性病智能康复理疗解决方案、中医智能诊疗解决方案、数字健康助理解决方案与其他方向共七大类别 206 个产品和服务进入"2022 年慢性病防治典型数字产品（服务）目录"，其中 124 个产品和服务进入入围目录，82 个产品和服务进入展示目录。

3. 医药电商

随着"互联网+医疗健康"逐渐深入人心，我国医药电商行业持续快速发展。据统计，2022 年我国医药电商交易规模达 2431 亿元，同比增长 28.3%。预期今后几年，我国医药电商交易规模仍将保持快速发展势头。一方面，由于我国相继出台政策支持网售处方药发展，医药电商处方药市场将呈现爆发式增长。另一方面，我国有接近 4 亿的慢性病患者，数量庞大且具有稳定的购药、复诊需求，随着治疗水平的提升及老龄化进程的加快，未来慢性病管理市场潜力会进一步被发掘。

4. 智慧养老

随着中国人口老龄化问题日益加重，养老行业越发受到政府的重视，我国老龄化发展加速、养老市场需求迅猛增长，智慧健康养老需求日益突出，智慧养老在政策促进、需求推动下，按下了发展加速键。根据国家统计局公布的数据，2022 年我国 65 岁及以上老年人口达到 20978 万人，比 2021 年增加 922 万人，增长率为 4.59%。这是近年来我国老年人口增长最快的一年。预计未来几十年，我国老年人口将保持快速增长的态势，因此我国政府正在采取积极的措施进行应对，国务院与工业和信息化部等相继推出了一系列帮扶养老行业的政策，助力养老服务行业的发展，加强养老服务建设和医疗卫生服务，为老年人提供更好的生活和服务保障；云计算、大数据、人工智能等数字化技术正在向养老领域加速渗透，为助力我国迎接养老服务体系所面临的巨大挑战，推动康养联合体数字化应用场景创新，构建了医康养护一体化等新型养老模式。

5. 数字疗法

一是数字疗法产品的研发、取证取得了突破性成果。数字疗法产品的研发和上市进度取得明显进展。越来越多的企业开始布局数字疗法领域，并有多款产品获得批准上市。根据 NMPA 官网信息进行统计，2022 年共有 27 款数字疗法产品获得Ⅱ类医疗器械认证，为历年来数字疗法医疗器械获批最多的一年。这些产品覆盖认知功能障碍、视觉功能训练、肺功能康复训练、恐高症等多个领域，为患者提供了更加全面和个性化的治疗方式。**二是元宇宙技术正在重塑数字医疗。**随着 AI、虚拟现实、数字孪生等技术的发展，在"数字疗法"承上启下发挥有益效用的基础上，元宇宙概念开始涉足医疗领域，有望解决医疗过程中的痛点、难点问题。强联智创提出利用元宇宙技术进行手术模拟，帮助医生匹配最佳的手术治疗方案，其第一款元宇宙的模拟手术产品已经取得了 MNPA 第一张 AI 治疗的Ⅲ类证。

26.5 典型案例

1. 哲源科技基于 HAI-FOLFOX 的肝癌伴随诊断方案

基于 HAI-FOLFOX 的肝癌伴随诊断方案是北京哲源科技有限责任公司（以下简称哲源科技）研发的"IVD+软件算法"一体化的伴随诊断方案，是业内首个非靶向药物的、面向广谱性化疗药物的伴随诊断方案，填补了行业空白，详细方案流程如图 26.2 所示。该方案针对不适用手术切除的晚期原发性肝细胞癌患者，通过采集外周血或口腔拭子中的胚系 DNA，通过新一代测序技术检测多个单核苷酸多态性（Single Nucleotide Polymorphism，SNP）基因型，结合临床指标，利用算法平台综合计算响应特征分数，精确检出适用人群。

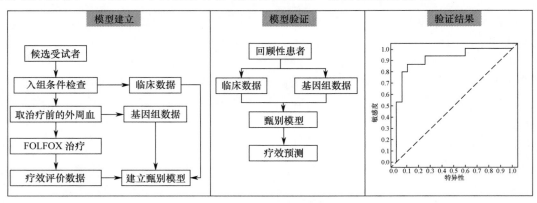

图26.2 基于HAI-FOLFOX的肝癌伴随诊断方案流程

该方案的应用目标是实现对"肝动脉灌注 FOLFOX"的肝癌适用人群的判断，哲源科技利用自主研发的深度学习算法与高性能计算平台，结合 250 个以上的胚系基因组与患者临床特征，建立肝动脉灌注 FOLFOX 治疗方案响应患者的特征预测模型。该方案利用胚系基因组信息训练预测模型，不依赖肿瘤基因组信息，因此不受肝癌异质性影响，且 IVD+软件算法一体化的伴随诊断解决方案具有壁垒高、难复制的特点。

该方案的可及性强。在实际使用中仅需采集患者 5～8ml 的外周血或口腔拭子样本，无须做侵入性的组织取样。基于该方案的诊断系统检测的是患者的临床特征与胚系基因组上的 SNP 位点，因此只需采集一次患者的生物样本，在任何病况或时间点，都可以结合当时的临床特征进行适用性判断，无须重复采样检测。

该方案的阳性检出率大于 85%，特异性、专一性和阴性检出率均大于 0.8，能够精确检出对肝动脉灌注 FOLFOX 方案的敏感人群，快速为患者匹配有针对性的个性化治疗方案，提高患者的临床疗效。我国每年肝癌新发患者约 46.6 万人，其中超过 70% 以上的患者已无法通过手术治疗，每年新发患者中有超过 32 万人适用于本伴随诊断方案，且保持每年 2.6% 的增长率。

2. 颐乐居养老"智慧医康养一体化"服务与管理方案

北京颐乐居养老有限公司（以下简称颐乐居养老）采取机构养老、居家养老、社区养老"三位一体"的经营方式，打造医护、健康监测、养老服务相结合的"智慧医康养一体化"服务与管理方案。该方案将"嵌入式居家养老"根植于社区，以家庭为核心，以社区为依托，以专业化服务为依靠；通过医养结合、智慧养老、养老顾问上门服务等多种方式，解决老有所养、老有所助、老有所安、老有所医、老有所乐的"五有"问题。

在用户端，该方案借助颐乐居养老搭建的"老人动态监测"和"家庭床位监测"双平台，结合"一键呼叫""远程问诊""健康预警"等系统，建立智慧居家养老驿站。用户还可应用老人智能健康管理系统，借由养老顾问实现与 301 医院专家的随时连线，实施远程诊疗。在医院端，该方案通过与 301 医院的合作，建立老年人慢性病分析系统、基础健康分析系统，为辖区服务对象建立慢性病和未病预防管理平台，分类进行老年人健康辅导，做到精准预防。在管理端，该方案建立了养老顾问培训与评估系统，以实现服务态度、技能、流程、质量的提高。

此外，该方案通过云计算服务进行养老大服务的生态化体系建设，包括以下四个方面的内容：①利用云计算平台对老年人及其家庭养老服务需求的深入分析，智慧居家养老驿站结合所分析的结果制订出专业服务计划，引导老年人家属接受互联网服务内容；②借助云服务平台实现服务商的招募、管理与签约，实现精准养老服务；③通过对养老服务需求大数据的分析，智慧居家养老服务驿站可以得到高匹配度的服务人员画像，用来指导养老服务专业人才的培养与产业的健康发展；④借助云计算手段把控不同类型养老产品的生产规模，实现研发与生产环节的优化。

该方案借助物联网、云计算等技术，贯彻了"社区嵌入式居家养老"的服务方式，验证了智慧养老在当今时代的必要性与可行性。该方案聚焦于当今养老服务基础薄弱的社区环节，围绕老年人所盼所愿，积极探索社区嵌入式养老服务。这既是大多数老人的服务需求所在，又是养老服务产业的根基所在，也是创造和谐健康的老龄社会氛围的义务所在。

目前，颐乐居养老已在北京开办居家（社区）养老服务驿站 35 家，在天津开办日间照料中心 4 家，在江西开办日间照料中心 4 家，在全国 20 多个省市设立智慧养老服务基地，十多年来服务 60 岁以上老年人突破 20 万人，累计提供服务 2000 多万人次。根据全国老龄化的进程，颐乐居养老计划于 2025 年前在北京建设养老服务驿站 200 家，在全国建设养老服务驿站 1000 家。

3. 膳食一度"智能中医食疗"整体解决方案

膳食一度是河南若华生物科技有限公司基于大数据的智能中医食疗推荐系统，在传统中医膳食的基础上，将中医理论与农业深度融合，把农副产品进一步升级为中医属性的功能性食品，通过建立健康信息搜索引擎及中医体质测试数据库、基于中医理论的饮食健康数据库（中医属性的食材数据库和食谱数据库），根据用户的中医体质、慢性病/常见病、特殊人群，精准推荐调理身体的饮食方案，智能展示食材、食谱的宜忌判断，实现智能化和人性化信息推荐。膳食一度包括饮食健康管理系统、健康信息智能推荐系统和个性化食品商城平台三大模块。

饮食健康管理系统是膳食一度将传统食材升级为中医属性的功能食品的健康管理平台，通过云计算、大数据、人工智能等技术深度挖掘食材、食谱的中医功能属性，结合食材、食谱的营养学价值，建立食材（包括常见食材、中药材、药食同源的食药物质）及对应食谱的饮食健康数据库，该数据库将食材、食谱与中医九种体质、慢性病、常见病、特殊人群的宜忌原因进行分析。该系统可以全方位地展示食材、食谱的健康数据，大大提升了用户对食材、食谱、食疗的认知度。该系统提供的数据通俗易懂，用户可以依据数据进行生活习惯和饮食结构的调整，从而获得更健康的身体。

健康信息智能推荐系统是膳食一度将个体健康信息与饮食健康数据智能匹配的食疗推荐系统，其利用互联网、人工智能并结合中医药大数据、中医基础理论、中医体质理论，通过膳食一度健康管理系统自我检测自身的中医体质，设置自身疾病状况和所属特殊人群类别。膳食一度可以建立、管理和完善用户的健康档案，结合膳食一度饮食健康数据库进行数据分析，智能推荐适合用户自身健康情况的食材、食谱，解决了普通人不知道吃什么、怎么吃才更健康的问题。用户也可以通过搜索引擎实时了解食材、食谱与自身或家人身体健康状况的匹配程度，方便用户选择合适的食物，改善健康状况，保持身体健康，预防疾病的发生。

个性化食品商城平台是膳食一度将全国各地的道地食材、食品纳入食品商城，利用中医药大数据、AI 优化算法等技术，对食品的中医属性进行升级，并对食品属性对应的中医体质、慢性病、常见病、特殊人群进行数据挖掘。个性化食品商城平台可以个性化推荐适合用户自身健康情况的食品，为用户提供了极大的便利性，让用户选购更加省心省力，从而轻松达到病前预防、病后调养的目的。

4. 金诺美科技基于机器视觉的干式荧光试纸判读仪

基于机器视觉的干式荧光试纸判读仪是北京金诺美科技股份有限公司（以下简称金诺美科技）研发的"视觉算法+嵌入式系统"体外诊断（POCT）荧光试纸判读设备，是一款具有显著先进性的基于视觉算法对干式荧光试纸进行半定量/定性分析的解决方案，如图 26.3 所示。

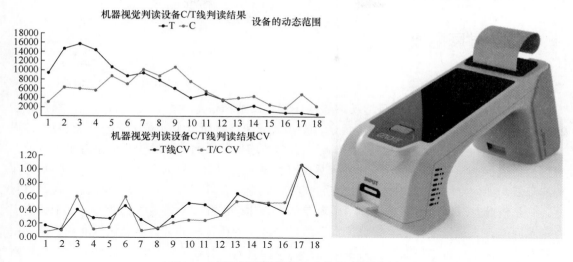

图26.3 基于机器视觉的干式荧光试纸判读仪

注：左侧两幅图反映的是同一情况下两组数据：上面图的横轴代表实验试纸的编号，纵轴是信号强度；下图横轴也代表实验试纸的编号，纵轴是 CV 值，反映了设备的测试一致性。两幅图的横纵轴都是无量纲的量。每个编号的试纸都测试了 10 次。上面的图是每张试纸 10 次的值，下面的图是 10 次的 CV 值，也就是 10 次的一致性，此值越小越好。

干式荧光试纸主要应用于疾病快筛、化学品快速检测等领域，具有特异性好、检测速度快的优势，特别适用于机场、车站、海关等对传染性疾病进行快速筛查、有毒有害化学品即时检验等场景。传统干式荧光试纸判读仪由于采用"机械传动+光电管扫描"方案，因此体积较大，携带不便，通常只能用于实验室检验。金诺美科技研发的该款判读仪采用机器视觉方案，通过对荧光试纸在冷光源照射环境下进行拍摄，利用自研智能视觉判读算法对荧光试纸 C 线、T 线信号强度进行半定量/定性分析。相较于传统扫描式方案，基于机器视觉的方案能够将判读时间减少 50%左右，且判读一致性好。同时，由于取消了所有活动机械部件，减小了设备核心部件体积，因此该款判读仪不会受到部件运动精度影响，大大提升了设备的可靠性和便携性，不论是否为专业人员，都可以在移动场景下轻松使用。

该款判读仪的应用目标是实现对广泛用于体外诊断、化学品检验等领域的干式荧光试纸信号强度在不同应用场景（如病房、机场、车站、野外等）下进行快速半定量/定性分析。金诺美科技利用自研的智能机器视觉算法，利用双侧冷光源照射荧光试纸，结合复合镜头技术，实现了在紧凑结构下对干式荧光试纸信号强度的快速、准确判读。

该款判读仪具有可及性强、灵活性高、判读速度快等特点。其采用一体式光学图像采集模块，集成度高，无机械活动结构，体积小，能耗低，可适配嵌入式系统、手机等多种运算平台，在移动中使用时可靠性强，特别适合移动场景下的体外诊断、化学品检测等应用。系统信号采集及处理速度快，可由传统扫描设备 10s 左右的判读时间降低至 4～6s，且判读一致性好，信号强度 CV 值可达 1%。该款判读仪开放多种接口，可根据客户需求提供各种个性化定制开发服务。

26.6 发展挑战

1. 保障人口结构稳定

2022 年，我国人口已达负增长态势，保障人口结构稳定刻不容缓。国家统计局公布的 2022 年国民经济运行情况统计数据显示，全国人口总量有所减少，同比下降了 85 万人，人口自然增长率为-0.60‰。造成 2022 年中国人口负增长现象的直接原因是低生育率。目前，根据最新流行病学调查结果，国内不孕不育的发生率为 10%~15%，且适龄人群的生育意愿普遍降低，如何保障人口发展，是我们面临的巨大难题。以下数字化方案或许具有较好可行性。一是借助互联网平台，完善不孕不育专科中心建设，发挥专科名医的能力，集中解决患者疑难问题。二是开发建设"智慧托育"信息平台，为托育服务进行信息化赋能。三是利用互联网提高优生优育思想的普及力度。这些举措均有利于释放生育潜能，提升生育意愿，营造生育友好的社会支持环境，助力人口长期均衡发展。

2. 中医数字化发展

虽然大数据、人工智能等数字化技术已经在各行业获得了日益广泛的应用，但中医领域的数字化发展一直非常缓慢，其中不仅有中医本身的复杂性的因素，也有数字化技术有限性的因素。一方面，长期以来中医发展比较缓慢，数字化基础比较薄弱；另一方面，中医诊疗过程难以标准化，讲究"望闻问切"，诊疗结果因人而异，对医师经验有较高要求，而且不同医师对同一病例的诊断可能有较大差异。因此，数字化技术应用在中医领域虽然有一些成果，但还需要更多的探索和实践，如何快速推动中医数字化、智能化发展也面临严峻挑战。

3. AIGC 带来监管难题

随着人工智能大语言模型的推出，特别是 2022 年年底谷歌的大模型 ChatGPT 和 2023 年 GPT-4.0 全球爆火，使得人工智能生成内容（AIGC）受到了广泛的关注，一度引起人工智能界上千名顶级专家签名，呼吁暂停超强人工智能研发，以免为人类带来不可挽回的灾难性后果。目前，已经有诸多机构推出了医疗行业的应用大模型，这些超强人工智能技术可能会给医疗健康行业带来巨大的挑战。一方面，患者病历、诊断结果、个人信息等敏感数据需要更加严格的安全保护，以防被泄露和滥用；另一方面，需要确保人工智能技术在医疗健康领域应用的安全性和有效性。此外，还需要建立相应的事故处理机制、责任认定规则及法律法规等。

撰稿：徐贵宝、李丰硕、魏佳园、刘胡骐
审校：彭勇

第 27 章　2022 年中国网络生活服务发展状况

27.1　在线旅游行业

27.1.1　发展现状

2022 年是国内旅游业遭受新冠疫情冲击的第三个年头，也是疫情期间行业"触底"的阶段。文化和旅游部统计数据显示，2022 年国内旅游总人次为 25.3 亿，比 2021 年同期减少 7.16 亿，同比下降 22.1%，恢复到 2019 年的 42.12%。2022 年国内旅游总人次为疫情期间年度最低。

2022 年，城镇居民国内旅游人次达 19.28 亿，同比下降 17.7%；农村居民国内旅游人次达 6.01 亿，同比下降 33.5%。分季度看，第一季度国内旅游人次达 8.30 亿，同比下降 19.0%；第二季度国内旅游人次达 6.25 亿，同比下降 26.2%；第三季度国内旅游人次达 6.39 亿，同比下降 21.9%；第四季度国内旅游人次达 4.36 亿，同比下降 21.7%。

2022 年，国内旅游收入（旅游总消费）2.04 万亿元，比 2021 年减少 0.87 万亿元，同比下降 30.0%。其中，城镇居民出游消费 1.69 万亿元，同比下降 28.6%；农村居民出游消费 0.36 万亿元，同比下降 35.8%。2022 年的旅游收入也为 2020 年以来的最低值。

2022 年，奥密克戎变异株的快速流行对国内新冠疫情防控工作带来了空前压力，尤其是在前三季度，各地被迫不断升级疫情防控措施，人员流动受到极大抑制，旅游业等服务业受到极大影响。国家铁路局的统计数据显示，2022 年全国铁路旅客发送量为 166658 万人次，同比下降 36.2%。民航局的统计数据显示，2022 年全国民航共发送旅客 25160.7 万人次，同比下降 44%。2022 年全国铁路与民航客运量均为新冠疫情期间年度最低水平。人员流动水平的大幅下降极大地抑制了商务旅行及休闲度假需求。作为国内旅游产业链重要一环的在线旅游行业不可避免地受到了行业整体景气下行的影响。

受新冠疫情影响，2022 年国内在线旅游市场的交易规模为新冠疫情期间年度最低水平。从细分市场结构来看，度假业务占比进一步下降，住宿业务占比略有上升，交通业务（包含机票、火车票、汽车票、船票及其他地面交通服务）占比基本维持不变。具有刚性需求支撑的住宿和交通客运市场的表现依然相对好于休闲度假市场。2022 年全年，尽管跨区域旅行受到了极大抑制，但本地与周边的休闲度假需求对住宿及短途游业务形成了一定支撑，并激发了一些全新的需求形态，如家庭私家团、露营等。新的需求趋势预计将对"后疫情时代"的在线旅游消费产生深远影响。

进入 2022 年年底，我国新冠疫情防控政策持续优化调整，并自 2023 年 1 月 8 日起，对新型冠状病毒感染实施"乙类乙管"，国际旅行随之迅速恢复。随着我国取得新冠疫情防控的重大胜利，国民经济将迎来稳定复苏，业界因此普遍预测 2023 年将是旅游业全面复苏的一年，在线旅游行业也将迎来强劲复苏。根据中国旅游研究院发布的《2022 年中国旅游经济运行分析与 2023 年发展预测》，2023 年国内旅游人数约为 45.5 亿人次，同比增长约 80%，约恢复至 2019 年的 76%。

27.1.2 市场规模

2022 年国内在线旅游市场的交易规模约为 9500 亿元，同比下降 29.6%[1]，始于 2021 年第二季度的复苏趋势基本陷入停滞，行业进一步"探底"。2023 年随着旅游业的全面复苏，在线旅游市场的规模有望达到 1.8 万亿元，同比增长约 89.5%，反超 2019 年，整体复苏进度快于旅游业大盘（见图 27.1）。2022 年在线旅游市场的行业渗透率继续保持上升势头，达到了 56%，较 2021 年上升 4 个百分点，主要受益于新冠疫情期间线上服务需求的稳定增长，特别是来自三线及以下市场的快速增长。

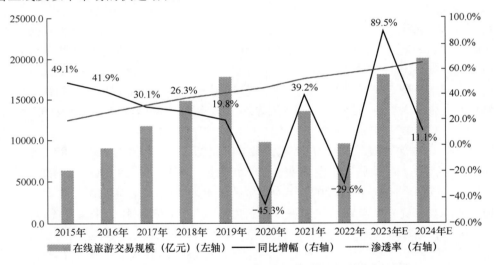

图27.1　2015—2024年中国在线旅游市场规模增长趋势与预测

资料来源：同程研究院。

新冠疫情期间各年度，国内在线旅游市场的行业渗透率整体保持了稳步上升的态势，一方面是新冠疫情期间居民旅行服务在预约、预订等方面的需求快速增长，另一方面则是我国交通出行等基础设施的数字化、线上化水平保持了稳步上升势头。

如图 27.2 所示，2022 年，国内在线旅游市场的结构整体上保持稳定，交通业务占比基本与2021 年持平，住宿业务占比为 17%，较 2021 年上升 2 个百分点，度假业务的占比进一步下降。

---

1 资料来源：同程研究院。

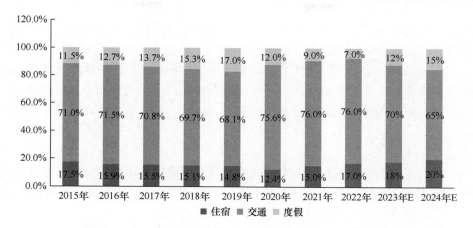

图27.2　2015—2024年中国在线旅游市场的整体结构与预测

注：交通市场包含机票、火车票、汽车票、船票等。

资料来源：同程研究院。

在细分市场规模方面，2022 年各细分市场交易规模均有不同程度的下降。如图 27.3 所示，2022 年国内在线旅游行业在线交通市场的交易规模约为 7125 亿元，同比下降约 31%，恢复至 2019 年同期的约 59%；在线住宿市场 2022 年的交易规模约为 1520 亿元，同比下降约 25%，大约恢复至 2019 年同期的 58%；在线旅游度假市场 2022 年的交易规模约为 665 亿元，同比下降约 45%，仅相当于 2019 年同期的约 22%，为自 2015 年以来的最低值。

单位：亿元

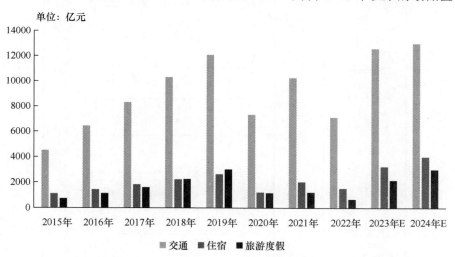

图27.3　2015—2024年中国在线旅游细分市场规模增长趋势与预测

资料来源：同程研究院。

综合宏观经济形势及国内旅游业整体复苏趋势，2023 年预计在线旅游行业三大细分市场将迎来"触底反弹"，收入水平将加速恢复。其中，在线交通市场的交易规模预计将达到 12600 亿元，同比增长约 77%，恢复至 2019 年同期的约 104%；在线住宿市场的交易规模预计将达到 3240 亿元，同比增长约 113%，恢复至 2019 年同期的约 123%；在线旅游度假市场交易规模预计将达到 2160 亿元，同比增长约 225%，恢复至 2019 年同期的约 71%。在国内商旅及休闲度假需求的支撑下，在线交通和在线住宿市场将有望恢复至新冠疫情前水平。但受出境游及国际旅行恢复进度的制约，预计在线旅游度假市场的复苏力度将明显弱于在线交通市场和在线住宿市场。

27.1.3　商业模式

经历了 20 多年的高速成长，国内在线旅游行业逐渐进入成熟期，佣金模式、流量广告模式等已经成为多数平台的核心商业模式。同时，随着上下游产业发展态势的改变和技术的变革，国内在线旅游行业的商业模式也出现了一些新的变化。

1. 国内在线旅游行业主流商业模式概览

中国在线旅游行业产业图谱（2022 版）如图 27.4 所示。总体来看，国内在线旅游交易型企业的商业模式大体可划分为代理（OTA）模式和平台（OTP/OTM）模式，前者主要包括主要 OTA 平台和一些综合性的电商平台，后者主要以传统的垂直搜索平台为主。在代理模式下，OTA 及其他电商平台通过分销供应商的产品按约定的佣金率获取佣金收益，平台可以选择买断包销（承担库存成本和相应的市场风险），也可以选择代销（不承担库存成本）。在平台模式下，平台方类似一个大型"商场"，符合条件的商家可以在"商场"内开店铺，按照 CPC（点击付费）模式、年费模式或分成模式向平台支付费用，平台方主要向"店主"们

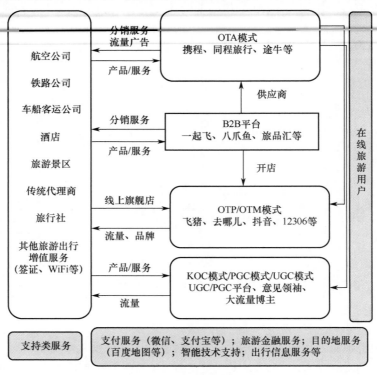

图27.4　中国在线旅游行业产业图谱（2022版）

提供流量支持、运营支持、交易系统、支付结算系统、品牌展示等服务。随着在线旅游产业链的成熟,围绕交易型在线旅游企业衍生出了一系列支持类服务,如支付服务(微信支付、支付宝、银联等)、旅游金融服务、目的地服务(百度地图、高德地图)等。以交易额占比衡量,代理模式依然是国内在线旅游行业的主流商业模式。

2. 短视频时代在线旅游行业的新兴商业模式

随着短视频平台的快速发展,粉丝规模庞大的 VLOG 博主及旅行相关博主逐渐成为旅游产品分销的新势力,部分博主可绕过中间商直接为上游商家带货,或者为主流在线旅游平台引流,从而形成了一个全新的关键意见消费者(Key Opinion Consumer,KOC)模式。但是,由于旅游产品的非标准化属性,博主们直接通过大型平台售卖还存在一些阻碍,提供广告及品牌引流是目前比较主流的业务模式。为应对流量新势力的挑战,以携程为代表的主流 OTA 平台开启了内容生态体系的建设,尝试打造一个包括内容生产者(博主)、品牌商家(品牌专区等)等参与者在内的全新体系,以视频、图文等为载体的内容是连接整个体系的重要纽带。

抖音、快手等短视频平台纷纷进军在线旅游市场,商业模式主要以流量广告为主。与传统的平台模式不同,短视频平台主要基于兴趣点(Point of Interest,POI)的逻辑激发用户购买欲望,较为依赖优质内容和头部博主。多渠道网络(Muti-Channel Network,MCN,是指内容生产者和各类平台之间的中介机构)机构是短视频生态中的重要一环,它们通过内容与博主的流水线生产获取优质流量源和 IP,从而可通过代理旅游产品获取佣金或销售分成。

3. 全产业链趋势下的商业模式多元化

国内主要在线旅游企业均不同程度地选择了垂直多元化战略,即同时在旅游产业链上下游进行投资布局,形成多元化的业务格局。伴随着业务端的多元化,主流在线旅游企业的商业模式也不再局限于佣金模式,而是融合了多种商业模式,如携程、同程旅行等头部平台均同时具备 OTA、OTP 和 OTM(Online Travel Marketplace,在线旅游生态)的某些特征。

27.1.4　典型案例

2022 年,抖音、小红书等跨界玩家加速入局在线旅游行业,同时,携程、同程旅行、飞猪、美团、途牛五个典型在线旅游企业的经营情况受到新冠疫情影响。表 27.1 是基于公开报道、上市公司财报汇总的 2022 年度国内在线旅游行业典型企业的信息概要。

表 27.1　2022 年度中国在线旅游行业典型企业分析

企业	商业模式	独特性	2022 年经营业绩概要	战略及未来趋势
携程	OTA+门店	全球布局的 OTA 平台,国内 OTA 行业龙头企业	2022 年携程集团全年净营业收入为 200 亿元,同比保持稳定。2022 年全年,归属于携程集团股东的净利润为 14 亿元,同比由亏损转为盈利	基于资本布局的国际化;保持国内领先优势;基于内容生态的平台进化
同程旅行	OTA	以小程序为主阵地,多平台发展的 OTA 新锐力量	2022 年同程旅行实现营收 65.8 亿元,经调税息折旧及摊销前利润(EBITDA)为 14.4 亿元,经调净利润为 6.5 亿元	核心业务继续保持增速领先,坚持产业链赋能战略,加快旅游度假产业布局

（续表）

企业	商业模式	独特性	2022 年经营业绩概要	战略及未来趋势
美团	OTP+OTA	领先的生活服务与零售 O2O 平台	2022 年美团实现营业收入 2200 亿元，同比增长 22.8%；经调整净利润为 28 亿元，同比大幅扭亏为盈。其中，2022 全年，美团核心本地商业（包含到店、酒店、旅游等业务）实现收入 1607.6 亿元，同比增长 17.6%	继续深化"零售+科技"战略，并将零售作为战略重点，不断提升市场份额。继续从本地消费切入旅游酒店业务
途牛	OTA+门店	聚焦于度假业务的 OTA 平台	2022 年途牛净收入为 1.836 亿元，同比下降 56.93%；归属于上市公司股东的净亏损为 1.934 亿元，亏损幅度较 2021 年有所扩大。其中，2022 年跟团游收入为 7031.4 万元，同比下降 76.97%；其他收入为 1.13 亿元，同比下降 6.37%	"线上+线下"的旅行社，专注于旅游度假市场
抖音	OTP	直播平台模式	2022 年抖音电商交易额为 1.4 万亿～1.5 万亿元。2022 年抖音日活跃用户超 8 亿个，且根据《2022 抖音旅行生态报告》数据显示，有 2.7 亿个抖音用户对旅行感兴趣	凭借庞大的日活跃用户规模和抖音电商的高速增长，抖音将加快入局在线旅游业务
飞猪	OTP+OTM	OTP 平台及 OTM 平台	未公开财务数据	飞猪的母公司阿里巴巴集团在 2023 年 3 月发布了全新"1+6+N"的组织结构，飞猪的独立性进一步得到确认，未来将独立上市

资料来源：根据上市公司财报、媒体公开报道整理。

1. 受益于国际业务的强劲复苏，2022 年携程由亏损转为盈利

财报数据显示，2022 年携程集团全年净营业收入为 200 亿元，同比保持稳定。2022 年全年，归属于携程集团股东的净利润为 14 亿元，同比扭亏为盈。尽管 2022 年国内业务受新冠疫情冲击较大，但携程的海外业务保持了较好的增长势头，成为其全年扭亏的关键所在。财报数据显示，2022 年第四季度，携程国际平台的整体机票预订同比增长超过 80%。作为一个全球布局的 OTA 平台，2023 年携程将继续专注拓展产品覆盖的广度与深度，从全球旅游业的复苏中收获"红利"。

2. 核心业务优势进一步巩固，2022 年同程旅行付费用户规模超过 2019 年

财报数据显示，2022 年同程旅行实现营收 65.8 亿元，经调税息折旧及摊销前利润（EBITDA）为 14.4 亿元，经调净利润为 6.5 亿元。2022 年，同程旅行年付费用户规模达 1.9 亿人，较 2019 年上涨 23%。自 2020 年以来，同程旅行凭借高度聚焦的发展战略、灵活高效的运营策略及对旅游供应链的深耕，在新冠疫情期间保持了业务的稳健发展。2020—2022 年，同程旅行不仅在机票、火车票、酒店等传统出行领域持续巩固市场优势，还建立了覆盖休闲度假、景区门票、汽车票、用车、签证等全服务链条的产品体系。2023 年，同程旅行将以更强劲的姿态迎接市场复苏新机遇。

3. "零售+科技"战略进一步深化，美团酒旅业务融入本地商业

2022 年，美团将业务划分为新业务与核心本地商业两个板块，其中，餐饮外卖、美团闪购"万物到家"、配送网络，以及到店、酒店及旅游业务合并归入核心本地商业分部，继续深化"零售+科技"战略。财报数据显示，2022 年美团实现营业收入 2200 亿元，同比增长22.8%；经调整净利润为 28 亿元，同比大幅扭亏为盈。其中，2022 年全年，美团核心本地商业（包含到店、酒店、旅游等业务）实现收入 1607.6 亿元，同比增长 17.6%。2022 年第四季度旅游及酒店业务受新冠疫情冲击较大，对美团核心本地商业板块的增长造成了一定的影响。美团以本地商业的逻辑切入在线旅游业务，有望在"后疫情时代"得到进一步验证。

4. 走过最艰难时刻，途牛度假业务等待 2023 年全面"反弹"

财报数据显示，途牛 2022 年净收入为 1.836 亿元，同比下降 56.93%；归属于上市公司股东的亏损为 1.934 亿元，2021 年归属于上市公司股东的净亏损为 1.215 亿元。其中，2022 年跟团游收入为 7031.4 万元，同比下降 76.97%；其他收入为 1.13 亿元，同比下降 6.37%。途牛的旅游度假业务在新冠疫情期间受到较大冲击，收入持续大幅下滑，亏损幅度也在2022 年进一步扩大。随着旅游业迎来全面复苏，途牛所在的旅游度假赛道将迎来"触底反弹"，核心业务的收入有望实现大幅恢复，利润指标也将得到较大改善。据公开报道，2023 年 1 月，途牛度假产品的预订额实现了月环比 3 倍的增长。预计 2023 年第一季度，途牛的净收入为6010 万～6430 万元，同比上升 45%～55%。

5. 跨界玩家加速入局，抖音旅游业务提速

《2022 抖音旅行生态报告》数据显示，有 2.7 亿个抖音用户对旅行感兴趣。这是抖音加快布局在线旅游赛道的重要基础。公开信息显示，抖音早在 2021 年就内测了名为"山竹旅行"的程序业务，包含门票预订、酒店预订等功能。抖音的在线旅游业务在逻辑上与美团类似，主要以平台模式切入旅游业的分销环节，佣金和广告收益是其商业逻辑的核心。除了抖音，小红书、快手等平台也将在线旅游赛道作为电商业务多元化的重要领域之一。更多跨界玩家的入局为在线旅游行业的升级迭代注入了生机与活力。

6. 阿里"1+6+N"新架构，飞猪坚定独立发展之路

2023 年 3 月 28 日，阿里巴巴集团宣布启动新一轮公司治理变革，构建"1+6+N"的组织结构，即在阿里巴巴集团之下，设立六大业务集团和多家业务公司。其中，六大集团为阿里云智能、淘宝天猫商业、本地生活、菜鸟、国际数字商业、大文娱。飞猪与盒马、灵犀互娱、平头哥、高鑫零售等业务均是"N"中的一员，即控股公司旗下的独立业务公司。阿里巴巴的本次组织结构调整进一步确定了飞猪的独立发展路径。

27.1.5　发展趋势

在后疫情时代，在线旅游行业面临的供需态势、产业环境、技术环境和政策环境都发生了一些变化，值得关注的发展趋势主要有以下几个方面。

（1）2023 年全年，国内在线旅游行业将迎来全面复苏，交通客运、住宿及其他细分市场有望恢复至 2019 年同期水平或略有增长。在需求快速回归的同时，不同业态间复苏进程的不协调造成的有效供给不足将逐渐凸显，旅游旺季的一些局部地区可能出现供不应求的局面。

（2）在线旅游行业将迎来高质量发展新阶段。2023 年 3 月 27 日，文化和旅游部印发了《文化和旅游部关于推动在线旅游市场高质量发展的意见》，重点提及了完善在线旅游行业监管，营造良好的市场环境，维护规范的市场秩序，及时消除发展过程中的风险隐患。同时，还鼓励在线旅游行业积极探索预售、旅游消费金融产品等业务。在良好市场秩序的基础上，围绕新市场、新需求、新机会加大创新探索力度。2023 年在线旅游行业在全面复苏的同时，还将迎来一个高质量发展的新阶段。

（3）国际旅行将进入"双向复苏"阶段，在线旅游行业将从国际旅行复苏中获益。自 2023 年 1 月 8 日起，我国的出入境政策迎来全面优化，与相关经济体的直航航班量也随之快速恢复。2023 年 3 月 31 日，文化和旅游部发布通知，宣布即日起恢复全国旅行社及在线旅游企业经营外国人入境团队旅游和"机票+酒店"业务。因此，2023 年我国出境游市场和入境游市场将迎来双向复苏，在线旅游行业也有望从国际旅行的复苏中获益。

（4）在线旅游跨界玩家将继续保持上升势头，并将与传统 OTA 平台形成良性竞合关系。经过近两年的尝试后，抖音、快手、小红书等平台逐渐在在线旅游行业找到了各自的切入点，并取得了积极进展。随着在线旅游行业的全面复苏，跨界玩家的业务布局将有望获得更多正向反馈，从而激励其进一步加大投入。对于整个在线旅游生态而言，跨界玩家的进入是"新鲜血液"，将带来新模式、新思路，并与传统 OTA 平台逐渐形成良性的竞合关系——既有竞争，也有合作。

（5）ChatGPT 概念引发的新一轮人工智能浪潮将对在线旅游服务的智慧化发展产生直接影响，有望发展出更多智能化应用场景，从而对在线旅游服务的效率和体验产生实质的提升作用。

27.2　网络居住

居住服务行业是指满足城镇居民使用、处置、维护住房的相关服务活动，涵盖住房交易、租赁、装修、住房金融、家政服务等居住服务。网络居住服务指通过互联网进行居住服务交易的活动。党的二十大报告提出，"加快建立多主体供给、多渠道保障、租购并举的住房制度"，我国住房正在从以建房、买房为主转向居住服务，居住服务业迎来数字化浪潮，其本质是通过数字化方式对原有产业链进行重构，让消费者能够通过线上化、智能化技术进行决策选择，提升服务者服务规范化和品质化，促进居住体验提升。

27.2.1　发展现状

由于居住服务交易链复杂，服务者的职业化水平不足，居住服务缺乏基本的服务规范和标准，行业缺乏合作导致恶性竞争，居住服务行业服务品质不佳，消费者体验不好。2022 年，在新冠疫情对线下交易服务的影响下，居住服务行业线上化、智能化趋势进一步加深。在居住服务行业线上化的多维度创新下，技术手段正重构消费者的认知渠道和交易模式。

一是服务者与线上工具的融合更加深刻。服务者借助数字化工具增强专业技能、提升作业效率，如通过 AI 讲房模拟为客户提供线上带看的场景训练及认证，提升实际带看质量。VR 技术为消费者提供随时随地、沉浸式、交互式的看房体验，高效协助消费者对住宅做进一步了解。通过线上 VR，经纪人带看效率提升 16.6%。VR 也让消费者的看房时间更加灵活，帮助消费者节省了时间和费用，平均每套看房可节省带看交通时间 2 小时。

　　二是流程全面线上化。 经数字化工具打通多方参与者，逐步实现线上闭环。例如，贝壳提供的线上签约功能采用一次签名，很大程度上解决了签错、签漏问题，平均每份合同节省签字时长 10～15 分钟；贝壳上线的线上贷签功能更帮助购房家庭减少银行签约面签时长 19%。

　　三是数字化进入智能化阶段。 居住行业的人工智能最核心的就是"人工+智能"。通过 AI 匹配算法，在传统的"房-客"二元关系中叠加居住必不可少的经纪人角色，形成"人-房-客"三元智能匹配算法，既能根据用户需求偏好智能匹配房源，也能根据服务能力精准匹配经纪人，形成用户需求、房源和经纪人服务能力精准对接的高效服务闭环。同时，基于深度学习模型结构，通过对人、房、客做精准的分析，以"房客分层"模式打造房客 AI 助手，能高效进行"好房""好客"识别及维护，使经纪人的服务力分配更有效。

27.2.2　市场规模

　　近年来，我国住房发展正在经历从"有房住"到"住好房"的转变，进入住房改善阶段。

　　从市场需求结构看，2022 年重点城市二手房主力购房群体集中在 30～40 岁的首次改善客群，成交占比由 2019 年的 43%提高到 2022 年的 46%，41 岁及以上再次改善客群占比由 2019 年的 20%提高到 2022 年的 24%（见图 27.5）。以北京为例，2022 年 30 岁以上改善客群成交占比较 2019 年提高 5 个百分点，41 岁及以上的再次改善客群占比较 2019 年提高 7 个百分点，绝对占比超过 30%。从二手房成交房源结构看，2022 年多居室、大面积成交占比明显上升。贝壳 50 城二手房成交房源中三居室成交占比由 2019 年的 30%提高到 2022 年的 38%，四居室及以上户型房源占比由 2019 年的 5%提高到 2022 年的 9%（见图 27.6）。

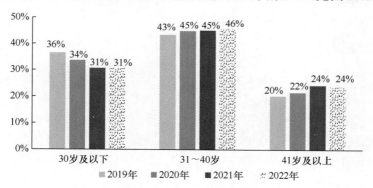

图27.5　贝壳50城二手房客群年龄区间分布

资料来源：贝壳研究院。

　　我国是一个发展中国家，人均 GDP 刚突破 1 万美元，与发达国家相比还有很大的差距，城市群、都市圈人口集聚还有较大的空间。2010—2020 年我国人口增长 7206 万人，其中粤港澳大湾区增加2200万人,占比为31%,长三角地区增加1961万人,占比为27%;成渝地区增加903万人,占比为13%。三个城市群贡献了过去十年全国新增人口的70%。产业、资金仍然会进一步向城市群、都市圈集中,仍然会带来巨大的住房需求。源源不断的新增人口流入推动住房向上改善。贝壳研究院调研数据显示,对于理想生活城市,尽管受访者认为三、四线城市更宜居,但38%的受访者还是认为一线城市发展机会更好,35%的受访者选择二线城市。

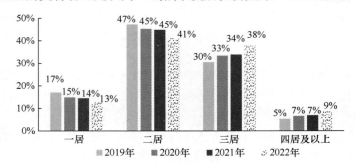

图27.6 贝壳50城二手房成交房源结构分布

资料来源:国家统计局,贝壳研究院整理。

但住房领域不平衡的矛盾突出,人口基数大、流入多的城市住房条件相对较差,核心城市住房改善需求更为强烈。其中,北京、上海这类大城市人均住房面积小,房源质量差,人口流入多。根据贝壳楼盘字典统计,北京人均住房面积不足35平方米,存量房中建筑年代在2000年以前的房子占比达到50%,房龄超过30年的房子占比达到22%,这就决定了住房发展过程中这类城市整体住房改善需求更强。

贝壳研究院测算,到2035年,我国改善型住房需求将达到120亿平方米,在总体住房需求中占54%。旧房拆迁引发的住房需求为63亿平方米,占28%。综合新增的住房需求,2021—2035年我国住宅交易总额年均为22万亿~27万亿元。到2035年,住房市场交易总额将达29.2万亿元,15年间年均增速为1.8%。

27.2.3 商业模式

目前,房产信息和交易平台主要聚焦于住房流通领域。随着房地产市场从供不应求到供需基本平衡,消费者需求从单一买方需求向以居住为中心的多元化生活服务需求转变。

当前主流的网络居住服务商业模式中,居住服务信息平台企业和SaaS服务企业主要聚焦于产业链的垂直领域,在各个细分领域均诞生出具有一定规模的代表性企业。

中国互联网居住服务图谱如图27.7所示。目前,居住服务领域主要的平台模式包括以下两类。

第一类是以58安居客为代表的信息平台。信息平台模式为:服务者通过购买端口在平台上展示房源,用户登录平台查询搜索,并经平台与服务者建立联系,然后展开交互、协商等一系列业务动作,最终在线下达成交易。居住服务信息平台以收取上市挂牌费(端口费)与营销费用为主要盈利模式,不参与交易和佣金分配。例如,安居客在新房、二手房、租赁、商业地产等方面向消费者提供房源信息,面向房产经纪品牌、经纪人及开发商提供在线营销服务。近年来，随着移动互联网的发展和交易平台的冲击，此类平台正经历从信息平台向信息+SaaS 服务平台的转型。

图27.7　中国互联网居住服务图谱

资料来源：贝壳研究院。

第二类是以贝壳找房为代表的交易平台。这类平台包括贝壳、诸葛找房、会找房、房多多等，其通过整合经纪品牌和经纪人力量，构造自身的房源和客源系统，参与佣金分配或收取平台服务费。居住服务交易平台的核心特点是对传统价值链的环节进行改造，包括基础设施建设、技术创新投入、标准体系研发等，为供给侧价值创造者提供高效的能力调用，保障房产交易的安全和体验。居住服务交易平台除提供信息外，还切入线下服务，通过数字工具、职业培训赋能线下服务者，优化和改造供给端，其核心竞争力在于线上线下双优势，能保证用户线上线下、签前签后获得一致服务，提升作业效率和消费体验。

随着业务品类的扩展和覆盖的服务内容的增加，居住服务交易平台涉足的业务领域从新房、二手房租售信息扩展到提供管理系统服务、业务支持、家装和家政等服务，产生了更多触达消费者的入口。产业链上更多的交易方参与进来，除传统的开发商、房产中介公司外，SaaS 供应商、业务支持方、金融机构等相继进入，平台从偏双边趋向于更为复杂的多边。

27.2.4　典型案例

针对居住服务领域供给端存在的问题，数字化平台主要在 4 个方面发挥价值：

一是为行业提供数字化基础设施，建立行业良性竞争的秩序。居住服务数字化平台建立了全国城市的房屋数据库，搭建了经纪人合作网络，通过房源联卖和合作网络规则，引入大量其他经纪品牌，形成品质合作。合作网络系统让房源信息产权得以保护，经纪人从竞争关系变为合作关系，提升了行业效率，目前贝壳平台跨品牌交易占比超过 75%。

二是提供新技术研发应用，推动服务创新和产业升级。居住服务数字化平台通过持续投入新技术研发与应用，带动产业数字化升级。例如，VR 技术让用户实现在画面中的自由游走，用户可通过手机获得包括房屋真实空间的尺寸、朝向、远近、房子周围的配套信息。

三是推动行业服务标准化，提升消费者安全保障。 居住服务平台制定了相对完备的规则体系，并通过系统将这些标准固化，改变经纪人的作业行为。例如，贝壳发布了服务"五重保障"用于管理具体的服务场景下经纪人与客户的信息交互，包括真房源升级、真实成交价公示、嫌恶设施披露、投诉单在线公示和签约风险提示视频等举措。针对交易中存在的风险，贝壳通过服务承诺给消费者确定性保障，包括"凶宅"信息披露最高原价回购、高压电力设施辐射超标最高原价回购、签前查封损失先行垫付、物业欠费损失先行垫付等。

四是推动上下游生态链治理，帮助政府提升监管效能。 居住服务数字化平台由于其对双边市场的主导权，能够强有力地协同政府对企业进行底线监督，基于其商业目的对企业进行治理，持续提升特定环节的效率。贝壳搭建行业内首个经纪人信用体系"贝壳分"，通过基础设施、平台各类规则（准入、交易、服务、信用、退出）实现平台与商户共治。通过统一规则、协同治理管理上下游供应链，如推动开发商服务承诺，建设绿色生态案场，深度运营分销服务。利用平台基础设施进行生产和交易，在平台商业治理规则下开展经营，敦促平台内企业落实国家相关法律和政策，确保平台内企业守法合规经营。

27.2.5　用户分析

与过去快速买房的阶段相比，在买方市场下，消费者更加追求高品质居住。在选择住房时，通勤距离、生活配套、房屋硬件条件是关键影响因素。贝壳研究院对经纪人的调研发现，54%的经纪人认为"更多的用户愿意住得离市中心近一些，房子大一些"，即区位好、面积大是绝大部分用户的选择。而受制于支付能力，约有 46%的客户在住房面积或者区位方面尚未得到满足，其中 21%的用户为了居住更舒适优先选择更大一些的房子，23%的用户则考虑通勤成本优先选择住的更近一些。此外，用户也更加关注住房的生活和公共配套。调研数据显示，对于理想居住区域的选择，有超过 60%的受访者因为老城区的医疗、教育、交通等配套更成熟，而更愿意生活在中心老城区。用户更关注更大的面积和动态功能分区。近 60%的受访者追求更大的客厅和厨房，认为"大客厅、大厨房、小卧室"的组合是理想户型。在房企违约的风险下，用户更加关注交付前、交付后的服务和运营品质。

今天，用户越来越偏好从互联网上检索、筛选、购买居住服务。借助 VR 技术，用户可以随时随地在经纪人的陪同下看更多的房，通过线上带看、线下复看相结合的模式，有效节省用户看房的时间、精力成本。2022 年，贝壳平台用户累计使用 VR 看房超过 15.6 亿次，用户在 VR 空间中浏览房源、与经纪人交流的总时长达 6610 万小时，相当于 7500 年。同时，随着二手房交易流程一站式办理的线上化能力搭建，2022 年二手房交易全流程平均缩短至 60 天，较 2021 年减少 29 天，提速 32.58%。此外，通过与银行深度合作，推出线上签约、线上贷签等模式，完成线上贷款核签超过 24000 单，线上评估超过 16 万次，大幅提升了用户找房、交易的效率。

27.2.6　发展挑战

线上化能够提升用户的消费和服务体验，但根本上离不开服务者的服务。我国居住服务业发展不充分，从业人员素质参差不齐，职业化水平低。以经纪服务为例，我国经纪人的从业时间普遍很短，平均从业时间只有 8 个月，经纪人流失率超过了 10%，许多人只是把房地产经纪人当作临时过渡，并不打算在行业内深耕，甚至只想做"一锤子买卖"。其主要原因是我国居住服务行业缺乏必要的人员准入制度。我国目前取消了将房地产经纪人员从业资格考试作为准入行业的条件，进入和退出行业不需要任何的手续或程序，从而不能建立起有效的监管体系和信用体系，违规被平台或政府处罚的代价较低，各种不正当竞争、"坑蒙拐骗"比较多，居住服务数字化平台需要为这些经纪人的短期行为付出巨大但低效的管理成本。

房地产经纪行业准入是全球各主要市场共同的做法。美国、英国、日本等发达国家市场，以及我国港、澳、台地区普遍实行房地产经纪人员职业资格准入，即必须取得相应的资格或牌照才能从事房地产经纪活动。例如，美国房产经纪人员采用严格牌照制度，各州都有牌照法。美国要求房地产经纪人必须受过专业知识训练并通过考试，才能获得牌照。

目前，二手房中介行业中存在的诸多问题不仅可能引发纠纷，也可能基于其高额、入户属性引发较高的社会风险。《行政许可法》第十二条第三款中关于可以设定行政许可情形的规定如下："（三）提供公众服务并且直接关系公共利益的职业、行业，需要确定具备特殊信誉、特殊条件或者特殊技能等资格、资质的事项"。因此，建立经纪行业职业资格制度具有必要性。经纪人只有通过国家统一考试，获得职业资格证书，经过注册才可进入行业。通过考试准入制度，倒逼从业者在从业前就获得有关国家法律政策、职业技能和职业伦理的基本知识，从源头上提高从业人员素质。同时，建立政府、行业和社会共同参与的房地产经纪信用评价体系和平台，建立行业禁入"黑名单"制度，便于房地产经纪机构在招聘人员时进行筛选，在其员工违法时进行处理，也便于消费者查询，提高房地产经纪行业的服务透明度。

建议在试点的基础上，通过动态调整行政许可的方式，探索完善"刚性准入规制"，强化房地产经纪执业准入管理，即对房地产经纪从业人员重设刚性行政许可，并配套完善考试制度、培训制度、人员分级分类制度等，从源头上提升经纪人的效率及服务品质。

27.3　网络外卖

27.3.1　发展现状

网络外卖是借助外卖平台的信息撮合完成的线上餐饮交易，外卖平台以用户的即时洞察为核心，以大数据为驱动，围绕着本地生活服务平台打通线上和线下消费场景，线上实现交易闭环，线下通过即时配送完成交易履约，从而为更多消费者提供从餐饮需求发起到餐食到家完成交易的一站式服务。

近年来，随着人们生活方式的变化和平台经济的快速发展，网络外卖行业稳定发展，市场规模持续扩大，平台服务能力持续增强，成为推动餐饮行业发展的重要力量。2022 年，网络外卖收入占全国社会性餐饮业[1]收入比重约为 25.4%，较 2021 年提高约 4 个百分点（见

1　统计口径中网络外卖收入为实付价格，社会性餐饮业指除团餐之外的餐饮行业，包括正餐、快餐和饮品等经营类型。

图 27.8）。网络外卖平台通过优化营销策略、精细化运营和多样化的活动，有效满足更多不同场景下的用户需求，推动平台用户黏性持续增长。根据中国互联网络信息中心的数据，截至 2022 年 12 月，我国网络外卖用户规模达 5.21 亿人（见图 27.9）。网络外卖对方便网民生活、拉动日常消费的意义凸显，已成为很多人日常生活中重要的互联网应用。

图27.8 中国网络外卖市场规模

图27.9 中国网络外卖用户规模

资料来源：第 51 次《中国互联网络发展状况统计报告》。

2022 年新冠疫情期间，网络外卖成为满足居民餐饮消费需求的重要保障，也成为众多餐饮门店新冠疫情期间维持经营的重要渠道。美团、饿了么等生活服务业平台积极响应政府号召，充分发挥海量配送运力及大数据调配能力，大力推动无接触配送，助力稳经营和保民生。2022 年，美团自动配送车累计为用户配送超过 250 万单。

27.3.2 商业模式

1. 网络外卖是典型 O2O 模式

网络外卖平台是典型的 O2O 商业模式。外卖 O2O 商业模式的行为主体包括商家、外卖平台、顾客及第三方支付平台。商家是外卖 O2O 商业模式中餐品的提供者。商家为了增加销售额，通过外卖 O2O 平台发布产品信息，吸引顾客订餐，同时也为外卖 O2O 商业模式的存在和发展提供了潜在的动力。外卖平台是连接商家和顾客的中间桥梁，其运营水平直接关系到外卖 O2O 商业模式的发展。外卖 O2O 平台的业务包括网站平台的运营维护、线下商家的寻找和谈判、顾客的吸引和留存。首先，需要专业人员建设和维护网站，保障外卖平台能够正常、有序地进行运营；其次，要拥有一批强大的线下拓展团队，寻找优质商家进行谈判合作；最后，将商家的餐品信息整合发布在外卖平台上，不定期做优惠宣传活动，吸引顾客订餐，同时也要注重提高服务水平，使顾客能够持续消费。外卖平台的顾客是指通过外卖平台订餐的广大消费者。顾客对便捷和低成本的追求是外卖 O2O 商业模式的推动因素。以网络外卖、在线办公等为代表的互联网服务，帮助人们足不出户实现就餐与工作。需求端用户市场的扩大为整体餐饮行业提供了广阔的市场机会。

2.　网络外卖创造新的社会就餐需求

从行业总体规模看，网络外卖渠道通过满足餐饮消费者便利性、即时性的需求而扩大了餐饮市场规模。相关研究显示，每增加一人/顿的网络外卖消费，至少 80% 是源自"家庭做饭""方便食品"等非社会化餐饮活动的转化，网络外卖也扩大了下午茶、夜宵等一日三餐之外时段的餐饮消费，以及旅游景点、高铁等新场景的餐饮消费。网络外卖业为餐饮供给和居民消费提供了新的连接点，带来了巨大增量。

3.　网络外卖为商户带来发展增量

外卖业态是餐饮行业的重要增量，不仅为商户带来了大量新增消费，还对堂食消费具有比较明显的引流效果。商户上线外卖平台后，外卖业务并未对线下的堂食产生显著的挤出效应，而是为餐厅提供了一种新的经营渠道。网络外卖业务有效延展了商户的服务半径和经营时长，帮助门店突破传统堂食消费模式的时空限制。传统中小餐饮门店的服务半径一般为500 米左右，而线上外卖的平均配送距离为 987 米。外卖业务受天气和季节影响更小，在原有的午、晚就餐高峰期外，其他时段也可以形成稳定销售群体，销量上更加稳定，可以从长周期上对门店经营形成有效补充。商户访谈和问卷调查结果显示，大部分商户认为外卖业务能帮助店铺拉新、引流，根据美团研究院对餐饮商户经营数据的计量分析，相比未开通外卖的商户，引入外卖业务后商户的总收入增长幅度在 20% 以上。

4.　网络外卖带动餐饮产业链条

网络外卖业务基于互联网平台大数据，通过标准定量化生产和大规模供需对接，推动餐饮行业加速产业化。餐饮外卖的快速发展不仅改变了餐饮业消费市场的发展模式，也推动了供给端引入新生产要素，催生了新的业态模式，从整体上延长了餐饮产业链。基于网络外卖业务，大量新业态、新模式不断涌现，如外卖代运营服务、在线店铺装修、共享厨房、外卖智能设备和预制菜等。高新技术的大规模应用，也使得餐饮外卖平台企业以全供应链为切入点，实现对 B 端餐饮企业提供直接采购原材料、配送上门等服务。例如，"美团快驴"作为全品类的餐饮供应链平台，面向餐饮商户推出的食材一站式采买渠道，根据餐厅采购需求选择食材，直接结算下单，次日送货上门，对众多中小型餐饮企业压缩成本、提高进货效率有较大的促进作用。

27.3.3　典型案例

网络外卖行业集中度较高，整体呈现"2+1+N"的竞争格局。"2"为美团和饿了么，两者市场份额较高，领跑整个餐饮外卖行业，这两大平台均为综合型餐饮外卖平台，即为多品类餐饮商家提供餐品上线服务。"1"为新进入外卖市场的抖音外卖，正在探索自己的发展模式。"N"为其他网络外卖平台或通过网络平台经营外卖的餐饮企业，往往服务于特定区域或特定品牌，如麦当劳品牌下的麦乐送、星巴克品牌下的专星送等。

1. 美团外卖

美团外卖于 2013 年 11 月正式上线，秉承"帮大家吃得更好，生活更好"的使命，始终聚焦于消费者"吃"的需求。通过科技连接消费者和商家，依托庞大的骑手团队，美团外卖搭建起了覆盖全国的实时配送网络，为消费者提供品质化、多样化的餐饮外卖服务。美团外卖在政府部门指导下开展"支持餐饮业数字化提升行动"，采取务实有效举措，助力行业复苏和高质量发展。2022 年，美团外卖全面实施商户专项"繁盛计划"，通过商户恳谈会、补贴商户、费率透明化等多项举措助力餐饮商户和行业复苏，推动构建共生共荣的餐饮业数字化生态，提升餐饮外卖行业发展质量和可持续性。2022 年，美团外卖单日峰值订单量破6000 万单，超过 624 万骑手在美团外卖获得收入，日均活跃骑手超过 100 万人。2023 年，美团外卖宣布升级"繁盛计划"，启动"复苏专项"，助力新店成长、老店焕新。美团外卖全面打造店、品、客的三维经营模型，为餐饮商户带来精准、有效的助力和支持。

2. 饿了么

饿了么于 2009 年上线，2018 年 4 月，阿里巴巴以 95 亿美元的价格全资收购饿了么，同年 12 月，阿里巴巴将饿了么与口碑合并，打造成阿里本地生活公司，饿了么借助阿里巴巴的新零售生态体系优势和流量优势进一步抢夺市场和用户。

27.3.4 发展趋势

1. 新技术推动配送行业发展

美团外卖自 2016 年起探索自动配送，先后发布多款自动配送车。新冠疫情期间，自动配送车作为无接触配送的主力军，为抗疫保供发挥了积极作用。上海在新冠疫情期间，部分企业在约 60 天内完成约 54 万单的配送任务，有效地缓解了当地志愿者的物流工作负担。2017 年起，美团外卖启动了无人机配送服务的探索，通过科技创新推动履约工具变革，加快建设空地协同的本地即时配送网络，致力于为用户提供 3 千米、15 分钟的标准配送服务。截至 2022 年 9 月，美团无人机配送已在深圳 5 个商圈落地，航线覆盖 10 余个社区和写字楼，可为近 20000 户居民服务，已完成面向真实用户的 9 万多单配送，在深圳、北京、杭州等地累计完成飞行测试 40 余万架次，飞行总时长达 1 万小时。

2. 外卖推动行业数字化转型

餐饮行业数字化转型升级的主要推动因素是行业生产效率的提升，根本目的是帮助商户实现营收与利润增长。基于互联网平台的网络外卖业务可有效推动餐饮业在信息展示方式、交易方式、服务评价标准等方面的规范化、标准化发展，有效降低供需两端在信息搜寻、售前匹配、评级评价、履约配送、售后服务等过程中的摩擦与失真，有效地降低了交易成本，提高了消费者的满意程度。对于构成餐饮行业主体的广大中小微餐饮商户来说，网络外卖业务可帮助小商户快速实现数字化从零到一的跨越，极大地拓展了商户与消费者的链接，从生产和交易两端帮助商户降本增效，直接带来了客流和利润的增加，在各种餐饮数字化升级转型工具中见效最快，投入产出比最高。

3. 外卖消费人群场景不断扩大

随着外卖消费场景的增多，餐饮外卖消费人群也在持续扩展。2022 年美团外卖数据显示，老年消费者日均订单量比 2021 年同期增长超过 30%，儿童餐订单量同比增长 300%。与此同时，健身达人、品质美食家型的外卖消费者，也在拓展行业对外卖的想象。随着人群不断变广，消费者对外卖需求的品类也在"变宽"。近年来，外卖平台涌现了如花胶鸡火锅、吨吨桶奶茶、减脂餐、中式汉堡等诸多新鲜品类，这些品类在美团外卖的订单量同比明显增长，成为链接平台与消费者之间黏性的"密码"。

27.4　网络出行

27.4.1　发展环境

这几年，随着国家政策的推进和经济的快速发展，我国城市人口和城镇用地面积迅速扩大，同时城市发展对劳动力需求也在日益增大，在此背景下，网约车应运而生，以合理有效的方式调动了社会资源，提升了城市交通运力。

1. 政策环境

2021 年 12 月，国务院印发的《"十四五"现代综合交通运输体系发展规划》提出，引导和规范网约车、共享单车、汽车分时租赁和网络货运平台等健康发展，加快发展"互联网+"高效物流新模式、新业态。

同月，国务院发布《"十四五"市场监管现代化规划》，明确完善网约车、共享单车、汽车分时租赁、网络货运等交通运输新业态监管规则和标准，引导平台企业提升服务水平，吸引更多经营者线上经营创业。

2022 年 12 月，交通运输部、工业和信息化部、公安部、商务部、国家市场监督管理总局、中央网信办六部门联合发布关于修改《网络预约出租汽车经营服务管理暂行办法》（以下简称《办法》）的决定，删除了未按照规定携带网络预约出租汽车运输证、驾驶员证行为的罚款规定，下调了未取运输证、驾驶员证等行为的罚款数额。

由此可见，国家对于网约车行业给予了积极支持和鼓励，各项法律法规的颁布为网约车行业提供了合法化、规范化、标准化的保障。

2. 科技环境

"互联网+"的出现让互联网技术与各行各业的融合持续加深，对优化社会资源配置及转变经济发展方式具有重要的推动作用，同时催生出了各类新的商业模式，其背后是科技的助推，其中包括智能交互平台、自动驾驶等技术的应用。

同时，科技的创新在未来将催生出新的发展动能，5G 的大带宽、高速率、低延时、边缘计算能力，将对车路协同、车车交互等带来巨大变革。

网约车 1.0 时代，网约车平台首先实现了效率的匹配升级，从单纯的物理匹配到云端的数字化匹配。其次，网约车平台还实现了数字化升级，实现了全流程数字化干预，对疲劳驾驶、不系安全带、频繁变道、急加速、急减速等行为进行及时干预，确保驾驶员服务过程中的安全性。

网约车 2.0 时代，如何让车更智能、更个性化地服务将是这个时代的重要议题，而这需要大量人工智能的应用和精准的交互，这也将倒逼所有网约车从业者不断提高自身核心技术能力。

3. 经济环境

近年来，我国经济形势复杂严峻，各行各业面临因多方成本上涨而压缩利润空间、资金链紧张等问题，中小企业甚至出现生存发展困难问题。

在此背景下，网约车司机这种灵活性高、门槛低的岗位出现，丰富了灵活就业的多样性，同时给暂时性失业人群提供了短期收入保障。根据交通运输部的统计，截至 2023 年 1 月，我国各地共发放网约车驾驶员证 501 万本、车辆运输证 206.4 万本。

27.4.2 发展现状

伴随着网约车市场的高速发展，多种形式的网约车平台共同发力。2022 年 7 月中下旬，腾讯与华为先后进入网约车聚合平台市场；2022 年 12 月 26 日，抖音低调入局网约车。

1. 经济形势叠加新冠疫情影响

在经济缓行与新冠疫情因素的叠加影响之下，网约车行业发展收缩。截至 2022 年 12 月，我国网约车用户规模达 4.37 亿人，较 2021 年 12 月减少 1553 万人。从交通运输部每个月公布的全国网约车数据来看，2021 年全国总订单量约为 83.77 亿单，平均每月约 7 亿单。2022 年全国总订单量约为 69.71 亿单，环比下降了约 14.06 亿单，平均每月降至约 5.8 亿单。由此可以看出，网约车订单和使用频次均受到影响。截至 2022 年年底，有 61 家网约车公司 180 天未向网络预约出租汽车监管信息交互平台上传数据。

2. 完善合规体系建设，促进规范稳健发展

若干年前，网约车平台作为一种新兴的商业模式和劳动力协调方式，不仅提升了城市客运服务资源的配置效率，而且带动了大量的劳动者就业。当前，网约车行业的发展在政策引导下加快合规进程，呈现高质量发展的态势。

事实上，对于网约车这一交通新业态，监管部门一直采取包容审慎的管理态度，完善管理规则，维护市场秩序，同时鼓励创新，培育发展新动能。2016 年出台了《网络预约出租汽车经营服务管理暂行办法》，首次明确网约车合法地位，随后又出台了《关于加强网络预约出租汽车行业事中事后联合监管有关工作的通知》等规定，引领网约车发展走上规范化轨道。2022 年年底，交通运输部等部门公布《关于修改〈网络预约出租汽车经营服务管理暂行办法〉的决定》，此次修改《网络预约出租汽车经营服务管理暂行办法》是继 2019 年之后的第二次修正，根据网约车行业发展情况、合规率变化情况进行的再次完善，将进一步提升监管的针对性和有效性，促进行业发展。

27.4.3 用户规模和市场规模

1. 用户规模分析

据网约车监管信息交互系统统计，截至 2022 年 12 月 31 日，全国共有 298 家网约车平

台公司取得网约车平台经营许可，环比增加 4 家；各地共发放网约车驾驶员证 509 万本、车辆运输证 211.8 万本，环比分别增长 1.6%、2.6%。网约车监管信息交互系统 2022 年 12 月共收到订单信息 5.04 亿单，环比下降 0.8%。

2. 各平台陆续进行布局

从共享行业整体来看，目前网约车已经逐步成为规模最大的细分领域之一，众多资本与头部企业纷纷进入网约车领域，新平台陆续出现，有越来越多的网约车平台公司获得平台经营许可，这将会为我国网约车行业发展提供有力的保障。

3. 三、四线城市的市场渗透空间较大

目前，互联网出行的主战场集中在一、二线城市，而三、四线城市仍是一块有待挖掘的蛋糕。数据显示，相比北京、上海、广州和深圳等一线城市的排名靠后，三、四线市场排名显示出了更为蓬勃的市场潜力。

27.4.4　细分领域

近年来，在建设交通强国、鼓励共享经济、促进平台经济规范健康发展等一系列利好政策的支持下，共享出行行业在以"精耕细作"、向技术和效率要效益为主线的下半场中稳步前进。各网约车平台开始逐步优化投入区域，压缩运维成本，探索更多商业化盈利模式，提升服务质量，谋求长期健康的可持续发展。

共享经济高速增长，已经成为带动中国经济新旧动能转换的新引擎。共享出行的发展，对共享经济的拉动作用日益明显。同时，共享出行在城市公共出行服务领域的作用也越来越重要。未来，智能共享出行将成为塑造智慧城市和数字交通的关键要素。

网络出行包括一系列以共享为目的的网约车、共享单车和共享电单车等创新模式。

1. 网约车

目前，出行市场竞争日益激烈。除滴滴出行、享道出行、如祺出行、曹操出行、T3 出行外，腾讯、华为等互联网企业也进入该市场。

在市场侧，拥有流量优势、技术优势的聚合平台的涌现，在一定程度上为众多中小网约车平台提供了流量入口，有效地促进了公平有序的市场竞争，共享出行市场出现新变局。

2. 共享单车

共享单车出行具有综合属性，同时属于新经济、绿色经济等范畴，不同于以往其他商业模式，运营企业必须将经营活动与社会需求、商业模式创新、社会责任、政府服务 4 个维度紧密结合起来。对共享出行企业来讲，既要重视消费者体验和需求，也要对行业进行持续细化，谁能在这方面做得更好，谁就能抓住未来的需求。

从共享单车行业发展的大环境来看，当前多地政府出台政策支持共享单车发展和规范共享单车的使用行为，如出台的《关于鼓励和规范互联网租赁自行车发展的指导意见》，有助于提升互联网租赁自行车服务水平。

3. 共享电单车

随着机动车保有量的持续增长和人口的聚集，城市公共交通问题日益突出。再者，在共享单车市场培育下，社会对绿色共享的两轮出行方式接受度逐渐提高，然而共享单车所能满足的出行需求相对有限。得益于物联网、人工智能、大数据的技术应用，针对 3～10 千米中短途出行痛点，共享电单车应运而生。2022 年 12 月，中央经济工作会议提出：要在落实碳达峰碳中和目标任务过程中锻造新的产业竞争优势。共享电单车也被纳入《绿色产业指导目录》。

严格的监管政策之下，是对产业整体升级的迫切要求。对此，有的企业展开了 AI 技术的自研，通过 AI 技术去辅助完成头盔佩戴、是否超载等用户行为的规范管控。

27.4.5　发展机遇与挑战

未来几年，中国网约车行业将继续保持高速增长态势，同时也面临着多重挑战和机遇。

1．加强监管，合规发展

网约车行业在满足出行需求的同时，也面临着越来越严格的监管。随着政策的逐步完善和执行力度的加强，行业进入了相对成熟的阶段。未来，随着政策法规的进一步完善，也将引导行业向着更加规范化和良性发展的方向前进。

2．服务质量将成为行业新的驱动力

网约车行业已经步入了快速发展的阶段，未来市场竞争会逐步转向服务竞争，因此各大网约车平台在原有的基础上应不断强化服务品质，如网约车的安全问题、售后流程完善和司机素质提升等，只有拥有优质的服务，才能够增加用户数量。

3．三、四线城市存在发展空间

网约车在发达的一、二线城市中用户的需求量进入缓慢发展阶段，想要获得持续发展还需要不断的探索。随着三、四线城市用户的出行需求增加，未来各大网约车平台将会在三、四线城市中具有较大的发展空间。

4．个性化服务需求升温

大众化的服务只是市场成长的初始过程，个性化的服务才能够在行业中快速发展。各种类型的网约车服务企业能够为用户提供更全面的行车保障，提升司乘体验。

撰稿：程超功、许小乐、王珺、桑云飞、郑丹
审校：姜昕蔚

第 28 章 2022 年中国网络广告发展状况

28.1 发展环境

1. 政策环境

广告产业是经济发展的助推器，也是社会文明的重要载体。"十四五"时期，我国广告产业将向专业化和价值链高端延伸，促进消费、提升商品和服务附加值、传播社会文明、吸纳就业的作用进一步凸显。2022 年 1 月，国务院印发《"十四五"市场监管现代化规划》，要求"加强互联网广告监测能力建设，落实平台企业广告审核责任，严厉查处线上线下市场虚假违法广告行为"。4 月，国家市场监督管理总局印发《"十四五"广告产业发展规划》，强调"引导广告产业市场主体增加营销策划、创意设计、制作和信息技术研发等方面投入，大力提升广告服务专业化水平，强化广告产业知识密集型、人才密集型、技术密集型等产业特征，推动广告产业向价值链高端延伸"。9 月，中央网信办颁布《互联网弹窗信息推送服务管理规定》，要求"互联网弹窗信息推送服务提供者应当落实信息内容管理主体责任，建立健全信息内容审核、生态治理、数据安全和个人信息保护、未成年人保护等管理制度"。

2. 经济环境

2022 年，我国经济运行总体稳定，国内生产总值达 121 万亿元，按不变价格计算，比 2021 年增长 3.0%。国民经济顶住压力持续发展，经济总量再上新台阶。受新冠疫情扰动、外部环境多变、全球经济下行等多因素影响，中国广告市场在 2022 年随宏观环境波动，总体发展受阻。新冠疫情扰动下宏观经济承压前行，广告主市场信心波动。不过随着年末进入疫后复苏阶段，生产生活秩序逐步恢复及各项稳经济政策不断落地，广告主信心得到有效提升。

3. 行业环境

我国互联网广告市场经过 20 多年的高速发展，并在 2015 年前后市场规模增速达到高峰，随后伴随着我国经济结构性改革的步伐，互联网广告行业也开始迈入结构性调整的发展周期。一方面，品牌广告的长期价值在后疫情时代更加凸显，广告主重新意识到了品牌建设的重要性。在新冠疫情的冲击之下，消费者的决策壁垒上升、市场环境的不确定性因素增多，品牌能够抵御风险、产生品牌溢价的特征就更为凸显。近年来，品牌广告不断向交互化、场景化、精细化的方向发展，品效需求越发协同化。另一方面，消费者触媒习惯发生改变，PC

端和电视端流量回升。在新冠疫情的长期影响之下，消费者的触媒习惯悄然发生了改变。2022 年年初，疫情多点暴发，"居家办公"成为常态，消费者更倾向于向"线上"转移，使用 PC 设备和电视设备的比例呈明显的上升趋势，而手机端流量则保持高位并略有下滑。

28.2　发展现状

1. 数字化程度不断加深，广告主诉求升级

随着信息技术的发展，用户触媒习惯发生变化，接收信息的渠道越来越多元，与此相对应，广告主的诉求也在不断迭代。从我国数字化发展历程来看，在以传统有线电视为载体的年代可以称之为广告的 1.0 时代，这一阶段的广告几乎都是以塑造品牌为目的的；随后，随着 PC 互联网的广泛应用，广告向着可追踪、可量化的方向发展，效果类广告开始出现；伴随着智能手机的普及，移动互联网发展迅猛，移动端效果广告逐渐发展，广告主追求品效合一的声音开始出现，期望广告产品可以同时达成品牌与效果；然而，随着移动互联网流量增长见顶，一心追求效果的广告主也开始重新意识到品牌的重要性，品效协同成为新的趋势，广告投放选择呈多元化趋势，品牌传播的目的由多个终端共同协作达成，品牌更关注用户全场景与全生命周期的触达。中国广告品效协同发展史梳理如图 28.1 所示。

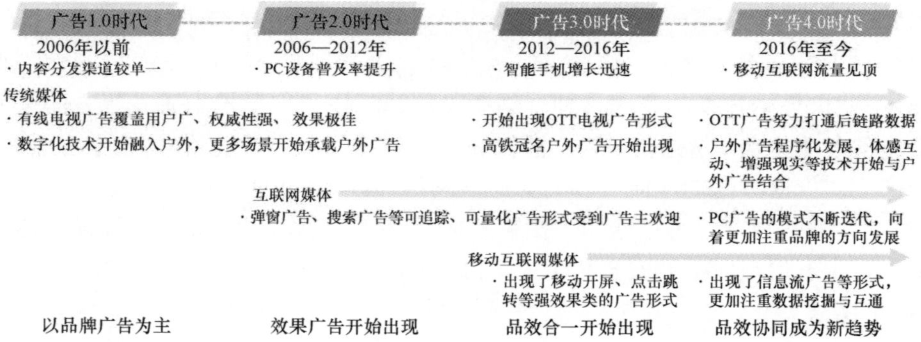

广告1.0时代	广告2.0时代	广告3.0时代	广告4.0时代
2006年以前	2006—2012年	2012—2016年	2016年至今
·内容分发渠道较为单一	·PC设备普及率提升	·智能手机增长迅速	·移动互联网流量见顶

传统媒体
- ·有线电视广告覆盖用户广、权威性强、效果极佳
- ·数字化技术开始融入户外，更多场景开始承载户外广告
- ·开始出现OTT电视广告形式
- ·高铁冠名户外广告开始出现
- ·OTT广告努力打通后链路数据
- ·户外广告程序化发展，体感互动、增强现实等技术开始与户外广告结合

互联网媒体
- ·弹窗广告、搜索广告等可追踪、可量化广告形式受到广告主欢迎
- ·PC广告的模式不断迭代，向着更加注重品牌的方向发展

移动互联网媒体
- ·出现了移动开屏、点击跳转等强效果类的广告形式
- ·出现了信息流广告等形式，更加注重数据挖掘与打通

以品牌广告为主	效果广告开始出现	品效合一开始出现	品效协同成为新趋势

图28.1　中国广告品效协同发展史梳理

资料来源：艾瑞咨询。

2. 交互化发展，由单向传播到双向互动

在过去，消费者信息接收渠道单一，有限的媒体对于用户的注意力具有绝对的独占优势，消费者只能被动接受来自品牌的"单向传播"；随着互联网的发展，广告开始拥有交互能力，也可以结合消费者的喜好进行精准投放，广告具备了浅层互动的能力，消费者的点击购买等行为可以被记录并构成基础的用户画像；然而，进入后互联网传播时代，随着互联网增速见顶，广告主开始重新审视品牌的长期价值，更加注重讲好品牌故事、塑造品牌价值观，重构与消费者之间的关系，注重与消费者实现"品牌共创"，品牌与用户之间保持持续的沟通关系。广告与用户之间互动关系的三个阶段如图 28.2 所示。

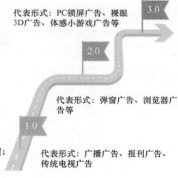

关系3.0：深度卷入与互动模式
- 5G、AI、AR等技术迭代之下，用户数据跨媒介打通、广告形式拓展
- 激发消费者参与内容创造与互动，进一步提升用户的情感卷入深度
- 通过可互动的体验式宣传，让品牌与用户之间深度互动，激发共鸣，连接心智

代表形式：PC锁屏广告、裸眼
3D广告、体感小游戏广告等

关系2.0：浅层互动模式
- 以用户为本，用户拥有更多的主动权和话语权
- 随着大数据发展，初步具备基于用户的个性化需求和行为进行广告推荐的能力
- PC互联网快速发展，移动互联网开始起步

代表形式：弹窗广告、浏览器广告等

关系1.0：单向传播模式
- 缺少反馈渠道，无法对用户每次的信息接触行为进行跟踪监测
- 广告主掌握绝对主导权，向用户传递产品信息、增强用户记忆力、激发用户购买欲望
- 媒体对用户的注意力具有独占性的优势

代表形式：广播广告、报刊广告、传统电视广告

图28.2　广告与用户之间互动关系的三个阶段

资料来源：艾瑞咨询。

3. 存量竞争，广告投放决策更加精细化

在过去移动互联网快速增长的几年里，广告主多以效果导向的思维进行广告投放，注重短期的投资回报率（ROI）。事实上，据调研，过于热衷竞价引流等效果广告、忽略品牌建设的广告主，往往在初期确实能取得不错的 ROI，然而随着流量见顶，品牌会很快陷入疲软状态，难以为继。CNNIC 调研显示，近年来我国网民总规模增速已经非常平稳，网民规模发展空间已经不大。在这样的背景之下，广告主很难再依赖过去那种粗放式的增长路径，只能通过更加精细化的运营来在存量竞争的市场中实现突破（见图 28.3）。

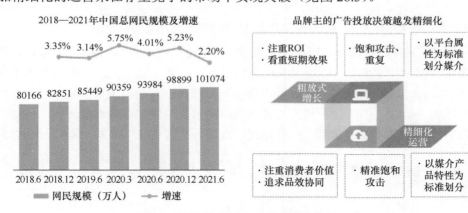

图28.3　品牌主的广告投放决策越发精细化

资料来源：艾瑞咨询。

28.3　市场规模

1. 网络广告市场规模突破万亿元关卡，网络广告市场逐渐回暖

据测算，2022 年中国网络广告市场规模达 10065.4 亿元，但与 2021 年相比增长率仅为 6.8%，近年来首次同比增长率跌破 10.0%。随着防疫政策的不断完善，中国资本市场对双向

开放的持续强化，以及人工智能等新兴技术的迅速发展，品牌营销获得了新鲜的发展土壤，网络广告市场或将出现回暖。2023年网络广告市场规模预计可达11368.6亿元，同比增长率或将提升至12.9%。未来三年，中国网络广告市场在度过了互联网带来的红利期后，其规模增长将逐渐趋于平稳（见图28.4）。

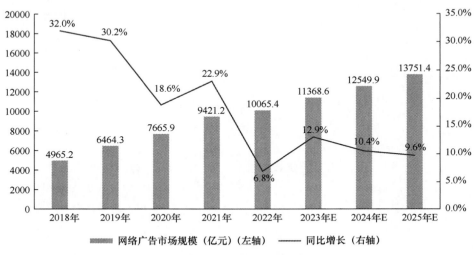

图28.4 2018—2025年中国网络广告市场规模及预测

资料来源：艾瑞咨询。

2. 电商广告与信息流广告仍为网络广告市场的两大核心板块

从中国网络广告不同形式的市场份额构成来看，2022年除电商广告、信息流广告和视频贴片广告市场份额同比增加外，其余形式广告均呈下降趋势，这三类广告形式市场份额同比分别上升8.2%、15.3%和9.9%。在互联网覆盖领域不断拓宽和新冠疫情限制了时间、空间等因素的共同作用下，线上消费生态越发完善，用户的消费习惯加速向线上转移，电商广告与信息流广告的市场份额仍稳居前两大广告形式，占比分别为40.8%和39.2%（见图28.5）。视

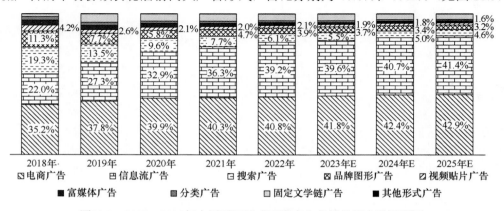

图28.5 2018—2025年中国不同形式网络广告市场份额占比及预测

资料来源：艾瑞咨询。

频贴片广告的市场占比并无明显变化，但市场份额同比增速较高的核心原因或为广告主预算分配模式回归保守，部分企业将投入在创新广告形式中的预算转移到形式成熟、曝光稳定的贴片广告中。

3.　2022 年 IT 产品类广告主投放份额最高，同比实现大幅增长

2022 年广告投放规模 TOP5 总计占比达整体市场规模的 67.4%，与 2021 年基本持平，投入指数较高的大行业类别仍集中在 IT 产品类、交通类、网络服务类、食品饮料类和化妆品浴室用品类。IT 产品类从稳定的排名第四位跃升至第一位，投放份额达 15.17%，占比与 2021 年相比上升三个百分点。交通类广告主的投放份额首次被超越，以 15.02% 的占比位居第二，且同比份额占比连续三年持续下降，2022 年的降速有所回缩，占比逐渐趋于稳定（见图 28.6）。

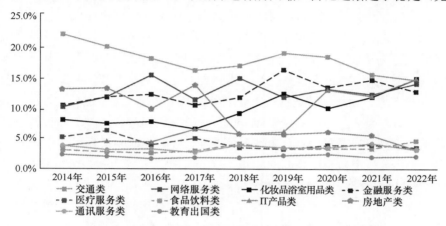

图28.6　2014—2022年中国广告行业广告主投放份额TOP10

资料来源：艾瑞咨询。

28.4　典型案例

1.　抖音 TopView

TopView 开屏广告结合信息流广告，助力品牌实现品效协同。 抖音 TopView 借助抖音在移动端的超高渗透率，以开机必看的形式实现强势曝光，结合抖音的数据能力，实现广泛覆盖与精准定向。此外，尽管 TopView 开屏广告的展示时间较短、屏幕尺寸小，但全屏有声的广告形式，也能有效抓住用户注意力，是手机端展示能力较强的广告形式；广告播放 3 秒后，用户可以点击跳转落地页，实现原生互动；后链路路径的打通，使得用户的后续行为数据可以被记录和分析，保障了广告主的洞察能力；全屏独占的广告形式，确保了 TopView 优质的广告印象水平。

2.　小米 OTT

大屏强展示，AI 驱动与生态赋能，完善流量闭环建设。 小米 OTT 开机广告依托于小米 IoT 生态赋能，以 AI 赋能实现了较为完善的电视端品牌营销链路构建。截至 2022 年 6 月，

小米智能电视及机顶盒（小米盒子）的月活跃用户达 3200 万台，结合小米生态对用户 OTT 使用数据、家庭场景数据实现定向广告分发，在电视端具有较强的触达能力；客厅电视大屏超清 4K 结合语音交互的模式，保障了品牌广告的展示能力和广告印象水平；小米特有的 5 秒 AI 交互，使得电视端模式下也有了更多交互可能，大大提升了交互力；此外，尽管 OTT 开机广告的后链路展示能力有限，但 AI 品牌号建设帮助品牌有了更多地洞察后续转化情况路径的可能。

3. 厦门众联世纪股份有限公司

基于"大数据+云计算"为客户提供一站式数字化转型 SaaS 解决方案，为企业构建数字化营销、数字化决策、数字化运营等能力，实现商业长效增长。 厦门众联世纪股份有限公司（以下简称众联世纪）是一家移动互联网高新技术企业，依托公司在人工智能、大数据等领域的前沿技术和供应链、渠道等商业资源聚合能力，自研流量果、起量符、神逸数据等数字化转型服务系统，为行业客户提供涵盖咨询、软件和运营等的一站式数字化转型解决方案，并结合行业场景，运用"AI+大数据"等技术赋能企业数字化重塑，帮助更多企业共享数字化带来的商业长效增长。起量符是依托于众联世纪多年来在人工智能、大数据、系统研发等领域的技术与人才沉淀，基于巨量引擎 Marketing API、腾讯广告 API 等智能数字营销平台开放接口搭建的数字化智能营销系统。起量符根据 MySQL+Redis 缓存驱动、Memcached 分布式缓存系统，采用分析型数据库 AnalyticDB 与 QuickBI 构建实时报表分析系统，基于日志服务 SLS 处理海量日志数据。通过大数据分析处理中心，分析用户的行为数据并为用户建立画像，在用户画像的基础上对客户特征进行深入理解，建立用户与业务、增值数字产品、终端类型的精准匹配，并在推送渠道、推送时机、推送方式上满足用户的需求，实现精准数字化营销。起量符首创了"创意工具""统一物料管理系统""基于广告投放数据的素材生命周期评价方法"等关键技术，融合"定时器+机器学习+ModelArts"等设计，通过程序化智能投放技术，实现优化师人效提升 500%；运用机器学习和深度学习的方法学习和分析广告投放数据，平均提升投放消耗 50%；通过大数据分析建模，将结果反哺前端方案，实现计划投产比提升 30%，助力企业提量增收，赋能企业数字化转型加速度。

28.5 发展趋势

1. 互联网流量增长见顶，品牌广告价值回归

截至 2022 年 7 月月底，全网月度独立设备数规模达 13.8969 亿台；2021 年国内移动互联网月度独立设备数同比增速仅为 0.57%。以腾讯和阿里巴巴为代表的互联网巨头都面临着不同程度的业绩压力，财报显示，腾讯 2022 年第二季度净利润同比下滑 56%、阿里巴巴净利润同比下滑 53%。在互联网已经如此普及的今天，流量的红利期已经不复存在，各家企业必须转化思维，应对存量竞争。广告主的需求也一直在随着时代发展而发生改变，从最开始大众媒体时代的重 4A 创意与制作，转向互联网红利期的重效果反馈，再到现在受新冠疫情影响叠加互联网流量触顶，广告主更需要回归到品牌建设上来，坚持长期做正确的事。

2. 重新审视品牌广告评估机制，多产品协同实现品牌塑造

随着广告主品牌资产意识的上升，建设品牌的长期价值成为共识。然而，如何保障投向品牌广告的费用真实地产生效果一直是品牌广告主的一大痛点，广告主在面对品牌广告时应放下"转化焦虑"，用品牌的思维来做品牌广告，用品牌的语言来衡量品牌广告的效果。同时，在品效协同的发展趋势下，广告主应当更加精细化地管理广告营销产品的选择，针对不同广告产品的特征，综合地运用偏品牌类产品与偏效果类产品，多产品配合、多终端投放才能更好地达成品牌塑造的使命。

3. 打动人心至关重要，以"情感"为中心，重视交互与沟通

在新消费浪潮之下，品牌与用户的互动关系正在重构，品牌越来越重视与消费者的情感关系的构建与维护。品牌的内涵与价值也在与消费者互动之间不断完善和丰富。品效协同是广告主的核心目标，然而以"情感"为中心的方式才更容易打动消费者。品牌需要洞察消费者的情绪表达和圈层认同，为其提供真正有需求的产品/服务；并为消费者提供符合其需求的场景塑造及合适的营销互动，来维系并不断加强与消费者之间的互动与沟通，最终实现品牌和用户共创的生态，才更能打动人心，积淀品牌资产。用户与品牌共创的互动模式如图 28.7 所示。

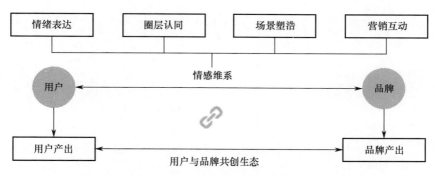

图28.7　用户与品牌共创的互动模式

资料来源：艾瑞咨询

4. 新技术迭代带来更多新次元体验，成为品牌营销新窗口

品牌营销的一次次跃迁背后与时代的技术变迁密不可分，在过去，传统营销概念下缺乏有效的技术手段，广告营销也更多地只是品牌单方面地向用户输出内容；而进入数字营销阶段，大数据等技术的赋能使得品牌营销的精准程度大大提升；现如今，站在元宇宙营销阶段的入口，新涌现的技术也为品牌营销带来了更多的想象空间。此外，逐渐完善的VR/AR 技术、AI 深度应用、虚拟 IP 形象等技术方向，也为品牌破圈带来了新的玩法和可能（见图 28.8）；并且新技术还可以赋能现有的手机、PC 等终端设备，延伸现有设备的营销边界，让品牌营销的体验越发丰富多元。

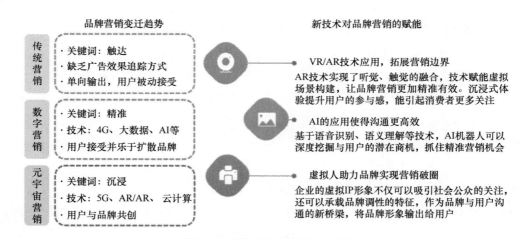

图28.8　新技术对品牌营销的赋能

资料来源：艾瑞咨询。

撰稿：林欣扬、骆龙泉

第四篇

治理与发展环境

 2022 年中国互联网治理状况

 2022 年中国互联网政策法规建设状况

 2022 年中国网络知识产权保护状况

 2022 年中国网络安全状况

 2022 年中国互联网投融资发展状况

 2022 年中国网络人才建设情况

第 29 章　2022 年中国互联网治理状况

29.1　网络治理概况

2022 年是我国踏上全面建设社会主义现代化国家、向第二个百年奋斗目标进军新征程的重要一年，党和国家主动顺应信息革命发展趋势，高度重视、统筹推进网络综合治理工作。针对网络综合治理工作，党的二十大报告作出了"网络生态持续向好，意识形态领域形势发生全局性、根本性转变"的重要判断，并且提出要继续"推动形成良好网络生态"，提出了健全网络综合治理体系的要求。

2022 年，中国网络治理聚焦突出问题，尤其针对人民群众反映强烈的重点问题集中发力，在网络安全审查、反电信网络诈骗、处置网络暴力等方面，取得了一系列良好治理成效。2022 年 1 月，中央网信办、国家发展和改革委员会、工业和信息化部等十三部门联合修订发布《网络安全审查办法》，该办法突出维护国家安全的政策导向，对需要申请网络安全审查的情形、网络安全审查重点评估事项和相关部门的权责进行了明确界定。9 月，十三届全国人大常委会第三十六次会议表决通过了《中华人民共和国反电信网络诈骗法》，该法在总结反诈工作经验的基础上，加强协同联动工作机制建设，加大对违法犯罪人员的处罚力度，推动形成全链条反诈、全行业阻诈、全社会防诈的打防管控格局，为反电信网络诈骗工作提供了法律支撑。11 月，中央网信办印发《关于切实加强网络暴力治理的通知》，要求各部门协调联动建立健全网暴预警预防机制，强调构建网暴技术识别模型，加大网暴当事人保护力度，进一步压实网站平台主体责任，健全完善打击网络暴力的长效工作机制。

2022 年，在完善网络综合治理体系方面，党和政府着力于提升全民数字素养、建设政务大数据体系和加强网络治理国际合作等工作。2022 年，国家发展和改革委员会正式印发《"十四五"数字经济发展规划》，从顶层设计上明确了我国数字经济发展的总体思路、发展目标、重点任务和重大举措，是"十四五"时期推动我国数字经济高质量发展的行动纲领。其中，强调要健全完善数字经济治理体系，强化协同治理和监管机制，增强政府数字化治理能力，完善多元共治新格局。3 月，中央网信办、教育部等四部门联合印发《2022 年提升全民数字素养与技能工作要点》，提出加大优质数字资源供给、打造高品质数字生活、提升劳动者数字工作能力等八个方面的具体任务，进一步优化了全民数字素养与技能发展环境。10 月，国务院办公厅印发了《全国一体化政务大数据体系建设指南》，加快全国一体化政务大数据体系建设，数据共享和开放能力显著增强，政务数据管理服务水平明显提升。11 月，国务院新闻办公室发布《携手构建网络空间命运共同体》白皮书，这是中国政府发布的第一部关于构建网络空间命运共同体的白皮书。这份白皮书对中国的互联网发展实践、构建网络空间命运共同体的中国贡献和中国主张进行了详细阐述，向世界展示了中国坚持以人为本、开放合作、互利共赢的国际互联网治理合作新理念。

总之，2022 年，中国网络治理突出问题导向，各项治理举措聚焦落实落细，瞄准数据安全、网络暴力、电信网络诈骗等热点问题集中发力，并在提升全民数字素养、推进全国一体化政务大数据体系建设和加强国际互联网治理合作等方面进行了卓有成效的建设。治理更加贴近民众需求，治理体系日臻完善，网络综合治理已经成为中国式现代化国家治理的关键一环，将为中国全面迈向网络强国提供宝贵而丰富的实践经验。

29.2　网络治理主体

29.2.1　政府监管

2022 年，政府部门继续深化各项监管举措，重点解决互联网发展过程中出现的安全隐患，落实以人民为中心的发展理念，主动回应民众的需求，追踪网络治理热点问题，进一步构建全方位的治理体系和治理格局，为党的二十大开局之年打好坚实的网络治理基础。

加强互联网新业态治理。2022 年，互联网新业态治理主要集中在网络直播营利、数据出境和深度合成技术等方面。3 月，中央网信办联合国家税务总局和国家市场监督管理总局印发了《关于进一步规范网络直播营利行为促进行业健康发展的意见》，该意见在落实网络直播平台的管理主体责任、规范网络直播营销行为、规范税收管理等方面作出了具体规定，有效规范了网络直播营利行为，促进了网络直播行业健康发展。9 月 1 日，由中央网信办出台的《数据出境安全评估办法》正式施行，规定了申报数据出境安全评估的具体情形、申报要求和相关法律责任，进一步规范了数据出境活动，保护了个人信息权益，维护了国家安全和社会公共利益。此外，中央网信办起草了《个人信息出境标准合同规定（征求意见稿）》，该规定共 13 条，对《个人信息出境标准合同》的适用范围、个人信息保护影响评估备案、监管等进行了明确规定。重点领域数据安全管理规则加速出台，12 月，工业和信息化部印发《工业和信息化领域数据安全管理办法（试行）》，作为工业领域数据安全管理的顶层制度文件，将能够更有效地贯彻落实《数据安全法》，指导工业领域数据安全的实施落地，促进工业领域数据安全管理工作制度化、规范化，探索构建工业领域数据安全管理体系，督促企业落实数据安全主体责任，加强数据分类分级管理、安全防护和安全监测等工作。12 月，中央网信办、工业和信息化部、公安部三部门联合发布《互联网信息服务深度合成管理规定》。这一规定虽不是我国首次关注深度合成技术及应用的政策法规，但在深度合成服务提供者和使用者的权责、数据和技术管理规范、监督检查与法律责任等方面作出了更加具体、详细的规定，为治理滥用深度合成技术提供了全面的政策指导。

维护网络秩序。2022 年，网信部门加强网络监管，陆续出台相关规定维护网络秩序。自 2 月 15 日起，中央网信办等十三部门联合修订发布的《网络安全审查办法》正式施行。该办法要求将网络平台运营者开展数据处理活动影响或者可能影响国家安全等情形纳入网络安全审查，特别是掌握超过 100 万用户个人信息的网络平台运营者，赴国外上市前必须申报并通过网络安全审查。从关键信息基础设施的运营者采购网络产品和服务，以及数据处理者开展数据处理活动的安全性和可能带来的国家安全风险两大视角，确立了网络与数据安全审查的四项原则。6 月 14 日，中央网信办发布新修订的《移动互联网应用程序信息服务管理规定》，该规定共 27 条，包括信息内容主体责任、真实身份信息认证、分类管理、行业自律、社会监督及行政管理等条款，依法加强对移动互联网应用程序的监管，促进应用程序信息服务健康有序发展。9 月 30 日，中央网信办、工业和信息化部、国家市场监督管理总局联合发布《互联网弹窗信息推送服务管理规定》，该规定明确了互联网弹窗信息推送服务方必须遵守内容安全、伦理道德、舆论导向等方面的要求，加强了对互联网弹窗信息及推送服务的规范。12 月 15 日，中央网信办新修订的《互联网跟帖评论服务管理规定》开始实施，该规定重点明确了跟帖评论服务提供者的管理责任，明确了跟帖评论服务使用者和公众账号生产运营者应当遵守的具体要求，加强了对互联网跟帖评论服务的规范管理，促进了互联网跟帖评论服务健康的发展。

加强算法规制。2022 年 3 月，《互联网信息服务算法推荐管理规定》正式实施，该规定要求具有舆论属性或者社会动员能力的算法推荐服务提供者，应当通过互联网信息服务算法备案系统填报服务提供者的名称、服务形式、应用领域、算法类型等信息，履行备案手续，且规范了算法技术的使用。4 月，为加强互联网信息服务算法综合治理，促进互联网信息服务健康有序发展，中央网信办牵头开展"清朗·2022 年算法综合治理"专项行动，此次行动深入排查整改互联网企业平台算法安全问题，督促企业利用算法加大正能量传播、处置违法和不良信息、积极开展算法备案等，进一步推动了算法综合治理工作的常态化和规范化。2022 年 12 月，国家互联网信息办公室、工业和信息化部、公安部联合发布《互联网信息服务深度合成管理规定》，该规定强调不得利用深度合成服务从事法律、行政法规禁止的活动，要求深度合成服务提供者落实信息安全主体责任。

未成年人网络保护。保护未成年人健康成长，是建设清朗网络空间的应有之义。2022 年寒暑假期间，中央网信办会同教育部、共青团中央、全国妇联等部门，开展未成年人网络环境整治专项行动，严管网上危害未成年人身心健康、诱导未成年人违法犯罪、诱导未成年人沉迷等问题，集中清理涉未成年人"软色情"、邪典视频、自杀约死等有害信息内容，坚决禁止未成年人出镜直播或以声音、肢体等方式变相出镜，严格管控借"网红儿童"牟利行为。督促网站平台进一步完善青少年模式，严格时间限制和功能限制，优化算法推荐内容，有力杜绝未成年人"氪金"打赏，全面清理违法不良信息。此外，2022 年 3 月 14 日，中央网信办会同司法部根据新修订、制定的《中华人民共和国未成年人保护法》《中华人民共和国个人信息保护法》等法律，发布了《未成年人网络保护条例（征求意见稿）》，并两次面向公众与社会公开征求意见。该条例的两次修订及两次公开征求意见体现了我国对保护未成年人网络安全的高度重视。2022 年 5 月 7 日，中央文明办、文化和旅游部、国家广电总局、国家互联网信息办公室四部委联合印发《关于规范网络直播打赏 加强未成年人保护的意见》，聚焦未成年人保护，主要提出七个方面具体的工作措施。一是要求严格落实网络实名制，禁止为未成年人提供各类打赏服务。二是加强主播账号注册审核管理，不得为未满 16 周岁的未成年人提供网络主播服务，为 16～18 周岁的未成年人提供网络主播服务的，应当征得监护人同意。三是进一步优化升级网站平台"青少年模式"，增加适合未成年人的内容供给。四是网站平台应建立未成年人专属客服团队，优先受理、及时处置未成年人相关投诉和纠纷。五是严格规范榜单、"礼物"等重点功能应用，全面取消各类打赏榜单。六是对未成年人上网高峰时段提出更加严格、明确的管理要求。七是加强网络素养教育，培育未成年人网络安全意识、文明素养、行为习惯和防护技能。

网络内容建设。2022 年 5 月，中共中央办公厅、国务院办公厅印发了《关于推进实施国家文化数字化战略的意见》，主要提出了 8 项重点任务，其中 3 项涉及国家文化专网的组建，可见其重要性。国家文化专网的建设主要依托全国有线电视网络设施，构建从数据采集、存储到数据标注、关联的全链条服务。国家文化专网将整合中国文化遗产标本库、中华民族文化基因库、中华文化素材库的数据存储、传输、安全保障工作，并链接公共文化机构、中小学幼儿园、家庭社区等多个部门，实现"数据保真、创作严谨、互动有序、内容可控"的网络内容建设。6 月，中央网信办发布《互联网用户账号信息管理规定》，旨在通过加强互联网用户账号信息管理，弘扬社会主义核心价值观，维护国家安全和社会公共利益，促进互联网信息服务和网络内容健康发展。

法治引导业态秩序。针对平台经济领域的不当行为，如"二选一""大数据杀熟""自我优待"等垄断行为，2022 年 8 月 1 日，新修订的《中华人民共和国反垄断法》开始施行。这是反垄断法自 2008 年实施以来的首次修改，致力于维护公平竞争，健全统一、开放、有序的市场秩序。新修订的《反垄断法》第 9 条明确规定"经营者不得利用数据和算法、技术、资本优势以及平台规则等从事本法禁止的垄断行为"。该法加强了对平台经济、数字经济的监管力度，对整治平台垄断行为具有直接作用，引导了业态新秩序的建立。

司法保障人格权利。2022 年人民法院审结人格权纠纷案件 87.5 万件。在司法政策中完善人格权侵害禁令、人身安全保护令等规定，让人格权更有保障。出台人脸识别司法解释，审理可视门铃侵害邻里隐私、扫码点餐侵犯个人信息、社交软件私自收集用户信息等案件，为隐私权和个人信息保护构筑"防火墙"。审理侵害"两弹一星"功勋于敏、"杂交水稻之父"袁隆平等名誉案，让人格尊严免遭网络暴力侵害。审理"AI 陪伴"软件侵害人格权案，认定擅自使用他人形象创设虚拟人物构成侵权。审理请求返还冷冻胚胎案，保护丧偶妻子辅助生育权益，作出"人伦和情理胜诉"的温情判决。通过一系列司法政策和公正裁判，让人脸安全得到保障，隐私安宁免遭侵扰，名誉荣誉不被诋毁，人格利益更受重视，让人的价值、尊严受到法律的充分尊重和保护。

29.2.2 行业自律

2022 年，互联网行业协会引导互联网企业依法合规经营，维护公平有序的市场环境，营造健康和谐的行业发展生态。

1. 中国网络空间安全协会

2022 年 7 月，中国网络空间安全协会发布《个人信息保护自律公约》。《个人信息保护自律公约》共 4 章 20 条，分为总则、个人信息处理自律规范、公约执行与修订、附则 4 个部分。中国网络空间安全协会面向会员单位及广大互联网从业者组织签约工作，共有 187 家网信企业加入该公约，推动了个人信息保护在互联网企业层面的组织与落实。

2. 中国互联网协会

2022 年 1 月，中国互联网协会发布《移动互联网环境下促进个人数据有序流动、合规共享自律公约》，该公约在防止用户隐私泄露、保护个人数据安全的基础上，进一步推动数据有序流动及数据合规共享使用，引导企业加强保护个人数据，促进行业持续健康有序发展。8 月，中国互联网协会在第五届"中文域名创新应用论坛"上提出《中文域名应用环境建设倡议书》，从应用厂商和应用场景对中英文域名的无区别对待、参与技术标准制定、宣传教育、域名行业自律和推动互联网应用使用多种中文上网方式等六个维度提出了优化中文域名使用的倡议。

3. 中国网络社会组织联合会

2022 年 7 月，为深入贯彻落实《中华人民共和国未成年人保护法》，中国网络社会组织联合会未成年人网络保护专业委员会携手成员单位，向社会各界发出《"E 路护苗 清朗暑期"行动倡议》，从青少年、学校、家庭、网络平台等多方面发出倡议，坚持互联网共建共治理念，营造风清气正的网络环境。

4. 中国网络视听节目服务协会

2022 年 2 月，中国网络视听节目服务协会联合中国电影家协会、中国书法家协会等 10 家协会、学会联合发布《关于规范使用汉字的倡议》，进一步规范出版、影视及相关新媒体等大众传播媒介的汉字使用；4 月，中国网络视听节目服务协会联合中国广播电视社会组织联合会发布《电视剧网络剧摄制组生产运行规范（试行）》，旨在进一步促进行业正规化、标准化建设，加强电视剧网络剧制作生产监督和运行规范管理，从剧组保险制度、安全生产要求、突发事件预防及卫生保障等方面进一步作出明确规定，抵制行业不正之风，杜绝违法乱纪行为，促进电视剧网络剧创作生产高质量发展。

5. 中国演出行业协会

2022 年 4 月，中国演出行业协会和中国网络社会组织联合会、中国网络视听节目服务协会等行业组织联合抖音直播发起《直播行业自律倡议》，通过互联网平台企业共同努力，推动直播行业健康持续发展。7 月，快手联合中国网络社会组织联合会、中国网络视听节目服务协会、中国演出行业协会共同发起《行业自律倡议》，提出遵守法律法规，履行主体责任；严管经纪机构，加强主播培训；倡导理性消费，限制冲动打赏等倡议，从行业主体、监管机构和主播个人 3 个层面提出了自律要求。

29.2.3　企业履责

2022 年，针对国家发布的各类专项整治行动和政策法规，各互联网企业和平台加强自身建设，贡献平台治理力量。8 月，字节跳动举办 CCS 成都网络安全大会暨网络数据治理峰会，字节跳动安全中心联合国内外多家知名安全企业和高校共同举办 6 场主题分论坛，从元宇宙安全、金融安全、网络安全人才培养等多个方面展开讨论，主题覆盖当下多个网络安全前沿技术领域，搭建了行业交流的平台，以技术碰撞助力产业变革。9 月，阿里巴巴和中国信息通信研究院联合发布《人工智能治理与可持续发展实践白皮书》，总结了阿里巴巴在人工智能治理与可持续发展领域的实践，从数据、技术、管理及多元协同等方面系统性地介绍其实

29.2.4　社会监督

举报平台。2022 年，违法和不良信息举报中心新增了涉网络暴力、网络文化产品有害信息、未成年人网上有害信息举报专区。2022 年，中央网信办举报中心指导全国各级网信举报工作部门、主要网站平台受理网民举报色情、赌博、侵权、谣言等违法和不良信息 1.72 亿件，其中，中央网信办举报中心受理举报 604.9 万件；各地网信举报工作部门受理举报 957.3 万件；全国主要网站平台受理举报 1.57 亿件。在全国主要网站平台受理的举报中，主要商业网站平台受理量占 58.5%，达 9163.6 万件。

舆论监督。在社会监督方面，2022 年，国际国内热点事件中，网络谣言频发，涉及疫情防控、公共政策、社会事件、医疗健康、自然现象等公众关心关切领域。中国互联网联合辟谣平台全年共受理网络谣言举报信息 3 万余条，汇集谣言样本和辟谣数据 2.45 万条，共发布各类辟谣稿件 1.31 万篇，推出了 12 期"打击网络谣言，共建清朗家园、中国互联网联合辟谣平台月度辟谣榜""科学流言榜""涉防灾减灾辟谣榜""涉化妆品辟谣榜""涉高考高招辟谣榜""涉食品安全辟谣榜"等行业辟谣榜单。

民众权益。在民众维权方面，全国公安机关积极回应社会关切，针对一系列网络侵权及损害网民权益的行为进行整治。全国公安机关网安部门深入推进"净网 2022"专项行动，截至 2022 年年底，共侦办案件 8.3 万起，坚持"全链打击、生态治理"，对严重危害网络秩序和群众权益的突出违法犯罪和网络乱象进行了有力打击。针对不法分子非法生产、销售窃听窃照专用器材，偷拍群众隐私并在网上传播售卖等严重侵犯人民群众隐私的违法犯罪行为，组织开展严打窃听窃照、偷拍偷窥行动，累计侦办案件 340 余起，打掉非法窃听窃照专用器材生产窝点 90 余个，缴获窃听窃照专用器材 14.1 万件，有力打击了此类犯罪活动。针对不法分子恶意窃取公民个人信息用于实施犯罪等突出情况，始终保持高压严打态势，聚焦恶意窃取中小学生、老年人等群体个人信息，非法侵入计算机系统获取个人信息，非法窃取快递信息，以及网上非法倒卖公民个人信息等重点方向全力开展侦查，累计侦办侵犯公民个人信息案件 1.6 万余起，有力维护了公民个人信息安全。

29.3　网络治理手段

29.3.1　数字法治建设

网络执法规范。2022 年 6 月，依据《国家安全法》《网络安全法》《数据安全法》，按照《网络安全审查办法》，网络安全审查办公室约谈同方知网技术有限公司负责人，宣布对知网启动网络安全审查。知网掌握着大量的个人信息和涉及国防、工业、电信、交通运输、自然资源、卫生健康、金融等重点行业领域的重要数据，以及我国重大项目、重要科技成果及关键技术动态等敏感信息。本次网络安全审查有利于防范国家数据安全风险，维护国家安全，保障公共利益。2022 年 9 月 8 日，中央网信办发布《网信部门行政执法程序规定（征求意见稿）》，明确提出网信部门建立行政执法监督制度。国家网信部门依职权管辖涉及全国范围内重大、复杂的网络信息内容、网络安全、数据安全、个人信息保护等行政处罚案件。

信息跨境管理。2022 年 6 月，全国信息安全标准化技术委员会发布《网络安全标准实践指南——个人信息跨境处理活动安全认证规范》，提出个人信息跨境处理活动安全的基本原则，规定了个人信息跨境处理活动的基本要求和个人信息主体权益保障要求。2022 年 12 月，全国信息安全标准化技术委员会组织编制了《网络安全标准实践指南——个人信息跨境处理活动安全认证规范 V2.0》，支撑个人信息保护认证的实施，指导个人信息处理者规范开展个人信息跨境处理活动，完成了个人信息跨境处理活动安全评估与专业认证条款的落地。

规范网络经营。2022 年 3 月，国务院发布《互联网上网服务营业场所管理条例》，加强对上网服务营业场所的管理，规范经营者的经营行为，维护公众和经营者的合法权益，保障互联网上网服务经营活动健康发展。7 月，在中央网信办与国家发展和改革委员会等相关部门的指导下，14 家单位共同编制了《网络直播主体信用评价指标体系》团体标准，其主要内容包括适用范围、网络直播主体信用评价的原则、评价主体要求、指标体系、评价方法和评价程序。这是我国第一次就网络直播主体设定信用评价体系，对于统一各网络直播平台规则、规范开展网络主播和直播间运营者两类直播主体的信用评价具有积极意义。

29.3.2　专项整治行动

"清朗"专项整治行动。2022 年 "清朗" 系列专项行动聚焦以下重点任务：打击网络谣言，整治 MCN（多频道网络）机构信息内容乱象，整治网络直播、短视频领域乱象，整治应用程序信息服务乱象，规范传播秩序、算法综合治理，整治春节期间网络环境，整治暑期未成年人网络环境。此外，2021 年开展的 "清朗·互联网用户账号运营专项整治行动" 和 "清朗·打击流量造假、黑公关、网络水军" 专项行动，仍被列入 2022 年 "清朗" 专项行动重点工作，并在治理过程中取得扎实成效。

2022 年 1 月，中央网信办决定开展为期 1 个月的 "清朗·2022 年春节网络环境整治" 专项行动，此次专项行动重点是整治网络炫富拜金、网上封建迷信等问题，遏制不良网络文化传播扩散，加强重点页面版面生态问题治理，营造良好春节氛围。4 月，中央网信办联合国家税务总局和国家市场监督管理总局开展为期两个月的 "清朗·整治网络直播、短视频领域乱象" 专项行动。此次专项行动以集中整治 "色、丑、怪、假、俗、赌" 等违法违规内容为切入点，进一步规范重点环节功能，从严整治 "网红乱象"、打赏失度、违规营利、恶意营销等突出问题。同月，中央网信办部署开展 "清朗·网络暴力专项治理行动"，主要聚焦网络暴力易发多发、社会影响力大的 18 家网站平台，包括新浪微博、抖音、百度贴吧、知乎等网站，通过建立完善监测识别、实时保护、干预处置、溯源追责、宣传曝光等措施，展开全链条打击与治理网络暴力。7 月，"清朗·2022 年暑期未成年人网络环境整治" 专项行动正式启动，此次专项行动聚焦未成年人使用频率高的短视频、直播、社交、学习类 App、网络游戏、电商、儿童智能设备等平台，集中解决民众反映强烈的涉未成年人网络乱象。8 月至 10 月，按照"清朗·打击网络谣言和虚假信息"专项行动统一安排，中央网信办举报中心会同网络综合治理局，以举报中心主办的中国互联网联合辟谣平台为依托，组织微博、抖音、百度、腾讯等 12 家网站平台，开展网络辟谣标签工作，对谣言进行全面梳理标记，对被标记的典型网络谣言样本及时通报曝光，最大限度地挤压网络谣言生存空间。12 月，为规范移动互联网应用程序信息服务管理，深入治理 App、小程序、快应用等应用程序乱象，中央网信办开展"清朗·移动互联网应用程序领域乱象整治"专项行动。此次专项行动旨在加强移动互联网应用程序全链条管理，全面规范移动应用程序搜索、下载、使用等环节的运营行为，着力解决损害用户合法权益的突出问题。

针对网络谣言的溯源及处置行动。网络谣言破坏社会正常秩序，引发社会不安，危害公共安全，损害公众利益。2022 年，中央网信办特别针对各类网络谣言进行溯源，对发布谣言的账号进行处置。2022 年年初，"江西学生胡某宇事件"持续引发网民关注，网上相关谣言不断发酵，严重误导公众判断，造成恶劣社会影响。对此，网信部门督促网站平台认真履行信息内容管理主体责任，严厉打击网上借机造谣传谣及恶意营销炒作行为。3 月，中央网信办指导各大网站平台加强涉东航客机坠毁网络谣言溯源及处置。根据溯源结果，中央网信办指导腾讯、新浪微博、快手、哔哩哔哩、小红书等网站平台，对借东航客机坠毁事故造谣传谣、散布阴谋论、调侃灾难等违法违规信息和账号从快从严处置，共计清理违法违规信息 27.9 万余条，其中谣言类信息 16.7 万余条，处置账号 2713 个，解散话题 1295 个。9 月，中央网信办对借四川泸定地震造谣传谣、恶意调侃等违法违规信息和账号从快从严处置，共清理违法违规信息 4.2 万余条，其中谣言类信息 4300 余条，处置账号 564 个。其后，中央网信办督促各类网站平台进一步全面排查整治涉突发事件、疫情防控、社会民生等重点领域的网络谣言，加强对热点舆情、重点事件的谣言治理。

打击网络诈骗行为。2022 年，公安部指导各地公安机关建立分级分类预警劝阻机制，截至 2022 年年底，累计向各地推送预警指令 2 亿条，各地自主预警信息 1 亿条；会同工业和信息化部建成 12381 个涉诈预警劝阻短信系统，累计发送预警提示短信、闪信 4.7 亿条；会同中央网信办建设推广国家反诈中心 App，预警提示 2.4 亿次。工业和信息化部持续推进"断卡行动 2.0"，开展"不良 App 安全治理"，严格落实实名制，全力整治虚商卡，对短信端口、语音专线、云服务等重点业务加大清理整治力度，不断提升全流程及时反制能力，累计处置涉高风险电话卡 1.1 亿张，拦截诈骗电话 18.2 亿次、短信 21.5 亿条。中央网信办集中整治互联网接入、域名注册、服务器托管、App 制作开发、网络直播、引流推广等涉诈重点领域，约谈问题突出企业。坚持广泛宣传和精准宣传相结合，加强对易受骗群体、案件高发行业和重点地区的精准宣传，联合中央宣传部组织开展"全民反诈在行动"集中宣传月活动，组织各类反诈宣传"进社区、进农村、进家庭、进学校、进企业"活动 2 万余场次，发送反诈宣传短信 30.7 亿条，国家反诈中心官方政务号发布短视频 9330 余条、播放量超过宣称具有"国企背景"，以"国字头"名义吸引用户，以"拉人头"模式发展下线，给一些网民造成巨大财产损失。对此，中央网信办集中打击一批"李鬼"式投资诈骗平台。此外，由公安部主导的夏季治安打击整治"百日行动"，该专项行动先后组织开展"断卡""断流""拔钉"等专项行动，着力斩断电诈犯罪链条、摧毁电诈犯罪网络、挤压电诈犯罪空间，公安部组织华南、华东和京津冀片区的区域会战，发起集群战役 78 次，国家反诈中心推送预警指令 6546 万条，预警准确率达 79.9%，会同有关部门拦截诈骗电话 2.8 亿次、短信 4 亿条，封堵涉诈域名网址 81.9 万个，有力保护了人民群众的财产安全，实现立案数连续 15 个月同比下降，电信网络诈骗犯罪持续上升的势头得到有效遏制。

29.3.3　网络宣教活动

网络宣教是加强网络治理的重要举措，不同于专项整治行动等硬性执法行为，网络宣教通过举办特色鲜明的主题活动，吸引各治理主体加入其中，提升网络综合治理能力。2022 年，多部门紧密配合、协同联动，组织开展了形式多样、内容丰富的网络宣教活动。7 月，北京网络安全大会召开，大会采取线上线下相结合的方式，开展了 50 余场主题特色活动。此次大会以"全球网络安全、倾听北京声音"为主题，坚持"专业高端、开放多元、产业融合、创新引领"理念，通过四城联动、五大主题日凝聚网络安全行业的创新合力，推动全球网络安全产业共赢发展。8 月，2022 年中国网络文明大会在天津举行。本届大会主题为"弘扬时代新风 建设网络文明"，大会举办了网络诚信建设高峰主论坛、10 场分论坛、新时代中国网络文明建设成果展示和网络文明主题活动。主论坛上发布了《共建网络文明天津宣言》，提出了共建网络文明，严把网络导向、优化网络生态、繁荣网络文化、规范网络行为和维护网络安全的倡议。10 场分论坛分别对网络内容建设、网络生态建设、网络法治建设、网络文明社会共建、算法治理、网络谣言治理、网络文明国际交流互鉴、数字公益慈善、网络素养教育、个人信息保护这十个方面进行了研讨交流。9 月，国家网络安全宣传周在全国范围内举行，大会开幕式于 5 日在安徽省合肥市举办。2022 年国家网络安全宣传周以"网络安全为人民，网络安全靠人民"为主题，开幕式上对首批国家网络安全教育技术产业融合发展试验区进行授牌；同日举办网络安全技术高峰论坛，邀请网络安全领域知名院士、专家及多个重要行业领域的中央和民营企业负责人就热点问题进行交流。国家网络安全宣传周期间开展了多类主题活动，举办了校园日、电信日、法治日、金融日、青少年日、个人信息保护日等一系列主题日活动。11 月，2022 中国互联网大会在深圳举办。大会主题为"发展数字经济 促进数字文明"，以"论坛会议和特色活动"为主线，采用线上和线下融合的形式，共举办 1 场主论坛、1 场闭幕式、17 场分论坛、4 项特色活动。11 月，2022 年世界互联网大会乌镇峰会在浙江乌镇开幕，来自 120 余个国家和地区的 2100 余位代表，围绕"共建网络世界 共创数字未来——携手构建网络空间命运共同体"这一主题展开交流，为网络空间命运共同体建设献智献策。作为世界互联网大会国际组织成立后的首届年会，本届大会围绕合作与发展、技术与产业、人文与社会、治理与安全四大板块，就全球网络空间焦点热点议题设置分论坛。大会期间举办的"互联网之光"博览会吸引了 400 余家中外企业积极参与，并首次开设"互联网之光云展厅"，利用 3D、虚拟现实技术，打造"线上云展"。同时，本届大会发布 12 项"携手构建网络空间命运共同体精品案例"，发布活动利用机械臂数控 LED 屏、裸眼 3D 等创新手段，对网络基础设施建设、网上文化交流、数字经济创新发展、网络安全保障和网络空间国际治理领域的 12 个精品案例进行展示，讲述网络空间国际交流合作的故事。精品案例囊括"数字敦煌""国际中文日""亚洲数字艺术展""北斗系统服务全球，造福人类——携手共建时空网络命运共同体"等内容。

29.4 网络治理实效

1. 网络生态明显向好

在互联网业态不断迭代和产业变革加速演进的新形势下，网络生态问题以新的表现形态、新的传播方式出现。在此背景下，2022 年各级网信部门进一步加大网络生态治理力度。中央网信办通过建章立制、加强日常监管、开展专项整治等举措扎实推进网络生态治理工作。通过整治网络直播、短视频乱象、治理网络暴力等专项行动，清理违法和不良信息 5430 余万条，处置账号 680 余万个，下架 App、小程序 2890 余款，解散关闭群组、贴吧 26 万个，关闭网站 7300 多家，有效净化了网络空间。全国网信系统科学把握网络生态治理的特点和规律，以清朗网络空间为建设目标，以人民根本利益为出发点和落脚点，聚焦中国网络治理的现实问题，强化综合治理、加大执法力度、压实各方责任，推动一系列部门规章和规范性文件出台，有效遏制了一批网络生态问题蔓延，网络生态状况整体向好，网络生态环境得到明显改善。

2. 治理坚持问题导向

2022 年，中央网信办紧紧围绕迎接服务保障和学习贯彻宣传党的二十大精神为工作的主题主线，聚焦网民高度关注、群众反映强烈的突出问题，开展了一系列"清朗"专项整治行动。网络治理坚持问题导向，加大对新情况、新问题的治理力度，对网络生态问题从严从重处置。对一些平台存在的典型问题，通过执法约谈、责令整改、下架停更、罚款通报等手段，加大网络执法处罚力度。对网络违法犯罪保持高压态势，并同时公布违法违规典型案例，对不良网络文化的生产、制作和传播形成有力震慑。针对民众反映强烈的网络直播乱象，注重政策引导和网络法治相结合，探索建立了网络直播营销信息公示制度，完善了违法行为处置公示制度。这一新的尝试通过创设"事前报备、事中公开、事后溯源"的管理机制，强化直播带货的事前、事中、事后信息公示力度，同时，及时公开投诉、举报方式和争议处理规则等信息，引导消费者精准投诉，落实接诉即办相关工作要求，提升了处置网络直播乱象的工作时效。中国网络治理坚持问题导向，及时研判新问题，不断创新治理举措，从速开展专项行动，提升了治理能力和治理实效。

3. 加强新业态的治理

数字技术创新与迭代催生了一系列互联网新业态、新模式。以深度合成技术、网络乱象和数据出境等为代表的新业态是 2022 年网络治理的重点领域。2022 年，中国互联网治理紧随互联网发展趋势，加强了对互联网新业态的监管力度。针对算法滥用和网络乱象，出台了专门的管理办法和部门规章，规范引导平台经济健康发展、引导网络秩序持续向好。针对各类数据出境活动，出台了《数据出境安全评估办法》和《个人信息出境标准合同规定（征求意见稿)》，有效防范数据出境安全风险，保障数据依法有序自由流动。2022 年，围绕互联网新业态，及时跟进业态演化趋势，建立健全相应的政策法规，在加强新业态的治理过程中，注重多治理主体的作用发挥，进一步调动互联网企业、行业协会、社会监督和网民个体力量，探索网络治理的多种路径，有效应对新问题、解决新矛盾。

4.　健全网络生态治理体系

坚持党的领导是中国互联网发展和安全的根本保证。2022 年，将党的领导充分贯彻到网信事业的各个方面，在顶层设计、战略规划、政策颁布等方面发挥核心引领作用。在治理体系上，注重完善涵盖正能量传播、内容管控、社会协同、网络法治、技术治网等方面的网络综合治理体系，推动网络治理由事后管理向过程治理转变、多头管理向协同治理转变，加强治网管网各部门信息通报、协同处置，不断优化互联网发展的政策、法律法规和市场环境。各级党委（党组）充分发挥统筹、协调、指导作用，成立省、市、县三级党委网信委和大数据发展机构，织密建强上下贯通、执行有力的网信组织体系，切实加强网络治理体系和能力建设，为营造更加清朗的网络空间奠定了坚实的组织基础。

撰稿：安静、张永、曾心怡
审校：李文超

第 30 章　2022 年中国互联网政策法规建设状况

30.1　2022 年中国互联网政策法规建设状况综述

2022 年 10 月 22 日，中国共产党第二十次全国代表大会胜利闭幕。习近平总书记在党的二十大报告中擘画了以中国式现代化全面推进中华民族伟大复兴的宏伟蓝图，作出了"加快建设网络强国、数字中国""加快发展数字经济"的战略部署。2022 年是党的二十大召开之年，是实施"十四五"规划承前启后的关键一年。在这一年中，中国互联网行业朝建设网络强国、数字中国目标迈出坚实步伐。《中共中央　国务院关于构建数据基础制度更好发挥数据要素作用的意见》《全国一体化政务大数据体系建设指南》《全国关于加快建设全国统一大市场的意见》等顶层设计密集出炉，《中华人民共和国反垄断法》《中华人民共和国反电信诈骗法》基础性法律规范顺利出台，数字经济、数字社会、数字政府协同推进，传统产业、新兴技术、新兴产业稳中向好。与此同时，网络安全、数据安全、个人信息保护等方面的立法监管日益清晰，反垄断、反不正当竞争、信息服务监管体系完备，互联网建设迈入更加繁荣的新阶段。系统化、严监管、重安全、促发展是把握互联网政策法规的核心脉络，面对互联网法治建设事业，我们要全面贯彻落实党的二十大和习近平总书记的重要讲话精神，牢牢抓住数字化变革重要机遇，全方位推动数字经济与实体经济融合发展、数字政府与数字社会同频共振，不断满足人民群众对美好数字生活的向往，以数字化、网络化、智能化全方位助力推进中国式现代化。

1. 系统化：数字经济、数字社会、数字政府一体建设

以习近平同志为核心的党中央高度重视数字化发展，明确提出数字中国战略，其中数字经济、数字社会、数字政府是数字化发展的重要组成部分，三者互为支撑、彼此渗透、相互交融。

数字经济是继农业经济、工业经济之后的主要经济形态，是以数据资源为关键要素，以现代信息网络为主要载体，以信息通信技术融合应用、全要素数字化转型为重要推动力，促进公平与效率更加统一的新经济形态。《"十四五"数字经济发展规划》提出做大做强数字经济，打造具有国际竞争力的数字产业集群，《关于银行业保险业数字化转型的指导意见》提出推动金融产业数字化转型；《关于巩固回升向好趋势加力振作工业经济的通知》提出加快工业产业数字化，利用数字技术全方位、全角度、全链条赋能传统产业，《关于构建数据基础制度更好发挥数据要素作用的意见》提出要充分激活数据要素潜能，增强数字经济发展新动能。

加强数字社会建设,提升公共服务、社会治理等数字化智能化水平是一项系统工程。《"十四五"国民健康规划》《"十四五"中医药信息化发展规划》提出依托实体医疗机构建设互联网医院,优化"互联网+"签约服务,运用数字技术解决"看病难"问题,以数字医疗推进信息惠民;《关于深入推进智慧社区建设的意见》致力于推进智慧社区的建设,《"十四五"城镇化与城市发展科技创新专项规划》以打造新型智慧城市为目标,《交通领域科技创新中长期发展规划纲要(2021—2035 年)》《交通运输智慧物流标准体系建设指南》有助于提高智慧交通和智慧物流水平,《数字乡村标准体系建设指南》以形成标准支撑为抓手推动数字乡村建设。

加强数字政府建设是党中央、国务院深刻把握时代发展趋势,立足新发展阶段,从全局和战略高度作出的重大部署,是习近平总书记关于网络强国的重要思想在政府数字化改革领域的具体实践。《关于加强数字政府建设的指导意见》提出要全面贯彻网络强国战略,把数字技术广泛应用于政府管理服务,推动政府数字化、智能化运行,为推进国家治理体系和治理能力现代化提供有力支撑;《全国一体化政务大数据体系建设指南》和《关于进一步加强政务数据有序共享工作的通知》要求积极主动运用数字技术和互联网思维改进政务服务模式、拓展政务服务功能,打破部门间、地区间信息壁垒,打造全国一体化政务信息平台。

2. 严监管:平台经济、网络生态、信息服务严加监管

平台经济是数字经济的一种特殊形态,是指依托于云、网、端等网络基础设施并利用人工智能、大数据分析、区块链等数字技术工具撮合交易、传输内容、管理流程的新经济模式。反垄断、反不正当竞争是平台经济专项治理政策的主要内容。2022 年新修订的《中华人民共和国反垄断法》及时回应以互联网、大数据和人工智能为代表的数字经济领域市场竞争的新挑战,明确经营者不得利用数据和算法、技术、资本优势及平台规则等从事本法规定的垄断行为。国家市场监督管理总局 2022 年公布了六部反垄断法的配套法规征求意见和《中华人民共和国反不正当竞争法(修订草案征求意见稿)》,全方位、系统性地保护平台经济领域公平竞争,实现平台经济整体生态和谐共生与健康发展。

为了营造良好网络生态,规范互联网信息服务活动,促进互联网信息服务健康有序发展,国家互联网信息办公室于 2022 年发布了《互联网信息服务算法推荐管理规定》《移动互联网应用程序信息服务管理规定》《互联网用户账号信息管理规定》《互联网弹窗信息推送服务管理规定》《互联网跟帖评论服务管理规定》《互联网信息服务深度合成管理规定》,从多个具体领域加强对信息服务活动的规范管理,对互联网信息服务建立严格的管理制度和技术保障措施。

3. 重安全:网络安全、数据治理、个人信息全面保护

坚持统筹发展和安全是习近平总书记法治思想的重要内容,安全是发展的前提。国家网络安全和数据安全作为国家安全体系的重要组成部分,是互联网政策法规聚焦的重要领域。国家互联网信息办公室、国家发展和改革委员会、工业和信息化部等十三部门联合修订发布《网络安全审查办法》,将网络平台运营者开展数据处理活动影响或者可能影响国家安全等情形纳入网络安全审查;工业和信息化部印发《网络产品安全漏洞收集平台备案管理办法》,旨在规范网络产品安全漏洞收集平台备案管理。在细分领域,国家能源局修订印发了《电力行业网络安全管理办法》和《电力行业网络安全等级保护管理办法》,要求加强电力行业网络安全监督管理,规范电力行业网络安全工作;工业和信息化部印发《车联网网络安全和数

确了工业和信息化领域数据安全管理的问题

4. 促发展：传统产业、新兴技术、新兴产业稳中向好

部分，指利用数据与数字技术对传统产业进行升级、转型和再造的过程。伴随着数字技术的深化应用，以制造业、交通物流、金融业、医疗健康业为典型的传统产业积极与"互联网+"相结合，最大限度地实现数字技术和实体经济的融合发展。

当前，以5G、人工智能、区块链、大数据等信息技术为代表的新一轮科技革命和产业变革加速推进，成为推动经济社会发展的主要动能。工业和信息化部办公厅印发《5G 全连接工厂建设指南》，提出在"十四五"时期推动万家企业开展 5G 全连接工厂建设，实现 5G融合应用的纵深发展。《关于加快场景创新以人工智能高水平应用促进经济高质量发展的指导意见》为统筹推进人工智能场景创新，着力解决人工智能重大应用和产业化问题，全面提升人工智能发展质量和水平提供了政策指引和制度安排。

随着互联网经济的蓬勃发展，各种依附于网络的新经济业态也应运而生，其典型代表包括网络直播、电子商务和网约车。《关于进一步规范网络直播营利行为促进行业健康发展的意见》《关于规范网络直播打赏加强未成年人保护的意见》《网络主播行为规范》对网络直播的健康发展提供了规范基础。《关于期快费通县乡村电子商务体系和快递物流配送体系有关工作的通知》《关于进一步释放消费潜力促进消费持续恢复的意见》进一步完善了电子商务体系和快递物流配送体系。国务院网次《关于设立跨境电子商务综合试验区的批复》及银保监会发布的《关于 2022 年进一步强化金融支持小微企业发展工作的通知》都推动了跨境电子商务的进一步发展。交通运输部发布的《关于加强网络预约出租汽车行业事前事中事后全链条联合监管有关工作的通知》《网络预约出租汽车监管信息交互平台运行管理办法》强化

30.2   2022 年中国互联网政策法规

1. 互联网顶层设计日臻完善，夯实数字中国建设法治保障

1）法治护航数字经济行稳致远

2022 年 1 月 12 日，国务院发布《关于印发〈"十四五"数字经济发展规划〉的通知》，提出数字经济是继农业经济、工业经济之后的主要经济形态，《"十四五"数字经济发展规划》对接国家"十四五"规划纲要的目标任务，紧密结合做强做优做大数字经济的总体要求，明确"十四五"时期数字经济发展的指导思想，强调以数据为关键要素，以数字技术与实体经济深度融合为主线，加强数字基础设施建设，完善数字经济治理体系，协同推进数字产业化和产业数字化，赋能传统产业转型升级，催生新业态新模式，不断做强做优做大我国数字经济。12 月 19 日，正式对外发布《中共中央 国务院关于构建数据基础制度更好发挥数据要素作用的意见》（以下简称《数据二十条》）发布，以二十条政策举措对构建我国数据基础制度进行了全面部署。《数据二十条》构建了保障权益、合规使用的数据产权制度；合规高效、场内外结合的数据要素流通和交易制度；体现效率、促进公平的数据要素收益分配制度；安全可控、弹性包容的数据要素治理制度。《数据二十条》的出台，将充分发挥中国海量数据规模和丰富应用场景优势，激活数据要素潜能，做强做优做大数字经济，增强经济发展新动能。

2）法治优化数字社会建设机制

2022 年 5 月 10 日，民政部、中央政法委、国家互联网信息办公室、国家发展和改革委员会、工业和信息化部、公安部、财政部、住房和城乡建设部、农业农村部等九部门印发《关于深入推进智慧社区建设的意见》，明确了智慧社区建设的总体要求、重点任务和保障措施等，争取到 2025 年基本构建起智慧社区服务平台，初步打造新型数字社区，社区治理和服务智能化水平显著提高。8 月 8 日，国家互联网信息办公室、农业农村部、工业和信息化部、国家市场监督管理总局发布《数字乡村标准体系建设指南》，提出到 2025 年初步建成数字乡村标准体系。重点领域标准制修订工作步伐加快，基本满足数字乡村建设需求，国家标准、行业标准应用多点突破，地方标准、团体标准研究同步实施，打造了一批标准应用试点，形成了标准支撑和引领数字乡村发展的良好局面。11 月 18 日，科技部、住房和城乡建设部印发《"十四五"城镇化与城市发展科技创新专项规划》，提出 7 项重点任务，包括加强城市发展规律与城镇空间布局研究，加强城市更新与品质提升系统技术研究，加强智能建造和智慧运维核心技术装备研发，加强绿色健康韧性建筑与基础设施研究，加强城镇发展低碳转型系统研究，加强文物科技创新与城市历史文化遗产保护研究，加强文化旅游融合与公共文化服务科技创新。

3）法治开启数字政府新时代篇章

2022 年 6 月 6 日，国务院正式印发《关于加强数字政府建设的指导意见》，系统谋划了数字政府建设的时间表、路线图、任务书，对政府数字化改革面临的主要矛盾、关键问题和战略要点作出统一部署，将数字技术广泛应用于政府管理服务，推进政府治理流程优化、模式创新和履职能力提升，构建数字化、智能化的政府运行新形态。8 月 4 日，文化和旅游部办公厅发布《关于进一步加强政务数据有序共享工作的通知》，要求充分认识政务数据共享的重要意义，严格落实政务数据共享规范要求，不断提高政务数据共享管理水平，全面提升政务数据共享应用能力，切实强化政务数据共享安全保障，持续健全政务数据共享协调机制。9 月 13 日，国务院办公厅印发《全国一体化政务大数据体系建设指南》，聚焦深入贯彻落实党中央、国务院关于加强数字政府建设的决策部署，明确全国一体化政务大数据体系建设的目标任务、总体框架、主要内容、保障措施和建设原则。重点从八个一体化入手，组织构建全国一体化政务大数据体系，推进政务数据依法有序流动、高效共享，有效利用、高质赋能，为营造良好数字生态，提高政府管理服务效能，推进国家治理体系和治理能力现代化提供有力支撑。

2. 互联网平台责任监管持续落实，推动网络市场整体运转有序

1）顶层设计保障统一市场的公平竞争

2022 年 3 月 25 日，中共中央、国务院发布《关于加快建设全国统一大市场的意见》，提出建设高效规范、公平竞争、充分开放的全国统一大市场，要求加快推动反垄断法和反不正当竞争法的修改，加强全链条竞争监管执法，以保障公平竞争。同时加强对平台经济、共享经济等新业态领域不正当竞争行为的规制，整治网络黑灰产业链，治理新型网络不正当竞争行为。6 月 24 日，第十三届全国人大常委会第三十五次会议表决通过了《关于修改〈中华人民共和国反垄断法〉的决定》，新修订的《中华人民共和国反垄断法》及时回应以互联网、大数据和人工智能为代表的数字经济领域市场竞争的新挑战。这不仅体现在总则中新增"经营者不得利用数据和算法、技术、资本优势以及平台规则等从事本法规定的垄断行为，排除、限制竞争"这一原则规定上，也体现在第三章禁止滥用市场支配地位制度中增加的相应规定中。这对于规范互联网领域的竞争行为、促进数字经济的健康创新发展具有重要意义。

2）反垄断、反不正当竞争体系日益清晰

2022 年 6 月 27 日，国家市场监督管理总局公布了六部反垄断法配套法规征求意见稿。其中，《经营者集中审查规定（征求意见稿）》不仅将数据作为经营者市场控制力的重要指标，而且将其视为经营者控制市场进入能力的重点考察因素。新增了数据资产剥离的结构性救济和修改算法、互操作性承诺等行为救济措施类型，防范因数据过度集中而引发垄断风险。《禁止垄断协议规定（征求意见稿）》最大的亮点是新增了数字经济手段达成垄断协议的行为方式，明确规定经营者不得约定采用据以计算价格的标准公式、算法、平台规则等从事垄断行为。《禁止滥用市场支配地位行为规定（征求意见稿）》强化了对于利用算法、平台规则等实施的垄断协议行为的关注，明确将"掌握和处理相关数据的能力"作为评估经营者财力和技术条件的具体指标。强调具有市场支配地位的经营者不得利用数据和算法、技术及平台规则实施滥用市场支配地位行为。11 月 22 日，国家市场监督管理总局公布了《中华人民共和国反不正当竞争法（修订草案征求意见稿）》，修订草案结合数字经济领域竞争行为的特点，针对数据获取和使用中的不正当竞争行为、利用算法实施的不正当竞争行为，以及阻碍开放共享等网络新型不正当竞争行为作出详细规定。同时考虑到数字经济领域不正当竞争行为认定的复杂性，规定了判断是否构成不正当竞争行为的考量因素，以增强制度的可预期性和执法的规范性。

3）互联网信息服务监管制度要素不断完善

2022 年 1 月 4 日，国家互联网信息办公室、工业和信息化部、公安部、国家市场监督管理总局联合发布《互联网信息服务算法推荐管理规定》，旨在规范互联网信息服务算法推荐活动。《互联网信息服务算法推荐管理规定》要求算法服务提供者不得实施差别待遇；促进算法应用向上向善；确保算法公开透明；精细化满足不同群体诉求；着力完善治理体系。6 月 14 日，国家互联网信息办公室发布新修订的《移动互联网应用程序信息服务管理规定》要求应用程序提供者和应用程序分发平台应当履行信息内容管理主体责任，建立健全信息内容安全管理、信息内容生态治理、数据安全和个人信息保护、未成年人保护等管理制度，确保网络安全，维护良好网络生态。6 月 27 日，国家互联网信息办公室发布《互联网用户账号信息管理规定》，明确账号信息管理的规范，要求互联网信息服务提供者履行账号信息管理主体责任，建立健全并严格落实真实身份信息认证、账号信息核验、信息内容安全、生态治理、应急处置、个人信息保护等管理制度。9 月 9 日，国家互联网信息办公室、工业和信息化部、国家市场监督管理总局联合发布《互联网弹窗信息推送服务管理规定》，旨在加强对弹窗信息推送服务的规范管理，提出互联网弹窗信息推送服务提供者应当坚持正确的政治方向、舆论导向和价值取向，落实信息内容管理主体责任，建立健全信息内容审核、生态治理、数据安全和个人信息保护、未成年人保护等管理制度，遵守优化推送内容生态、强化互联网信息服务资质管理等九个方面的具体要求。

2022 年 11 月 16 日，国家互联网信息办公室发布新修订的《互联网跟帖评论服务管理规定》，旨在加强对互联网跟帖评论服务的规范管理，促进互联网跟帖评论服务健康发展，明确了跟帖评论服务提供者跟帖评论管理责任、跟帖评论服务使用者和公众账号生产运营者应当遵守的有关要求等内容。11 月 25 日，国家互联网信息办公室、工业和信息化部、公安部联合发布《互联网信息服务深度合成管理规定》，要求深度合成服务提供者建立健全管理制度和技术保障措施，制定公开管理规则、平台公约，对使用者进行真实身份信息认证，加强深度合成内容管理，建立健全辟谣机制和申诉、投诉、举报机制。11 月 30 日，工业和信息化部、国家互联网信息办公室联合印发《关于进一步规范移动智能终端应用软件预置行为的通告》，指出移动智能终端应用软件预置行为应遵循依法合规、用户至上、安全便捷、最小必要的原则，依据谁预置、谁负责的要求，落实企业主体责任，尊重并依法维护用户知情权、选择权，保障用户合法权益。生产企业应确保移动智能终端中除基本功能软件外的预置应用软件均可卸载，并提供安全便捷的卸载方式供用户选择。

3. 网络安全制度进一步深化细化，保障互联网长期可持续健康发展

1）网络安全管理办法明确可行

2022 年 1 月 4 日，国家互联网信息办公室、国家发展和改革委员会、工业和信息化部等十三部门联合修订发布《网络安全审查办法》，旨在确保关键信息基础设施供应链安全，保障网络安全和数据安全，维护国家安全。《网络安全审查办法》将网络平台运营者开展数据处理活动影响或者可能影响国家安全等情形纳入网络安全审查，并明确掌握超过 100 万用户个人信息的网络平台运营者赴国外上市必须向网络安全审查办公室申报网络安全审查。10 月 25 日，工业和信息化部印发《网络产品安全漏洞收集平台备案管理办法》，旨在规范网络产品安全漏洞收集平台备案管理。《网络产品安全漏洞收集平台备案管理办法》规定漏洞收集平台备案通过工业和信息化部网络安全威胁和漏洞信息共享平台开展，采用网上备案方式进行。拟设立漏洞收集平台的组织或个人，应当通过工业和信息化部网络安全威胁和漏洞信息共享平台如实填报网络产品安全漏洞收集平台备案登记信息。

2022 年 2 月 25 日，工业和信息化部印发《车联网网络安全和数据安全标准体系建设指南》，提出到 2023 年年底初步构建起车联网网络安全和数据安全标准体系，到 2025 年形成较为完善的车联网网络安全和数据安全标准体系。完成 100 项以上标准的研制，提升标准对细分领域的覆盖程度，加强标准服务能力，提高标准应用水平，支撑车联网产业安全健康发展。

2022 年 11 月 16 日，国家能源局修订印发了《电力行业网络安全管理办法》，新修订的《电力行业网络安全管理办法》重点围绕电力行业网络安全各环节，明确了国家能源局及其派出机构、负有电力行业网络安全监督管理职责的地方能源主管部门和电力调度机构的有关职责及工作内容。同日，国家能源局修订印发了《电力行业网络安全等级保护管理办法》。新修订的《电力行业网络安全等级保护管理办法》重点围绕电力行业网络安全等级保护各环节，明确了电力行业网络安全保护等级划分和等级保护工作原则，规定了国家能源局及其派出机构、电力企业及网络安全等级保护测评机构在电力行业网络安全等级保护定级、审核、建设、测评、检查及密码管理等方面的有关要求，以及法律责任。

2）数据安全立法取得重大进展

2022 年 6 月 5 日，国家市场监督管理总局、国家互联网信息办公室发布《关于开展数据安全管理认证工作的公告》，鼓励网络运营者通过认证方式规范网络数据处理活动，加强网络数据安全保护。从事数据安全管理认证活动的认证机构应当依法设立，并按照《数据安全管理认证实施规则》实施认证，明确了对网络运营者开展网络数据收集、存储、使用、加工、传输、提供、公开等处理活动进行认证的基本原则和要求。2022 年 7 月 7 日，国家互联网信息办公室公布《数据出境安全评估办法》，规定了数据出境安全评估的范围、条件和程序，明确了数据处理者向境外提供在中华人民共和国境内运营中收集和产生的重要数据和个人信息的安全评估适用本办法，规定了应当申报数据出境安全评估的情形，提出了数据出境安全评估的具体要求。8 月 31 日，国家互联网信息办公室编制并发布《数据出境安全评估申报指南（第一版）》，旨在指导和帮助数据处理者规范、有序地申报数据出境安全评估，对数据出境安全评估申报方式、申报流程、申报材料等具体要求作出了说明。数据处理者因业务需要确需向境外提供数据，符合数据出境安全评估适用情形的，应当根据《数据出境安全评估办法》规定，按照申报指南申报数据出境安全评估。12 月 8 日，工业和信息化部印发《工业和信息化领域数据安全管理办法（试行）》，重点解决工业和信息化领域数据安全"谁来管、管什么、怎么管"的问题。主要内容包括界定工业和信息化领域数据和数据处理者概念；确定数据分类分级管理相关要求；针对不同级别的数据提出相应安全管理和保护要求；建立数据安全监测预警工作机制；明确开展数据安全监测、认证、评估的相关要求；规定监督检查等工作要求；明确相关违法违规行为的法律责任和惩罚措施。

3）个人信息保护立法相对完善

2022 年 6 月 24 日，全国信息安全标准化技术委员会秘书处公布《网络安全标准实践指南——个人信息跨境处理活动安全认证规范》，从基本原则、个人信息处理者和境外接收方在跨境处理活动中应遵循的要求、个人信息主体权益保障等方面提出了要求，为认证机构实施个人信息保护认证提供跨境处理活动认证依据。11 月 4 日，国家市场监督管理总局、国家互联网信息办公室发布《关于实施个人信息保护认证的公告》，鼓励个人信息处理者通过认证方式提升个人信息保护能力。从事个人信息保护认证工作的认证机构应当经批准后开展有关认证活动，并按照《关于实施个人信息保护认证的公告》附件中的《个人信息保护认证实施规则》实施认证。该实施规则与此前发布的《移动互联网应用程序（App）安全认证实施规则》《数据安全管理认证实施规则》共同建立了我国数据安全认证制度的框架。12 月 16 日，全国信息安全标准化技术委员会秘书处公布《网络安全标准实践指南——个人信息跨境处理活动安全认证规范 V2.0》，旨在围绕网络安全法律法规政策、标准、网络安全热点和事件等主题，宣传网络安全相关标准及知识，提供标准化实践指引，并规定了跨境处理个人信息应遵循的基本原则、个人信息处理者和境外接收方在个人信息跨境处理活动的个人信息保护、个人信息主体权益保障等方面内容。

2022 年 3 月 14 日，国家互联网信息办公室发布《关于〈未成年人网络保护条例（征求意见稿）〉再次公开征求意见的通知》，为解决未成年人个人信息被滥采滥用、保护不充分等问题，《未成年人网络保护条例（征求意见稿）》对未成年的个人信息施行"强保护"，规定个人信息处理者处理未成年人敏感个人信息需遵守充分必要规则，并在事前应进行个人信息保护影响评估且取得未成年人及其监护人单独同意，禁止个人信息处理者原则上向他人提供其处理的未成年人个人信息。6 月 27 日，国家市场监督管理总局公布《经营者集中审查规定（征求意见稿）》，特别对个人隐私与个人信息保护作出了规定，明确申报人必须在申报文件中标注涉及个人隐私和个人信息的内容，并规定相关工作人员对于所知悉的个人隐私和个人信息负有保密义务。12 月 20 日，国家卫生健康委员会和国家中医药局联合发布《诊所备案管理暂行办法》，其第二十条规定，诊所应当加强网络安全管理和个人信息保护等工作，发生患者个人信息、医疗数据泄露等网络安全事件时，应当及时向有关部门报告，并采取有效应对措施。

4. 重点行业的互联网立法不断创新，促进网络信息惠民便民利民

1）互联网交通物流规范促进优质资源流动

2022 年 1 月 24 日，交通运输部、科学技术部联合印发了《交通领域科技创新中长期发展规划纲要（2021—2035 年）》，指出要大力推动深度融合的智慧交通建设。围绕全面提升智慧交通发展水平，集中攻克交通运输专业软件、专用系统等关键核心技术，加快新一代信息技术及空天信息技术与交通运输融合创新应用，加快发展交通运输新型基础设施。3 月 10 日，交通运输部、科学技术部联合印发了《"十四五"交通领域科技创新规划》，提出了"十四五"期间交通运输科技创新工作的指导思想、基本原则、发展目标和主要任务。在智慧交通领域，《"十四五"交通领域科技创新规划》提出要推动云计算、大数据、物联网、移动互联网、区块链、人工智能等新一代信息技术与交通运输融合，开展智能交通先导应用试点。7 月 21 日，国务院安全生产委员会办公室印发《"十四五"全国道路交通安全规划》，坚持科技赋能、智慧治理的原则，推动新兴科技与交通安全工作深度融合，运用大数据、人工智能、5G 等前沿技术助力交通安全管理理念、管理手段、管理模式创新，提升交通安全治理现代化、信息化、智慧化水平。

2022 年 9 月 19 日，交通运输部、国家标准化管理委员会印发《交通运输智慧物流标准体系建设指南》，提出到 2025 年在基础设施、运载装备、系统平台、电子单证、数据交互与共享、运行服务与管理等领域，完成重点标准制修订 30 项以上，形成结构合理、层次清晰、系统全面、先进适用、国际兼容的交通运输智慧物流标准体系。12 月 15 日，国务院办公厅印发《"十四五"现代物流发展规划》，指出要强化物流数字化科技赋能，加快物流数字化转型、推进物流智慧化改造、促进物流网络升级化，加强物流公共信息服务平台建设，在确保信息安全的前提下，利用现代信息技术搭建数字化、网络化、协同化物流第三方服务平台，推进公共数据共享。

2）互联网金融数字化转型与反电信诈骗并举

2022 年 1 月 10 日，中国银保监会办公厅发布《关于银行业保险业数字化转型的指导意见》，强调银行保险机构要加强顶层设计和统筹规划，大力推进业务经营管理数字化转型，积极发展产业数字金融，推进个人金融服务数字化转型，加强金融市场业务数字化建设，全面深入推进数字化场景运营体系建设，构建安全高效、合作共赢的金融服务生态，强化数字化风控能力建设。7 月 12 日，中国银保监会办公厅发布《关于加强商业银行互联网贷款业务管理提升金融服务质效的通知》，鼓励商业银行稳妥推进数字化转型，精准研发互联网贷款产品，增加和完善产品供给，提高贷款响应率、优化贷款流程，充分发挥互联网贷款在助力市场主体纾困、降低企业综合融资成本等方面的积极作用。12 月 2 日，中国银保监会、国家互联网信息办公室、工业和信息化部、国家市场监督管理总局联合发布《关于规范"银行"字样使用有关事项的通知》，指出互联网网站、互联网用户账号、移动互联网应用程序未经批准不得在名称中使用"银行"字样；互联网行业违法使用"银行"字样的，由网络账号归属地或网络运营者所在地银保监局牵头开展整改规范工作。互联网用户账号服务平台、移动互联网应用程序分发平台，应当要求注册"银行"字样的账号和移动应用程序主体提供金融许可证或者其他职业资格、服务资质等相关材料，并进行必要核验。

2022 年 4 月 18 日，中共中央办公厅、国务院办公厅印发了《关于加强打击治理电信网络诈骗违法犯罪工作的意见》，对加强打击治理电信网络诈骗违法犯罪工作作出安排部署。加强行业监管源头治理责任。强化金融、电信、互联网等行业主管部门的技术反制和预警监测能力，通过建立健全安全评估、责任追究、信用惩戒等制度，进一步明确金融、电信、互联网行业的监管责任，推动相关行业强化源头治理。9 月 2 日，十三届全国人大常委会第三十六次会议表决通过了《中华人民共和国反电信网络诈骗法》，并于 2022 年 12 月 1 日起施行。《中华人民共和国反电信网络诈骗法》共七章五十条，包括总则、电信治理、金融治理、互联网治理、综合措施、法律责任、附则等，旨在全面构建电信、金融、互联网等行业的综合治理制度，为预防、遏制和惩治电信网络诈骗活动提供了法律支撑。其立法特色包括打击与预防并举，构建全链条、全流程治理体系；与《个人信息保护法》相衔接，建立个人信息被用于电信网络诈骗的防范机制；强调对境外电信网络诈骗的打击；加大惩处力度，落实主体多层次法律责任。

3）互联网医疗健康制度推动医疗行业高质量发展

2022 年 4 月 27 日，国务院办公厅发布《"十四五"国民健康规划》，提出依托实体医疗机构建设互联网医院，优化"互联网+"签约服务，逐步接入更广泛的健康数据，推广应用人工智能、大数据、第五代移动通信（5G）、区块链、物联网等新兴信息技术，探索建立卫生健康、医疗保障、药监等部门信息共享机制。11 月 25 日，国家中医药管理局发布《"十四五"中医药信息化发展规划》，明确了"十四五"时期中医药信息化发展的指导思想，提出了到 2025 年的发展目标。围绕中医药信息化高质量发展目标，该规划要求夯实中医药信息化发展基础，深化数字便民惠民服务，加强中医药数据资源治理，推进中医药数据资源创新应用，同时设立四个信息化项目专栏，全面支撑任务的具体部署、实施和落地。

2022 年 2 月 8 日，国家卫生健康委员会、国家中医药管理局公布《互联网诊疗监管细则（试行）》，明确了互联网诊疗监管的基本原则，要求细化规范互联网诊疗服务活动，落实地方各级卫生健康主管部门的监管责任，遵守法律法规保障医疗质量和安全，将互联网诊疗纳入整体医疗服务监管体系，开展线上线下一体化监管。7 月 18 日，国家卫生健康委员会、国家发展和改革委员会等十一个部门联合发布《关于进一步推进医养结合发展的指导意见》，提出推进"互联网+医疗健康""互联网+护理服务"，创新方式为有需求的老年人提供便利的居家医疗服务，积极发挥信息化作用，全面掌握老年人健康和养老状况，分级分类开展相关服务。实施智慧健康养老产业发展行动，发展数字化智能产品及家庭服务机器人等产品，满足老年人健康和养老需求。8 月 3 日，国家市场监督管理总局发布《药品网络销售监督管理办法》，在保障药品质量安全、方便群众用药、完善药品网络销售监督管理制度设计等方面，对药品网络销售管理、第三方平台管理及各方责任义务等作出规定。8 月 8 日，国家卫生健康委员会、国家中医药管理局、国家疾控局联合发布《医疗卫生机构网络安全管理办法》，明确了各医疗卫生机构网络及数据安全管理的基本原则、管理分工、执行标准、监督及处罚要求，贯穿了全生命周期管理的主导思想，要求建立网络安全管理制度体系和防护、监测、处置、保障四个体系协同的综合防控格局，进一步规范了医疗卫生机构网络和数据安全管理，有助于促进"互联网+医疗健康"发展。

5. 互联网政策法规和经济发展深度融合，促进经济发展新动能培育

1）工业互联网政策措施进一步细化完善

2022 年 7 月 29 日，科学技术部、教育部、工业和信息化部、交通运输部、农业农村部、国家卫生健康委员会六部门联合发布《关于印发〈关于加快场景创新以人工智能高水平应用促进经济高质量发展的指导意见〉的通知》。《关于加快场景创新以人工智能高水平应用促进经济高质量发展的指导意见》对推动经济高质量发展提出了系统意见，为统筹推进人工智能场景创新，着力解决人工智能重大应用和产业化问题，全面提升人工智能发展质量和水平，更好地支撑高质量发展提供了政策指引和制度安排。8 月 25 日，工业和信息化部办公厅印发《5G 全连接工厂建设指南》，提出"十四五"时期，主要面向原材料、装备、消费品、电子等制造业各行业以及采矿、港口、电力等重点行业领域，推动万家企业开展 5G 全连接工厂建设，建成 1000 个分类分级、特色鲜明的工厂，打造 100 个标杆工厂，推动 5G 融合应用纵深发展。11 月 21 日，工业和信息化部、国家发展和改革委员会、国务院国资委发布《关于巩固回升向好趋势加力振作工业经济的通知》，指出要推动新一代信息技术与制造业深度融合，加快发展数字经济，深入实施智能制造工程，开展智能制造试点示范行动，加快推进装备数字化，向智能化、绿色化和服务化转型，深入开展工业互联网创新发展工程，实施 5G

行业应用"十百千"工程，深化"5G+工业互联网"融合应用，加快5G全连接工厂建设，推动各地高质量建设工业互联网示范区和"5G+工业互联网"融合应用先导区。

2）电子商务政策法规推动电子商务高质量发展

2022年4月25日，国务院办公厅发布《关于进一步释放消费潜力促进消费持续恢复的意见》，提出创新消费业态和模式，加快线上线下消费有机融合，有序引导网络直播等规范发展。深入开展国家电子商务示范基地和示范企业创建。充分挖掘县乡消费潜力，深入实施"数商兴农""快递进村"和"互联网+"农产品出村进城等工程，鼓励和引导电商平台向农村延伸。加快健全消费品流通体系，进一步完善电子商务体系和快递物流配送体系。6月1日，商务部、国家邮政局、国家互联网信息办公室、国家发展和改革委员会、农业农村部、国家市场监督管理总局、国家乡村振兴局、中华全国供销合作总社八部门联合发布《关于加快贯通县乡村电子商务体系和快递物流配送体系有关工作的通知》，强调要加快贯通县乡村电子商务体系和快递物流配送体系，建设一批农村电商快递协同发展示范区，争取到2025年，农村电子商务、快递物流配送覆盖面进一步扩大，县乡村电子商务体系和快递物流配送体系更加健全，农产品出村进城、消费品下乡进村的双向流通渠道更加畅通。8月8日，国家互联网信息办公室、农业农村部、工业和信息化部、国家市场监督管理总局发布《数字乡村标准体系建设指南》，要求在农村电商标准建设方面，重点开展农产品电商仓储物流数字化标准、农产品电商交易标准、农产品电商数字化质量认证标准、农产品冷链标准的研制。

2022年4月6日，中国银保监会办公厅发布《关于2022年进一步强化金融支持小微企业发展工作的通知》，提出银行业金融机构要切实加大对个体工商户的信贷投放，对依照《电子商务法》《无证无照经营查处办法》等法律法规规定无须申领营业执照的个体经营者，应比照个体工商户，在同等条件下给予金融支持。9月15日，国务院办公厅发布《关于进一步优化营商环境降低市场主体制度性交易成本的意见》，着力优化跨境贸易服务。支持有关地区搭建跨境电商一站式服务平台，为企业提供优惠政策申报、物流信息跟踪、争端解决等服务。探索解决跨境电商退换货难问题，优化跨境电商零售进口工作流程，推动便捷快速通关。

2022年2月8日，《国务院关于同意在鄂尔多斯等27个城市和地区设立跨境电子商务综合试验区的批复》正式发布，在鄂尔多斯市、扬州市、镇江市等27个地区设立综合试验区。此次扩围后，综合试验区在江苏、浙江、广东三省实现全覆盖。11月24日，《国务院关于同意在廊坊等33个城市和地区设立跨境电子商务综合试验区的批复》正式发布，同意在廊坊市、枣庄市、拉萨市等33个城市和地区设立跨境电子商务综合试验区。至此，中国跨境电子商务综合试验区数量达到165个，覆盖31个省份。《国务院关于同意在廊坊等33个城市和地区设立跨境电子商务综合试验区的批复》还提出要进一步完善跨境电子商务统计体系，实行对综合试验区内跨境电子商务零售出口货物按规定免征增值税和消费税等支持政策。

3）网络直播政策规范促进行业健康发展

2022年3月25日，国家互联网信息办公室、国家税务总局、国家市场监督管理总局联合发布《关于进一步规范网络直播营利行为促进行业健康发展的意见》，提出网信部门要加强网络直播账号注册管理和账号分级分类管理，网络直播平台、网络直播服务机构应依法履行个人所得税代扣代缴义务，开办的企业和个人工作室，应按照国家有关规定设置账簿。5月8日，中央文明办、文化和旅游部、国家广播电视总局、国家互联网信息办公室四部门发布

《关于规范网络直播打赏加强未成年人保护的意见》，旨在保护未成年人的身心健康，要求严格落实网络实名制，禁止为未成年人提供各类打赏服务；加强主播账号注册审核管理，不得为未满 16 周岁的未成年人提供网络主播服务；进一步优化升级网站平台青少年模式；要求网站平台应建立未成年人专属客服团队；严格规范榜单、礼物等重点功能应用，全面取消各类打赏榜单；加强未成年人上网高峰时段的管理；加强网络素养教育。6 月 22 日，国家广播电视总局、文化和旅游部联合发布《网络主播行为规范》，列举了网络主播在提供网络表演及视听节目服务过程中不得出现的 13 种行为，提出对于需要较高专业水平的直播内容，主播应取得相应执业资质。结合当前新技术发展，《网络主播行为规范》还将利用人工智能技术合成的虚拟主播列入了参照执行的范围。

　　4）网络预约出租车监管制度快速推进

　　2022 年 2 月 7 日，交通运输部、工业和信息化部、公安部、人力资源和社会保障部、中国人民银行、国家税务总局、国家市场监督管理总局、国家互联网信息办公室八部门联合修订发布《关于加强网络预约出租汽车行业事前事中事后全链条联合监管有关工作的通知》，细化了全链条联合监管流程，将事中事后监管流程细分为发起、上报、处置等环节，要求地方有关部门优化服务流程，严把行业准入关，督促网约车平台公司不得接入未取得相应出租汽车许可的驾驶员和车辆。探索建立多方协同的治理机制，加强网约车行业联合监管应急响应和处置。5 月 24 日，交通运输部发布《关于印发〈网络预约出租汽车监管信息交互平台运行管理办法〉的通知》，旨在加强网约车监管信息交互平台的运行管理工作，规范数据传输，进一步提高网约车行业监管效能。修订后的《网络预约出租汽车监管信息交互平台运行管理办法》要求地方通过道路运政管理系统与网约车监管信息交互平台对接，鼓励各级交通运输部门加强网约车行业运行监测分析并公开发布分析结果等内容，增加定期公开、个人信息保护、数据传输测评等内容，明确各网约车平台公司按照相关规定传输数据。11 月 30 日，交通运输部、工业和信息化部、公安部、商务部、国家市场监督管理总局、国家互联网信息办公室发布《关于修改〈网络预约出租汽车经营服务管理暂行办法〉的决定》。修改后的《网络预约出租汽车经营服务管理暂行办法》删除了未按照规定携带网络预约出租汽车运输证、驾驶员证行为的罚款规定，对未取得网络预约出租汽车运输证、驾驶员证从事网约车经营活动等行为的罚款数额予以下调。

撰稿：董宏伟、周韫哲
审校：王磊

第31章 2022年中国网络知识产权保护状况

31.1 发展现状

1. 知识产权助力我国创新发展战略有效实施

知识产权作为创新的重要载体，在助力产业创新发展中发挥着更加重要的作用。一方面，我国知识产权创新产出不断增强。截至 2022 年年底，我国国内拥有有效发明专利的企业达 35.5 万家，较 2021 年增加 5.7 万家，拥有有效发明专利 232.4 万件，同比增长 21.8%。其中，高新技术企业、专精特新"小巨人"企业拥有有效发明专利 151.2 万件，占国内企业拥有总量的 65.1%，较 2021 年同期提高 0.5 个百分点；我国有效商标注册量达到 4267.2 万件；我国集成电路布图设计累计发证 6.1 万件[1]。另一方面，我国数字领域技术创新更加活跃。截至 2022 年年底，我国信息技术管理、计算机技术等数字技术领域有效发明专利增长最快，同比增长分别达到 59.6%和 28.8%。2022 年，我国数字经济核心产业发明专利授权量为 32.5 万件，同比增长 17.9%，专利储备不断增强[2]。根据世界知识产权组织发布的《2022 年全球创新指数》，中国近年来的创新能力持续提升，2022 年中国创新能力综合排名升至全球第 11 位，较 2021 年提升 1 位。世界知识产权组织总干事邓鸿森在《2022 年全球创新指数》发布会上表示，"中国以非常全面的方式创建创新生态系统，这是中国成功的一个重要因素"[3]。

2. 新兴领域知识产权保护规则逐步探索明晰

对于新兴行业如 NFT[4]数字藏品、网络直播、数据要素等，知识产权保护规则逐步明晰，助力行业健康发展。2022 年 4 月，杭州互联网法院作出国内"NFT 数字藏品"第一案的一审判决[5]，法院在当前法律没有明确规定的情况下，通过个案一定程度上明晰了 NFT 数字作品

---

1 资料来源：国务院新闻办 2022 年知识产权相关工作情况发布会。

2 资料来源：同注释 1。

3 新华社："世界知识产权组织：中国在创新领域全球排名稳步提升。"

4 NFT 即非同质通证，是 Non-fungible Token 的简称，其本质上是一张权益凭证。

5 （2022）浙 0192 民初 1008 号，关于原告深圳奇策迭出文化创意有限公司诉被告杭州原与宙科技有限公司侵害作品信息网络传播权纠纷一审判决。

铸造、交易的法律性质，以及 NFT 数字作品交易平台的属性及责任认定等难点问题。对于前者，法院认为 NFT 数字作品铸造、交易涉及对 NFT 数字作品的复制、出售和信息网络传播三方面行为，并且 NFT 数字作品交易并不适用权利用尽原则；对于后者，法院认为对于 NFT 数字作品交易平台，其责任的承担应结合 NFT 数字作品的特殊性及 NFT 数字作品交易模式、技术特点，平台控制能力、营利模式等方面来综合评判平台的责任边界。2022 年 6 月，国家广播电视总局、文化和旅游部联合发布《网络主播行为规范》，明确网络主播应当遵守知识产权相关法律法规，自觉尊重他人知识产权。2022 年 9 月 29 日，《浙江省知识产权保护和促进条例》正式发布，明晰对经过一定算法加工、具有实用价值和智力成果属性的数据进行保护，探索建立数据相关知识产权保护和运用制度。2022 年 11 月，《北京市数字经济促进条例》正式公布，专款设置了知识产权内容，明确知识产权等部门应当执行数据知识产权保护规则，开展数据知识产权保护工作，建立知识产权专利导航制度等。同月，深圳市市场监督管理局印发《数据知识产权登记试点工作方案》，明确为经过一定规则处理的、具有商业价值的非公开数据提供数据知识产权登记服务。

3. 积极融入全球知识产权治理进程

2022 年 5 月，《工业品外观设计国际注册海牙协定》（以下简称《海牙协定》）、《关于为盲人、视力障碍者或其他印刷品阅读障碍者获得已出版作品提供便利的马拉喀什条约》（以下简称《马拉喀什条约》）对我国生效。《海牙协定》是用于保护工业产品外观设计的一项国际条约；《马拉喀什条约》作为目前国际上唯一一部版权领域的人权条约，旨在为阅读障碍者提供获得和利用作品的机会，从而保障其平等获取文化和教育的权利。为推动《马拉喀什条约》的有效实施，2022 年 8 月，国家版权局印发《以无障碍方式向阅读障碍者提供作品暂行规定》，进一步发挥著作权促进阅读障碍者平等参与社会生活、共享文化发展成果的作用。国家知识产权局新闻发言人曾燕妮表示：两部国际条约的生效实施，是我国加强知识产权国际合作的重要成果，标志着中国向深度参与世界知识产权治理迈出了新的步伐[1]。

31.2　细分领域

1. 专利

其一，我国专利数量增长态势稳中有降。2022 年全年我国共授权专利 432.3 万件，其中发明专利 79.8 万件，实用新型专利 280.4 万件，外观设计专利 72.1 万件。如图 31.1 所示，虽然 2022 年全年我国共授权专利相较于 2021 年全年我国共授权专利 460.2 万件稍有下降，但是长期来看，我国专利数量稳步增长态势显著。

其二，我国发明专利结构与质量持续优化。截至 2022 年年底，我国发明专利有效量为 421.2 万件。其中，国内（不含港澳台）发明专利有效量为 328.0 万件。我国每万人口高价值发明专利拥有量达到 9.4 件。这一数据较 2021 年提高 1.9 件，较"十三五"末期提高 3.1 件。

1　《光明日报》："海牙协定、马拉喀什条约在我国生效实施——参与世界知识产权治理迈出新步伐"。

我国国内企业高价值发明专利拥有量达到 96.8 万件，同比增长 28.7%，占国内总量的 73.1%，比国内有效发明专利中企业所占比重高 4.1 个百分点，企业科技创新主体地位不断强化[1]。

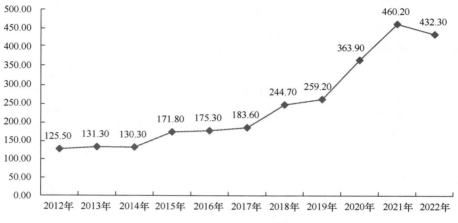

图31.1　我国历年授权专利数量趋势图（万件）

资料来源：国家知识产权局，中国信息通信研究院知识产权与创新发展中心整理绘制。

其三，我国专利运用态势向好。2022 年我国发明专利产业化率为 36.7%，较 2021 年提高 1.3 个百分点，自 2018 年以来逐年稳步上升。实用新型专利产业化率为 44.9%，较 2021 年小幅降低 1.3 个百分点；外观设计专利产业化率为 58.7%，较 2021 年提高 6.4 个百分点[2]。

其四，专利保护意识与成果提升。2022 年，我国专利权人中遭遇过专利侵权的比例为 7.7%，进入"十四五"以来，该比例连续两年低于 8%。2012 年，我国专利权人中遭遇过专利侵权的比例为 28.4%。我国专利权人中遭遇过专利侵权的比例整体呈下降趋势，近两年保持在较低水平，显示我国专利侵权行为得到了有效遏制[3]。

2. 版权

其一，我国作品著作权登记量持续增长。2022 年全国共完成作品著作权登记 4517453 件，同比增长 13.39%。全国作品著作权登记量总体呈现增长趋势，登记量较多的分别是北京市、中国版权保护中心、上海市、江苏省和福建省，登记量占全国登记总量的 56.26%。相较于 2021 年，黑龙江、宁夏、湖南、云南、广西、河北、辽宁等省份的作品著作权登记量增长率超过 100%；山西、江西、甘肃、福建、安徽、青海等省份的作品著作权登记量增长率超过 50%[4]。

其二，计算机软件著作权稍有下降。根据中国版权保护中心计算机软件著作权登记信息

1　资料来源：国务院新闻办 2022 年知识产权相关工作情况发布会。

2　资料来源：国家知识产权局战略规划司、国家知识产权局知识产权发展研究中心，《2022 年中国专利调查报告》。

3　资料来源：同注释 2。

4　资料来源：国家版权局，关于 2022 年全国著作权登记情况的通报。

统计，2022 年全国共完成计算机软件著作权登记 1835341 件，同比下降 19.50%。从各地区登记数量来看，计算机软件著作权登记量较多的省（市）依次为：广东、北京、江苏、上海、浙江、山东、四川、湖北、安徽、福建。上述地区共登记软件著作权约 133 万件，占登记总量的 73%。

其三，我国版权产业规模稳步扩大。如图 31.2 所示，2021 年我国版权产业的行业增加值为 8.48 万亿元，同比增长 12.92%；占 GDP 的比重为 7.41%，比 2020 年提高 0.02 个百分点。2017—2021 年，我国版权产业的行业增加值从 6.08 万亿元增长至 8.48 万亿元，产业规模增幅为 39.43%；从对国民经济的贡献来看，我国版权产业占 GDP 的比重由 2017 年的 7.35% 增长至 2021 年的 7.41%，提高 0.06 个百分点；从年均增长率来看，五年间中国版权产业行业增加值的年均增长率为 8.67%，高于同期全国 GDP 年均名义增长率 0.23 个百分点[1]。

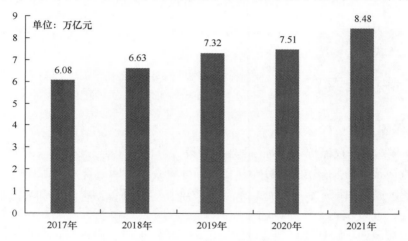

图31.2　我国历年版权产业的行业增加值

资料来源：中国新闻出版研究院，中国信息通信研究院知识产权与创新发展中心整理绘制。

3. 商标

其一，在商标方面，如图 31.3 所示，2022 年我国全年注册商标达到 617.7 万件。完成商标异议案件审查 16.9 万件，完成各类商标评审案件审理 41.2 万件，收到国内申请人提交的马德里商标国际注册申请 5827 件。截至 2022 年年底，我国有效商标注册量为 4267.2 万件。

其二，在地理标志方面，全年批准地理标志产品 5 个。核准地理标志作为集体商标、证明商标注册 514 件，核准使用地理标志专用标志市场主体 6373 家。截至 2022 年年底，我国累计批准地理标志产品 2495 个，核准地理标志作为集体商标、证明商标注册 7076 件。

其三，在集成电路布图设计方面，2022 年全年集成电路布图设计发证 9106 件。截至 2022 年年底，我国集成电路布图设计累计发证 6.1 万件[2]。

1　资料来源：中国新闻出版研究院，"2021 年中国版权产业增加值占到 GDP 的 7.41%"。

2　资料来源：国务院新闻办 2022 年知识产权相关工作情况发布会。

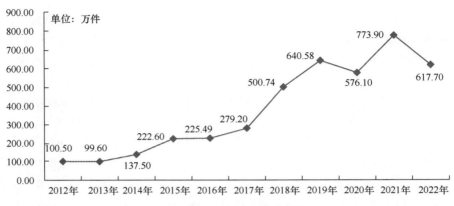

图31.3 我国历年注册商标趋势图

资料来源：国家知识产权局，中国信息通信研究院知识产权与创新发展中心整理绘制。

31.3 保护成果

1. 政策保障

其一，加强知识产权保护、运用的顶层制度设计。2022 年 1 月，国家知识产权局发布《专利和商标审查"十四五"规划》，明确专利和商标审查"十四五"时期工作目标、任务、举措和实施蓝图，提高知识产权审查质量和审查效率。2022 年 5 月，国家知识产权局发布《关于印发专利开放许可试点工作方案的通知》，通过充分发挥市场机制在知识产权要素发展中的作用，助力知识产权转移转化与有效运用。2022 年 11 月，国家知识产权局发布《深入实施〈关于强化知识产权保护的意见〉推进计划》，明确了 2022—2025 年落实《关于强化知识产权保护的意见》的重点任务和工作措施，以切实支撑我国知识产权强国的建设。

其二，政策引导加强优质版权内容供给与保护。2022 年 1 月，中央网信办、中央宣传部等十六部门联合公布国家区块链创新应用试点名单，落实国家关于推动产业数字化转型的重要部署，指导试点单位依托区块链技术，为版权登记、授权管理、版权交易、版权运营及版权保护等版权产业链相关业务提供解决方案。2022 年 4 月，中共中央宣传部印发《关于推动出版深度融合发展的实施意见》，提出要立足扩大优质内容供给、创新内容呈现传播方式、打造重点领域内容精品，强化出版融合发展内容建设；要着眼加强前沿技术探索应用、促进成熟技术应用推广、健全科技创新应用体系，充分发挥技术对出版融合发展的支撑作用。这是中宣部首次就出版融合发展领域专门发布的政策文件，为出版单位探索融合发展新模式、新业态、新领域提供了行动指引。

其三，政策引导加强商业秘密保护。2022 年 3 月，国家市场监督管理总局发布《全国商业秘密保护创新试点工作方案》，提出以加强商业秘密保护制度创新、健全商业秘密保护工作机制、对标高标准国际经贸规则等主要任务为牵引，强化知识产权保护、推动我国经济创新与高质量发展。

2. 立法完善

其一，进一步完善知识产权案件管辖、商标注册等制度。2022 年 4 月，最高人民法院发布《关于第一审知识产权民事、行政案件管辖的若干规定》，进一步完善知识产权案件管辖制度，合理定位四级法院审判职能。2022 年 1 月，国家知识产权局正式发布《商标注册申请快速审查办法（试行）》，通过完善商标审查制度以更好地满足市场主体差异化需求。

其二，加强对网络不正当竞争行为规制的立法完善。2022 年 3 月 17 日，《最高人民法院关于适用〈中华人民共和国反不正当竞争法〉若干问题的解释》（以下简称《解释》）发布，自 2022 年 3 月 20 日起施行。《解释》第二十一条与第二十二条及时总结现有司法实践经验，对网络不正当竞争行为的法律适用条件进行了适当细化，为市场主体明晰自身的行为边界提供了指引，同时也为市场主体积极创新留出了足够的发展空间。2022 年 11 月，国家市场监督管理总局起草的《中华人民共和国反不正当竞争法（修订草案征求意见稿）》（以下简称《修订草案》），正式向社会公开征求意见。《修订草案》结合数字经济领域竞争行为的特点，针对数据获取和使用中的不正当竞争行为、利用算法实施的不正当竞争行为，以及阻碍开放共享等网络新型不正当竞争行为作出了详细规定。同时，《修订草案》对判断经营者是否构成不正当竞争行为，明晰了具体的考量因素，有效增强了我国法律制度的可预期性。

3. 执法保护

其一，充分发挥行政执法的优势，加强知识产权保护力度与效率。2022 年，国家知识产权全年办理专利侵权纠纷行政案件 5.8 万件，办理维权援助申请 7.1 万件，受理纠纷调解 8.8 万件。2022 年，国家知识产权局在全国新建十家国家级知识产权保护中心和快速维权中心，我国国家级知识产权保护中心和快速维权中心已达 97 家。此外，监管机构通过约谈等方式，快速、及时回应社会热点需求，规范市场良性竞争。例如，2022 年 1 月，国家版权局约谈主要唱片公司、词曲版权公司和数字音乐平台等，引导数字音乐产业各方共同推动构建数字音乐版权良好生态，促进中国数字音乐市场繁荣健康发展。

其二，组织专项行动，加强对网络知识产权的保护。例如，在版权保护方面，2022 年，国家版权局、工业和信息化部、公安部、国家互联网信息办公室联合组织开展打击网络侵权盗版"剑网 2022"专项行动，重点整治非法传播冬奥赛事节目行为、电影盗录传播违法犯罪行为，以及文献数据库、短视频和网络文学、NFT 数字藏品、"剧本杀"等重点领域侵权盗版行为。全国各级版权执法部门共检查实体市场相关单位 65.35 万家，查办侵权盗版案件 3378 件（网络案件 1180 件），删除侵权盗版链接 84.62 万条，关闭侵权盗版网站（App）1692 个，处置侵权账号 1.54 万个，版权环境进一步净化。又如，在商标保护方面，2022 年，国家知识产权局持续推进严厉打击商标恶意注册的行为，强化整治以"囤商标""傍名牌""搭便车""蹭热点"为突出表现的商标恶意囤积和商标恶意抢注行为。

4. 司法保护

其一，司法机关以利益平衡与促进行业创新发展为导向，加强网络知识产权保护与网络前沿问题的司法引导。以网络音乐的著作权保护为例，2018 年 9 月 9 日至 2022 年 11 月 30 日，北京互联网法院共受理网络音乐著作权纠纷 4560 件。被诉案件量居前十位的主体均为平台运营商，涉及案件 2351 件，占收案总数的一半以上。被诉案件量居前十位的主体中，在线音乐平台占据多数，属于侵权重灾区；短视频平台继在线音乐平台之后，侵权案件亦呈多发态势。对此态势，司法机构基于准确适用署名推定与优势证据规则，切实维护网络原创音乐人利益；明确界定网络用户音乐侵权使用方式，防止类型化侵权现象蔓延；坚持双向、动态的利益平衡原则确定平台责任，寻求著作权保护与平台经济发展的动态平衡等先进的裁判理念，切实有效地促进了我国网络音乐产业与平台经济共同发展[1]。又如，在数据知识产权保护方面，最高人民法院知识产权法庭规范引导互联网行业有序发展，积极服务数字经济发展。例如，在"驱动精灵 V9.2"计算机软件侵权案[2]中，最高人民法院规范软件下载平台传播免费软件行为；在"爬虫平台数据信息"技术秘密侵权案[3]中，最高人民法院明确平台数据信息可以作为技术秘密保护客体，强化对平台经营者通过合法经营形成的具有竞争优势和竞争价值的数据权益保护；在"有客多"小程序源代码技术秘密侵权案[4]中，明确可综合考虑涉案技术秘密的研究开发成本、实施该技术秘密的收益、可得利益、可保持竞争优势额度时间等因素酌定技术秘密商业价值，进而作为确定赔偿数额的依据之一[5]。又如，在知识产权具体保护方式上，法院也积极作为、有效创新。在央视国际网络有限公司诉北京微播视界科技有限公司、上海二三四五网络科技有限公司著作权侵权及不正当竞争纠纷一案中，上海市浦东新区人民法院创新探索"部分先行调解"，对当事人围绕部分诉讼请求达成的调解协议出具先行调解书，有效保护了北京冬奥会赛事节目的知识产权。

其二，检察机关强化顶层设计，持续推进新时代网络知识产权保护工作。2022 年 3 月，《最高人民检察院关于全面加强新时代知识产权检察工作的意见》发布，明确新时代知识产权检察工作的指导思想、基本原则、目标任务和具体举措。为加快构建新兴产业新业态知识产权规则体系，加强网络空间知识产权保护，检察机关通过技术调查官、特邀检察官助理、专家论证等制度，依法加强对计算机软件、网络域名、数字内容作品等网络知识产权保护[6]。2022 年，检察机关倾力服务创新驱动发展，深化知识产权刑事、民事、行政检察一体履职，强化综合保护。起诉侵犯知识产权犯罪 1.3 万人，办理知识产权民事行政诉讼监督案件 937 件，同比上升 72.2%[7]。截至 2022 年年底，全国共有 29 个省级检察院成立了知识产权检察部门[8]。

其三，加强规则引导，为市场主体提供稳定预期与清晰的行为指引。例如，2022 年 8 月，北京知识产权法院发布《计算机软件著作权民事案件当事人举证手册》，该手册结合计算机软件著作权民事案件（包含计算机软件著作权权属纠纷、侵害计算机软件著作权纠纷和计算机软件合同纠纷三类民事案件）的特点，对当事人关心的焦点与难点问题通过问答的形式予

---

1 北京互联网法院：北京互联网法院召开网络音乐著作权案件审理情况新闻发布会。

2（2020）最高法知民终 1567 号民事判决书。

3（2021）最高法知民终 1687 号民事判决书。

4（2021）最高法知民终 2298 号民事判决书。

5 参见最高人民法院，《最高人民法院知识产权法庭年度报告（2022）》。

6 法治日报法治网专访宫鸣：打造全链条知识产权检察保护新格局，引自：最高检公众号。

7 资料来源：检察日报，2022 年检察机关起诉侵犯知识产权犯罪 1.3 万人。

8 法治日报法治网专访宫鸣：打造全链条知识产权检察保护新格局，引自：最高检公众号。

以回应，引导当事人更好地诉讼及完成举证。又如，2022 年 8 月 15 日，杭州市滨江区人民检察院出台浙江省首个《侵犯商业秘密刑事案件审查指引》，对商业秘密的审查与认定、侵犯商业秘密事实的审查与认定、侵犯商业秘密罪的定罪量刑情节审查和认定、商业秘密刑事案件中共同犯罪的认定等问题，提供了详尽、系统的规则指引。

5. 社会共治

产业主体积极携手探索知识产权最佳合作模式。第 51 次《中国互联网发展状况统计报告》数据显示，截至 2022 年 12 月，我国短视频用户规模首次突破 10 亿人，用户使用率高达 94.8%。伴随着短视频快速发展成长为"全民应用"，数字版权成为困扰行业健康发展的关键问题。2022 年，长视频与短视频产业主体之间尝试开展版权合作，积极解决版权侵权问题，包括抖音与搜狐视频达成合作、快手与乐视视频达成合作、抖音与爱奇艺达成合作。产业主体积极参与版权生态的治理，对于我国版权产业的健康发展具有重要的意义。

撰稿：李梅、李文宇、毕春丽
审校：冯骏

第32章　2022年中国网络安全状况

32.1　网络安全形势

1. 统筹发展和安全，数字安全成为数字发展战略保障

伴随数字化的深入发展，数字时代安全的基础性、全局性地位持续凸显，数字安全逐渐成为战略趋势，是保障线上网络安全治理和线下经济社会稳定运行的核心动力源。党的二十大提出"以新安全格局保障新发展格局"，强调"加快建设数字中国、加快发展数字经济"的同时，要求"推进国家安全体系和能力现代化，坚决维护国家安全和社会稳定"。2022年，国务院印发《"十四五"数字经济发展规划》，提出着力强化数字经济安全体系，保障数字经济发展安全。为满足新时代发展要求、保障数字化新发展格局，网络安全向数字安全新格局加速演变，驱动数字安全体系和能力建设发展，数字安全不仅需保障线上网络空间安全可靠运转，还需保障与其相关联的线下物理空间运行秩序稳定，保障重点涵盖数字技术应用安全、数字平台使能安全、数据要素流通共享安全、网络物理融合安全等领域，从而确保全社会各领域数字化深入发展。

2. 数据安全治理趋向精细化，护航数据要素价值释放

全球数字化转型不断深化，数据价值持续提升、应用场景更加丰富，数据安全的基础保障作用也日益凸显，带动数据安全需求爆发式增长。2022年，我国在构建多层次数据安全法律体系的基础上，大力推动《数据安全法》落地实施，在现有制度框架的基础上探索构建精细化的数据安全治理能力。一是在国家层面，2021年正式出台的《数据安全法》完善了我国数据安全治理体系中最重要的一块拼图，2022年作为其实施的首个完整之年，数据安全管理认证、数据出境评估等配套政策法规和标准规范陆续发布。2022年12月，中共中央、国务院印发了《关于构建数据基础制度 更好发挥数据要素作用的意见》（以下简称《数据二十条》），强调建立安全可控、弹性包容的数据要素治理制度。《数据二十条》以基础制度破解数据要素价值释放中的基础性问题，将有效促进数据流通交易安全，激活数据要素潜能。二是在行业层面，结合行业领域特点细化本领域数据安全要求，积极落实《数据安全法》。例如，工业和信息化部率先出台《工业和信息化领域数据安全管理办法（试行）》，为行业数据安全监管提供制度保障。三是在地方层面，浙江、上海、江苏、山东等多个省份纷纷出台数

据相关条例，对数据赋能产业、安全保护等内容进行规制。

3. 工业互联网应用日益深入，安全保障体系建设步伐加快

制造业数字化转型加速工业互联网安全体系化布局。工业互联网在推高数据和应用价值的同时，也导致网络安全风险暴露面不断扩大。随着工业互联网向 45 个国民经济大类、研产供销服全环节加速应用渗透，网络安全风险向工厂内外、供应链上下游扩散蔓延。工厂内海量工业系统和设备加速联网，IT 与 OT 加快融合，工厂外数据要素市场化推动工业价值链—业务链—供应链升级，导致网络攻击蔓延直达工业生产一线。为夯实制造业数字化的基石底座，工业互联网融合应用向行业拓展，安全体系建设加速。一方面，工业互联网安全分类分级管理持续深化，分类施策、分级防护的安全管理模式进一步向行业、区域落地；另一方面，"工业互联网安全深度行"在全国范围内开展，技术、应急、人才、产业整体推进，工业互联网安全保障能力加速提升。

4. 车联网安全保障能力重要性凸显，安全管理落地推进

汽车领域正在向智能、网联、共享、电动的"新四化"方向发展，自动驾驶、智能座舱、互联科技等数字化功能正加速登陆汽车产品，全程联网的车机应用和"数以 T 记"的行车数据，给汽车行业数据安全带来全新挑战。车联网安全管理加快落地推进，政策和标准体系逐步完善。一是车联网安全标准建设取得新进展，工业和信息化部制定并发布了《车联网网络安全和数据安全标准体系建设指南》，明确车联网安全标准体系建设框架，提出了百余项安全标准项目。二是汽车数据管理加快落实，进一步规范汽车数据处理和出境活动。中央网信办等五部门发布《汽车数据安全管理若干规定（试行）》，倡导汽车数据处理者在开展汽车数据处理活动中坚持"车内处理""默认不收集""精度范围适用""脱敏处理"等数据处理原则，减少对汽车数据的无序收集和违规滥用。三是车联网网络安全防护定级备案、车联网卡实名登记等工作常态化开展，将全面覆盖所有的主要车联网企业。截至 2022 年年底，全国已有 280 余家车联网企业开展定级备案工作。

32.2　网络安全监测情况

根据有关全国范围内（不含港澳台地区）公共互联网和工业互联网网络安全监测数据，主要发现以下几个方面的情况。

1. 网络安全事件数量整体同比下降

一是分布式拒绝服务（DDoS）攻击事件显著下降。截至 2022 年年底，数据显示 DDoS 攻击事件总计 50 余万起，同比略降低，各月发生量相对平稳。从攻击特征来看，短时高频攻击占比仍然较高，其中 5～10 分钟攻击最多，约占 50%，同比增幅最大，超过 80%；其次为小于 5 分钟和 10～30 分钟攻击。从攻击流量来看，1～5Gbps 的攻击最多，占比约为 35%，其中 3 月达到 2022 年的峰值；200～300Gbps 的攻击增幅最大，同比增长超过 4 倍，其次为 10～20Gbps，同比增长近 3 倍。从攻击类型来看，SSDP Amplification 和 UDP Flood 类攻击最多，共占比超过 70%。

二是主机受控事件大幅降低。截至 2022 年年底，数据显示主机受控事件约 1 万余起，

同比下降约 80%，且呈现波动下降态势，其中 6 月最高，占比超过全年总数的 15%。

2. 恶意程序呈现总体大幅下降趋势

一是计算机恶意程序数量降低。截至 2022 年年底，数据显示计算机恶意程序近 2000 个，均为木马程序，同比下降近 20%，其中 7 月和 9 月数量最多。从家族分布角度来看，共涉及恶意程序家族近 500 个，同比下降近 10%，其中 Trojan.Malware.300983、Win32.Troj.Undef、Trojan.Win32.Save 等数量较多。

二是手机恶意程序大幅降低。截至 2022 年年底，数据显示手机恶意程序为 6000 余个，同比下降近 80%，其中 1 月最多，占全年总数的近 20%。从手机恶意程序种类来看，主要是 A.Fraud.loanAppsa.a 和 A.Rogue.badadgametools.a。从行为特征来看，以流氓行为为主，约占全年总数的 60%，其次为诱骗欺诈和系统破坏，占比超过全年总数的 35%。

3. 恶意网络资源数量同比增幅明显

一是恶意 IP 地址数量小幅增长。截至 2022 年年底，数据显示恶意 IP 地址为 300 余万个，同比增长约 20%，其中 3 月最多，约占全年总数的 15%。恶意 IP 地址类型主要以安全探测和恶意程序传播为主。

二是恶意域名/URL 大幅增长。截至 2022 年年底，数据显示恶意域名/URL 近 600 万个，同比增长超过 1 倍，其中 9 月最多，约占全年总数的 20%。从类型来看，主要为恶意程序传播域名/URL，约占全年总数的 45%，其次为恶意程序控制端和放马域名/URL，约占全年总数的 20%。

4. 针对工业互联网的恶意网络攻击小幅增长

一是工业互联网攻击数量同比小幅增长。截至 2022 年年底，数据显示针对工业互联网的恶意网络攻击共 7000 余万次，同比增长约 20%。

二是典型网络安全威胁加速向工业互联网领域渗透。截至 2022 年年底，数据显示僵尸网络感染、非法外联通信、木马后门感染行为等恶意网络行为数量均超过 1000 万次，约占全年总数的 80%。

32.3　网络安全产业

1. 我国网络安全产业处于快速成长期，区域市场格局初现

在国家经济稳定恢复、行业企业对网络安全的重视程度持续提升的大背景下，我国网络安全产业处于快速成长期，中国信息通信研究院预测，2022 年我国网络安全产业规模接近 2200 亿元[1]；从长期发展趋势来看，近五年我国产业规模平均增速高出全球 4～5 个百分点[2]，产业发展活力显著增强。部署的产品形态结构正在发生渐进式调整，以终端安全、身份管理与访问控制等为代表的软件产品在网络安全销售中的占比快速增加，反映出行业用户安全产

---

1 产业规模数据以国家统计局、工业和信息化部等相关单位公布的网络安全收入或增加值相关数据为基础，通过中国信息通信研究院网络安全产业规模测算框架进行综合测算得出。若相关基础数据由于规模以上入统企业数量或企业年度审计数据变动等原因发生调整，则后续将对相关测算数据进行同步调整。

2 资料来源：根据中国信息通信研究院、Gartner 数据综合计算得出。

品部署从重硬轻软到软硬结合的优化。

各地区网络安全市场稳步发展，区域市场格局基本形成。地区网络安全投入与信息化建设和经济发展水平密切相关。如图 32.1 所示，中国信息通信研究院 2022 年调研发现，华北、华东、华南是网络安全市场发展的核心区域，三大区域合计市场份额占比超过 70%。与 2021 年相比，华北区域、华东区域市场份额均提升 5 个百分点，并且华东区域超过华南区域，成为国内第二大区域市场。华北和华东区域市场份额的提升，得益于区域政府在网络安全方面的发展与促进计划。例如，近年来，北京、上海、山东等地均发布了网络安全相关指引规划，强调保障网络安全建设合理投入，提升区域网络安全产业创新活力。

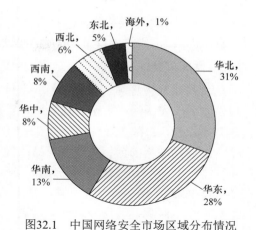

图32.1　中国网络安全市场区域分布情况

资料来源：中国信息通信研究院网络安全产业调研。

2. 网络安全保障赋能作用凸显，重要行业安全能力加速构建

随着数字化、网络化、智能化的深入推进，网络安全对各行各业的保障和赋能作用更加凸显，成为行业平稳发展的基础和底线。重要行业的安全能力构建正在加速推进，拉动相关安全建设投资增长。如图 32.2 所示，网络安全企业的用户分布于政府、金融、电信、能源、军工、医疗、教育、交通等众多行业。其中，政府、金融和电信行业在数字化转型过程中，更为重视安全保障，相关的安全建设投资始终位居前列，网络安全企业约有 60% 的营业收入来源于上述三大行业。与 2021 年相比，来自政府、电信行业的营收比例小幅下降，来自金融行业的营收有所提升。近年来，金融行业在数字设施建设和服务模式创新进程中，进一步增加了对网络安全风险的应对要求。例如，金融科技平台安全防护、区块链漏洞治理等，直接拉动相关安全建设支出明显提升。对于电信运营商而言，为满足《网络安全法》《关键信息基础设施安全保护条例》等法律法规提出的更高要求，同时更好地服务于业务转型，其安全能

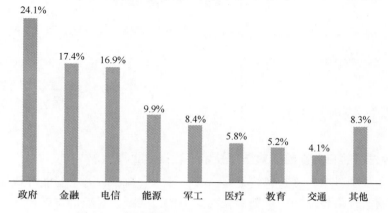

图32.2　中国网络安全市场行业用户分布情况

资料来源：中国信息通信研究院网络安全产业调研。

力的构建不再单纯地依赖于传统的从第三方采购网络安全产品及服务这种模式,更多的是发挥自身数据资源、网络技术等方面优势,通过自主研发、技术合作等方式构建核心安全保障能力。

3. 网络安全企业加速布局数据安全、工业互联网等重要方向

随着整体 ICT 环境创新变革,攻击技术和安全威胁演进升级,促使安全技术和防御思路适应性发展。我国网络安全企业紧跟安全技术发展浪潮,锻造自身技术产品优势,相关研发投入高速增长,头部企业 2020—2022 年研发费用平均增速超过 30%[1]。如图 32.3 所示,数据安全、工业互联网安全相关技术产品成为 2023—2025 年网络安全企业重点研发方向。伴随着《数据安全法》《个人信息保护法》等法律法规的出台,数据安全相关技术热度大幅攀升,在 2023—2025 年网络安全企业重点研发方向词云图中,"数据"相关词频最高,涉及隐私计算、数据流转监测、数据分级分类、数据共享交换等细分领域。目前,中国工业互联网产业规模超过万亿元大关,对安全保障的需求与日俱增,因此工业互联网安全相关技术产品也成为网络安全企业重点研发方向之一,涉及安全靶场、漏洞挖掘、智能防护平台等多个细分领域。此外,零信任、云安全、检测与响应、运营与托管、应用与开发安全等也成为 2023—2025 年网络安全企业重点布局的技术方向。

图32.3　2023—2025年网络安全企业重点研发方向词云图

资料来源:中国信息通信研究院网络安全产业调研。

32.4　网络安全挑战

1. 勒索攻击威胁日益严峻,对防御技术手段提出更高要求

当前,数字基础设施建设跨越式发展,云计算、大数据、人工智能等新技术快速普及应用,有组织的网络攻击越发频繁,勒索软件攻击持续活跃,对经济发展和社会稳定甚至国家

---

1 资料来源:中国信息通信研究院根据公开资料计算得出。

安全的威胁影响逐渐扩大。一是勒索攻击使用的加密手段越来越复杂多样，绝大多数攻击为非对称加密，很难被反向破解。此外，一些加密算法虽为公开版，但依靠现有算力或暴力破解在技术上依然无法实现。二是隐蔽变异快，为勒索防护提出巨大挑战。一方面，勒索攻击善于利用各种伪装进行入侵，主要借助尚未发现的网络攻击策略、技术和程序，防御难度进一步升级；另一方面，勒索软件种类繁多，且处于不断变异中，攻击者根据防护策略升级，不断改进勒索软件变体以逃避侦查。三是攻击路径和传播渠道多元化。例如，通过弱口令、暴力破解等方式获取攻击目标服务器远程登录信息；利用用户对软件供应商的信任关系，通过软件供应链的分发和更新等机制来发起勒索攻击等。

2. 软件供应链风险日益凸显，开源安全成为关注重点

近年来，软件供应链攻击造成的数据泄露、服务中断等问题受到社会广泛关注。2022 年 3 月，勒索组织通过第三方承包公司获得对身份认证管理提供商 Okta 系统的访问权限，对 Okta 客户造成广泛影响[1]。Gartner 预测，到 2025 年全球 45% 的企业机构将遭遇软件供应链攻击，比 2021 年增加 3 倍[2]。软件供应链多元复杂，相关的网络安全风险、完整性风险和开源许可风险交织叠加，带来日益严峻的治理挑战。在网络安全风险方面，软件供应链复杂度高、环节多、流程长，攻击难以及时发现和有效防守。攻击能够借助软件供应链上的信任关系逃避检查，通常很难检测出经官方认证的软件中添加的后门。同时，安全隐患通常深埋于代码，如针对 Log4j2 的恶意攻击数以万计，因被间接调用而难以防守。软件供应链下游用户往往对中游和上游的脆弱性修复鞭长莫及。在完整性风险方面，软件全球化趋势增强，软件间依赖程度增加，软件供应链完整性控制难度随之增大，上游封锁将导致下游断供风险提升。例如，2022 年俄乌冲突中，GitHub 限制俄罗斯开发人员访问开源代码存储库，西方多家科技企业宣布暂缓、终止、暂停在俄罗斯的服务。在开源许可风险方面，当前开源软件被广泛应用，其存在的许可证传染、冲突等风险使用户的不合规使用面临经济赔偿。在敏捷开发要求下，软件开发往往会使用大量开源组件，需同时满足所使用全部开源组件的许可证要求。然而，不同许可证的条款可能会相互冲突，如部分许可证要求新开发软件采用的许可证必须与其组件的许可证一致，并进行开源，导致许可证存在冲突、传染风险。

3. 数据要素更为丰富多元，数据流通面临新威胁、新挑战

丰富多样的数据类型、应用场景和参与主体对数据流通安全带来新的挑战。在数据类型方面，各类音视频、日志、文档等非结构化数据逐渐成为流通对象，数据与服务和算法等结合形成模型化数据、人工智能化数据参与流通。在应用场景方面，数据已融入生产、分配、流通、消费和社会服务管理等各个环节，跨行业、跨地域流通更加频繁。与此同时，参与主体扩大至数据供应方、数据需求方、平台管理方、第三方专业服务机构等多元市场主体。随着数据要素日益丰富多元，数据流通正面临越发严峻的安全威胁。一方面，数据规模化流通应用导致数据资产暴露面显著增加，安全边界持续扩大，数据泄露、滥用等风险日益凸显。云平台、大数据中心等海量数据汇聚节点安全风险突出，如微软被曝因其云服务器配置错误，

1　资料来源：互联网安全内参，《知名身份厂商 Okta 被黑，全球网络空间或又掀血雨腥风》，2022-03-23。

2　资料来源：Gartner，《Gartner 发布 2022 年主要安全和风险管理趋势》，2022-03-17。

导致 2.4TB 客户敏感数据被泄露，全球 6.5 万家公司受到影响。此外，数据流通设施开放互动增强导致防护压力倍增，如算力网络中数据在云、边、端多层次算力节点间传递，存在因节点安全状态不可控导致数据被窃取、篡改等风险。另一方面，以重要数据为标靶的勒索、窃取等攻击事件显著增加，如在俄乌冲突等极限场景下，窃取、破坏对方政府、金融、能源等关键领域数据被视为有效攻击手段。

撰稿：焦贝贝、黄媛媛、戴方芳、葛悦涛、崔枭飞
审校：刘文懋

第 33 章　2022 年中国互联网投融资发展状况

33.1　创业投资及私募股权投资

2022 年，我国互联网创业投资行业并没有延续 2021 年的回暖趋势，虽然监管层出台了多项政策引导股权投资市场规范化发展，鼓励提升直接融资比例，但投资市场仍然处于寒冬季。2022 年，世界经济发展动力不足，国内经济恢复基础有阶段性的波动影响，叠加新冠疫情在多个时间段、在多地呈点状暴发，导致一级市场投资总金额相比 2021 年有较大落差。

从投资项目和金额来看，创投市场进入行业集中度进一步增高的整合与发展阶段，优质资源越来越向头部机构和项目集中。2012—2022 年单笔投资交易金额总体呈现上升趋势，2022 年一级市场投资交易平均单笔金额为 1.43 亿元，但受到世界经济形势不确定性加剧、国内新冠疫情反复等情况影响，2022 年投资机构的投资热情有较大幅度降温。2019—2021 年，我国每年股权投资交易数量逐步回升，2022 年出现大幅下降。其中，2022 年中国新经济一级市场投资交易事件数量共 5213 起，同比下降 31%，新经济投资总额为 7446.2 亿元，同比下降 48%（见图 33.1）。从行业分布情况来看，2022 年国内三大领域的私募股权投资总额超过 1000 亿元，包括先进制造、医疗健康、汽车交通，但对比 2021 年，这三大领域的投资总额均有所下降。相较 2021 年，2022 年融资交易事件、交易金额都实现增长的行业仅有农业、元宇宙和区块链三个行业。其中，元宇宙行业投资案例数量最多，增幅达到 100%以上。从行业融资规模来看，企业服务、电商等传统行业往年的融资交易基数大，2022 年的融资案例数量对比 2021 年有较大幅度下降。个别新兴行业却迎来了迅猛的增长，如元宇宙领域投资交易总额同比增长 175%。此外，教育、物流、广告营销行业的融资金额降幅明显，达到 80%以上。**从投资阶段来看**，早期融资变化明显、私募股权投资（PE）等中后期融资数量占比持续走高。2022 年，种子轮、天使轮等早期投资占比较 2021 年有所下降，B 轮融资事件占比达 21%，与 2021 年相比增长了 6 个百分点，C 轮、D 轮及以后合计占比达到 19%，与 2021 年相比增长了 10 个百分点（见图 33.2）。随着国内对新经济领域的管理政策日益成熟，《反垄断法》等国内法规日益健全，大型新经济公司在选择战略投资标的时更注重选择与自身主业契合度高的投资对象。2022 年，受到二级资本市场股价等方面的影响，战略投资占比较 2021 年有一定程度的降低。

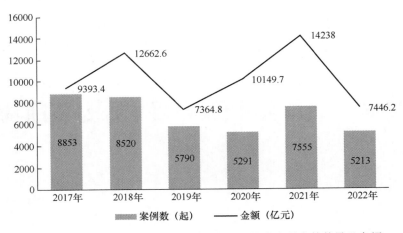

图33.1　2017—2022年中国新经济一级市场投资交易事件数量及金额

资料来源：IT桔子。

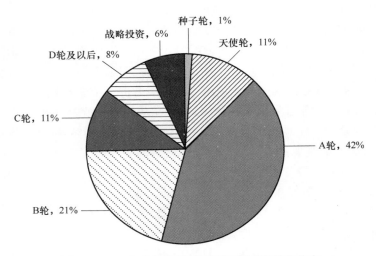

图33.2　2022年中国新经济私募股权融资轮次分布

　　2022年，国家继续坚持促进创业创新发展，增强双创平台服务能力，提高包括股权融资在内的直接融资比重，强化金融投资合规发展，推动中国资本市场向成熟市场演进。在**政府引导基金方面**，2022年10月28日，国家发展和改革委员会印发《关于进一步完善政策环境加大力度支持民间投资发展的意见》，提出要进一步加大政策支持力度，激发民间投资活力。《关于进一步完善政策环境加大力度支持民间投资发展的意见》指出，鼓励国有企业通过投资入股、联合投资、并购重组等方式，与民营企业进行股权融合、战略合作、资源整合，投资新的重点领域项目。支持民间资本发展创业投资，加大对创新型中小企业的支持力度。2022年11月9日，科技部公布的《"十四五"国家高新技术产业开发区发展规划》提出，支持高成长企业发展，支持国家高新区加大瞪羚、独角兽等高成长企业培育力度，引导创业投资、私募股权、并购基金等社会资本支持瞪羚、独角兽等高新企业发展。支持园区培育发展市场化股权投资基金，壮大天使投资、创业投资规模，加强对早期科创企业的扶持。

2022 年 11 月 21 日，中国人民银行、国家发展和改革委员会、科技部、工业和信息化部、财政部、银保监会、证监会、外汇局等八部门发布《关于印发〈上海市、南京市、杭州市、合肥市、嘉兴市建设科创金融改革试验区总体方案〉的通知》，其中包括多条对私募股权行业有直接利好的举措，研究探索适当放宽试验区内政府投资基金单个投资项目的投资限额，适度提高投资容错率等。此外，还提出鼓励保险资金开展股权投资；支持商业银行在风险可控、商业可持续的前提下，强化与创业投资机构、股权投资机构合作等。在**创投基金**方面，2022 年 10 月 14 日，证监会启动了私募股权创投基金向投资者实物分配股票试点工作，其中上海临理投资合伙企业（有限合伙）的实物分配股票试点申请获得批复。这是拓宽私募股权基金、创业投资基金退出渠道，促进投资—退出—再投资良性循环，有利于私募股权创投基金退出二级市场形成投资正循环的有力举措。在**财税政策**方面，2022 年 3 月 1 日，财政部、国家税务总局发布《关于进一步实施小微企业"六税两费"减免政策的公告》，对增值税小规模纳税人、小型微利企业和个体工商户可以在 50%的税额幅度内减征资源税、城市维护建设税、房产税、城镇土地使用税、印花税（不含证券交易印花税）、耕地占用税和教育费附加、地方教育附加。2022 年 2 月 9 日，财政部、国家税务总局印发《关于延续执行创业投资企业和天使投资个人投资初创科技型企业有关政策条件的公告》，通过税收政策继续支持创投机构和天使投资人。对于初创科技型企业需符合的条件，从业人数继续按不超过 300 人、资产总额和年销售收入按均不超过 5000 万元执行。在此期间已投资满 2 年及新发生的投资，可按财税〔2018〕55 号文件和本公告规定适用税收政策。

33.2　互联网行业投融资情况

投融资规模相对保守，有一定程度的回调。截至 2022 年年底，我国互联网领域共发生投融资案例 1949 起，同比下降 16.1%，披露的总交易金额为 104.3 亿美元，同比下降幅度较大（见图 33.3）。互联网投融资案例数和金额下降主要受到三个方面因素相互作用的影响：一是受欧美政治经济大环境、俄乌冲突持续等不可控因素的影响，全球资本保守避险倾向提高；二是世界经济发展动力不足，国内经济恢复基础有阶段性的波动影响；三是互联网行业整体增长乏力，2022 年互联网业务收入总数同比下降，市场对初创企业发展可能遇到的不确定性和风险的顾虑程度有一定程度的上升，尤其对大额投资更为谨慎。

从季度表现来看，2022 年全年投融资活跃度总体相对稳定，总金额呈现逐季下降的趋势。第一季度投融资案例数为 575 起，同比下降 13%，总金额为 37.2 亿美元，同比下降 75.4%；第二季度投融资案例数为 571 起，同比下降 0.3%，总金额为 33.4 亿美元，同比下降 64.4%；第三季度投融资案例数为 457 起，同比下降 36.2%，总金额为 21.4 亿美元，同比下降 72.4%。第四季度投融资案例数为 346 起，同比下降 34.1%，总金额为 12.3 亿美元，同比下降 78%（见图 33.4）。

从投资轮次来看，国内互联网行业的投融资阶段的结构逐渐成熟，说明创业创新企业的集中度和创业投资的集中度都在升高。早期融资（种子天使轮+A 轮）全年占比高达 80%，各季度早期融资的占比均在 76%以上（见图 33.5）。

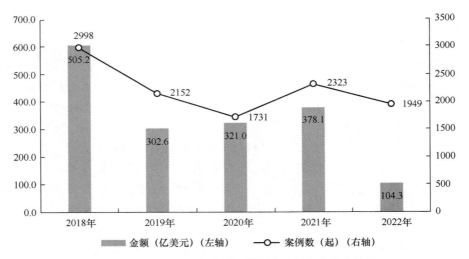

图33.3 2018—2022年中国互联网行业投融资总体情况

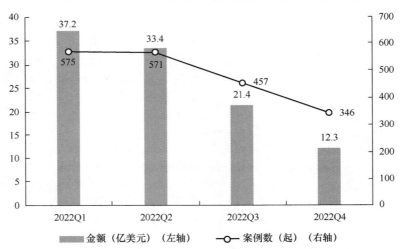

图33.4 2022年中国互联网行业投融资季度情况

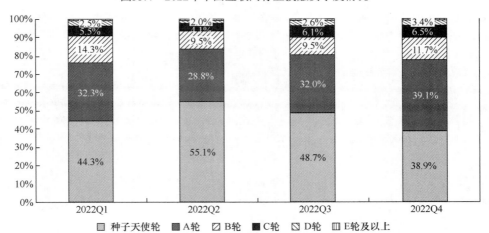

图33.5 2022年中国互联网行业投融资轮次情况

从细分领域来看，**2022** 年，**企业服务、电子商务和 IT 服务**三个领域融资活跃度最高，占比分别为 29.8%、13.3% 和 10.6%，其中企业服务案例数高达 581 起（见图 33.6）。**电子商务、企业服务和医疗健康**三个领域融资金额较大，占比分别为 29.3%、26.9% 和 8.8%，其中电子商务和企业服务领域的投融资金额分别为 30.5 亿美元和 28 亿美元，居领先地位（见图 33.7）。

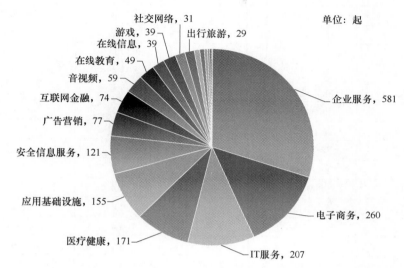

图33.6　2022年中国互联网行业投融资领域情况（案例数）

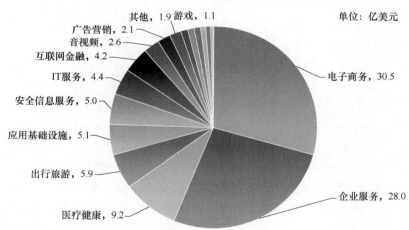

图33.7　2022年中国互联网行业投融资领域情况（金额）

从大额投融资交易来看，截至 2022 年年底，金额超过 1 亿美元的融资案例有 26 起，总金额为 44.3 亿美元，占互联网领域总金额的 42%。其中，有 5 起案例融资金额超过 2 亿美元，有 1 家企业完成了 2 起以上的 1 亿美元融资。在细分领域方面，电子商务、企业服务两个领域金额位居前列，分别为 21.7 亿美元和 11.7 亿美元，电子商务、企业服务两个领域投融资案例数排名领先，分别为 10 起和 8 起。在重点案例方面，中国的跨境电商企业 SHEIN 完成了 10 亿美元单轮融资，已成长为全球知名的独角兽企业（见表 33.1）。

表 33.1　2022 年融资金额 1 亿美元以上的案例情况

序号	融资企业名称	领域	轮次	金额（亿美元）	投资方
1	SHEIN	电子商务	成长股权	10.0	泛大西洋资本等
2	所托瑞安	企业服务	B 轮	2.0	嘉实投资等
3	地上铁	出行旅游	D-Ⅱ轮	2.0	英格卡集团等
4	G7 物联	电子商务	G 轮	2.0	国投投资管理等
5	神策数据	企业服务	D 轮	2.0	五源资本等
6	赢彻科技	企业服务	B-Ⅱ轮	1.9	博华资本等
7	富荣集团	电子商务	B 轮	1.6	未披露的投资者
8	如祺出行	出行旅游	A 轮	1.5	广汽集团等
9	店匠	电子商务	C-Ⅱ轮	1.5	奇美拉投资集团
10	锐锢商城	电子商务	D-Ⅱ轮	1.5	安大略省教师退休基金
11	微医	医疗健康	G 轮	1.5	山东国投
12	赛可出行	出行旅游	B 轮	1.5	高行管理咨询
13	分贝通	互联网金融	C-Ⅱ轮	1.4	嘉量资本等
14	易路	企业服务	D 轮	1.4	未披露的投资者
15	小冰	企业服务	B 轮	1.4	未披露的投资者
16	店小秘	电子商务	D 轮	1.1	华兴资本
17	即购	音视频	D 轮	1.0	未披露的投资者
18	聚盟共建	电子商务	B-Ⅲ轮	1.0	枫桦资本等
19	店小秘	电子商务	C 轮	1.0	鼎晖投资
20	智齿科技	企业服务	D 轮	1.0	高瓴资本管理等
21	云帐房	互联网金融	E 轮	1.0	安佰深投资集团等
22	凌迪科技	企业服务	A-Ⅳ轮	1.0	鼎晖投资等
23	知衣科技	电子商务	C 轮	1.0	君联资本等
24	影刀	企业服务	C 轮	1.0	纪源资本等
25	云览科技	工具软件	A 轮	1.0	传音控股
26	红布林	电子商务	C 轮	1.0	转转

　　从巨头企业布局来看，2022 年，在选取的 8 家企业中，仅百度的投资金额同比实现增长，其余企业均出现不同程度的同比下跌。其中，腾讯完成 97 起投资，案例数同比下降 63.7%，总金额等值 52.23 亿美元，同比下降 82%，投资规模大幅领先其他企业；从融资金额来看，百度完成等值 6.85 亿美元的投资，同比增长 43.3%。美团完成等值 6.06 亿美元的投资，同比下降 55.8%。从案例数来看，字节跳动、阿里巴巴、哔哩哔哩、百度均完成 10 起以上的投资，案例数分别为 17 起、17 起、14 起和 11 起（见表 33.2）。

表 33.2　主要互联网企业 2022 年投资情况

企业名称	案例数（起）	金额（亿美元）	案例数同比	金额同比
腾讯	97	52.23	−63.7%	−82.0%
字节跳动	17	1.16	−70.2%	−63.8%

（续表）

企业名称	案例数（起）	金额（亿美元）	案例数同比	金额同比
阿里巴巴	17	1.64	−54.1%	−97.2%
哔哩哔哩	14	0.36	−70.2%	−96.4%
百度	11	6.85	−26.7%	43.3%
美团	9	6.06	−47.1%	−55.8%
蚂蚁金服	4	0.26	−77.8%	−99.6%
京东	1	0.08	−91.7%	−98.9%

33.3 互联网企业上市情况

我国上市互联网企业营收增速保持平稳。2022 年，在全球经济衰退风险加剧及新冠疫情的冲击下，我国互联网企业的经营压力有所增加。我国上市互联网企业营收总计 4.0 万亿元。其中，2022 年第四季度上市互联网企业总营收达 10815 亿元，同比增速达 6.3%（见图 33.8）；上市互联网企业营收增速在第三、第四季度有所回升。除了与国内外经济形势有关，也与互联网行业各家企业自身调整发展策略密切相关，互联网企业积极推动业务运营降本增效，集中企业资源，回归主营业务，加大技术投入，侧重营收利润增长，拓展国际业务。

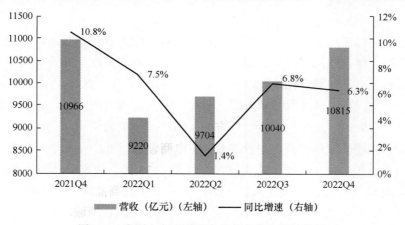

图33.8 我国上市互联网企业营业收入增长情况

一是在传统消费互联网业务增长乏力的背景下，互联网企业从多元扩张转向聚焦主业。我国相当数量的互联网企业面对外部环境变化冲击和业务增速放缓的情况，积极采取降本增效的经营策略。头部互联网企业聚焦核心业务，持续改善运营效率并优化成本，收紧营销及运营开支，降本增效已初见成效。例如，腾讯在销售及市场推广开支方面连续多个季度下降，大幅缩减开支，全年同比下降 32%。与此同时，腾讯继续发力拓展海外游戏市场、视频号等产品和业务，聚焦核心资源，提升企业效益。京东通过缩减京东汽车、京东健康、京东旅行等部门投入，聚焦资源到京东零售、京东物流、京东到家等主营业务，经营效益大幅提升。百度优化医疗、游戏等部门，集中资源拓展智慧交通业务和人工智能技术。

二是持续加大研发投入力度，将科技创新作为企业长期发展的动力引擎。截至 2022 年年底，规模以上互联网企业共投入研发经费 771.8 亿元，同比增长 7.7%，增速较 2021 年提高 2.7 个百分点。如今的中国互联网企业中，巨头企业已成为研发投入的关键力量。民营企业研发投入排名前十位的企业中，互联网企业占据八位，阿里巴巴、腾讯、百度等互联网企业研发投入较 2021 年均出现上升趋势。其中，百度一直保持着高研发投入比例，2022 年核心研发投入占收入比例达 22.4%。百度人工智能专利的申请量和授权量已经连续 5 年全国领先。

三是科技成果加速突破，基础底座不断夯实。我国科技创新取得了很多成果。在工程平台方面，智能语音、计算机视觉等通用人工智能能力平台逐渐成形，自动驾驶、城市大脑等行业专用人工智能能力平台逐渐探索和深化。在开源数据库方面，PingCAP 和阿里云联合推出开源云数据库——TiDB Cloud，具备支持全球多云部署、分钟级扩容、高度兼容 MySQL 协议及运维成本低等技术优势，其开源社区在全球数据库开源项目活跃度中位列第三。我国数字产业创新活跃度提升，世界知识产权组织发布的《全球创新指数报告》显示，我国创新指数由 2012 年的第 34 位上升到 2022 年的第 11 位，连续 10 年稳步提升。

四是企业重视数字经济与实体经济的有机融合。美团使用数字化技术的即时零售业态，带动更多本地实体商户拥抱数字化经营方式。截至 2022 年年底，在美团平台上与即时零售相关的便利店、小超市近 30 万家，商户销量较 2019 年增长超过 400%。未来，通过联合研发、技术赋能、综合解决方案等方式，互联网企业将加速向实体经济产业的产业链上下游延伸，在传统产业数字化转型过程中将创造出更大的价值。

五是国际业务拓展稳步发展。互联网企业海外业务收入稳步增长，阿里巴巴、腾讯、百度、字节跳动等大型互联网企业加速海外业务"跑马圈地"，产品商业化速度加快。例如，社交短视频加速开启海外商业化进程，Sensor Tower 数据显示，2022 年，TikTok 全球下载量累计超过 35 亿次。在工具应用领域方面，企业不断探索新的增长点，尝试在精细化产品定位、生态化业务布局、场景化广告投放等方面发力，盈利能力依旧强劲。

互联网细分领域营收保持健康平稳增长。在**电商**领域，2022 全年电子商务业务收入约为 26569 亿元，同比增长 9.9%，对行业贡献最大（见表 33.3）。国家统计局数据显示，2022 年全国网上零售额 137853 亿元，同比增长 4.0%。其中，实物商品网上零售额 119642 亿元，同比增长 6.2%，占社会消费品零售总额的比重为 27.2%。在**游戏**领域，受到市场环境和游戏版号等因素的影响，游戏业务营收有阶段性的小幅下滑。腾讯、网易、搜狐等大型互联网企业在游戏市场方面积极采取经营管理策略，提升业务水平，拓展海外市场。腾讯创立国际游戏业务品牌，建立本地化发行和运营能力，2022 年其国际市场游戏收入占游戏业务整体收入超过 30%。网易游戏的多款经典 IP 已经成为其业务增长的稳固基本盘。此外，网易持续探索游戏新模式，如与中国文化融合领域相结合、以游戏为载体，创新国风游戏，打造数字文旅融合发展的新样板。在**新兴业务**领域，创新业务是互联网业务发展的关键驱动力，互联网医疗健康、互联网数据中心/内容分发网络（IDC/CDN）等细分领域业务实现快速增长。大数据、云计算、人工智能等互联网技术与医疗、企业服务等业务领域深度融合，数字化转型进一步促使互联网平台赋能实体经济产业数字化转型升级，探索新的经济增长点与发展，驱动数字经济持续有序地延伸与发展。

表 33.3　2022 年互联网细分领域营收及增速

业务名称	2022 年营收（亿元）	细分业务营收占比	同比增速
电子商务	26569	65.1%	9.9%
游戏	2681	6.6%	2.7%
互联网金融	2611	6.4%	2.1%
音视频	2361	5.8%	6.2%
社交/在线社区	2325	5.7%	−4.3%
搜索引擎	1247	3.1%	−0.9%
医疗健康	664	1.6%	31.7%
房地产	647	1.6%	−27.8%
IT 服务	458	1.1%	6.1%
出行旅游	268	0.7%	−4.2%
门户/邮箱/分类网站等	253	0.6%	−24.9%
文体娱乐	158	0.4%	−0.2%
在线教育	155	0.4%	−25.3%
工具软件	119	0.3%	18.9%
IDC/CDN 等	118	0.3%	19.6%
企业服务	105	0.2%	6.4%
安全信息服务	43	0.1%	−1.9%
电子政务	14	0.0%	−0.3%
广告营销	7	0.0%	−2.2%

我国规模以上互联网企业净利润出现回升。截至 2022 年年底，我国规模以上互联网和相关服务企业实现利润总额 1415 亿元，同比增长 3.3%。互联网企业大力投入研发。其中，2022 年第一季度互联网企业有相当部分呈亏损态势，快手、美团、京东等头部企业均出现阶段性亏损。从第二季度开始，伴随各类复苏政策的出台，各产业链加速复工复产，消费互联网有所回暖，数实融合带动企业收入增长，企业净利润稳步回升。此外，在前期技术研发投入的铺垫和蓄力下，各企业开始展露复苏迹象，其中，腾讯 2022 年第四季度净利润为 1062.7 亿元，同比增长 11.9%，产业互联网和消费互联网已经成为腾讯稳健增长的双引擎，收入结构更加多元化。总体来看，在面临多重因素的冲击下，互联网企业承压而上、克难前行，在追寻长期竞争优势和长期发展中逐渐找到自身方向，呈现逆势增长的良好状态。

我国上市互联网企业市值稳步回升。截至 2022 年年底，我国 206 家上市互联网企业总市值为 10.3 万亿元，共 11 家企业跻身全球互联网企业市值前三十强。从 2022 年各季度来看，受国内外经济形势的影响，我国上市互联网企业市值总体上呈现上下波动趋势，其中第一季度市值下降幅度最大，环比下降 20.2%，2022 年第四季度较上季度环比上升 17.0%（见图 33.9）。伴随国内经济形势日趋平稳、政策企稳及中国经济稳步复苏重振市场信心，企业业绩向好释放行业复苏信号，上市互联网企业市值稳步回升。

香港上市企业市值占比上升。截至 2022 年年底，我国上市互联网企业中，在美国上市企业共 70 家，总市值达 4.4 万亿元，占全行业的比重为 43%，市值同比下降 2%，环比上升 11.4 个百分点（见图 33.10）。其中，拼多多市值同比增长 1%，环比增长 27.8%，阿里巴巴、网易、百度市值较上一季度均有下降。在中国内地上市互联网企业共 63 家，市值合计 1.1 万亿元，占全行业的比重为 11%，占比与 2021 年年底相比有所下降。中国香港交易所上市互联网企业共 55 家，市值合计 4.7 万亿元，占全行业的比重为 46%，超过美国。其中，京东健康跻身国内互联网企业十强，环比增长 56.3%，快手环比增长 38%。总体来看，中国上市互联网企业在港股的市值比重进一步增加。

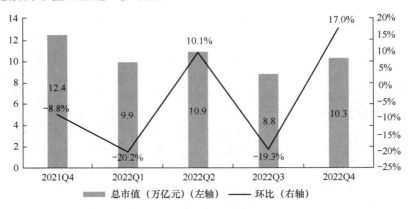

图33.9　我国上市互联网企业总市值变化情况

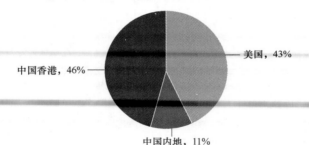

图33.10　我国国内上市互联网企业市值分布图（按上市地）

头部企业市值占比有所回升。截至 2022 年年底，我国市值排名前 10 位的互联网企业市值合计为 8.1 万亿元，同比下降 14.7%（见表 33.4）。头部企业市值占总市值的 79%，较 2021 年年底上升 1.9 个百分点，呈恢复式增长趋势。这主要得益于互联网企业着力发展产业数字化，积极赋能传统产业，推动实体经济发展，培育增长新引擎。阿里云加码海外市场，其云服务需求不断增长。京东云成为国内首家提供多云多芯多活的云厂商，对内全面支持京东多元化业态场景，对外广泛服务产业客户，向产业输出更高效的数智供应链能力。百度计划将多项主流业务与生成式 AI 产品"文心一言"整合。在头部企业的引领下，互联网企业紧抓扩大内需和产业转型升级的新机遇，深挖国内市场潜力。

表 33.4　我国国内互联网企业市值前 10 强

排名	企业名称	2022 年 12 月 31 日市值（亿元）	2022 年 12 月 31 日环比增长
1	腾讯控股	28571	23.6%
2	阿里巴巴	16243	8.0%
3	美团-W	9658	4.2%

（续表）

排名	企业名称	2022 年 12 月 31 日市值（亿元）	2022 年 12 月 31 日环比增长
4	拼多多	7181	27.8%
5	京东	6105	9.5%
6	网易	3322	−5.8%
7	百度	2753	−4.5%
8	快手-W	2732	38.0%
9	东方财富	2564	10.1%
10	京东健康	2027	56.3%

　　我国互联网企业 IPO 活动放缓。2022 年，伴随着欧美加息等政策和阶段性新冠疫情散点暴发等多重因素的影响，全球股市震荡下行，我国互联网企业 IPO 活动同样放缓。2021 年 12 月 28 日，国家互联网信息办公室、国家发展和改革委员会、工业和信息化部、公安部、国家安全部等十三个重要部门联合修订《网络安全审查办法（2020）》，并于 2022 年 2 月 15 日开始施行。其中新增了一个重要的触发审查的条件，即"对于掌握超过 100 万用户个人信息的网络平台运营者赴国外上市的，必须主动向网络安全审查办公室申报网络安全审查"。这对准备赴海外上市的中概股企业提高了监管和数据安全等要求。与 2021 年同期相比，中国互联网企业 IPO 数量和募资金额双下降。赴美国上市的企业数量减少，2022 年赴美国上市的互联网企业仅有一家（见表 33.5）。

表 33.5　2022 年我国国内互联网企业 IPO 情况

序号	企业名称	细分领域	上市地	上市时间
1	创新奇智	计算机软件	中国香港	2022/1/27
2	汇通达网络	电子商务	中国香港	2022/2/10
3	知乎-W	在线问答社区	中国香港	2022/4/22
4	快狗打车	同城物流	中国香港	2022/6/17
5	天润云	软件服务	中国香港	2022/6/21
6	涂鸦智能-W	物联网云开发平台	中国香港	2022/7/5
7	玄武云	软件服务	中国香港	2022/7/8
8	豪微科技	软件服务	美国	2022/7/12
9	中康控股	医疗大数据	中国香港	2022/7/12
10	数科集团	软件服务	中国香港	2022/9/26
11	飞天云动	元宇宙	中国香港	2022/10/18
12	多想云	软件服务	中国香港	2022/11/9
13	花房集团	软件服务	中国香港	2022/12/12

　　与此同时，中国证监会于 2022 年 2 月 11 日正式发布了《境内外证券交易所互联互通存托凭证业务监管规定》。允许符合条件的在中国境外证券交易所上市的企业在境内发行 CDR（中国存托凭证）并在境内证券交易所主板上市，以及符合条件的境内上市企业在境外发行 GDR 并在境外上市。伴随着美国经济衰退和美国的一些政策变动等因素影响，2022 年中国公司赴美国上市数量减少，转身投向了欧洲。Dealogic 的数据显示，欧洲 2022 年首次超过美

国，成为中国企业在海外上市融资最多的地区。2022年，苏黎世和伦敦的证券交易所均出现了中国公司的身影，另有多家公司选择在瑞士证券交易所上市。

33.4 互联网行业并购情况

我国互联网企业并购活跃度有所降低。2022年，全球经济下行风险升高，加之复杂的国际环境及新冠疫情的不断反复，全球资本市场波动性上升，2022年中国互联网行业受到关联影响，行业并购承压加剧。私募通数据库数据统计情况显示，从2010年到2022年，我国互联网企业并购事件总体呈先增后降的趋势，并购金额在2018年达到峰值，之后开始回落。自2022年以来，我国互联网行业共发生49起并购事件，较2021年减少36起，同比下降42%；中国互联网全年并购金额104亿元，较2021年减少200亿元以上，互联网行业并购活跃度相对较低（见图33.11）。当前，互联网行业处于平台反垄断和反不正当竞争的监管合规转型过程中，互联网新增流量红利减弱，互联网行业对并购的态度可能在未来一段时间范围内保持相对谨慎的态度。

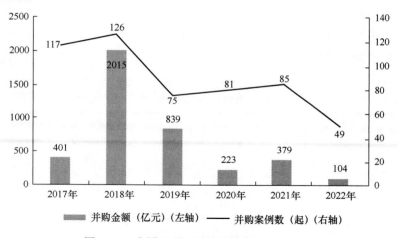

图33.11　我国互联网领域并购市场总体情况

消费及**To B**领域并购集中度较高。2022年完成的并购交易主要集中在电子商务、网络游戏和网络服务领域，并购交易数量分别为8起、8起、8起，累计占互联网领域并购交易数量的49%。此外，网络营销、应用软件、广告代理商及网络营销服务机构等领域的并购交易也相对较为活跃，交易数量分别为6起、6起、5起，多为大额并购交易（见表33.6）。互联网领域并购交易金额较为分散，应用软件交易金额达55.9617亿元，占并购交易金额比重为53.7%，广告代理商及网络营销服务机构和网络服务分别居第二、第三位，占比分别为20.17%和10.7%，较2021年占比均有明显提升。

表33.6　我国国内互联网细分领域并购交易情况

细分领域	并购交易数量（起）	数量占比	并购交易金额（亿元）	金额占比
电子商务	8	16.33%	3.5622	3.42%
网络游戏	8	16.33%	10.5871	10.16%

（续表）

细分领域	并购交易数量（起）	数量占比	并购交易金额（亿元）	金额占比
网络服务	8	16.33%	11.1536	10.70%
网络营销	6	12.24%	0.3055	0.29%
应用软件	6	12.24%	55.9617	53.70%
广告代理商及网络营销服务机构	5	10.20%	21.0232	20.17%
其他网络服务	3	6.12%	0.1256	0.12%
网络教育	2	4.08%	1.2796	1.23%
手机游戏	2	4.08%	0	0.00%
网络旅游	1	2.04%	0.2062	0.20%

撰稿：张雅琪、尹昊智、朱帅
审校：柳文龙

第34章 2022年中国网络人才建设情况

自互联网行业进入快速发展时期以来，经历了 PC 互联网时代、移动互联网时代，当前进入产业互联网时代。不同时代具有不同的特点，对不同类型的人才需求不同。在加快建设网络强国的背景下，我国互联网企业以新基建为契机，推动工业互联网基建加快发展，大力发展数据中心，为新产业夯实发展基础；充分运用信息技术融合创新，加快实体经济数字化、网络化、智能化发展。互联网不断融入生产生活的全领域、全过程，为产业发展增添新动力，为社会生活注入新活力，也对网络人才的建设提出了更高要求。

34.1 网络人才建设概况

根据细分业务的不同，《国民经济行业分类》（GB/T 4754—2017）将互联网相关行业划分为电信、广播电视和卫星传输服务，互联网平台，互联网信息服务，互联网数据服务，互联网安全服务，软件和信息技术服务，以及其他互联网服务。结合宏观数据和大型网络招聘平台数据建模计算结果显示，2022 年互联网行业的从业者规模同比增长 40.8%[1]。

在互联网行业蓬勃发展的过程中，各细分领域的从业者规模也在不断壮大。随着时间的变化，各领域从业人员的比重分布略有差异。从 2018 年至今的 5 年中，软件和信息技术服务，以及电信、广播电视和卫星传输服务两个细分领域的从业人员比重持续下降，而互联网平台、互联网信息服务两个细分领域的从业人员比重有明显上升的趋势。其他细分领域的从业人员比重相对稳定，变化幅度较小。2018—2022 年互联网行业各细分领域从业人员规模和比重变化情况如图 34.1 所示。

2022 年，在互联网行业从业者中，拥有博士学历的人员规模大幅上升，同比增长 27%，与 2021 年相比增幅扩大 16 个百分点。大专及以下学历的从业者规模也大幅上升，其中大专及以下学历的从业者规模同比增长 52%。2021 年和 2022 年互联网行业不同学历从业人员规模增幅对比如图 34.2 所示。

---

1 资料来源：根据 BOSS 直聘结合宏观数据和平台数据建模计算得出。

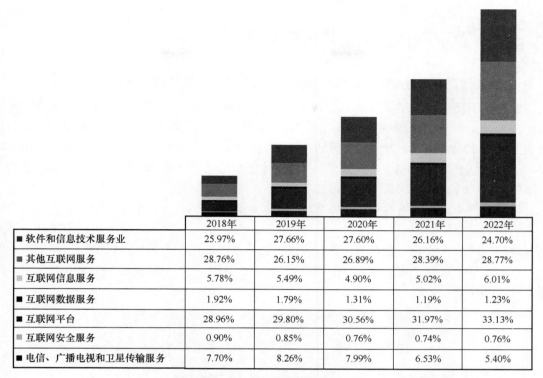

	2018年	2019年	2020年	2021年	2022年
■ 软件和信息技术服务业	25.97%	27.66%	27.60%	26.16%	24.70%
■ 其他互联网服务	28.76%	26.15%	26.89%	28.39%	28.77%
▨ 互联网信息服务	5.78%	5.49%	4.90%	5.02%	6.01%
■ 互联网数据服务	1.92%	1.79%	1.31%	1.19%	1.23%
■ 互联网平台	28.96%	29.80%	30.56%	31.97%	33.13%
▨ 互联网安全服务	0.90%	0.85%	0.76%	0.74%	0.76%
■ 电信、广播电视和卫星传输服务	7.70%	8.26%	7.99%	6.53%	5.40%

图34.1 2018—2022年互联网行业各细分领域从业人员规模和比重变化情况

资料来源：BOSS 直聘。

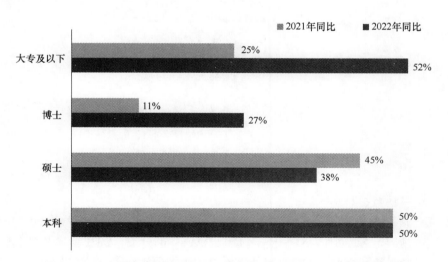

图34.2 2021年和2022年互联网行业不同学历从业人员规模增幅对比

资料来源：BOSS 直聘。

34.2 互联网行业招聘与求职趋势

1. 互联网产业大省招聘需求增长承压，部分县域地区人才需求旺盛

2022 年，互联网业务累计收入居前 5 位的省份中，北京（同比增长 6.6%）、上海（同比增长 8.0%）、广东（同比下降 6.8%）、浙江（同比下降 2.1%）和天津（同比下降 38.1%）共完成业务收入 12493 亿元，占全国比重达 85.6%。与此同时，北京互联网人才需求量同比下降 16%，上海人才需求量同比下降 10%，广东人才需求量同比下降 16%，浙江人才需求量同比下降 14%，天津人才需求量同比下降 28%。

在政策规范、业务调整和经济外部性等宏观因素的影响下，几个互联网产业大省对网络人才的需求增长受到影响，但也在一定程度上推动了网络人才流入下沉市场。2022 年，部分县域地区对网络人才的需求非常旺盛，需求增长幅度最高的 5 个县域地区分别为慈溪市、四会市、长沙县、永康市和肥西县，如图 34.3 所示。其中，2022 年慈溪市网络人才需求增幅居首位，同比增长 26%。

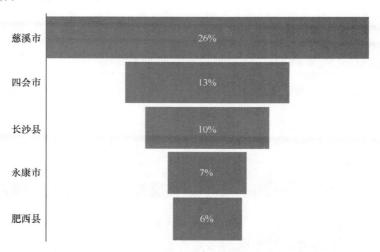

图34.3　2022年网络人才需求量增幅排名前5位的县域地区

资料来源：BOSS 直聘。

2. AIGC 引领网络人才建设的新挑战

2022 年，可以说是 AIGC 技术爆发的元年。AIGC（AI Generated Content），是指利用 AI 技术来生成内容，AI 绘画、AI 写作等都属于 AIGC 的分支。2022 年 AIGC 相关岗位中，有超过 80% 来自互联网行业。AIGC 相关岗位对学历的要求较高，要求至少具有本科或硕士学历的岗位占比达到 80%。相关岗位的招聘者比较看重候选人是否具有产品和设计思维，对 Prompt（提示工程）、深度学习、算法等相关能力表现出了浓厚兴趣。此外，数据结构、A/B 测试、编码、重构等能力也被市场所看重。观察 AIGC 相关岗位的任职要求，关键词分布情况如图 34.4 所示。

图34.4　AIGC相关岗位任职要求关键词分布

注：字符越大，关键词在 AIGC 相关岗位要求中出现的就越多。

资料来源：BOSS 直聘。

3. 高学历网络人才需求进一步增加

2022 年，互联网企业对于高学历人才的招聘需求进一步增加。2021 年，互联网行业对拥有硕士、博士学历人才的需求同比增幅分别为 55% 和 49%。2022 年，这一比例进一步上升，对博士学历人才的需求同比增幅达到 96%，对硕士学历人才的需求同比增幅达到 45%，如图 34.5 所示。随着国民整体文化素质越来越高，互联网作为前沿行业，每天都面对新的技术和产品服务升级挑战，需要互联网从业者能够快速整合不同观点、分析不同的业态需求，不断实现技术突破，以解决社会越来越复杂的个性化需求。而具有产业经验的高学历技术人才持续稀缺，企业间的"人才大战"也会日益激烈。

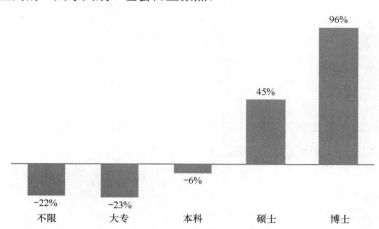

图34.5　2022年互联网行业不同学历人才需求同比增幅

资料来源：BOSS 直聘。

34.3 互联网行业重点领域人才需求

1. 人工智能人才需求迸发

人工智能已成为人类最具革命性的技术之一。人工智能技术在制造业、交通运输业、能源业及互联网行业的应用正在逐步加深，快速推动数字经济生态链的构建与发展。2022年，人工智能领域的人才需求同比增长49%，是人才需求增长最旺盛的重点领域。2022年互联网行业重点领域人才需求同比增幅，如图34.6所示。

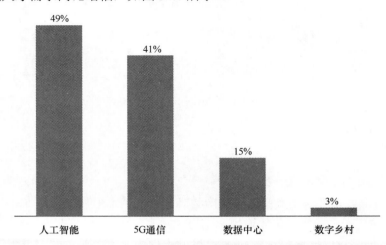

图34.6　2022年互联网行业重点领域人才需求同比增幅

资料来源：BOSS直聘。

2022年，人工智能技术领域人才需求量大的岗位分别是智能驾驶系统工程师、反欺诈/风控算法工程师、算法工程师、深度学习工程师、算法研究员、图像识别工程师、机器学习工程师和语音识别工程师。其中，智能驾驶系统工程师的人才需求量同比增长2倍以上，如图34.7所示。在新一轮技术革命和产业变革驱动及国家政策扶持之下，电动化、智能化、网联化成为汽车产业发展的新趋势，也为我国汽车产业"弯道超车"创造了新机会。自2020年以来，各大新能源/智能汽车企业竞相争夺智能驾驶人才，推动产品规模化落地和商业化创新应用。

2. 数字乡村建设加快消弭"数字鸿沟"，对网络人才的需求更加迫切

2022年4月，工业和信息化部等五部门联合发布《2022年数字乡村发展工作要点》；8月，工业和信息化部等四部门联合发布《数字乡村标准体系建设指南》，进一步指明了数字乡村建设的发展方向和实施路径。在政策支持下，传统农业加快数字化转型步伐。无人机在农业生产中的应用越来越广泛，智慧农业社会化服务综合信息平台在全国各地陆续上线，数字乡村创新设计领域逐渐活跃，已覆盖乡村养老、乡村医疗、农村生态循环、智慧养殖等生产生活的方方面面。数字技术的规模应用正在加速弥合城乡间的"数字鸿沟"，同时也创造了大量的就业岗位，需要更多的网络人才。

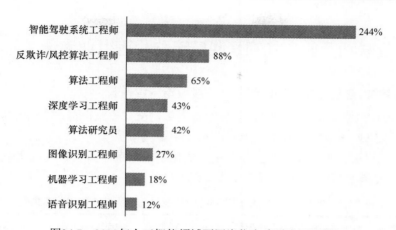

图34.7　2022年人工智能领域不同岗位人才需求同比增幅

资料来源：BOSS 直聘。

　　2022 年，我国数字乡村领域人才需求量同比增幅为 3%。整体来看，对工作经验的要求主要集中在 5 年以下（占比为 63%），对学历要求较一线和新一线城市来说相对宽松，要求大专及以下学历的岗位占比为 50%，要求本科学历的岗位占比为 33%，如图 34.8 所示。这组数据从侧面反映出，数字乡村建设为回乡年轻人创造了新的发展机会——以电商直播、智慧农业等行业为代表的数字乡村建设，为他们在家乡就业创业搭建了广阔的平台。

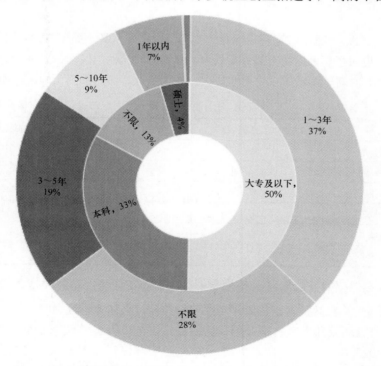

图34.8　2022年我国数字乡村领域不同学历、工作经验人才需求分布

资料来源：BOSS 直聘。

34.4　互联网行业人才的跨地域流动和跨行业渗透

1. 京津冀城市群从业者占比略降，新一线城市持续增长

观察 2022 年不同城市群互联网行业从业者人数，长三角城市群占 24.9%，排在首位，珠三角城市群、京津冀城市群、成渝城市群、长江中游城市群分列第二至第五位。自 2020 年以来，互联网行业从业者在各城市群分布整体变化不大，京津冀城市群占比略有下降，成渝城市群、长江中游城市群占比略有上升，如表 34.1 所示。

表 34.1　2020—2022 年互联网行业从业者在不同城市群的分布情况

序号	城市群	2020 年从业者占比	2021 年从业者占比	2022 年从业者占比
1	长三角	24.8%	24.9%	24.9%
2	珠三角	19.2%	19.3%	19.3%
3	京津冀	19.9%	19.1%	18.5%
4	成渝	7.9%	8.0%	8.1%
5	长江中游	7.1%	7.3%	7.5%
6	其他	21.0%	21.3%	21.7%

注：按 2022 年互联网行业从业者占比排序。

资料来源：BOSS 直聘。

自 2020 年以来，一线城市互联网行业从业者占比明显下降，受经济大环境影响，一线城市高昂的生活成本也在客观上促使一部分互联网从业者流向其他地区。其他等级城市互联网行业从业者占比均在上升，新一线城市占比增幅最大，成为从业者流入的热门地区，如表 34.2 所示。

表 34.2　2020—2022 年互联网行业从业者在不同城市等级的分布情况

序号	城市群	2020 年从业者占比	2021 年从业者占比	2022 年从业者占比
1	一线城市	40.7%	39.6%	38.6%
2	新一线城市	32.9%	33.2%	33.5%
3	二线城市	14.8%	15.0%	15.2%
4	三线城市	6.5%	6.9%	7.1%
5	四线城市	3.5%	3.6%	3.8%
6	五线城市	1.6%	1.6%	1.7%

2. 新能源和环保的互联网技术岗位需求激增，各行业人工智能岗位需求突出

随着互联网技术的不断创新发展，互联网与传统产业的融合更加广泛深入。互联网技术应用从社交和消费领域向生产制造领域、从虚拟经济向实体经济快速延伸，相关人才需求也在快速增长。2022 年，互联网技术类岗位在新能源/环保行业中的渗透度提升尤其明显，人才需求同比增长 182.1%。各行业大类中，人工智能岗位和高端技术研发岗位的人才需求在所有岗位中所占比重最为突出，分别为 50% 和 24%。随着各行业加速向数字化、网络化、智能化深度拓展，平台化设计、个性化定制、服务化延伸等新业态、新模式不断涌现，互联网相关岗位在其中的渗透将不断加深，对高端技术人才的需求日益增加。2022 年互联网技术类岗位渗透增幅最大的七大行业如表 34.3 所示。

表 34.3　2022 年互联网技术类岗位渗透增幅最大的七大行业

行业大类	互联网技术岗位需求同比增幅	互联网技术岗位需求比重
新能源/环保	182.1%	11.4%
采矿业	70.2%	10.1%
公共管理、社会保障和社会组织	69.9%	7.6%
电力、热力、燃气及水生产和供应业	50.7%	17.0%
制造业	38.1%	10.1%
金融业	13.3%	13.2%
居民服务、修理和其他服务业	2.3%	1.9%

资料来源：BOSS 直聘。

34.5　互联网行业人才建设的展望与挑战

互联网行业已经渗透到人们生活的方方面面。受益于新一代数字技术的发展创新，互联网行业以新兴技术为支撑的新模式、新业态、新产品层出不穷，未来将继续高歌猛进，带来更多实用惠民的技术和产品。

与此同时，我们也应看到，互联网行业经过多年的持续繁荣之后步入成熟期和理性发展期，头部互联网企业开始战略收缩，精简组织架构，聚焦核心业务，以完成新一轮的人才筛选和人才升级。整体来看，互联网是典型的技术密集、知识密集、人才密集型产业，企业领军人才、科技创新人才、高技能人才的积极性、主动性、创造性是带动行业向前发展的原生动力。

2022 年对于很多行业来说都是充满挑战的一年，互联网行业也不例外。但机会与挑战总是并存的，2022 年，计算机应用技术、AI 技术和大数据分析技术等细分领域都取得了新进展，为互联网从业者们提供了新的就业空间和发展方向，更对人才能力培育提出了前所未有的高要求。我们看到，入门型的技术开发岗位需求已经日渐饱和，应用型、架构型和科学家级别的人才持续短缺，产业界的迭代速度不断加快，对高校的培养体系也提出了全新的要求。

近年来，互联网行业在不断向三、四线城市扩张，2022 年进一步加速下沉到广阔的县域地区。快速增长的人才需求，给下沉市场企业的人才培养工作也带来了相应的挑战。相比大城市，小城市互联网岗位的工作环境、技术水平、薪资福利体系等方面仍然有较为明显的差异。如何深度结合本地发展规划，持续优化就业环境，打造小城特色产业的专有人才需求与人才吸引品牌，实现企业与人才在社会进步中同频共振，或将成为网络人才体系分层建设的关键。

撰稿：王中一

审校：付伟

第五篇

附录

 2022 年影响中国互联网行业发展的十件大事

 中国互联网企业综合实力指数（2022 年）

 2022 年互联网和相关服务业运行情况

 2022 年通信业统计公报

 2022 年软件和信息技术服务业统计公报

 2022 年电子信息制造业运行情况

附录 A 2022 年影响中国互联网行业发展的十件大事

1. 党的二十大擘画行业发展新蓝图，互联网融合发展开启新征程

2022 年 11 月，党的二十大报告指出，加快发展数字经济，促进数字经济和实体经济深度融合，打造具有国际竞争力的数字产业集群。12 月，中央经济工作会议指出："要大力发展数字经济，提升常态化监管水平，支持平台企业在引领发展、创造就业、国际竞争中大显身手。"这一系列大政方针对数字时代互联网发展作出了新部署、提出了新要求。互联网、5G、大数据、人工智能等新一代信息技术正以前所未有的速度、广度和深度，推动着生产方式、生活方式、治理方式深刻变革，这就要求互联网行业必须坚持创新驱动发展，坚持把发展着力点放在实体经济上，深化互联网与实体经济深度融合，不断做大做优做强数字经济，在创新实践中推进和拓展中国式现代化。

2. 网络安全、数据安全新法规密集出台和实施，进一步筑牢国家数字安全屏障

自 2022 年 2 月起，《网络安全审查办法》《互联网信息服务算法推荐管理规定》《互联网用户账号信息管理规定》《数据出境安全评估办法》《互联网弹窗信息推送服务管理规定》《反电信网络诈骗法》等政策法规陆续颁布实施，进一步完善了我国互联网法律体系，筑牢了国家数字安全屏障，提升了网络强国能力和水平，为数字经济快速、高质量发展提供了坚强保障。

3. 《数据二十条》重磅出炉，数据基础制度体系加快构建

2022 年 12 月，中共中央、国务院发布《关于构建数据基础制度更好发挥数据要素作用的意见》（《数据二十条》），系统、科学地设计了数据基础制度的总体架构、具体机制和政策措施，围绕我国数据基础制度构建的重点、难点、痛点、堵点问题，创新提出了大量符合数据要素发展特点和规律的政策举措。《数据二十条》首次提出了"数据商"概念，为进一步释放数据要素价值、激活数据要素潜能、创建数据要素产业链及市场体系释放了巨大空间，数据市场蓄势待发。

4. 5G R17 标准正式冻结，我国 5G 网络规模全球领先，赋能千行百业借势而发

2022 年 6 月，国际标准组织 3GPP 宣布 5G R17 标准正式冻结，全球 5G 商用迈向新阶段。截至 2022 年 9 月底，我国累计建成并开通 5G 基站 222 万个，5G 网络在实现全国所有地级以上城市覆盖的基础上，进一步延伸覆盖至全国所有县城城区和重点乡镇镇区，形成全球规模最大的 5G 网络。2022 年北京冬季奥运会，全球首个 5G 高清高铁演播室投入使用，成功打造智慧冬奥。在强大的网络基础设施助力下，千行百业数字化转型迎来新的篇章。

5. 首批低轨宽带卫星搭载遥感卫星成功发射，卫星互联网建设拉开序幕

2022年3月，我国成功发射首批低轨宽带卫星，同时搭载发射了一颗遥感卫星，构建星地融合5G试验网络"小蜘蛛网"。这次任务的成功发射验证了我国具备建设卫星互联网巨型星座所必需的卫星低成本、批量研制及组网运营能力，对于推动我国商业低轨卫星通信遥感一体化技术发展具有积极意义。11月，国内首个符合3GPP 5G NTN技术标准的卫星互联网5G链路成功打通，表明我国在新一代低轨卫星互联网宽带通信载荷研发方面已经处于世界前列。

6. "东数西算"工程全面启动，加快打造全国算力"一张网"

2022年2月，国家发展和改革委员会、中央网信办、工业和信息化部、国家能源局联合印发文件，同意在京津冀、长三角、粤港澳大湾区、成渝、内蒙古、贵州、甘肃、宁夏启动建设国家算力枢纽节点，并规划了张家口集群等10个国家数据中心集群。至此，全国一体化大数据中心体系完成总体布局设计，"东数西算"工程正式全面启动。根据工业和信息化部发布的数据，我国近五年算力年均增速超过30%，算力规模排名全球第二。我国算力产业链条持续完善，进一步激发数据要素创新活力，加速数字产业化和产业数字化进程。

7. 我国IPv6活跃用户数超过7亿人，IPv6应用生态进入加快发展阶段

2022年4月，中央网信办、国家发展和改革委员会、工业和信息化部联合印发《深入推进IPv6规模部署和应用2022年工作安排》，进一步加速推动IPv6部署和应用向纵深发展，全面提升IPv6发展水平。最新数据显示，我国固定网络IPv6流量占比达10%，移动网络IPv6流量占比达40%，主要网站和互联网应用的IPv6支持度持续提升。此外，我国IPv6活跃用户数达7.137亿人，占网民总数的67.9%，同比增长29.5%，超过了全球平均增长水平。在相关部门多项政策的持续推动下，我国IPv6规模部署成效显著，多项IPv6能力步入世界前列，为我国数字化转型奠定坚实基础。

8. 工业互联网标识解析及平台体系加快布局，工业互联网开启纵深发展新篇章

2022年，我国工业互联网平台体系加快形成，工业互联网应用已延伸至45个国民经济大类，产业规模突破万亿元，工业互联网标识解析体系"5+2"国家顶级节点全面建成。10月，工业互联网一体化进园区"百城千园行"活动正式启动，推动各地利用工业互联网加快园区转型升级。总体来看，我国工业互联网发展蹄疾步稳，成绩显著，已成为我国加快制造业数字化转型和支撑经济高质量发展的重要力量。

9. 无人机、综合智慧农业平台等数字技术规模应用，数字乡村建设加快消弭"数字鸿沟"

2022年4月，中央网信办等五部门发布了《2022年数字乡村发展工作要点》；8月，中央网信办等四部门发布了《数字乡村标准体系建设指南》，进一步指明了数字乡村的发展方向和实施路径。2022年12月，中央农村工作会议强调，全面推进乡村振兴、加快建设农业强国。在政策支持下，传统农业加快数字化转型步伐：无人机在农业生产中的应用越来越广泛；智慧农业社会化服务综合信息平台在全国各地陆续上线；数字乡村创新设计领域逐渐活跃，已覆盖乡村养老、乡村医疗、农村生态循环、智慧养殖等生活生产的方方面面。数字技术的规模应用加速了农业农村现代化进程，可弥合城乡间的"数字鸿沟"。

10. "世界互联网大会"国际组织在北京正式成立，搭建全球互联网共商共建共享平台

2022 年 7 月 12 日，"世界互联网大会"作为一个国际组织正式成立，总部设在中国北京，会员包括全球互联网领域相关国际组织、企业机构和专家学者。该组织的宗旨是搭建全球互联网共商共建共享平台，推动国际社会顺应数字化、网络化、智能化趋势，共迎安全挑战，共谋发展福祉，携手构建网络空间命运共同体。设立在北京的"世界互联网大会"国际组织的成立，标志着我国在国际互联网领域影响力的巨大提升，在国际互联网领域具有里程碑意义。

附录 B　中国互联网企业综合实力指数（2022 年）

2021 年是"十四五"的开局之年，是开启全面建设社会主义现代化国家新征程的起步之年。百年变局与世纪疫情交织叠加，经济全球化出现逆流，持续创新和规范运营正在成为我国互联网行业发展追求的目标，中国互联网企业朝着健康、规范、可持续的方向发展。

自 2013 年以来，中国互联网协会已连续 10 年开展中国互联网企业综合实力研究工作，翔实展现了中国互联网企业的总体发展现状与态势，系统反映了我国互联网行业未来的发展趋势，获得了政府部门、行业机构、业界专家的广泛关注和认可，塑造了国内互联网企业综合实力的品牌形象，已成为了解和掌握优秀互联网企业发展状况的重要参考。

2022 年，中国互联网协会继续组织开展本年度中国互联网企业综合实力研究工作，主要研究成果包括中国互联网企业综合实力指数（CICCI）、综合实力前百家企业名单、成长型前二十家企业和数据安全服务前十家企业名单等。其中，中国互联网企业综合实力指数研究选取代表企业规模、盈利、创新能力、成长性、风险防控能力和社会责任六大维度的 11 类核心指标，中国互联网成长型企业研究选取代表企业成长性、创新能力和社会责任三大维度的 8 类核心指标，数据安全服务企业选取代表企业数据安全业务规模、成长性、创新与能力（数据安全领域）、社会责任四大维度的 11 类核心指标，在综合行业发展态势和专家意见分别设置指标权重后，通过加权平均计算生成相关研究成果。

总体来看，我国互联网企业综合实力呈现如下特征：一是互联网企业综合实力逐年增强，行业呈持续发展态势。2022 年互联网企业综合实力指数值高达 730.7 分（以 2013 年[1] 为基期 100 分），同比增长 18.5%，较 2013 年增长 630.7%。二是营业收入和营业利润均呈上升态势。2021 年前百家企业营业收入达 4.58 万亿元，同比增长 12.52%；前百家企业营业利润总额达 4663 亿元，增速达 17.4%。三是研发投入持续加码，发明专利数量呈增长态势。2021 年前百家企业的研发投入达到 2923.7 亿元，同比增长 41.3%，明显高于 2020 年 16.8% 的增速；前百家企业发明专利总数达到 11 万项，比 2020 年增长 10.1 个百分点。四是网络文娱产业持续发展，网络游戏业务境外营收规模呈增长态势。2021 年，前百家企业中开展网络游戏和网络音视频业务的企业各有 26 家，是前百家企业涉及最广泛的业务种类。从垂直领域看，前百家企业平均境外营收占比，网络游戏的境外营收占比位居第一，达 25%。五是产业互联网持续发展。2021 年，前百家企业中有 35 家企业开展了产业互联网业务，35 家企业的互联网业务

1　2013 年为中国互联网综合实力研究的第一年。

收入占前百家企业的 65.04%。六是风险防控能力处于健康水平。2021 年，前百家企业债务保障率的平均水平是 71.9%，同比下降 11.5%，但总体依然保持健康水平。七是上市企业市值和境外上市企业数量占比均呈下降态势。2021 年，前百家企业中上市企业市值达 151355 亿元，较 2021 年下降 21 个百分点；境外上市企业数量占比从 2012 年的 32% 降至 2021 年的 21%。八是互联网企业纳税总额稳步提升。2021 年，前百家企业的纳税总额达 1377.6 亿元，较 2021 年增长 346 亿元，同比增长 33.5%。

我国互联网成长型企业发展势头迅猛，呈现如下趋势：一是成长型企业保持快速发展势头，员工规模持续高速增长。2021 年，中国互联网成长型前二十家企业的互联网业务收入同比增长 118%，较 2020 年增长 21.3 个百分点。二是研发投入强度创新高，科创人才占比呈稳定增长态势。2021 年研发投入强度达 22.6%，高出前百家企业 16.2 个百分点。三是持续聚焦产业链服务，推动企业数字化转型进程。中国互联网成长型前二十家企业聚焦以云服务、数据服务为代表的产业链服务，围绕企业高质量发展和产业链供应链现代化，深入推进云计算、大数据、人工智能等新一代信息技术在企业数字化转型过程中的应用，激发数据要素创新驱动潜能，加速业务优化升级和创新转型。

我国数据安全服务企业快速发展，具体来看，一是细分赛道尚处于扩张阶段，营收普遍大幅提升。2021 年前十家数据安全服务企业数据安全业务营收提速势头迅猛，同比增速达 54.1%。二是创新驱动安全能力升级，研发投入费用普涨。2021 年，前十家数据安全服务企业数据安全业务研发投入普遍大幅提升，达到 57%。三是技术产品体系逐步成熟，新应用场景带来发展机遇。前十家数据安全服务企业积极布局完善数据安全相关产品，其中，七成企业数据安全产品覆盖面较广，能提供不少于 10 款的不同类型数据安全产品。

随着互联网技术的不断革新和发展，互联网与传统产业融合更加广泛、深入，持续推动我国企业创新发展。同时，伴随我国多层次资本市场体系改革完善，国家反垄断监管不断加强，进一步针对中小企业发展优化市场环境，为中小企业可持续发展奠定坚实基础。我国互联网行业未来发展趋势表现为：一是新型基础设施建设规模部署提速，为激发全社会的科技创新动能提供强大支撑；二是企业数字化转型持续深入，推动传统产业高质量发展；三是充分运用信息技术融合创新，加快实体经济数字化、网络化、智能化发展；四是境外业务持续拓展，助推国际化布局迈上新台阶。

一、研究方法

（一）研究对象和研究思路

2022 年，中国互联网企业综合实力指数研究的主要对象是持有增值电信业务经营许可证或其他研究领域内必要的资质与牌照、营业收入主要通过互联网业务实现、主要收入来源地或运营总部位于中国大陆、无重大违法违规行为的企业。对于集团公司的全资子公司或绝对控股的子公司，原则上以集团总公司的名义统一填报；对于集团公司控制权比例小于 50% 的参股公司，则可以独立填报；若绝对控股子公司独立运营，且主营业务收入主要来源于市场，则可独立填报。

本次研究的思路为：首先确定项目的总体目标，明确项目的研究对象、数据来源和数据周期，并构建指标体系的评价原则和评价维度；其次选取能够代表相关维度的指标项，并对指标项权重进行赋值；最后通过多种渠道收集有关数据，进行数据审核验证，并依据指标体系进行量化计算，形成评价结果。

（二）数据来源和数据审核

本次研究的数据基础是企业 2021 年度数据，数据来源包含上市公司财务报告、拟上市公司招股说明书、企业审计报告、所得税纳税申报表、第三方数据平台监测数据和企业自主填报数据等，从多种渠道对数据进行审核验证和补充。

信息及数据审核工作，重点包括：企业经营许可证情况核查、企业主营业务类型核查、企业数据真实性和准确性核查及企业诚信和合法合规性核查等。为确保研究工作的严谨性，对于自身情况不符合填报要求、填报材料不符合要求、数据真实性与准确性存疑的企业，本年度不纳入研究范围。本次研究遵循量化指标计算的客观性原则和指标及评价方法的科学性原则。

（三）评价维度和方法

2022 年中国互联网企业综合实力指数研究选取代表企业规模、盈利、创新能力、成长性、风险防控能力和社会责任六大维度的 11 类核心指标（见图 B.1），综合行业发展态势和专家意见对指标设置权重，通过加权计算生成综合得分作为企业的最终得分，对候选的互联网企业进行排序，取前 100 名的企业作为 2022 年中国互联网企业综合实力前百家企业。

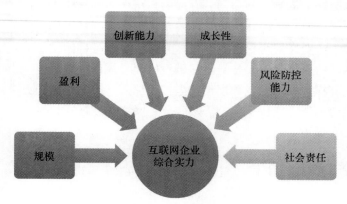

图B.1　2022年中国互联网企业综合实力评价维度

2022 年中国互联网成长型企业研究选取代表企业成长性、创新能力和社会责任三大维度的 8 类核心指标（见图 B.2），综合行业发展态势和专家意见对指标设置权重，通过加权平均计算生成综合得分作为企业的最终得分，对未进入互联网前百家企业的候选企业进行排序，取前 20 名的企业作为 2022 年中国互联网成长型前二十家企业。

2022 年数据安全服务企业研究选取代表企业数据安全业务规模、成长性、创新与能力（数据安全领域），社会责任四大维度的 11 类核心指标（见图 B.3），综合行业发展态势和专家意见对指标设置权重，通过加权计算生成综合得分作为企业的最终得分，对候选的数据安全企业进行排序，取前 10 名的企业作为 2022 年数据安全服务前十家企业。

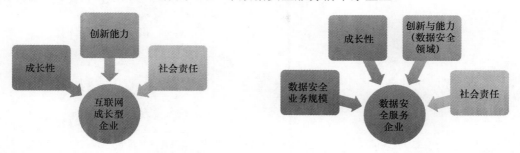

图B.2　2022年中国互联网成长型企业评价维度　　　图B.3　2022年数据安全服务企业评价维度

二、2022 年中国互联网企业综合实力总体评述

（一）中国互联网行业总体保持稳定发展态势

2022 年，中国互联网行业持续稳定发展。如图 B.4 所示，以 2013 年[1]为基础，自 2013 年至今，中国互联网企业综合实力呈逐年增长的态势。具体来看，2022 年指数值高达 730.7 分，同比增长 18.5%，较 2013 年增长 630.7%。

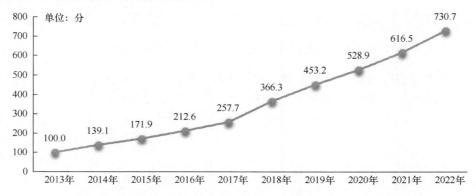

图B.4　中国互联网企业综合实力指数

规模指数通过计算前百家企业互联网营收规模、互联网业务收入、员工规模、市值等规模因素的年度变化，得出以下结论：2022 年规模指数值达 1043.3 分，较 2021 年增长 16.8%，同比增速提升了 3.1 个百分点（见图 B.5）。

盈利指数通过统计分析前百家企业的经营利润、利润率等因素的年度变化，得出以下结论：2022 年盈利指数值达到 397.1 分，较 2021 年增长 10.9%，同比增速下降了 9.8 个百分点（见图 B.6）。

1　2013 年为中国互联网企业综合实力研究的第一年。

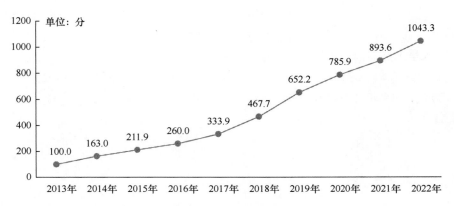

图B.5 中国互联网企业综合实力指数——规模指数

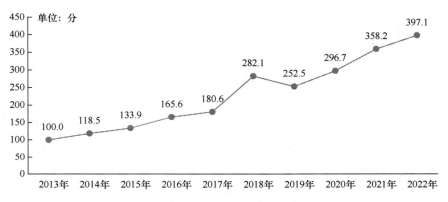

图B.6 中国互联网企业综合实力指数——盈利指数

创新指数通过统计分析前百家企业的研发人员、研发投入和专利等因素的年度变化，得出以下结论：2022 年创新指数得分 673.0 分，较 2021 年增长 28.6%，同比增速提升了 13.8 个百分点（见图 B.7）。

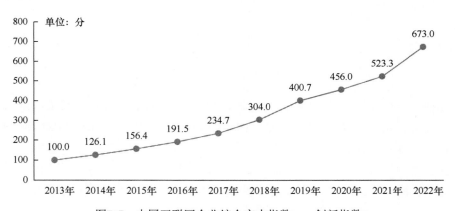

图B.7 中国互联网企业综合实力指数——创新指数

综上所述，从规模指数、盈利指数和创新指数三个分指数的具体数值来看，创新指数同比增长率最高，表现最为突出。

（二）营业收入和营业利润均呈上升态势

营业收入呈上升态势。 2021 年，中国互联网行业蓬勃发展，新型基础设施建设成效显著，信息技术融合应用加速落地，中国互联网朝着健康、可持续的方向发展。2021 年前百家企业营业收入总规模达 4.58 万亿元，同比增长 12.52%。

头部企业互联网业务收入集中度持续提升，前 10 名占比超过 70%。 如图 B.8 所示，从前百家企业互联网业务收入来看，2021 年，排名前两位的头部企业互联网业务收入总额占前百家企业营业收入总额的 41.9%，同比增长 14.9 个百分点；排名前十位的头部企业营业收入总额占比达到 71%，同比增长 8.5 个百分点，头部企业集中度持续上升。

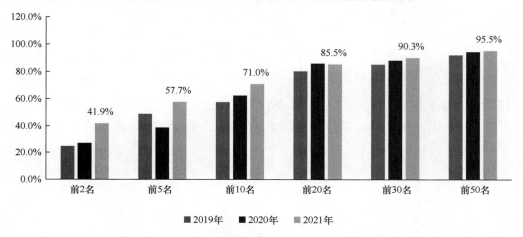

图B.8　2019—2021年中国互联网前百家企业收入占比情况

营业收入占数字经济比重上升。 前百家企业营业收入占我国数字经济规模的比重从 2020 年的 6.32% 上升至 2021 年的 7.33%。

营业利润呈上升态势。 2021 年，中国互联网前百家企业营业利润总额达 4663 亿元，增速达 17.4%。

（三）研发投入持续加码，发明专利数量呈增长态势

关键核心技术是国之重器，对推动中国经济高质量发展、保障国家安全具有十分重要的意义。习近平总书记指出："必须深入实施科教兴国战略、人才强国战略、创新驱动发展战略，完善国家创新体系，加快建设科技强国，实现高水平科技自立自强。"2021 年，中国互联网企业抢抓科教兴国战略和创新驱动发展战略的机遇，加快完善创新机制，全方位推进科技创新、企业创新、产品创新，加快科技成果向现实生产力转化，推动科技和经济紧密结合。

研发投入高速增长。 2021 年，中国互联网企业不断加大研发投入，持续强化企业创新主体地位，加强原创性、引领性科技攻关。构建开放创新生态，激发人才创新活力，让创新成为发展的核心竞争力，助力实现高水平科技自立自强。据统计，2021 年中国互联网前百家企业的研发投入达到 2923.7 亿元，同比增长 41.3%，明显高于 2020 年 16.8% 的增速（见图 B.9）；

整体研发强度为 6.4%，高于 2020 年的 4.6%。由此可见，中国互联网企业不断加大了研发经费投入的力度。

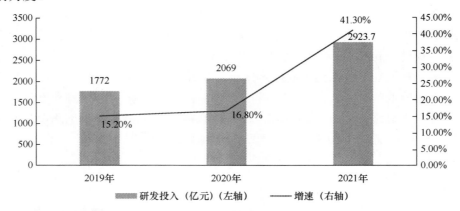

图B.9 2019—2021年中国互联网前百家企业研发投入和增速

研发人员持续增长。当前，企业已经成为我国科技研发的主力军，互联网企业在研发领域持续加码。如图 B.10 所示，2021 年中国互联网前百家企业的研发人员总数达 413493 人，比 2020 年提升 25.2 个百分点。

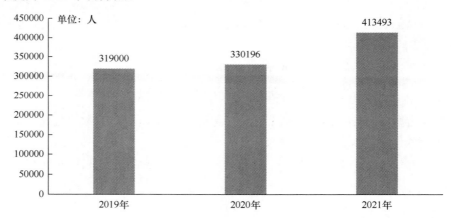

图B.10 2019—2021年中国互联网前百家企业研发人员数量

发明专利数量呈增长态势。近年来，专利质量提升工程持续深入实施，积极促进专利质量提升，取得了良好成效。如图 B.11 所示，2021 年，前百家企业发明专利总数达到约 11 万项，比 2020 年提升 10.1 个百分点。

（四）网络文娱产业持续发展，网络游戏业务境外营收规模呈增长态势

网络文娱产业持续发展。随着我国网络科技的飞速发展和网络强国建设步伐的加快，"互联网+文化娱乐"业态广泛互联、深度融合，并逐渐成为数字经济发展的重要支柱和新经济发展的重要引擎。如图 B.12 所示，2021 年，开展网络游戏和网络音视频业务的企业各有26 家，是前百家企业涉及最广泛的业务种类。其他业务包括电子商务企业 21 家、互联网公

共服务[1]企业 15 家、云服务企业 19 家、生活服务企业 14 家、网络媒体企业 15 家、互联网金融服务企业 13 家、数据服务企业 26 家、实用工具企业 9 家、社交网络服务企业 10 家、生产制造服务企业 5 家、搜索服务企业 2 家、网络安全服务企业 1 家、互联网接入服务企业 4 家。前百家企业全面覆盖互联网的主要业务，特别是产业数字化转型进程提速升级。

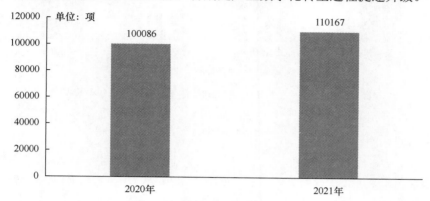

图 B.11　2020—2021 年中国互联网前百家企业发明专利数量

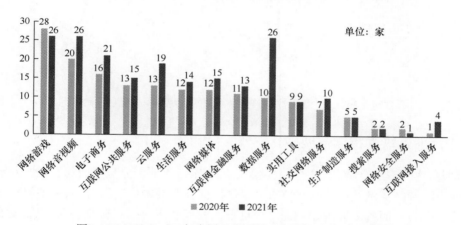

图 B.12　2020—2021 年中国互联网前百家企业业务分布情况

　　地理聚集特征更加显著。 我国优秀的互联网企业区域分布存在明显的聚集效应。如图 B.13 所示，2021 年，京津冀、长三角、珠三角地区集中了超过 80% 的互联网前百家企业。以北京为中心的京津冀地区是互联网企业主要的聚集地，前百家企业中有 33 家在京津冀地区；其次是以上海为中心的长三角地区，前百家企业有 30 家；珠三角地区的前百家企业有 18 家。

　　网络游戏业务境外营收规模呈增长态势。 从垂直领域看，前百家互联网企业平均境外营收占比情况如图 B.14 所示。2021 年，网络游戏的境外营收占比位居第一，达 25%；网络营销、互联网金融的境外营收占比位列第二、第三，分别为 13%、10%。

1　互联网公共服务包含电子政务、互联网医疗健康、在线教育、网络出行、物流交通等。

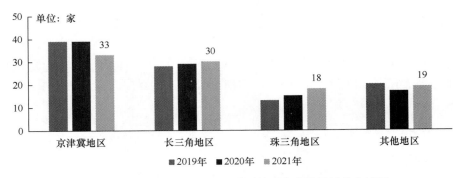

图B.13　2019—2021年中国互联网前百家企业区域分布情况

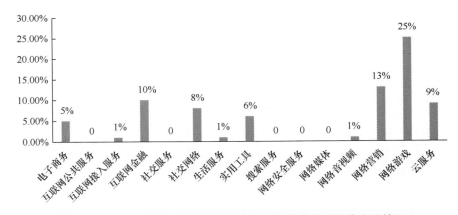

图B.14　2021年中国互联网前百家企业网络游戏境外营收占比情况

（五）产业互联网持续发展

以云服务为代表的产业互联网持续发展。近年来，我国十分重视产业互联网发展。国务院《"十四五"数字经济发展规划》要求"推动产业互联网融通应用"；商务部等三部门发布的《"十四五"电子商务发展规划》提出"培育产业互联网新模式新业态"；国家发展和改革委员会和中央网信办提出"以产业互联网平台、公共性服务平台等作为产业数字化的主要载体"，把"构建多层联动的产业互联网平台"作为推进"上云用数赋智"行动的主要方向。产业互联网已成为我国推进数字化转型、加快高质量发展的有力抓手。如图B.15所示，2021年，前百家互联网企业中有35家企业开展了产业互联网业务，这35家企业的互联网业务收入占前百家企业的65.04%。随着"互联网+"的纵深推进，消费侧的创新不断发展，同时数字技术加速与千行百业深度融合，面向不同行业的互联网解决方案需求持续扩大。

云服务持续助力企业转型升级。云计算作为"新基建"中"大数据中心、人工智能、工业互联网"的基础框架，是国家重点投资和建设的内容。如图B.16所示，2021年，作为产业互联网领域的代表，在前百家企业中，开展云服务的企业共19家，企业研发投入规模同比增速达18.7%，平均研发强度达19.2%，比2020年增加8.7个百分点。开展云服务的企业研发人员占比达40.8%，比2020年增加3.6个百分点。众多云计算企业开始逐步构建全球化资源和算力网络，开启由国内向全球辐射的业务布局。

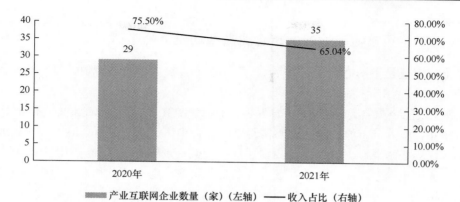

图B.15　2020—2021年产业互联网企业数量和收入占比

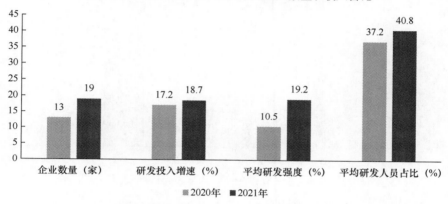

图B.16　2020—2021年云计算企业数量和研发情况

（六）风险防控能力处于健康水平

风险防控能力处于健康水平。2021 年，前百家企业债务保障率的平均水平是 71.9%，比 2020 年下降 11.5%，但总体依然保持在健康水平之上。如图 B.17 所示，2021 年，前百家企业中，债务保障率在 50%以上的企业有 19 家，较 2020 年减少 10 家，在 20%以上的有 50 家，较 2020 年减少 2 家。

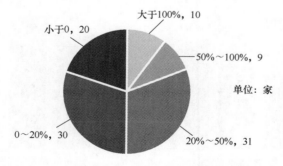

图B.17　2021年中国互联网前百家企业债务保障率分布

（七）上市企业市值和境外上市企业数量均呈下降态势

上市企业市值呈下降态势。2021 年，前百家企业中上市企业市值达 151355 亿元，比 2020 年下降 21 个百分点。

在境外上市的企业数量持续下降。如图 B.18 所示，2021 年，前百家企业的上市地数据显示，2012—2021 年，境外上市的比例从 32% 降至 21%，在中国大陆、中国香港上市的企业从 22% 上升至 42%。从整体来看，2021 年，我国互联网投融资规模有所回升，中国互联网企业在香港上市的比重进一步增加，从细分领域来看，企业服务、电子商务和互联网金融三个领域融资活跃度最高。

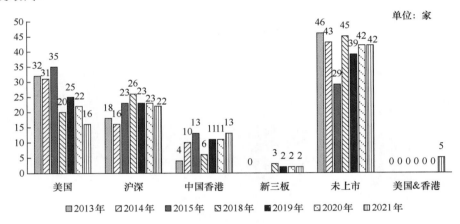

图B.18　2013—2021年前百家企业上市情况

（八）互联网企业纳税总额稳步提升

2021 年，中国互联网前百家企业的员工数量达 163.75 万人，较 2020 年减少约 1.1 万人，同比下降约 0.65%。如图 B.19 所示，2021 年，前百家企业的纳税总额达 1377.6 亿元，较 2020 年增长 346 亿元，同比增长 33.5%。其中，前百家企业纳税总额占我国纳税总额规模的比重从 2020 年的 0.67% 上升至 2021 年的 0.8%，我国互联网行业纳税总额占比稳步提升。

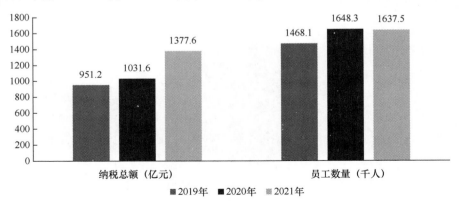

图B.19　2019—2021年中国互联网前百家企业纳税额和员工数量

三、2022 年中国互联网成长型企业总体评述

（一）成长型企业保持快速发展势头，员工规模持续高速增长

2021 年，中国互联网成长型前二十家企业的互联网业务收入同比增速达 118%，较 2020 年提升 21.3 个百分点，互联网业务收入同比增速是前百家企业的 3.4 倍。其中，40%的企业互联网业务收入同比增速超过 100%，将为整个互联网行业带来新的发展机遇，也为推动我国经济高质量发展提供强大的内生动力。

2021 年，中国互联网成长型前二十家企业的员工规模同比增速达 51.9%，较 2020 年下降 14 个百分点。其中，有 10%的企业员工规模同比增速超过 100%。

（二）研发投入强度创新高，科创人才占比呈稳定增长态势

中国互联网成长型前二十家企业高度重视技术研发在企业发展中的重要性，并在研发投入方面持续加量，2021 年研发投入强度达 22.6%，高出前百家企业 16.2 个百分点，其中，25%的企业研发投入强度超过 20%。成长型企业研发规模同比增速达 11.5%，有 35%的企业研发规模增速超过 50%。

科技创新能力是企业的核心竞争力。从研发人员方面来看，成长型企业平均研发人员占比达 46.4%，较 2020 年下降 0.5 个百分点。研发人员同比增速达 40.9%，较 2020 年上升 28.4 个百分点。在专利数量方面，成长型企业专利总数达 560 项，较 2020 年上升 24.4 个百分点。成长型企业持续激发创新活力，加快完善以企业为主体、市场为导向、产学研相结合的技术创新体系，加强科技领军人才、高水平创新团队的引进和培养，提升科技型企业创新能力和发展能级。

（三）聚焦产业链服务，推动企业数字化转型进程

近年来，新一代信息技术加速创新，日益融入经济社会发展各领域、全过程；新一代信息技术产业是国民经济的战略性、基础性和先导性产业。中国互联网成长型前二十家企业聚焦以云服务、数据服务为代表的产业链服务，围绕企业高质量发展和产业链供应链现代化，聚焦企业、行业、区域转型升级需要，深入推进云计算、大数据、人工智能等新一代信息技术在企业数字化转型过程中的应用，激发数据要素创新驱动潜能，打造和提升信息时代的生存与发展能力，加速业务优化升级和创新转型，开展多场景、全链条、多层次应用示范，培育推广新产业、新模式、新业态等。

四、2022 年数据安全服务企业总体评述

（一）细分赛道尚处于扩张阶段，营收普遍大幅提升

从数据安全服务企业相关数据可以看出，数据安全作为新的发展方向，该领域业务收入、

员工规模等均呈现快速增长态势。

在营业收入方面，2021 年前十家数据安全服务企业数据安全业务营收提速势头迅猛，同比增速达 54.1%。其中，前三名企业数据安全业务收入增速超过 80%，展现出数据安全领域巨大的发展潜力。

在净利润方面，由于数据安全领域尚处于业务创新和市场开拓的活跃期，受规模扩张、研发投入增加等因素的影响，2021 年前十家数据安全服务企业的数据安全业务净利润较低，仅一家企业数据安全业务净利润超过 1 亿元，其余企业数据安全业务净利润均在 5000 万元及以下。其中，50% 的企业数据安全业务净利润增速小于或等于 0。

在员工规模方面，在数据安全相关政策要求密集落地、市场需求持续扩大、生态体系加速构建的良好机遇下，为了保障数据安全业务的快速扩张，前十家数据安全服务企业大幅提高数据安全业务员工数量。2021 年前十家数据安全服务企业的数据安全业务员工数量同比增速达 30.7%。其中，9 家企业数据安全业务员工数量实现正向增长，3 家企业员工数量同比增速超过 50%。

（二）创新驱动安全能力升级，研发投入费用普涨

当前我国数据安全市场正处于加速扩张期，前十家数据安全服务企业从提升研发费用、扩充研发人员数量、打造知识产权高地等方面入手，积极布局新产品新方向、强化核心技术产品市场竞争力。

在研发费用方面，2021 年前十家数据安全服务企业数据安全业务研发投入普遍大幅提升，达到 57%。其中，2 家企业的数据安全业务研发费用同比增速高于 100%。

在研发人员方面，2021 年前十家数据安全服务企业的数据安全业务研发人员规模同比增速为 37.1%，平均研发人员占总员工比例达 58.6%，较 2020 年小幅提升近 3 个百分点。其中，2 家企业数据安全业务研发人员规模同比增速超过 80%。

在知识产权方面，前十家数据安全服务企业共拥有发明专利 1288 项。不同企业在知识产权布局思路方面存在较大差异，其中，1200 余项专利主要集中于 5 家企业，剩余 5 家企业专利数量较少，平均仅为 14 项。

（三）技术产品体系逐步成熟，新应用场景带来发展机遇

在产品布局方面，数据安全服务企业聚焦数字产业化和产业数字化发展需求，前十家数据安全服务企业积极布局完善数据安全相关产品，不断强化数据库防护、数据脱敏、数据加解密等传统软硬件产品，隐私计算、数据溯源等新兴技术产品，以及数据安全监测平台、数据安全运营管控平台等平台系统的安全能力。其中，70% 的企业数据安全产品覆盖面较广，能提供不少于 10 款的不同类型数据安全产品。

在市场行业分布方面，数据安全企业的下游客户主要来自制造、金融、政府、电信等行业，从前十家数据安全服务企业的具体用户组成来看，制造、金融和政府行业用户数量占总数量比例分别为 24.2%、18.3%、15.5%。其中，8 家企业已面向至少 7 个行业进行市场布局，医疗、教育、交通等行业仍具有广阔的发展空间。

五、中国互联网行业未来发展趋势展望

（一）新型基础设施建设规模部署提速，为激发全社会的科技创新动能提供强大支撑

在加快建设网络强国的背景下，我国新型基础设施加快建设，网络供给能力加速提升。我国建成全球规模最大、技术领先的网络基础设施。截至 2022 年 6 月底，我国累计建成并开通 5G 基站 185.4 万个，建成全球最大的 5G 网络，所有地级市全面建成光网城市，千兆光纤用户数突破 6100 万户，启动建设多条"东数西算"干线光缆。移动电话用户和蜂窝物联网用户规模持续扩大，移动互联网流量快速增长。随着 5G 与行业融合越来越深，终端的类型将会越来越多，新型移动终端发展潜力巨大。在此背景下，我国互联网企业以新基建为契机，推动工业互联网加快发展，大力发展数据中心，加强大型云计算数据中心、边缘计算数据中心的统筹规划建设，推动集成深度学习、人机协同、跨域集成等功能的人工智能基础设施发展，既为新产业夯实发展基础、助力产业升级提质增效，也为激发全社会的科技创新动能提供强大支撑。

（二）企业数字化转型持续深入，推动传统产业高质量发展

《中华人民共和国国民经济和社会发展第十四个五年规划和 2035 年远景目标纲要》提出，迎接数字时代，激活数据要素潜能，推进网络强国建设，加快建设数字经济、数字社会、数字政府，以数字化转型整体驱动生产方式、生活方式和治理方式变革。在全球数字经济浪潮下，加速数字化转型已成为企业关注和发展的重点。依托互联网和大数据技术，企业在全业务流程上全面升级，打通线上线下各种资源和服务，数据技术的应用扩展到生产环节、流通环节、营销环节、销售环节。企业正在全流程构建自身的数字化触点和供应链服务。加速企业的数字化转型，不仅能使企业在云计算、大数据等新兴技术的赋能下提升经营管理效率，降低成本，实现资源配置的优化，也能让企业紧跟数字经济时代大势，不断将产品和商业模式推陈出新，为传统企业经营注入新动力，引导其高质量发展。

（三）充分运用信息技术融合创新，加快实体经济数字化、网络化、智能化发展

在产业数字化发展机遇下，互联网企业瞄准产业前沿，将信息技术能力持续向传统产业输出，加大 5G 网络、人工智能等新兴技术应用在工业、交通、能源、民生、环境、城市、农业农村等方面的建设力度，加大相关领域引领性、关键性、基础性核心技术的研发，推进信息技术原创性研发和融合性创新。打造区域制造业数字化集群，推动重点区域制造业集群基础设施的数字化改造与共建共享。加强网络数据汇聚赋能，培育工业互联网模式创新，推广数字化研发、智能化制造等新模式，持续深化"5G+工业互联网"融合应用，加快实体经济数字化、网络化、智能化发展。

（四）境外业务持续拓展，助推国际化布局迈上新台阶

近年来，中国互联网出海取得了越来越多的成绩，包括游戏、电商、金融科技等在内的中国互联网企业正在持续向全球市场输出，出海已经成为互联网产业最具增长价值的发展方向之一。我国互联网经历了初期探索、大规模出海、全球化战略等阶段，出海的移动应用生态体系日益丰富，出海的应用类型从单一工具类到游戏、电商等垂直领域应用，再到内容类应用凭借功能完善、较好的用户体验等优势实现对海外的成功输出。在互联网出海浪潮仍方兴未艾的时代机遇之下，中国互联网企业正在以前所未有的势头，在国际市场展示着中国力量。

2022 年中国互联网综合实力前百家企业如表 B.1 所示，2022 年中国互联网成长型企业如表 B.2 所示，2022 年数据安全服务企业如表 B.3 所示，连续十年名列中国互联网综合实力前百家企业如表 B.4 所示。

表 B.1　2022 年中国互联网综合实力前百家企业

序号	企业名称	主要业务和品牌	所属地
1	深圳市腾讯计算机系统有限公司	微信、QQ、腾讯云	广东省
2	阿里巴巴（中国）有限公司	淘宝、阿里云、高德	浙江省
3	北京三快在线科技有限公司	美团、大众点评、美团外卖	北京市
4	蚂蚁科技集团股份有限公司	支付宝、蚂蚁链、OceanBase	浙江省
5	北京抖音信息服务有限公司	抖音、今日头条、西瓜视频	北京市
6	京东集团	京东、京东物流、京东科技	北京市
7	百度公司	百度搜索、百度云、自动驾驶	北京市
8	上海寻梦信息技术有限公司	拼多多	上海市
9	北京快手科技有限公司	快手、快手极速版、AcFun	北京市
10	携程集团	携程旅行网、去哪儿、天巡	上海市
11	哔哩哔哩股份有限公司	哔哩哔哩	上海市
12	贝壳集团	贝壳找房、链家、被窝家装	北京市
13	上海米哈游网络科技股份有限公司	米哈游、miHoYo、原神	上海市
14	小米集团	小米、MIUI 米柚、Redmi	北京市
15	网易公司	网易游戏、网易有道、网易新闻	广东省
16	北京五八信息技术有限公司	58 同城、安居客、赶集直招	北京市
17	北京华品博睿网络技术有限公司	BOSS 直聘、店长直聘、看准网	北京市
18	汇通达网络股份有限公司	超级老板、汇享购	江苏省
19	湖南快乐阳光互动娱乐传媒有限公司	芒果 TV	湖南省
20	三六零安全科技股份有限公司	360 安全卫士、360 手机卫士、360 安全浏览器	北京市
21	新浪公司	新浪网、微博	北京市
22	北京爱奇艺科技有限公司	爱奇艺、随刻、奇巴布	北京市
23	腾讯音乐娱乐集团	QQ 音乐、酷狗音乐、酷我音乐	广东省
24	搜狐公司	搜狐媒体、搜狐视频、畅游游戏	北京市
25	东方财富信息股份有限公司	东方财富、东方财富证券、天天基金	上海市
26	上海识装信息科技有限公司	得物	上海市

（续表）

序号	企业名称	主要业务和品牌	所属地
27	满帮集团	运满满、货车帮	贵州省
28	三七文娱（广州）网络科技有限公司	三七游戏、37 手游、37 网游	广东省
29	同程旅行控股有限公司	同程旅行、艺龙网	江苏省
30	上海钢银电子商务股份有限公司	钢银电商、钢银数据、钢银云 SaaS	上海市
31	拉卡拉支付股份有限公司	拉卡拉	北京市
32	北京网聘咨询有限公司	智联招聘	北京市
33	美图公司	美图秀秀、美颜相机、美图宜肤	福建省
34	唯品会（中国）有限公司	唯品会	广东省
35	波克科技股份有限公司	波克城市、猫咪公寓、爆炒江湖	上海市
36	央视网国际网络有限公司	央视网、中国互联网电视、CCTV 手机电视	北京市
37	好未来教育科技集团	学而思网校、学而思素养、熊猫博士	北京市
38	广州津虹网络传媒有限公司	YY 直播	广东省
39	北京猿力教育科技有限公司	猿辅导、飞象星球、斑马	北京市
40	北京趣拿信息技术有限公司	去哪儿网，去哪儿旅行	北京市
41	广州虎牙信息科技有限公司	虎牙直播、Nimo TV	广东省
42	昆仑万维科技股份有限公司	Opera、StarX、ArkGames	北京市
43	北京蜜莱坞网络科技有限公司	映客直播、积目、对缘	北京市
44	新华网股份有限公司	学习进行时、新华智云、溯源中国	北京市
45	四三九九网络股份有限公司	4399、4399 小游戏、4399 休闲娱乐平台	福建省
46	同道猎聘集团	猎聘	天津市
47	武汉斗鱼鱼乐网络科技有限公司	斗鱼直播	湖北省
48	北京光环新网科技股份有限公司	光环新网、光环云、光环有云	北京市
49	北京车之家信息技术有限公司	汽车之家、二手车之家	北京市
50	广州趣丸网络科技有限公司	TT 语音、TT 电竞、TT 游戏	广东省
51	浙江世纪华通集团股份有限公司	盛趣游戏、点点互动、七酷	浙江省
52	人民网股份有限公司	中国共产党新闻网、人民网+、领导留言板	北京市
53	深圳乐信控股有限公司	乐信、分期乐、乐花卡	广东省
54	东方明珠新媒体股份有限公司	百视 TV、百视通、东方购物	上海市
55	上海连尚网络科技有限公司	Wi-Fi 万能钥匙	上海市
56	汇量科技集团	Mintegral、GameAnalytics、Nativex	广东省
57	马上消费金融股份有限公司	安逸花、优逸花、马上金融	重庆市
58	江西巨网科技有限公司	巨网科技	江西省
59	网宿科技股份有限公司	网宿科技	上海市
60	厦门吉比特网络技术股份有限公司	问道、问道手游、一念逍遥	福建省
61	深圳市东信时代信息技术有限公司	MarketingDesk	广东省
62	优刻得科技股份有限公司	UCloud、安全屋、优云智联	上海市
63	德邻陆港供应链服务有限公司	德邻钢铁、德邻循环、德邻畅途	辽宁省
64	易车公司	易车 App、汽车报价大全、易车伙伴	北京市
65	江苏瑞祥科技集团有限公司	瑞祥全球购、瑞祥福鲤圈	江苏省

（续表）

序号	企业名称	主要业务和品牌	所属地
66	福建博思软件股份有限公司	博思非税票据一体化管理平台、博思政府采购公共服务平台、博思智慧城市电子缴费公共服务平台	福建省
67	富途网络科技（深圳）有限公司	富途牛牛、MOOMOO、富途安逸	广东省
68	汇付天下有限公司	斗拱、汇来米、聚合支付	上海市
69	深圳市明源云科技有限公司	明源云	广东省
70	龙采科技集团有限责任公司	龙采、资海、龙采体育	黑龙江省
71	上海东方网股份有限公司	东方新闻、纵相新闻、东方智库	上海市
72	北京搜房科技发展有限公司	房天下网、开发云、经纪云	北京市
73	焦点科技股份有限公司	中国制造网、新一站保险网	江苏省
74	湖北盛天网络技术股份有限公司	随乐游云游戏平台、易乐玩游戏平台、易乐游网娱平台	湖北省
75	恺英网络股份有限公司	蓝月传奇、敢达争锋对决、XY.COM 游戏平台	上海市
76	北京花房科技有限公司	花椒直播、六间房直播	北京市
77	金蝶软件（中国）有限公司	金蝶云·苍穹、金蝶云·星瀚、金蝶云·星空	广东省
78	无锡市不锈钢电子交易中心有限公司	无锡不锈钢	江苏省
79	广州多益网络股份有限公司	多益网络、神武、梦想世界	广东省
80	中钢网科技集团	中钢网	河南省
81	深圳市梦网科技发展有限公司	消息云、终端云、物联云	广东省
82	南京领行科技股份有限公司	T3 出行	江苏省
83	联动优势科技有限公司	联动支付、联动信息、联动数字+	北京市
84	海看网络科技（山东）股份有限公司	IPTV、海看数字应用	山东省
85	浙江金科汤姆猫文化产业股份有限公司	会说话的汤姆猫家族、我的安吉拉2、汤姆猫总动员	浙江省
86	湖南兴盛优选电子商务有限公司	兴盛优选小程序、兴盛优选 App	湖南省
87	深圳市迅雷网络技术有限公司	迅雷、迅雷云盘、迅雷链	广东省
88	上海巨人网络科技有限公司	征途系列游戏、球球大作战、帕斯卡契约	上海市
89	福建网龙计算机网络信息技术有限公司	魔域、征服、英魂之刃	福建省
90	广州荔支网络技术有限公司	荔枝、荔枝播客、吱呀	广东省
91	江西贪玩信息技术有限公司	贪玩手游、贪玩页游	江西省
92	在线途游（北京）科技有限公司	捕鱼大作战、富豪麻将、途游斗地主	北京市
93	竞技世界（北京）网络技术有限公司	JJ 比赛	北京市
94	企查查科技有限公司	企查查、企查查专业版	江苏省
95	鹏博士电信传媒集团股份有限公司	鹏博士智慧云网、鹏博士数据中心、鹏博士家庭宽带及增值业务	四川省
96	杭州边锋网络技术有限公司	边锋游戏、游戏茶苑、蜀山四川麻将	浙江省
97	中原大易科技有限公司	大易科技网络货运平台	河南省
98	二六三网络通信股份有限公司	263 云邮箱、263 云视频、263 云直播	北京市
99	上海益世界信息技术集团有限公司	商道高手、我是大东家、金币大富翁	上海市
100	上海莉莉丝科技股份有限公司	小冰冰传奇、万国觉醒、剑与远征	上海市

表 B.2　2022 年中国互联网成长型企业

序号	企业名称	主要业务和品牌	所属地
1	厦门旷世联盟网络科技有限公司	财富创世纪软件、乱世帝王	福建省
2	北京农信数智科技有限公司	企联网、猪联网、农信商城	北京市
3	福建健康之路信息技术有限公司	健康之路、小薇健康	福建省
4	英雄体育管理有限公司	VSPN	陕西省
5	福州来玩互娱网络科技有限公司	来玩互娱、来玩游戏、全民大丰收	福建省
6	厦门极致互动网络技术股份有限公司	上古王冠、道友请留步、魔侠传	福建省
7	深圳市创梦天地科技有限公司	乐逗游戏	广东省
8	北京值得买科技股份有限公司	什么值得买；星罗	北京市
9	常相伴（武汉）科技有限公司	伴伴、皮队友、谁是凶手	湖北省
10	广州君海网络科技有限公司	君海游戏、君海海外	广东省
11	湖南微算互联信息技术有限公司	红手指云手机、ARM 服务器	湖南省
12	厦门吉快科技有限公司	吉快、小快	福建省
13	上海数据港股份有限公司	定制数据中心、全生命周期解决方案、云服务	上海市
14	辽宁自贸试验区（营口片区）桔子数字科技有限公司	桔多多商城	辽宁省
15	江苏千米网络科技股份有限公司	千米云小店	江苏省
16	每日互动股份有限公司	个推、个灯、云合	浙江省
17	深圳市动能无线传媒有限公司	消灭糖果、果汁四溅	广东省
18	北京中网易企秀科技有限公司	易企秀、易企秀 H5、易企秀表单	北京市
19	上海弘连网络科技有限公司	网镜、网探、火眼	上海市
20	福建游龙共创网络技术有限公司	19196 手游平台	福建省

表 B.3　2022 年数据安全服务企业

序号	企业名称	主要业务和品牌	所属地
1	奇安信科技集团股份有限公司	奇安信	北京市
2	深信服科技股份有限公司	深信服智安、信服云、信锐技术	广东省
3	北京亿赛通科技发展有限责任公司	亿赛通电子文档安全管理系统、数据库安全审计系统、亿赛通数据泄露防护系统	北京市
4	北京天融信网络安全技术有限公司	天融信	北京市
5	三六零数字安全科技集团有限公司	360 安全大脑、360 数据安全态势感知、360 终端安全管理系统	北京市
6	杭州美创科技有限公司	美创科技、防水坝、诺亚防勒索	浙江省
7	北京安华金和科技有限公司	安华金和	北京市
8	北京中睿天下信息技术有限公司	睿眼、睿云、睿士	北京市
9	杭州安恒信息技术股份有限公司	明鉴、明御	浙江省
10	北京明朝万达科技股份有限公司	（安元）数据安全管理系、（安元）数据防泄露系统、（安元）安全集中监控与审计系统	北京市

表 B.4 连续十年名列中国互联网综合实力前百家企业

序号	企业名称	所属地
1	阿里巴巴（中国）有限公司	浙江省
2	深圳市腾讯计算机系统有限公司	广东省
3	百度公司	北京市
4	京东集团	北京市
5	美团	北京市
6	网易公司	广东省
7	三六零安全科技股份有限公司	北京市
8	新浪公司	北京市
9	小米集团	北京市
10	携程集团	上海市
11	搜狐公司	北京市
12	北京车之家信息技术有限公司	北京市
13	三七文娱（广州）网络科技有限公司	广东省
14	四三九九网络股份有限公司	福建省
15	福建网龙计算机网络信息技术有限公司	福建省
16	深圳市迅雷网络技术有限公司	广东省
17	新华网股份有限公司	北京市
18	北京搜房科技发展有限公司	北京市
19	上海东方网股份有限公司	上海市

附录C 2022年互联网和相关服务业运行情况

2022年，互联网业务收入小幅下降，利润总额保持增长，研发经费规模加快增长。

一、总体运行情况

互联网业务收入小幅下降。2022 年，我国规模以上互联网和相关服务企业[1]（以下简称"互联网企业"）完成互联网业务收入 14590 亿元，同比下降 1.1%（见图 C.1）。

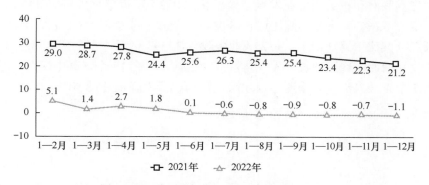

图C.1 互联网业务收入累计增长情况（%）

利润总额保持增长。2022 年，我国规模以上互联网企业营业成本同比增长 3.3%，增速较 2021 年回落 12.8 个百分点。实现利润总额 1415 亿元，同比增长 3.3%，增速较 2021 年回落 10 个百分点。

研发经费规模加快增长。2022 年，我国规模以上互联网企业共投入研发经费 771.8 亿元，同比增长 7.7%，增速较 2021 年提高 2.7 个百分点。

---

1 规模以上互联网和相关服务企业口径由 2021 年互联网和相关服务收入 500 万元以上调整为 2000 万元及以上，文中所有同比增速均按可比口径计算。

二、分领域运行情况

信息服务领域企业收入稳步增长。2022 年，以信息服务为主的企业（包括新闻资讯、搜索、社交、游戏、音乐视频等）互联网业务收入同比增长 4.9%。

生活服务领域企业收入大幅减少。2022 年，以提供生活服务为主的平台企业（包括本地生活、租车约车、旅游出行、金融服务、汽车、房屋住宅等）互联网业务收入同比下降 17.5%。

网络销售领域企业收入较快增长。2022 年，主要提供网络销售服务的企业（包括大宗商品、农副产品、综合电商、医疗用品、快递等）互联网业务收入同比增长 12.6%。

三、分地区运行情况

东部地区互联网业务收入增长承压，东北地区增势明显。2022 年，东部地区完成互联网业务收入 13244 亿元，同比下降 0.2%，占全国互联网业务收入的比重为 90.8%。中部地区完成互联网业务收入 570.8 亿元，同比增长 1.1%。西部地区完成互联网业务收入 721.1 亿元，同比下降 16.9%。东北地区完成互联网业务收入 53.6 亿元，同比增长 5.5%。

主要大省互联网和相关服务业发展差异显著。2022 年，互联网业务累计收入居前 5 位的北京（同比增长 6.6%）、上海（同比增长 8.0%）、广东（同比下降 6.8%）、浙江（同比下降 2.1%）和天津（同比下降 38.1%）共完成业务收入 12493 亿元，占全国比重达 85.6%。全国互联网业务收入增速实现正增长的省（自治区、直辖市）有 13 个，其中江西、湖北、西藏、辽宁、河北 5 个省（自治区）增速超过 40%，河南、云南降幅超过 50%。

附录D 2022年通信业统计公报

　　2022年，我国通信业深入贯彻党的二十大精神，坚决落实党中央、国务院重要决策部署，全力推进网络强国和数字中国建设，着力深化数字经济与实体经济融合，5G、千兆光网等新型信息基础设施建设取得新进展，各项应用普及全面加速，为打造数字经济新优势、增强经济发展新动能提供有力支撑。

一、行业运行整体向好

（一）电信业务收入和业务总量呈较快增长态势

　　经初步核算，2022年电信业务收入累计完成1.58万亿元，同比增长8%（见图D.1）。按照2021年价格计算的电信业务总量达1.75万亿元，同比增长21.3%。

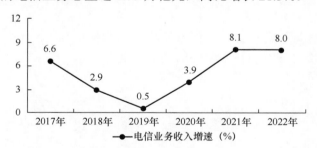

图D.1　2017—2022年电信业务收入增长情况

（二）固定互联网宽带接入业务收入平稳增长

　　2022年，完成固定互联网宽带接入业务收入2402亿元，同比增长7.1%（见图 D.2），在电信业务收入中的占比由2021年的15.3%下降至15.2%,拉动电信业务收入增长1.1个百分点。

（三）移动数据流量业务收入低速增长

　　2022年，完成移动数据流量业务收入6397亿元，同比增长0.3%（见图 D.3），在电信业务收入中占比由2021年的43.4%下降至40.5%,拉动电信业务收入增长0.1个百分点。

图D.2　2017—2022年互联网宽带接入业务收入发展情况

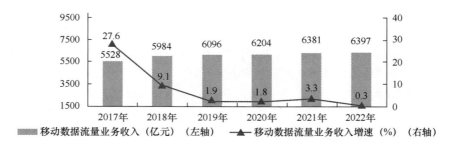

图D.3　2017—2022年移动数据流量业务收入发展情况

（四）新兴业务收入增势突出

数据中心、云计算、大数据、物联网等新兴业务快速发展，2022 年共完成业务收入 3072 亿元，同比增长 32.4%（见图 D.4），在电信业务收入中占比由 2021 年的 16.1%提升至 19.4%，拉动电信业务收入增长 5.1 个百分点。其中，数据中心、云计算、大数据、物联网业务比 2021 年分别增长 11.5%、118.2%、58%和 24.7%。

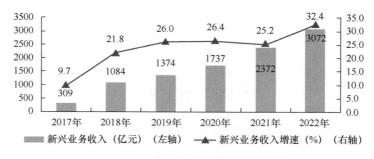

图D.4　2017—2022年新兴业务收入发展情况

注：2018 年统计制度修订，相关业务口径发生调整。

（五）语音业务收入占比持续下降

2022 年，完成固定语音业务收入 201.4 亿元，比 2021 年下降 9.5%；完成移动语音业务收入 1163 亿元，比 2021 年增长 0.8%，扭转 2021 年负增长局面；两项业务合计占电信业务收入的 8.6%，占比较 2021 年回落 0.8 个百分点（见图 D.5）。

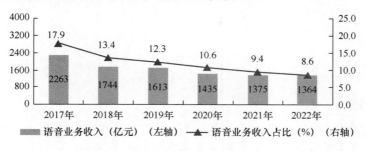

图D.5   2017—2022年语音业务收入发展情况

二、用户规模持续扩大

（一）电话用户总规模保持增长

2022 年，全国电话用户净增 3933 万户，总数达到 18.63 亿户。其中，移动电话用户总数 16.83 亿户，全年净增 4062 万户，普及率[1]为 119.2 部/百人，比 2021 年提高 2.9 部/百人（见图 D.6）。其中，5G 移动电话用户总数达到 5.61 亿户，占移动电话用户总数的 33.3%，比 2021 年提高 11.7 个百分点。固定电话用户总数 1.79 亿户，全年净减 128.6 万户，普及率为 12.7 部/百人，比 2021 年下降 0.1 部/百人。2022 年各省（直辖市、自治区）移动电话普及率情况如图 D.7 所示。

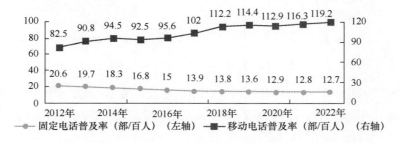

图D.6   2012—2022年固定电话及移动电话普及率发展情况

（二）固定互联网宽带接入用户稳步增长

截至 2022 年年底，三家基础电信企业的固定互联网宽带接入用户总数达 5.9 亿户，全年净增 5386 万户。其中，100Mbps 及以上接入速率的用户数为 5.54 亿户，全年净增 5513 万户，占总用户数的 94%，占比较 2021 年提高 0.9 个百分点；1000Mbps 及以上接入速率的用户数

---

1 计算普及率使用的全国人口数据，来源于国家统计局发布的 2022 年年底人口数。

为 9175 万户，全年净增 5716 万户，占总用户数的 15.6%，占比较 2021 年提高 9.1 个百分点（见图 D.8）。

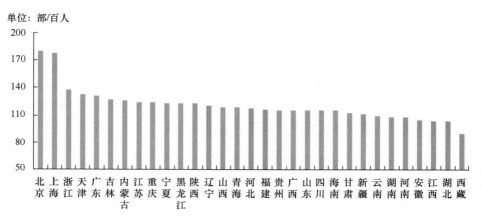

图D.7　2022年各省（直辖市、自治区）移动电话普及率情况

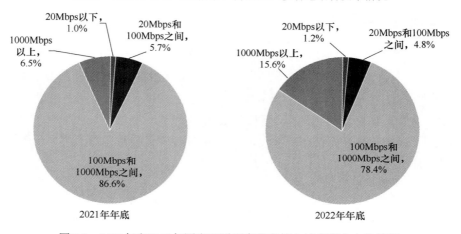

图D.8　2021年和2022年固定互联网宽带各接入速率用户占比情况

固定互联网宽带接入服务持续在农村地区加快普及，截至 2022 年年底，全国农村宽带接入用户总数达约 1.76 亿户，全年净增 1862 万户，比 2021 年增长 11.8%（见图 D.9），增速较城市宽带接入用户高 2.5 个百分点。

图D.9　2017—2022年农村宽带接入用户及占比情况

（三）物联网用户规模快速扩大

截至 2022 年年底，三家基础电信企业发展蜂窝物联网用户总数为 18.45 亿户，全年净增 4.47 亿户，较移动电话用户数高 1.61 亿户，占移动网终端连接数（包括移动电话用户和蜂窝物联网终端用户）的比重达 52.3%。

（四）IPTV 用户稳步增加

截至 2022 年年底，三家基础电信企业发展 IPTV（网络电视）用户总数达 3.8 亿户，全年净增 3192 万户。

三、电信业务量保持增长

（一）移动互联网流量两位数增长，月户均流量（DOU）稳步提升

2022 年，移动互联网接入流量达 2618 亿 GB，比 2021 年增长 18.1%。全年移动互联网月户均流量（DOU）达 15.2GB/户·月，比 2021 年增长 13.8%（见图 D.10）；12 月当月 DOU 达 16.18GB/户，较 2021 年 12 月提高 1.46GB/户（见图 D.11）。

图D.10 2017—2022年移动互联网流量及月户均流量增长情况

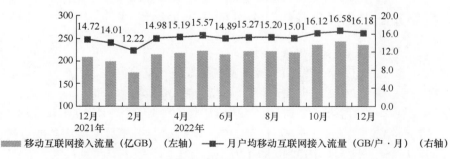

图D.11 2022年移动互联网接入当月流量及当月DOU情况

（二）移动短信业务量平稳增长，语音业务量低速增长

2022 年,全国移动短信业务量比 2021 年增长 6.4%,移动短信业务收入比 2021 年增长 2.7%（见图 D.12）。全国移动电话去话通话时长 2.3 万亿分钟，比 2021 年增长 1.5%（见图 D.13）。

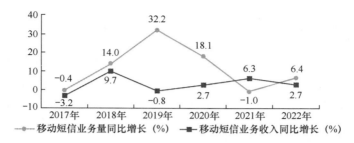

图D.12　2017—2022年移动短信业务量和收入增长情况

图D.13　2017—2022年移动电话用户和通话量增长情况

四、网络基础设施建设加快推进

（一）固定资产投资小幅增长，5G 投资增速放缓

2022 年，三家基础电信企业和中国铁塔股份有限公司共完成电信固定资产投资 4193 亿元，比 2021 年增长 3.3%。其中，5G 投资额达 1803 亿元，受 2021 年同期基数较高等因素的影响，同比下降 2.5%，占全部投资的 43%。

（二）网络基础设施优化升级，全光网建设加快推进

2022 年，新建光缆线路长度 477.2 万千米，全国光缆线路总长度达 5958 万千米；其中，长途光缆线路、本地网中继光缆线路和接入网光缆线路长度分别达 109.5 万千米、2146 万千米和 3702 万千米。截至 2022 年年底，互联网宽带接入端口数达到 10.71 亿个，比 2021 年净增 5320 万个。其中，光纤接入（FTTH/O）端口达到 10.25 亿个，比 2021 年净增 6534 万个，占比由 2021 年的 94.3%提升至 95.7%。截至 2022 年年底，具备千兆网络服务能力的 10G PON 端口数达 1523 万个，比 2021 年净增 737.1 万个。

（三）5G 网络建设稳步推进，网络覆盖能力持续增强

截至 2022 年年底，全国移动通信基站总数达 1083 万个，全年净增 87 万个。其中 5G 基站为 231.2 万个，全年新建 5G 基站 88.7 万个，5G 基站总数占移动基站总数的 21.3%，占比较 2021 年提升 7 个百分点。

（四）数据中心机架数量稳步增长

截至 2022 年年底，三家基础电信企业为公众提供服务的互联网数据中心机架数量达 81.8 万个，全年净增 8.4 万个（见图 D.14）。

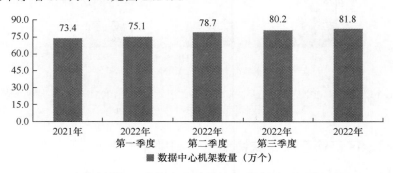

图D.14　2021—2022年互联网数据中心机架数量发展情况

五、东部、中部、西部、东北部地区协调发展

（一）各地区电信业务收入份额保持稳定

2022 年，东部地区电信业务收入占比为 51.1%，与 2021 年持平；中部、西部地区占比分别为 19.6%和 23.9%；东北部地区占比为 5.4%，比 2021 年下降 0.1 个百分点（见图 D.15）。

图D.15　2017—2022年东、中、西、东北部地区电信业务收入比重

（二）东部地区千兆及以上固定互联网宽带接入用户占比全国领先

截至 2022 年年底，东部、中部、西部和东北部地区 100Mbps 及以上速率的固定互联网宽带接入用户数分别为 23359 万户、14072 万户、14690 万户和 3259 万户，在本地区固定互联网宽带接入用户总数中占比分别达到 93.5%、95.1%、93.5%和 93.7%，占比较 2021 年分别提高 0.8 个、1 个、0.9 个和 0.5 个百分点（见图 D.16）；1000Mbps 及以上速率的固定互联网宽带接入用户数分别为 4416 万户、2164 万户、2308 万户和 286 万户，占本地区固定互联网宽带接入用户总数的比重分别为 17.7%、14.6%、14.7%和 8.2%。

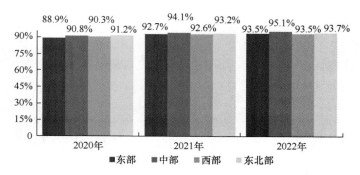

图D.16　2020—2022年东部、中部、西部、东北部地区100Mbps及以上速率固定
互联网宽带接入用户渗透率情况

（三）中部地区移动互联网流量增速全国领先

2022年，东部、中部、西部和东北部地区移动互联网接入流量分别为1117亿GB、592.2亿GB、773.3亿GB和135.1亿GB，比2021年分别增长17.9%、20%、18.1%和12.2%，中部地区增速比东部、西部和东北部地区分别提高2.1个、1.9个和7.8个百分点（见图D.17）。12月当月，西部地区当月户均流量达到17.8GB/户，比东部、中部和东北部地区分别高出1.68GB/户、2.15GB/户和5.64GB/户。

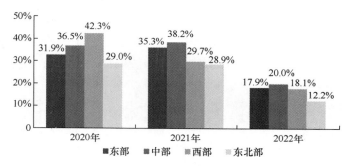

图D.17　2020—2022年东、中、西、东北部地区移动互联网接入流量增速情况

附录 E 2022 年软件和信息技术服务业统计公报

2022 年，我国软件和信息技术服务业（以下简称"软件业"）运行稳步向好，软件业务收入跃上 10 万亿元台阶，盈利能力保持稳定，软件业务出口保持增长。

一、总体运行情况[1]

软件业务收入跃上 10 万亿元台阶。2022 年，全国软件和信息技术服务业规模以上企业超过 3.5 万家，累计完成软件业务收入 108126 亿元，同比增长 11.2%，增速较 2021 年同期回落 5.9 个百分点（见图 E.1）。

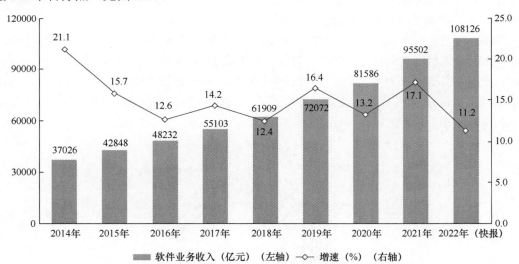

图E.1 2014—2022年软件业务收入增长情况

盈利能力保持稳定。2022 年，软件业务利润总额 12648 亿元，同比增长 5.7%，增速较 2021 年同期回落 1.9 个百分点（见图 E.2），主营业务利润率回落 0.1 个百分点至 9.1%。

---

1 文中 2022 年数据均为快报数据，按可比口径计算。其他年份数据为年报数据。

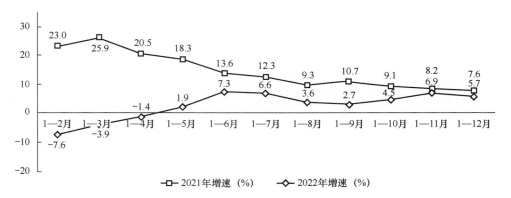

图E.2　2022年软件业务利润总额增长情况

软件业务出口保持增长。2022 年，软件业务出口 524.1 亿美元，同比增长 3.0%，增速较 2021 年同期回落 5.8 个百分点。其中，软件外包服务出口同比增长 9.2%。

二、分领域情况

软件产品收入平稳增长。2022 年，软件产品收入 26583 亿元，同比增长 9.9%，增速较 2021 年同期回落 2.4 个百分点，占全行业收入比重为 24.6%。其中，工业软件产品实现收入 2407 亿元，同比增长 14.3%，高出全行业整体水平 3.1 个百分点。

信息技术服务收入较快增长。2022 年，信息技术服务收入 70128 亿元，同比增长 11.7%，高出全行业整体水平 0.5 个百分点，占全行业收入比重为 64.9%（见图 E.3）。其中，云服务、大数据服务共实现收入 10427 亿元，同比增长 8.7%，占信息技术服务收入的 14.9%，占比较 2021 年同期提高 2 个百分点；集成电路设计收入 2797 亿元，同比增长 12.0%；电子商务平台技术服务收入 11044 亿元，同比增长 18.5%。

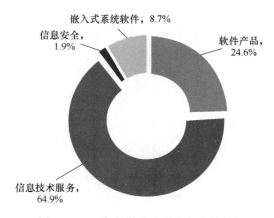

图E.3　2022年软件业分类收入占比情况

信息安全产品和服务收入稳步增长。2022 年，信息安全产品和服务收入 2038 亿元，同比增长 10.4%，增速较 2021 年同期回落 2.6 个百分点。

嵌入式系统软件收入两位数增长。2022 年，嵌入式系统软件收入 9376 亿元，同比增长
11.3%，增速较 2021 年同期回落 7.7 个百分点。

三、分地区情况

东部地区保持较快增长，中、西部地区增势突出。2022 年，东部、中部、西部和东北部
地区分别完成软件业务收入 88663 亿元、5390 亿元、11574 亿元和 2499 亿元，分别同比增
长 10.6%、16.9%、14.3% 和 8.7%（见图 E.4）。其中，中部、西部地区分别高出全国平均水平
5.7 个、3.1 个百分点。四个地区软件业务收入在全国总收入中的占比分别为 82.0%、5.0%、
10.7% 和 2.3%。

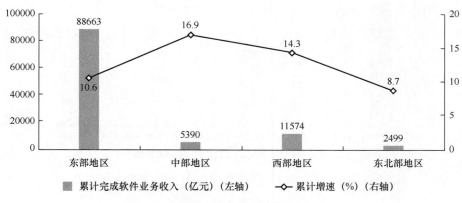

图E.4 2022年软件业分地区收入增长情况

主要软件大省收入占比小幅提高，部分中部、西部省份增速明显。2022 年，软件业务收
入居前 5 位的北京、广东、江苏、山东、浙江共完成收入 74537 亿元（见图 E.5），占全国
软件业比重的 68.9%，占比较 2021 年同期提高 2.9 个百分点。软件业务收入增速高于全国
整体水平的省份有 12 个，其中增速高于 20% 的省份集中在中西部地区，包括贵州、广西、
湖北等。

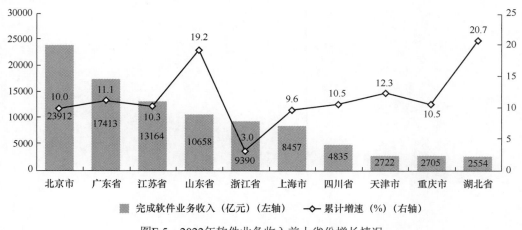

图E.5 2022年软件业务收入前十省份增长情况

中心城市软件业务收入稳步增长，利润总额增速有小幅回落。2022 年，全国 15 个副省级中心城市实现软件业务收入 53419 亿元，同比增长 10.0%，增速较 2021 年同期回落 6.3 个百分点，占全国软件业的比重为 49.4%；实现利润总额 6924 亿元，同比增长 2.4%，增速较 2021 年同期回落 2.1 个百分点。其中，武汉、宁波、济南、青岛和沈阳的软件业务收入同比增速超过全行业的整体水平。2022 年排名前十位的副省级中心城市软件业务收入增长情况如图 E.6 所示。

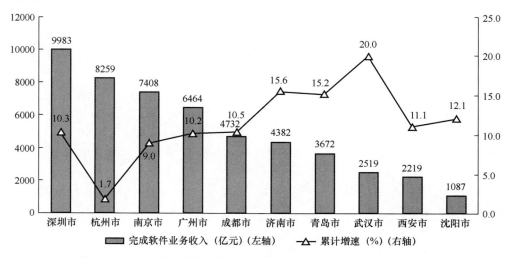

图E.6　2022年排名前十位的副省级中心城市软件业务收入增长情况

附录 F   2022 年电子信息制造业运行情况

2022 年，我国电子信息制造业生产保持稳定增长，出口增速有所回落，营收增速小幅下降，投资保持快速增长。

一、生产保持稳定增长

2022 年，规模以上电子信息制造业增加值同比增长 7.6%（见图 F.1），分别超出工业、高技术制造业 4 个百分点和 0.2 个百分点。12 月，规模以上电子信息制造业增加值同比增长 1.1%，较 11 月上升 2.2 个百分点。

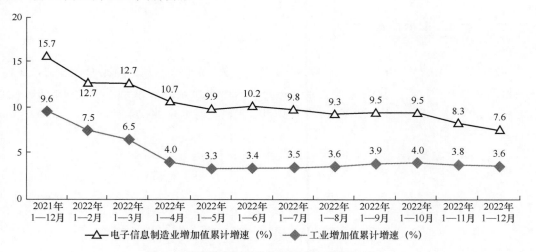

图 F.1   电子信息制造业和工业增加值累计增速

2022 年，主要产品中，手机产量 15.6 亿台，同比下降 6.2%。其中，智能手机产量 11.7 亿台，同比下降 8%；微型计算机设备产量 4.34 亿台，同比下降 8.3%；集成电路产量 3242 亿块，同比下降 11.6%。

二、出口增速有所回落

2022 年 1—12 月，规模以上电子信息制造业实现出口交货值同比增长 1.8%，增速较 1—

11 月回落 1.7 个百分点（见图 F.2）。12 月，规模以上电子信息制造业出口交货值同比下降 14.1%，降幅较 11 月收窄 2.1 个百分点。

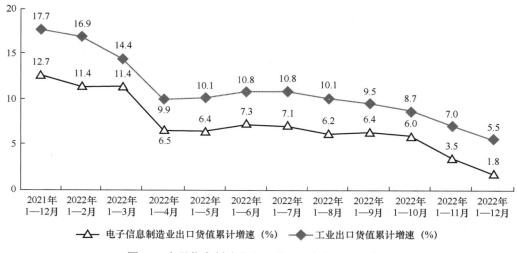

图F.2　电子信息制造业和工业出口交货值累计增速

据海关统计，2022 年，我国出口笔记本电脑 1.66 亿台，同比下降 25.3%；出口手机 8.22 亿台，同比下降 13.8%；出口集成电路 2734 亿个，同比下降 12%。

三、营收增速小幅下降

2022 年 1—12 月，电子信息制造业实现营业收入 15.4 万亿元，同比增长 5.5%，较 1—11 月回落 1.5 个百分点；营业成本 13.4 万亿元，同比增长 6.2%；实现利润总额 7390 亿元，同比下降 13.1%，较 1—11 月回落 8.9 个百分点（见图 F.3）；营业收入利润率为 4.8%，与 1—11 月基本持平。

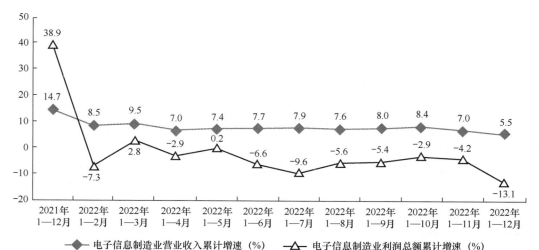

图F.3　电子信息制造业营业收入和利润总额累计增速

四、投资保持快速增长

2022 年，电子信息制造业固定资产投资同比增长 18.8%，比同期工业固定资产投资增速高 8.5 个百分点（见图 F.4），但比高技术制造业投资增速低 3.4 个百分点。

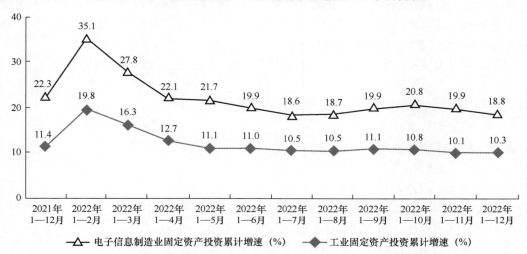

图 F.4 电子信息制造业和工业固定资产投资累计增速

鸣　谢

《中国互联网发展报告 2023》的组织编撰工作得到了政府部门、科研机构、行业企业及业界专家等社会各界的指导与支持。在此，谨向参与本报告编写出版的编委、撰稿人、审校专家、读者和关心《中国互联网发展报告》发展的各界朋友表示诚挚的谢意。

以下单位对本报告的编写和修订给予了大力支持，在此表示衷心的感谢！（排序不分先后）

工业和信息化部
中国信息通信研究院
国家互联网应急中心
上海宽娱数码科技有限公司
北京易观智库网络科技有限公司
北京农信互联科技集团有限公司
商务部国际贸易经济合作研究院
北京教育科学研究院
同程网络科技股份有限公司
贝壳找房（北京）科技有限公司
美团研究院
北京小桔科技有限公司
上海艾瑞市场咨询股份有限公司
北京科技大学
北京华品博睿网络技术有限公司
广州趣丸网络科技有限公司
乐麦信息技术（杭州）有限公司
辽宁自贸试验区（营口片区）桔子数字科技有限公司
芜湖三七互娱网络科技集团股份有限公司
广州中旭未来科技有限公司
厦门众联世纪股份有限公司

反侵权盗版声明

　　电子工业出版社依法对本作品享有专有出版权。任何未经权利人书面许可，复制、销售或通过信息网络传播本作品的行为；歪曲、篡改、剽窃本作品的行为，均违反《中华人民共和国著作权法》，其行为人应承担相应的民事责任和行政责任，构成犯罪的，将被依法追究刑事责任。

　　为了维护市场秩序，保护权利人的合法权益，我社将依法查处和打击侵权盗版的单位和个人。欢迎社会各界人士积极举报侵权盗版行为，本社将奖励举报有功人员，并保证举报人的信息不被泄露。

举报电话：（010）88254396；（010）88258888

传　　真：（010）88254397

E-mail：　dbqq@phei.com.cn

通信地址：北京市万寿路 173 信箱
　　　　　电子工业出版社总编办公室

邮　　编：100036